普通高等教育计算机系列教材

大学计算机基础

（Windows 7+Office 2010）

（第3版）

李作主　莫海芳　主　编

张慧丽　项巧莲　徐　薇　副主编

電子工業出版社

Publishing House of Electronics Industry

北京・BEIJING

内容简介

本书内容覆盖全国计算机一级考试大纲，并结合计算机二级考试"MS Office 高级应用"的考试大纲，内容丰富，覆盖面广。编写时充分考虑了大学生的知识结构和学习特点，教学内容重点突出，提供了丰富的、小巧的实例，可操作性强。每一章节的教学内容都循序渐进，由浅入深，确保基础与提高兼顾。这有利于知识的掌握，也有利于教师根据不同的学生安排不同的教学任务。

全书共分 8 章，主要介绍计算机基础知识、微型计算机系统的组成、Windows 7 操作系统、文字处理软件 Word 2010、电子表格制作软件 Excel 2010、演示文稿制作软件 PowerPoint 2010、计算机网络基础知识、计算机公共基础知识等内容。

本书可作为高等院校本科生的计算机基础教材，也可作为参加全国计算机等级考试一级考试和计算机二级考试"MS Office 高级应用"的参考书，同时还可作为计算机基本技能的自学教材。

图书在版编目（CIP）数据

大学计算机基础：Windows 7+Office 2010/李作主，莫海芳主编. —3 版. —北京：电子工业出版社，2016.9
普通高等教育计算机系列规划教材
ISBN 978-7-121-29652-9

Ⅰ. ①大… Ⅱ. ①李… ②莫… Ⅲ. ①Windows 操作系统－高等学校－教材②办公自动化－应用软件－高等学校－教材 Ⅳ. ①TP316.7②TP317.1

中国版本图书馆CIP数据核字（2016）第187476号

策划编辑：徐建军（xujj@phei.com.cn）
责任编辑：郝黎明
印　　刷：三河市双峰印刷装订有限公司
装　　订：三河市双峰印刷装订有限公司
出版发行：电子工业出版社
　　　　　北京市海淀区万寿路 173 信箱　邮编 100036
开　　本：787×1 092　1/16　印张：19.5　字数：499.2 千字
版　　次：2009 年 8 月第 1 版
　　　　　2016 年 9 月第 3 版
印　　次：2021 年 8 月第 12 次印刷
定　　价：42.00 元

凡所购买电子工业出版社图书有缺损问题，请向购买书店调换。若书店售缺，请与本社发行部联系，联系及邮购电话：（010）88254888，88258888。

质量投诉请发邮件至 zlts@phei.com.cn，盗版侵权举报请发邮件至 dbqq@phei.com.cn。

本书咨询联系方式：（010）88254570。

前言
Preface

本书内容覆盖全国计算机一级考试大纲，并结合计算机二级考试“MS Office 高级应用”的考试大纲，内容丰富，覆盖面广。本书以提高学生的应用能力、培养学生的计算思维为目标，以系统性、实用性和先进性为编写原则，图文并茂，可读性很强。书本内容既注重基础理论，又反映信息技术的最新成果和发展趋势。书中各章的编写内容结合了学生的知识结构和计算机应用基础课程的特点，侧重引导读者在学习过程中掌握规律，培养自学能力。

本书在编写时充分考虑了大学生的知识结构和学习特点，教学内容重点突出，提供了丰富的、小巧的实例，步骤清晰，可操作性强。每一章节的教学内容都循序渐进，由浅入深，确保基础与提高兼顾。这有利于学生掌握知识，也有利于教师根据不同的学生安排不同的教学任务。

本书编写人员长期工作在教学第一线，在多年的教学实践基础上，充分了解学生在学习过程中常遇到的困难和常犯的错误。在总结教学经验的基础上，选择了便于教学的典型实例，操作方法和操作步骤的介绍也能做到有的放矢。

本书还配套有《大学计算机基础实验指导（Windows 7+Office 2010)》(第 3 版）(张慧丽、莫海芳主编)，为读者准备了详细的动手操作实验内容和大量的上机演练习题。

本书由中南民族大学的教师组织编写，由李作主、莫海芳担任主编并统稿，由张慧丽、项巧莲、徐薇担任副主编。参加本书编写的还有吴谋硕、王莉、马卫、任恺、彭川、谢茂涛、费丽娟、项巧莲、谢瑾、李芸、赵丹青和熊伟等。同时，本书参阅了许多参考资料，在编写过程中得到了各方面的大力支持，在此一并表示感谢。

为了方便教师教学，本书配有电子教学课件及相关资源，请有此需要的教师登录华信教育资源网（www.hxedu.com.cn）免费注册后进行下载，如有问题可在网站留言板留言或与电子工业出版社联系（E-mail:hxedu@phei.com.cn）。

由于编者水平有限，编写时间仓促，书中难免存在疏漏和不足之处，恳请同行专家和读者给予批评和指正。

编　者

目录
Contents

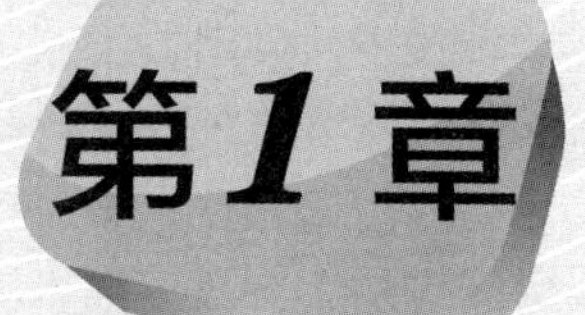

第1章 计算机基础知识

从古至今，计算问题无所不在，正因为对计算的需要，人类一直在坚持不懈地创造和改进着计算工具。在计算思维领域中获得的最显著的成果就是电子计算机的创造，电子计算机的使用早已紧密而广泛地深入到社会的方方面面。计算与计算设备的应用与发展是人类社会发展的必然产物，而电子计算机的诞生与发展的每一阶段都展现出计算思维的影响和作用。本章首先介绍计算设备的发展历程，特别是现代电子数字计算机的体系结构，使读者初步了解计算机，接着介绍计算机的特点和分类，最后向读者介绍信息在现代计算机中的表示和存储方式。

本章主要内容

- 计算设备和电子数字计算机的发展
- 计算机的特点及应用
- 计算机中信息的表示与存储

1.1 电子计算机的诞生和发展

实际上，人类最早的计算工具是手指，这也是“Digit”这个计算机世界中用来表示“数字”的单词之本意。其后又出现过“结绳”、“算筹”等许许多多的计算辅助工具，其中，早期的计算工具中以“算盘”最具代表性。算盘的计算结果非常准确，只是它可以进行的运算复杂性和运算速度还是有较大局限性。在计算科学和制造手段的发展和促进下，计算机经历了机械式计算机、机电式计算机和电子计算机3代演变，从最初解决计算需求的加法机、乘法机、分析机，到蕴含着丰富逻辑和人工智能的图灵机，最终在冯·诺依曼体系结构下迎来了今日之辉煌。

第一台机械式计算机是由法国人帕斯卡（生于1623年）于1642年设计制造的，如图1-1所示。这台机械式数字加法机利用齿轮传动原理，通过手工操作，来实现加、减运算。虽然由于制作粗糙，无法满足当时的计算需要，然而，这台加法机解决了“自动进位”这一当时的关键难题，而且向人们揭示出：用一种纯粹机械的装置去代替人们的思考和记忆，是完全可以做到的。时隔32年后，德国数学家和哲学

图1-1 帕斯卡及其设计的加法器

家莱布尼茨继承了帕斯卡加法器的基本原理，于 1674 年设计并在法国物理学家马略特的帮助下完成了乘法自动计算机。

源自于工业时代的进步带来了蒸汽机和各种机械装置，将人们从各种劳动中解放了出来。在这样的环境下，英国数学家、机械工程师及科学管理的先驱查尔斯·巴贝奇开始了对数学制表的机械化的研究。他在 1822 年设计了一台如图 1-2 所示的差分机，代替人来编制数表。差分机又称差分引擎（Difference Engine），它类似于一台“多项式求值机”，只需将欲求值的一元多次方程式输入到机器里，机器每运转一轮，就能产生出一个值来。这台机器运作最重要的基础，在于其求值完全只用到加减法。1834 年，巴贝奇在差分机的基础上做了较大的改进后，又完成了不仅可以作数字运算，还可以作逻辑运算的分析机的设计方案。但受限于那个时代的机械工艺水平，还不能使一个计算机设计者实现他的理想，所以，巴贝奇没有造出实际的计算机。然而可贵的是，分析机的设计思想已具有现代计算机的概念，这些想法都留在了精细的设计图上，而且确有惊人之处。巴贝奇把数据记录在卡片上，在卡片的不同位置上打孔，代表不同的数字，然后把打孔卡送入分析机进行运算。要知道，现代计算机在磁碟软盘出现以前，一直使用在纸带上打孔的方式来输入、输出数据。正因为他设想中的计算机概念与现代计算机的特性极其相似，因此，他被后人视作“计算机之父”。

图 1-2　巴贝奇及其设计的差分机

自此，在计算机技术上开始出现了两条发展道路：一条是各种台式机械和较大机械式计算机的发展道路；另一条是采用继电器作为计算机电路元件的发展道路。后来建立在电子管和晶体管之类电子元件基础上的电子计算机正是受益于这两条发展道路。

第一次世界大战之后，穿孔卡计算机的制造已发展到相当的规模，计算机不仅可以应对大量财会和统计计算的商业领域，且在一定程度上满足了天文和军事的需要。特别是第二次世界大战（以下简称二战）爆发后，密码破译和弹道计算对精度和速度的高度追求迫切需要功能更强大的计算工具。在军事背景下，理论和技术水平进一步发展和成熟的基础上，电子计算机迎来了里程碑式的起航时代。英国著名的数学、逻辑学家和密码学家阿兰·麦席森·图灵凭借其深厚的“数学逻辑学”基础，在电子计算机远未问世之前就开始关注“可计算性”的问题。例如，数学上的某些计算问题是否只要给数学家足够长的时间，就能够通过“有限次”简单而机械的演算步骤而得到最终答案呢？这就是所谓的“可计算性”问题，一个必须在理论上做出解释的数学难题。1936 年，图灵在伦敦权威的数学杂志上发表了一篇划时代的重要论文《可计算数字及其在判断性问题中的应用》，他在其中提出了一种抽象的计算模型——图灵机（Turing Machine，又称图灵计算），如图 1-3 所示。其基本思想是用一种类似于有限状态自动机但既可读又可写的机器来模拟人们用纸笔进行数学运算的过程。图灵机可以看作一个虚拟的计算机，它完全忽略硬件状态，考虑的焦点是逻辑结构。在这篇著名的文章里，他还进一步给出被人们称为“通用图灵机”模型的设计思想，该模型可以模拟其他任何一台解决某个特定数学问题的图灵机的工作状态，他甚至还提出可以在带子上存储数据和程序的想象。事实上，通用图灵机完全符合现代通用计算机的最原始的模型。

图 1-3　图灵及图灵机模型

此外，图灵在 1950 年发表的论文《计算机器与智能》中第一次提出“机器思维”的概念，逐条反驳了机器不能思维的论调，由此设计出的“图灵测试”至今仍被作为人工智能的权威判定依据。这篇划时代的文章为这位计算机科学的先驱赢得了“人工智能之父”的桂冠。图灵在“可计算性”问题上的巨大突破，不仅回答了真正意义上的现代计算机制造的可行性，而且他提出的有限状态自动机，也就是图灵机的概念，启发与影响了他之后的整个计算机发展史，有着不可估量的重要贡献。

与此同时，在 1938 年德国科学家朱斯制造了第一台可编程二进制 Z-1 型计算机，这是一台纯机械结构的机器，运算速度慢，可靠性也差。随后研制的 Z 系列中的 Z-3 型计算机是世界第一台通用程序控制机电式计算机，它不仅全部采用继电器，还采用了浮点记数法、带数字存储地址的指令形式等。1943 年 3 月，由于高超的数学和密码破译才华，被召至英国工信部工作的图灵开始研制如图 1-4 所示的“Collossus”(科洛萨斯，也译作“巨人”)计算机，以协助盟军破译当时被视为不可打败的德军加密机“Enigma”(恩尼格玛)。“Collossus”计算机 1944 年 1 月正式投入使用，其马达和金属的主材虽与现在的电子数字计算机无法相比，但能在 6～8 个小时破解当时原本需要 6～8 个星期才能破译的密码，帮助英国军队一举扭转了败局。这台世界上第一台电子计算机具备电子化、数字化、程序化的特点。它由光学在长条纸带上读取电报原文，经过 1500 个真空管的电路计算，将解密结果输出到电传打字机上。由于二战结束后，作为军事秘密的“Collossus”被销毁，其相关档案直至 2015 年解密后才被世人所知，但作为世界上第一台电子计算机，它对现代计算机发展史和二战提前结束做出了不可泯灭的伟大贡献。

图 1-4　布莱切利庄园及“Collossus”计算机

英国在计算机方面的领先地位很快被重视计算机技术和产业的美国超越。1944 年，美国麻省理工学院的科学家艾肯为了协助海军绘制弹道图，在美国军方和国际商用机器公司（IBM）的赞助下带领团队研制成功了世界上第一台自动数字机电式计算机，它被命名为自动顺序控制计算器 MARK-Ⅰ。1947 年，艾肯又研制出运算速度更快的机电式计算机 MARK-Ⅱ。到 1949 年，由于当时电子管技术已取得重大进步，于是艾肯研制出采用电子管的计算机 MARK-Ⅲ。

然而，艾肯等人制造的这一批机电计算机仅仅是计算机发展史上的短暂的一页。这些机器的典型部件是普通继电器，而继电器开关速度大约是 1/100 秒，这使计算机的运算速度受到了限制。从另一方面来看，由于在 20 世纪 30 年代已经具备了制造电子计算机的能力，继电器计算机从一开始就注定要很快被电子计算机代替。然而不可否认的是，制造继电器计算机的方案，是计算机发展历史上必要的科学尝试。

由美国主导的电子计算机时代到来的标志是于 1946 年 2 月交付使用的 ENIAC（Electronic Numerical Integrator and Calculator，电子数字积分器和计算器）。ENIAC 占地面积约 170 平方米，大约使用了 18800 个电子管，10000 只电容，7000 只电阻，7 英里长的铜丝和 5 万个焊头，如图 1-5 所示。

图 1-5　电子计算机历史上的里程碑 ENIAC

这个具有里程碑意义的“庞然大物”采用电子管作为基本元件，每秒可进行 5000 次加减运算，300 次乘法运算以及 100 次除法运算。它重 30 吨，耗电 140～150 千瓦，每次开机都使得半个费城西区的电灯为之黯然失色。尽管拥有如此巨大的身形，但其中的寄存器仅有 20 字节，每个字长 10 位，采用了十进制进行运算，时钟频率是 100kHz。ENIAC 机由美国宾夕法尼亚大学电工系的普雷斯波·埃克特和物理学家约翰·莫奇勒博士领导，为美国陆军军械部阿伯丁弹道研究实验室研制。

1.2　现代计算机的体系结构

1.2.1　冯·诺伊曼体系结构的提出

ENIAC 完全采用电子线路执行算术运算、逻辑运算和信息存储，其运行证明了电子真空技术可以大大地提高计算技术，不过，ENIAC 机本身存在两大缺点：其一，没有存储器；其二，它用布线接板进行控制，搭接耗时数天，计算速度因而被这一工作抵消了。

冯·诺依曼由 ENIAC 机研制组的戈尔德斯廷中尉介绍参加 ENIAC 机研制小组后，他们在共同讨论的基础上，于 1945 年发表了一个全新的“存储程序通用电子计算机方案”——EDVAC（Electronic Discrete Variable Automatic Computer）。这份报告中广泛而具体地介绍了制造电子计算机和程序设计的新思想，明确了电子计算机由 5 个部分组成——运算器、控制器、存储器、输入设备和输出设备，并描述了这五部分的职能和相互关系。报告中，冯·诺伊曼对 ENIAC 中的两大设计思想做了进一步的论证，为计算机的设计树立了一座里程碑。随后，在 1946 年 7、8 月间，冯·诺依曼和戈尔德斯廷、勃克斯在 ENIAC 方案的基础上，为普林斯顿大学高级研究所研制 IAS 计算机时，又提出了一个更加完善的设计报告《电子计算机逻辑设计初探》。以上两份既有理论又有具体设计的文献，首次在全世界掀起了一股“计算机热”，它们的综合设计思想，便是著名的冯·诺依曼体系结构理论，其核心理念就是“存储程序原则”。这个概念被誉为“计算机发展史上的一个里程碑”。它标志着电子计算机时代的真正开始，指导着此后的计算机设计。冯·诺依曼也因此被人们称为“计算机之父”。至此，电子计算机发展的萌芽时期遂告结束，开始了现代计算机的蓬勃发展时期。

随着计算机应用范围的迅速扩大，使用计算机解决的问题规模也越来越大，因此对计算机运算速度的要求也越来越高，人们逐渐认识到冯·诺依曼机的不足之处：它限制了计算机速度的进一步提高。改进计算机的体系结构是提高计算机速度的重要途径，对计算机速度的追求促进了计算机体系结构的发展，出现了诸如数据流结构、并行逻辑结构、归约结构等新的非冯·诺依曼体系结构。但时至今日，主流计算机仍沿袭冯·诺依曼计算机的组织结构，只是做了一些改进而已，并没有从根本上突破冯·诺依曼体系结构的束缚。

1.2.2 基于冯·诺依曼理论的计算机组成和基本工作原理

冯·诺依曼理论的要点是：数字计算机的数制采用二进制；计算机应该按照程序顺序执行。其核心是“存储程序控制”原理。

这一理论具体的实现围绕以下 3 个方面：①采用二进制形式表示数据和指令；②将程序（数据和指令序列）预先存放在内存储器中，使计算机在工作时能够自动高速地从存储器中取出指令，并加以执行；③由运算器、存储器、控制器、输入设备、输出设备五大基本部件组成计算机系统，并规定了这五大部件的基本功能。

1. 输入设备

输入设备是用来把人们需要处理的程序、数据等信息送入计算机内部的设备。

2. 存储器

存储器是存储各种程序和数据的部件。现代计算机的存储器进一步分为内存储器（或称主存储器，简称内存）和外存储器（或称辅助存储器，简称外存）。

3. 运算器

运算器又称算术逻辑部件（Arithmetic Logic Unit，ALU）。它是对信息或数据进行处理和运算的部件，用以实现算术运算和逻辑运算。

4. 控制器

控制器是计算机的控制中心，负责从存储器中读取程序指令并进行分析，然后按时间先后顺序向计算机各部件发出相应的控制信号，以协调、控制输入/输出操作和对内存的访问。

5. 输出设备

输出设备负责将计算机的处理结果输出给用户，或在屏幕上显示，或在打印机上打印，或在外部存储器中存放。常用的输出设备有显示器、打印机、磁盘等。

计算机在存储程序的控制下实现自动、高速的计算和进行信息处理。计算机的基本组成和工作原理可表示为图 1-6。

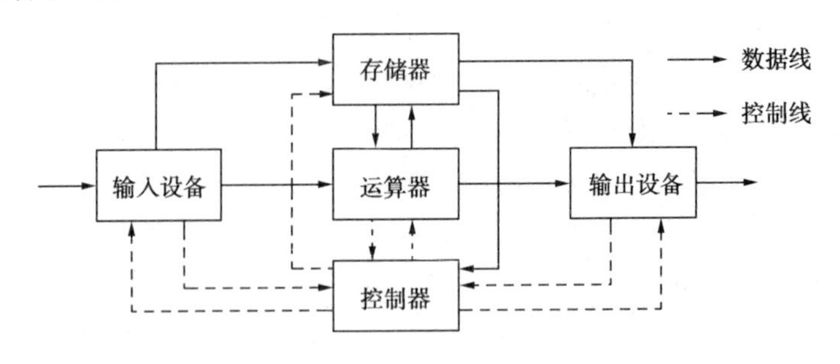

图 1-6　计算机的工作原理

1.2.3　计算机中的二进制

冯·诺依曼理论的第一个要点就是数字计算机中的信息采用二进制表示和存储。那么什么是二进制？二进制的特点是什么？二进制为什么能满足现代计算机的运算？

1. 进位计数制

进位计数制简称数制，就是按进位的原则进行计数的方法。进位计数制总是用一组固定的数码和一个统一的计数规则表示数目，如日常生活中的十进制、计时采用的六十进制等。任何数制都有基数和位权两个基本要素。

基数：在某种数制中表示数时所能使用的数码的个数。十进制数有 10 个数码：0、1、2、3、4、5、6、7、8、9，因而基数为 10。

位权：在数制中每个数码所在的位置对应着一个固定常数，这个常数称为位权，该数码所表示的数值就是它乘以位权。位权是一个以基数为底的指数，即 R^i，R 代表基数，i 是数码位置的序号。十进制数个位的位权为 10^0，十位的为 10^1，百位的为 10^2……小数部分十分位的位权为 10^{-1}，百分位的为 10^{-2}……依次类推。

例如，十进制数 9999.99，基数为 10，各数位对应的位权及数值如表 1-1 所示。

表 1-1　十进制数 9999.99 各数位对应的位权及其数值

十进制数	9	9	9	9	.	9	9
位权	10^3	10^2	10^1	10^0		10^{-1}	10^{-2}
该位的数值	9000	900	90	9		0.9	0.09

因此，十进制数 9999.99 就可以写成按位权展开的多项式之和：

$$9999.99=9\times10^3+9\times10^2+9\times10^1+9\times10^0+9\times10^{-1}+9\times10^{-2}$$

$$=9000+900+90+9+0.9+0.09$$

任一进制数都可以按位权展开成一个多项式之和。设有数 A，整数部分为 $A_{n-1}A_{n-2}\cdots A_1A_0$，小数部分为 $A_{-1}A_{-2}\cdots A_{-m}$，其中 n 和 m 分别代表 A 的整数和小数部分的位数，基数为 R，则 A

可以表示为：

$$A=(A_{n-1}A_{n-2}\cdots A_1A_0\cdot A_{-1}A_{-2}\cdots A_{-m})_R$$
$$=A_{n-1}\times R^{n-1}+A_{n-2}\times R^{n-2}+\cdots+A_1\times R^1+A_0\times R^0+A_{-1}\times R^{-1}+A_{-2}\times R^{-2}+\cdots+A_{-m}\times R^{-m}$$

2. 计算机与二数制

计算机采用二进制的优点详列如下。

（1）电路容易实现：电压高低经过模电转换成的两种状态容易识别，即由模拟电路可转换成数字电路。

（2）物理上存储最易实现：只要能区别出两种对比状态，如磁极的取向、磁盘表面的凹凸、光照的有无等。

（3）便于加、减运算和计数编码：二进制运算规则简单、节省设备，且运算速度快。

（4）便于逻辑运算：逻辑代数中的“真”、“假”两种状态与二进制中仅有两种数码非常吻合。

3. 二进制与其他进制的关系

采用二进制制造的电子计算机中所有信息必须表示成二进制数才能进行存储和处理。然而，人类惯于使用的是十进制，且当数字很大时，使用二进制数表示位数会很长，不方便书写、识别和记忆，因而还经常需要借助十六进制数、八进制数等其他数制。下面介绍各种常用进制数的特点和相互转换方法。

（1）十进制数（D）。

十进制数的基数为10，数码为0、1、2、3、4、5、6、7、8、9，共10个，计数规则为“逢十进一，借一当十”。任一个十进制数D都可以按位权展开，形式为：

$$D=(D_{n-1}D_{n-2}\cdots D_1D_0D_{-1}D_{-2}\cdots D_{-m})_{10}$$
$$=D_{n-1}\times 10^{n-1}+D_{n-2}\times 10^{n-2}+\cdots+D_1\times 10^1+D_0\times 10^0+D_{-1}\times 10^{-1}+D_{-2}\times 10^{-2}+\cdots+D_{-m}\times 10^{-m}$$

例如，十进制数3789.56按位权展开的形式为：

$$3789.56=3\times 10^3+7\times 10^2+8\times 10^1+9\times 10^0+5\times 10^{-1}+6\times 10^{-2}$$

（2）二进制数（B）。

二进制数的基数为2，数码只有0和1两个，计数规则是“逢二进一，借一当二”。二进制数的位权是以2为底的幂，如二进制数1011.101按位权展开的形式为：

$$(1011.101)_2=1\times 2^3+0\times 2^2+1\times 2^1+1\times 2^0+1\times 2^{-1}+0\times 2^{-2}+1\times 2^{-3}$$

（3）八进制数（O或Q）。

八进制数的基数为8，数码由0、1、2、3、4、5、6、7八个组成，计数规则是“逢八进一，借一当八”。八进制数的位权是以8为底的幂，如八进制数7261.04按位权展开的形式为：

$$(7261.04)_8=7\times 8^3+2\times 8^2+6\times 8^1+1\times 8^0+0\times 8^{-1}+4\times 8^{-2}$$

（4）十六进制数（H）。

十六进制数的基数为16，数码有16个，使用0、1、2、3、4、5、6、7、8、9和A、B、C、D、E、F表示，其中A、B、C、D、E、F分别表示数字10、11、12、13、14、15，计数规则是“逢十六进一，借一当十六”。十六进制数的位权是以16为底的幂，如十六进制数2D8F.EA按位权展开的形式为：

$$(2D8F.EA)_{16}=2\times 16^3+13\times 16^2+8\times 16^1+15\times 16^0+14\times 16^{-1}+10\times 16^{-2}$$

在表示数据时，为了区分不同进制的数，可以在数字的括号外面加数字下标。此外，还可在数字后面加写相应的英文字母作为标识，二进制数加B（Binary），八进制数加O（Octal）

或 Q，十进制数加 D（Decimal）或省略，十六进制数加 H（Hexadecimal）。例如，形如 100 的二、八、十、十六进制数分别为：100B 或（100）$_2$、100Q 或（100）$_8$、100 或 100D、（100）$_{10}$、100H 或（100）$_{16}$。

二进制数、八进制数、十进制数、十六进制数的对照表，如表 1-2 所示。

表 1-2　二进制数、八进制数、十进制数和十六进制数的对照表

十进制数	二进制数	八进制数	十六进制数
0	0	0	0
1	1	1	1
2	10	2	2
3	11	3	3
4	100	4	4
5	101	5	5
6	110	6	6
7	111	7	7
8	1000	10	8
9	1001	11	9
10	1010	12	A
11	1011	13	B
12	1100	14	C
13	1101	15	D
14	1110	16	E
15	1111	17	F
16	10000	20	10

4. 数制间的转换规则

数制的相互转换就是将数字从一种数制表示转换为另一种数制的过程，在转换前后数字的值相同。

（1）非十进制数转换为十进制数。

非十进制数转换为十进制数使用按权展开法，就是把各数位的数码乘以该位位权，再按十进制加法相加。

【例 1-1】 将二进制数 1101.01 转换为十进制数。

$1101.01B=1\times2^3+1\times2^2+0\times2^1+1\times2^0+0\times2^{-1}+1\times2^{-2}=8+4+0+1+0+0.25=13.25$

【例 1-2】 将十六进制数 1BA.C 转换为十进制数。

$1BA.CH=1\times16^2+11\times16^1+10\times16^0+12\times16^{-1}=256+176+10+0.75=442.75$

【例 1-3】 将八进制数 157.4 转换为十进制数。

$157.4Q=1\times8^2+5\times8^1+7\times8^0+4\times8^{-1}=64+40+7+0.5=111.5$

（2）十进制数转换为非十进制数。

十进制数转换为非十进制数时，整数部分和小数部分分别进行转换，整数部分使用除基取余法，小数部分则使用乘基取整法。

① 十进制整数转换为非十进制整数。

十进制整数转换为非十进制整数使用“除基取余”法，就是将十进制数除以需转换的数制的基数得到一个商和余数，再将得到的商除以需转换的数制的基数得到一个新的商和余数；不断地用该基数继续去除所得的商，直至商为0。最后按从后向前的顺序依次将每次相除得到的余数排列，即第一次得到的余数为最低位，最后得到的余数为最高位，得到的就是最后转换的结果。

【例 1-4】 将十进制数 29 转换为二进制数。

该例是十进制整数转换为二进制数，应该用基数 2 去反复地除该数和商。

则得：$(29)_{10}=(11101)_{2}$

【例 1-5】 将十进制数 29 转换为八进制数。

该例是十进制整数转换为八进制数，应该用基数 8 去反复地除该数和商。

则得：$(29)_{10}=(35)_{8}$

【例 1-6】 将十进制数 29 转换为十六进制数。

该例是十进制整数转换为十六进制数，应该用基数 16 去反复地除该数和商。

则得：$(29)_{10}=(1D)_{16}$

② 十进制小数转换为非十进制小数。

十进制小数转换为非十进制小数使用“乘基取整法”，就是将十进制小数不断地乘以需转换成的数制的基数，直到小数部分值为 0 或者达到所需的精度为止，最后按从前向后的顺序依次将每次相乘得到的数的整数部分排列，得到的就是最后转换的结果，转换结果仍然是小数。

【例 1-7】 将十进制数 0.625 转换为二进制数。

该例是十进制小数转换为二进制小数，所以基数为 2。

则得：$(0.625)_{10}=(0.101)_{2}$

【例 1-8】 将十进制数 0.84375 转换为八进制数和十六进制数。

则得：$(0.84375)_{10}=(0.66)_{8}$　　　$(0.84375)_{10}=(0.D8)_{16}$

【例 1-9】 将十进制数 29.625 转换为二进制数。

按照例 1-4 和例 1-7 所述：$(29)_{10}=(11101)_{2}$，$(0.625)_{10}=(0.101)_{2}$

所以：$(29.625)_{10}=(11101.101)_{2}$

（3）二进制数与八进制数、十六进制数之间的转换。

① 二进制数与八进制数之间的转换。

二进制数转换成八进制数：以小数点为中心，整数部分从小数点左边第一位向左，小数部分从小数点右边第一位向右，每 3 位划分成一组，不足 3 位以 0 补足，每组分别转化为对应的一位八进制数码，最后将这些数字从左到右连接起来即可。而八进制数转换成二进制数：将每一位八进制数转换成对应的 3 位二进制数。

【例 1-10】 将二进制数 10101100.0101 转换为八讲制数，八进制数 276.53 转换为二进制数。

010　101　100　·　010　100
←　←　←　　→　→
2　5　4　·　2　4

$(10101100.0101)_{2}=(254.24)_{8}$

2　7　6　·　5　3
010　111　110　·　101　011

$(276.53)_{8}=(10111110.101011)_{2}$

② 二进制数与十六进制数之间的转换。

十六进制数的基数为 16，由数码 0～9，A～F 组成，用 4 位二进制数即可表示 1 位十六进制数。这样，二进制数与十六进制数之间的转换规则是：1 位十六进制数转换成 4 位二进制数，

4 位二进制数对应 1 位十六进制数。

【例 1-11】 将十六进制数 67F.68H 转换为二进制数，二进制数 10110010010.10101 转换为十六进制数。

6	7	F	.	6	8
0110	0111	1111	.	0110	1000

67F.68H=11001111111.01101B

0101	1001	0010	.	1010	1000
5	9	2	.	A	8

10110010010.10101B=592.A8H

5. 二进制的简单运算

二进制数的运算分为算术运算和逻辑运算两类。

（1）算术运算。

二进制数的算术运算与十进制的相同，有加、减、乘、除四则运算，但运算更简单，只需遵循“逢二进一，借一当二”的计数规则。

二进制数的加法运算法则是：

0+0=0　0+1=1　1+0=1　1+1=10

二进制数的减法运算法则是：

0−0=0　0−1=1　1−0=1　1−1=0

二进制数的乘法运算法则是：

0×0=0　0×1=0　1×0=0　1×1=1

二进制数的除法运算法则是：

0÷0 无意义　0÷1=0　1÷0 无意义　1÷1=1

【例 1-12】（11001）$_2$+（1101）$_2$=（100110）$_2$

【例 1-13】（1110）$_2$−（101）$_2$=（1001）$_2$

【例 1-14】（1011）$_2$×（110）$_2$=（1000010）$_2$

【例 1-15】（1000010）$_2$÷（110）$_2$=（1011）$_2$

（2）逻辑运算。

二进制数的逻辑运算有 4 种：逻辑与、逻辑或、逻辑非和逻辑异或。逻辑值只有两个：逻辑“真”（用 1 表示）和逻辑“假”（用 0 表示）。逻辑运算是按位进行的，没有进位和借位。

① 逻辑与。

逻辑与又称逻辑乘，运算符用“×”或者“∧”表示，运算规则如下：

0∧0=0　0∧1=0　1∧0=0　1∧1=1

即只有当参与逻辑与运算的两个数均为 1 时，结果才为 1，否则结果为 0。

例：11011∧10101=10001

② 逻辑或。

逻辑或又称逻辑加，运算符用“+”或者“∨”表示，运算规则如下：

0∨0=0　0∨1=1　1∨0=1　1∨1=1

即只有当参与逻辑或运算的两个数均为 0 时，结果才为 0，否则结果为 1。

例：11001∨10101=11101

③ 逻辑非。

逻辑非又称逻辑否定。逻辑非的运算符一般用“!”表示。如果变量为 A，则它的逻辑非运算结果为!A，运算规则如下：

!0=1　　!1=0

④ 逻辑异或。

逻辑异或的运算符用“-∨”表示，运算规则如下：

0-∨0=0 0-∨1=1 1-∨0=1 1-∨1=0

即只有当两个数取值不同时，结果才为1，否则结果为0。

例：11001-∨10101=01100

6. 计算机中数据的存储单位

计算机中采用二进制表示信息，常用的信息存储单位有位、字节和字长。

（1）位（bit）。

位是计算机中数据存储的最小单位，通常叫做比特（bit），它是二进制数的一个数位。一个二进制位可表示两种状态（0 或 1），两个二进制位可表示 4 种状态（00，01，10，11）。n个二进制位可表示 2^n 种状态。

（2）字节（byte）。

字节是表示计算机存储容量大小的单位，用 B 表示。1 个字节由 8 位二进制数组成。由于计算机存储和处理的信息量很大，人们常用千字节（KB）、兆字节（MB）、吉字节（GB）和太字节（TB）作为容量单位。所谓存储容量指的是存储器中能够包含的字节数。

它们之间存在下列换算关系：

1B=8bits

1KB=2^{10}B=1024B

1MB=2^{10}KB=1024KB

1GB=2^{10}MB=1024MB

1TB=2^{10}GB=1024GB

（3）字长。

字长是计算机一次操作处理的二进制位数的最大长度，是计算机存储、传送、处理数据的信息单位。字长是计算机性能的重要指标，字长越长，计算机的功能就越强。不同档次的计算机字长不同，如 8 位机、16 位机（如 286 机、386 机）、32 位机（如 586 机）、64 位机等。

1.2.4　原码、反码和补码

在生活中人们使用的数据有正数和负数，但计算机只能直接识别和处理用 0 和 1 表示的二进制数据，所以就需要用二进制代码 0 和 1 来表示正号和负号。在计算机中，采用二进制表示数的符号位和数值的数据，称为机器数或机器码。而与机器数对应的用正号和负号加绝对值来表示的实际数值称为机器数的真值。

1. 数的符号数值化

在计算机中，机器数规定数的最高位为符号位，用 0 表示正号（+），1 表示负号（-），余下各位表示数值。这类编码方法，常用的有原码、反码和补码 3 种。

（1）原码。

原码就是机器数，规定最高位为符号位，0 表示正数，1 表示负数，数值部分在符号位后面，并以绝对值形式给出。

例如，规定机器的字长为 8 位，则数值 103 的原码表示法为 01100111B，因为它是正数，则符号位是 0，数值位为 1100111。而数值-103 的原码表示应为 11100111B，因为它是负数，则符号位是 1，数值位是原数本身，为 1100111。

在原码表示法中，0 可以表示为+0 和−0，+0 的原码为 00000000B，而−0 的原码为 10000000B，也就是说，0 的原码有两个。

（2）反码。

正数的反码就是它的原码，负数的反码是将除符号位以外的各位取反得到的。

例如，$[103]_{反}=[103]_{原}$=01100111B，而$[-103]_{反}$=10011000B。

在反码中，0 也可以表示为+0 和−0，$[+0]_{反}$=00000000B，$[-0]_{反}$=11111111B。

（3）补码。

正数的补码就是它的原码，负数的补码是将它的反码在末位加 1 得到的。

例如，$[103]_{补}=[103]_{原}$=01100111B，而$[-103]_{补}=[-103]_{反}+1$=10011000+1=10011001B。

在补码中，0 只有一种表示法，即$[0]_{补}=[+0]_{补}=[-0]_{补}$=00000000。

2. 机器数中小数点的位置

在计算机中没有专门表示小数点的位置，主要采用两种方法表示小数点：一种规定小数点位置固定不变，称为定点数；另一种规定小数点位置可以浮动，称为浮点数。

（1）定点数。

定点数中的小数点位置是固定的。根据小数点的位置不同，定点数分为定点整数和定点小数两种。对于定点整数，小数点约定在最低位的右边，表示纯整数。定点小数约定小数点在符号位之后，表示纯小数。例如，−65 在计算机内用定点整数的原码表示时，是 11000001；而−0.6875 用定点小数表示时，是 11011000。

定点小数只能表示绝对值小于 1 的纯小数，绝对值大于或等于 1 的数不能用定点小数表示，否则会产生溢出。如果机器的字长为 m 位，则定点小数的绝对值不能超过 $1-2^{-(m-1)}$，如 8 位字长的定点小数 x 的表示范围为$|x|\leq127/128$。定点整数表示的数绝对值只在某一范围内。如果机器的字长为 m 位，则定点整数的绝对值不能超过 $2^{m-1}-1$，否则也会产生溢出，如 8 位字长的定点整数 x 的表示范围为$|x|\leq127$。

由此可见，定点数虽然表示简单和直观，但它能表示的数的范围有限，不够灵活方便。

（2）浮点数。

浮点数是小数点位置可以变动的数。为了增大数值的表示范围，以及表示既有整数部分、又有小数部分的数，可采用浮点数。

浮点数分为阶码和尾数两个部分，其中阶码一般用补码定点整数表示，尾数用补码或原码定点小数表示。浮点数在计算机内部的存储形式如图 1-7 所示。

阶码符号	阶码的值	尾数符号	尾数的值

图 1-7　浮点数的机内表示形式

其中阶码符号和阶码的值组成为阶码，尾数符号和尾数的值组成为尾数，则浮点数 N=尾数×阶码。通常规定尾数决定数的精度，阶码决定数的表示范围。

例如，二进制数 N=（10101100.01）$_2$，用浮点数可以写成 0.1010110001×2^8。其尾数为 1010110001，阶码为 1000。这个数在机器中的格式（机器字长 32 位，阶码用 8 位表示，尾数为 24 位）如图 1-8 所示。

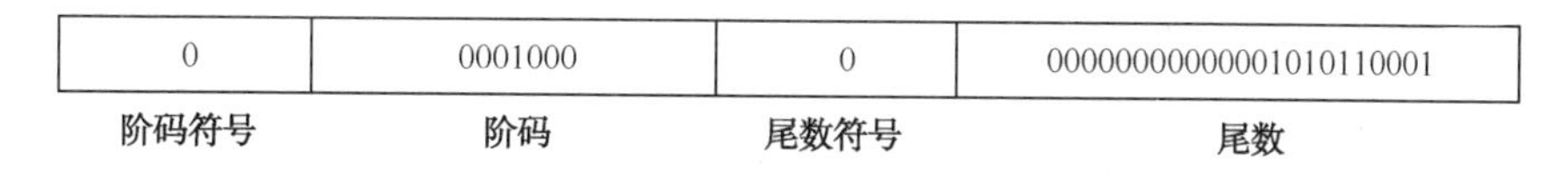

图 1-8 浮点数（10101100.01）$_2$在机器中的表示形式

1.2.5 字符在计算机中的表示

计算机只能处理二进制数，所以计算机中的各种信息都需要按照一定的规则用若干位二进制码来表示，这种处理数据的方法就叫编码，也叫字符编码。目前，世界上最通用的字符编码是 ASCII 码。

ASCII 码的全称为美国标准信息交换代码（American Standard Code for Information Interchange），用于给西文字符编码。ASCII 码由 7 位二进制数组合而成，可以表示 128 个字符。其中包括 34 个通用控制字符，10 个阿拉伯数字，26 个大写英文字母，如图 1-9 所示。

高四位 / 低四位		ASCII非打印控制字符										ASCII打印字符												
		0000					0001					0010		0011		0100		0101		0110		0111		
		0					1					2		3		4		5		6		7		
		十进制	字符	ctrl	代码	字符解释	十进制	字符	ctrl	代码	字符解释	十进制	字符	十进制	字符	十进制	字符	十进制	字符	十进制	字符	十进制	字符	ctrl
0000	0	0	BLANK NULL	^@	NUL	空	16	►	^P	DLE	数据链路转意	32		48	0	64	@	80	P	96	、	112	p	
0001	1	1	☺	^A	SOH	头标开始	17	◄	^Q	DC1	设备控制1	33	!	49	1	65	A	81	Q	97	a	113	q	
0010	2	2	☻	^B	STX	正文开始	18	↕	^R	DC2	设备控制2	34	"	50	2	66	B	82	R	98	b	114	r	
0011	3	3	♥	^C	ETX	正文结束	19	!!	^S	DC3	设备控制3	35	#	51	3	67	C	83	S	99	c	115	s	
0100	4	4	♦	^D	EOT	传输结束	20	¶	^T	DC4	设备控制4	36	$	52	4	68	D	84	T	100	d	116	t	
0101	5	5	♣	^E	ENQ	查询	21	ϕ	^U	HAK	反确认	37	%	53	5	69	E	85	U	101	e	117	u	
0110	6	6	♠	^F	ACK	确认	22	■	^V	SYN	同步空闲	38	&	54	6	70	F	86	V	102	f	118	v	
0111	7	7	●	^G	BEL	振铃	23	↨	^W	ETB	传输块结束	39	'	55	7	71	G	87	W	103	g	119	w	
1000	8	8	◘	^H	BS	退格	24	↑	^X	CAN	取消	40	(	56	8	72	H	88	X	104	h	120	x	
1001	9	9	○	^I	LAB	水平制表符	25	↓	^Y	EM	媒体结束	41	)	57	9	73	I	89	Y	105	i	121	y	
1010	A	10	◙	^J	LF	换行/新行	26	→	^Z	SUB	替换	42	*	58	:	74	J	90	Z	106	j	122	z	
1011	B	11	♂	^X	VT	竖直制表符	27	←	^[	SEC	转意	43	+	59	;	75	K	91	[	107	k	123	{	
1100	C	12	♀	^L	FF	换页/新页	28	∟	^\	FS	文件分隔符	44	,	60	<	76	L	92	\	108	l	124	[	
1101	D	13	♪	^M	CR	回车	29	↔	^]	GS	组分隔符	45	-	61	=	77	M	93	]	109	m	125	}	
1110	E	14	♫	^N	SO	移出	30	▲	^6	RS	记录分隔符	46	.	62	>	78	N	94	^	110	n	126	~	
1111	F	15	☼	^O	SI	移入	31	▼	^-	US	单元分隔符	47	/	63	?	79	O	95	_	111	o	127	Δ	Back Space

注：表中的ASCII字符可以用：ALT+“小键盘上的数字键”输入

图 1-9 ASCII 码表

计算机的基本存储单位是字节，7 位 ASCII 编码在计算机内仍然占用了 8 位，该字符编码的第八位（最高位）自动为 0，也就是说 1 个字符占用 1 个字节。

后来，又出现了扩充 ASCII 码，即用 8 位二进制数构成一个字符编码，共有 256 个符号。扩充 ASCII 码在原有的 128 个字符基础上，又增加了 128 个字符来表示一些常用的科学符号和表格线条。

1.2.6 电子计算机的发展

计算机在经历了机械式和机电式两大发展阶段后，Colossus 和 ENIAC 的诞生开创了电子数字计算机时代，在人类文明史上具有划时代的意义。在其问世以后的 40 多年里，计算机技术发展异常迅速，至今在人类科技史上没有一种学科可以与电子计算机的发展速度相提并论。在这 40 多年中，电子计算机的性能飞跃与其使用的主要电子元器件的发展息息相关。目前，根据计算机所使用的主要元器件，将电子计算机的发展过程分成 4 代，每一代在技术上都是一次新的突破，在性能上都是一次质的飞跃。

1. 第一代电子计算机——电子管计算机（1946～1957 年）

第一代电子计算机使用的元器件是电子管，内存储器采用水银延迟线，外存储器采用磁鼓、纸带、卡片等；输入/输出设备落后，主要使用穿孔卡片机；没有系统软件，只能用机器语言或者汇编语言编程。其特点是：运算速度慢，只有每秒几千到几万次；内存容量非常小，仅达到 1000～4000 字节；并且体积大，功耗大，价格昂贵，使用不方便，寿命短。第一代电子计算机主要用于数值计算领域。图 1-10 所示为 Colossus 中使用的犹如灯泡一样的继电器。

图 1-10　Colossus 中使用的继电器

2. 第二代电子计算机——晶体管计算机（1958～1964 年）

第二代电子计算机使用的元器件是晶体管，内存储器采用磁心，外存储器采用磁盘、磁带。计算机的体积缩小、质量变轻、能耗降低、成本下降，计算机的可靠性提高，运算速度大幅度增加，可达到每秒几十万次，存储容量增大；同时软件技术也有了很大发展，开始有了监控程序，出现了高级语言，如 FORTRAN、ALGOL_60、COBOL 等，提高了计算机的工作效率。计算机的应用范围从数值计算扩大到数据处理、工业过程控制等领域。

3. 第三代电子计算机——中、小规模集成电路计算机（1965～1970 年）

第三代电子计算机使用的元器件是小规模集成电路（Small Scale Integration，SSI）和中规模集成电路（Medium Scale Integration，MSI），内存储器采用半导体存储器。集成电路是用特殊工艺将大量的晶体管和电子线路组合在一块硅晶片上，故又称芯片。集成电路计算机的体积、质量、功耗进一步减小，运算速度提高到每秒几十万次至几百万次，可靠性提高。同时软件技术进一步发展，出现了功能完备的操作系统，结构化、模块化的程序设计思想被提出，而且出现了结构化的程序设计语言 PASCAL。计算机的应用领域和普及程度迅速扩大。

4. 第四代电子计算机——大规模、超大规模集成电路计算机（1971 年后）

第四代电子计算机使用的元器件是大规模集成电路和超大规模集成电路。大规模集成电路（Large Scale Integration，LSI）每片能集成 1000～10000 片电子元件，超大规模集成电路（Very Large Scale Integration，VLSI）每片能集成 10000 片以上电子元件，内存储器使用大容量的半导体存储器；外存储器的存储容量和存储速度都大幅度地增长，使用磁盘、磁带和光盘等存储设备；各种使用方便的输入/输出设备相继出现。计算机的运算速度可达每秒几百万次至上亿次，而其体积、质量和功耗则进一步减小，计算机的性能价格比基本上以每 18 个月翻一番的速度上升，此即著名的摩尔定律。在软件技术上，操作系统的功能进一步完善，出现了并行处理、多机系统、分布式计算机系统和计算机网络系统。计算机的应用领域扩展到社会的各行各业中。

值得注意的是，微型计算机也是这个阶段的发展产物。1971 年美国 Intel 公司成功地研制出世界上第一台微型计算机，它把计算机的运算器和控制器集成在一块芯片上组成微处理器（MPU），然后通过总线连接起计算机的各个部件，组成第一台 4 位的微型计算机，从而拉开了微机发展的序幕。时至今日，微型计算机的速度越来越快，容量越来越大，性能越来越强，不仅能处理数值、文本信息，还能处理图形、图像、音频、视频等信息。操作系统功能完善，开发工具和高级语言众多、功能强大，开发出各种各样方便实用的应用软件，加上通信技术、计算机网络技术和多媒体技术的飞速发展，使得计算机日益完善和普及，并已经成为社会生活中不可缺少的工具。

计算机的发展阶段如表 1-3 所示。

表 1-3　计算机的发展阶段

代别	起止年份	所用电子元器件	数据处理方式	运算速度	应用领域
一	1946～1957	电子管	汇编语言、代码程序	几千到几万次/秒	国防及高科技
二	1958～1964	晶体管	高级程序设计语言	几万到几十万次/秒	工程设计、数据处理
三	1965～1970	中、小规模集成电路	结构化、模块化程序设计、实时处理	几十万到几百万次/秒	工业控制、数据处理
四	1971 年至今	大规模和超大规模集成电路	分时、实时数据处理、计算机网络	几百万到上亿条指令/秒	工业、生活等各方面

1.2.7　现代计算机的分类

计算机种类繁多，从不同角度对计算机有不同的分类方法，通常从工作原理、应用范围和性能 3 个不同的角度对电子计算机进行分类。

1. 按照工作原理分类

根据计算机内部信息表示形式和数据处理方式的不同，可以将计算机分为数字计算机、模拟计算机和数字模拟混合计算机。

数字计算机处理的是在时间上离散的数字量，非数字量必须经过编码后方可处理，其基本运算部件是数字逻辑电路，因此，运算精度高、通用性强。当前使用的计算机多数是电子数字计算机。

模拟计算机采用模拟技术，用于处理连续量，其基本运算部件是由运算放大器构成的各类运算电路，计算精度低，但解决问题速度快。

数字模拟混合计算机是将数字技术和模拟技术相结合，兼有数字计算机和模拟计算机的功能及优点。

2. 按照应用范围分类

根据计算机的应用范围不同，计算机可以分为专用计算机和通用计算机。

专用计算机是针对某种特殊的要求和应用而设计的计算机，适用于特殊应用领域。

通用计算机则是为满足大多数应用场合而推出的计算机，用途广泛，适用于各个领域。通常所说的计算机均指通用计算机。

3. 按照性能分类

计算机的性能是指计算机的字长、运算速度、存储容量、外设的配置、输入/输出能力等主要技术指标，按其分类大体可将计算机分为巨型机、大型机、中型机、小型机和微型机。

巨型机是运算速度最快、存储容量最大、处理能力最强、价格也最高的超级计算机，主要用于航天、气象和军事等尖端科学领域，它体现着一个国家的综合科技实力，如我国的银河机、曙光机，美国 IBM 公司的“深蓝”等。

微型机又称个人计算机（Personal Computer，PC）或微机，其体积小、价格低，但性能也很高，普遍应用于各种民用、办公、娱乐等领域，普及率高。微型机又可以分为台式机、笔记本型、掌上型、笔式计算机等。

1981 年 8 月 12 日，IBM 发布其第一台 PC——5150，如图 1-11 所示，从此掀开 PC 新纪元。第一台 IBM PC 采用了主频为 4.77MHz 的 Intel 8088，操作系统是 Microsoft 提供的 MS-DOS。这台售价 3000 美元的 5150，IBM 将其命名为“个人电脑”，不久“个人电脑”的缩写“PC”成为通用的个人电脑代名词。

第一台笔记本电脑的发明者是亚当·奥斯本（Adam Osborne）。1981 年，他发明并开始销售的第一台“笔记本”名叫 Osborne 1，如图 1-12 所示，电脑重 24 磅，价格为 1795 美元。与当时的电脑不同，它之所以被称作便携式电脑是因为它设计了一个超袖珍的内置显示屏，当然这个显示屏是显像管技术的而非 LCD 的。而且它的键盘外设一应俱全，奥斯本当时也想到了便携时的软件问题，所以将所有软件都与这台电脑捆绑销售，据称这些软件当时就价值 1500 美元。这台电脑采用 CP/M 操作系统、装有 Wordstar 字处理软件、SuperCalc 电子表格软件、微软的 MBASICx 编程语言、CBASIC 语言等。在硬件方面，它内置了两个软驱（当然没有光驱）。而且，各种当时的接口一应俱全，还有一个调制解调器。

大型机、中型机和小型机是指性能、规模、价格居于巨型机和微型机之间、允许多个用户同时使用的计算机，其主要用于大型企业、科研机构或大型数据库管理系统中。

图 1-11　第一台 PC（个人计算机）IBM 5150

图 1-12　世界上第一台笔记本电脑 Osborne 1

1.2.8　电子计算机的应用

由于计算机具有运算速度快、计算精度高、记忆能力强、高度自动化等一系列特点，计算机的应用已经深入到社会生活实践的各个领域，如科学计算、数据处理、过程控制、计算机辅助系统、人工智能、计算机网络及电子商务和电子政务等。

1. 科学计算

科学计算也就是数值计算，指计算机应用于解决科学研究和工程技术中所提出的数学问题，是计算机应用最早、最成熟的领域。在科学研究和实际工作中，许多问题最终都归结为某一数学问题，这些问题只要能精确地用数学公式描述，就可以在计算机的支持下解决。而且由于计算机的精度高、速度快，所以，科学计算仍是计算机应用的重要领域，如高能物理、工程设计、天气预报、卫星发射、工业生产过程中的参数计算等。

2. 数据处理

数据处理也叫信息处理，是指使用计算机系统对数据进行采集、加工、存储、分类、排序、检索和发布等一系列工作的过程。数据处理是计算机应用最广泛的领域，处理的数据量大，算术运算简单，结果要求以表格或文件存储、输出。近年来，纷纷出现的管理信息系统（Management Information System，MIS）、决策支持系统（Decision Support System，DSS）、办公自动化系统（Office Automation，OA）等都属于数据处理。这些系统在企业管理、信息检索等方面的应用，大大提高了办公效率和管理水平，带来了巨大的经济效益和社会效益。

3. 过程控制

过程控制也叫实时控制或自动控制，就是用计算机对连续工作的控制对象进行自动控制。计算机能对被控对象及时地采集信号，进行计算处理，动态地发布命令，并在允许的时间范围内完成对被控对象的自动调节，以达到与被控对象的真实过程一致。用计算机实现实时控制，可以提高控制的准确性，降低生产成本，提高产品质量和生产效率。例如，生产流水线上的计算机自动控制系统、医院里患者病情的自动监控系统、交通信号灯的自动控制系统、指纹的自动识别系统、信用卡的识别系统、各种条码的识别系统等，都可以提高生产效率和产品质量。

4. 计算机辅助系统

计算机辅助系统是指用计算机来辅助人们进行工作，部分替代人完成许多工作，用以提高人们的工作效率和减少成本。常用的有计算机辅助设计（Computer Aided Design，CAD）、计算机辅助制造（Computer Aided Manufacturing，CAM）、计算机辅助工程（Computer Aided Engineering，CAE）、计算机辅助教学（Computer Aided Instruction，CAI）、计算机辅助测试（Computer Aided Testing，CAT）。CAD 和 CAM 的广泛应用，提高了企业的竞争能力和应变能力，提高了生产效益。

5. 人工智能

人工智能就是利用计算机模拟人类的感知、思维、推理等智能行为，使机器具有类似于人的行为。人工智能是一门研究如何构造智能机器人或智能系统，使其能模拟、延伸和扩展人类智能的学科。人工智能研究和应用的领域包括模式识别、自然语言理解与生成、专家系统、自动程序设计、定理证明、联想与思维的机理、数据智能检索等。人工智能的研究已取得了一些成果，如自动翻译、战术研究、密码分析、医疗诊断等，但离真正的智能还有很长的路要走。

6. 计算机网络

计算机网络是计算机技术和通信技术相结合的产物，就是用通信线路把各自独立的计算机连接起来，形成各计算机用户之间可以相互通信并使用公共资源的网络系统。现在的计算机网络是集文本、声音、图像及视频等多媒体信息于一身的全球信息资源系统。应用计算机网络，能够使一个地区、一个国家甚至全世界范围内的计算机与计算机之间实现信息、软硬件资源和数据共享，可以大大促进地区间、国际间的通信和各种数据的传输与处理。人们可以通过网络“漫游世界”、收发电子邮件、搜索信息、传输文件、共享资源、进行网上交流、网上购物及网上办公等。网络改变了人们的时空概念，现代计算机的应用已离不开计算机网络。

7. 电子商务和电子政务

电子商务和电子政务是指通过计算机网络进行的商务和政务活动。电子商务主要为电子商户提供服务，它是实现消费者的网上购物、商户之间的网上交易和在线电子支付的一种新型的商业运营模式。电子商务和电子政务是 Internet 技术与传统信息技术的结合，是网络技术应用的全新发展方向。它不仅会改变企业本身的生产、经营及管理活动，而且将影响到整个社会的经济运行结构。

总之，计算机已在各行各业广泛应用，并且深入到文化、娱乐和家庭生活等各个领域，发挥着任何其他工具均难以替代的作用。

1.3 计算思维相关知识

计算与计算设备的诞生与发展是人类社会发展的必然产物，而计算技术的发展和电子计算机的诞生对现代社会、经济和科技等各方面的发展也有着不可替代的作用。目前，在大数据时代的背景下，数据不再是静止孤立的，它们成为最重要的资源，甚至工具。实时的巨量的数据处理需求使得人们对计算技术的追求达到了比以往任何时代都全面、迫切的程度。目前，计算科学、理论科学和实验科学并列成为推动人类文明进步和促进科技发展的三大手段。因此，计算思维不仅为计算机科学家所需要，更应成为每一个人的普适能力。这种思维能力的普及对国家竞争力、社会发达水平和经济发展速度有着巨大和深远的影响。然而，仅仅掌握计算技术和熟悉计算设备的使用不等同于拥有计算思维能力。如何培养这种思维能力显得尤为重要。

1.3.1 计算思维的形成

2006 年 3 月，美国卡内基·梅隆大学计算机系主任周以真教授在美国计算机权威杂志 ACM《Communication of the ACM》上发表并定义了 Computational Thinking，即计算思维。此后，“计算思维”这一概念引起了国际计算机界、社会学界及哲学界的广泛讨论和关注，并进而成为对国内外计算机界和教育界带来深远影响的一个重要概念。

计算方法及计算工具的发展和应用对于人类科技史的创新起着异常重要的作用。然而，由于没有上升到思维科学的高度，计算有一定的盲目性，缺乏系统性和指导性。直到 20 世纪 80 年代，钱学森教授在总结前人的基础之上，将思维科学列为 11 大科学技术门类之一，与自然科学、社会科学、数学科学、系统科学、人体科学、行为科学、军事科学、地理科学、建筑科学、文学艺术并列在一起。经过 20 余年的实践证明，在钱学森思维科学的倡导和影响下，各种学科思维逐步开始形成和发展，如数学思维、物理思维等。思维科学理论体系的建立和发展也为计算思维的萌芽和形成奠定了基础。计算思维在此时期开始萌芽。此后，各学科在思维科学的指导下逐渐发展起来，但直到 2006 年，周以真教授对计算思维进行详细分析，阐明其原理，并将其以“Computational Thinking”命名发表在 ACM 的期刊上，才使计算思维这一概念一举得到了各国专家学者及跨国机构的极大关注。

1.3.2 计算思维的相关内容——概念、原理及影响

计算思维指的是通过约简、嵌入、转化和仿真等方法，把一个看来困难的问题重新阐释成一个已知解决方法的问题的方法。计算思维实际上囊括了问题求解所采用的一般数学思维方法、现实世界中复杂系统的设计与评估的一般工程思维方法，以及复杂性、智能、心理、人类行为的理解等一般科学思维方法。如果从更系统化的角度阐述，计算思维可归纳为运用计算机科学的基础概念进行问题求解、系统设计以及人类行为理解等涵盖计算机科学之广度的一系列思维活动。显而易见，计算思维涵盖了包括计算机科学在内的一系列思维活动，而并非是计算

机科学的专属。从方法论角度则具体表现如下。

（1）计算机思维是一种递归思维，是一种并行处理，是一种把代码译成数据又能把数据译成代码，是一种多维分析推广的类型检查方法。

（2）计算机思维是一种采用抽象和分解来控制庞杂的任务或进行巨大复杂系统设计的方法，是基于关注分离的方法。

（3）计算机思维是一种选择合适的方式去陈述一个问题，或对一个问题的相关方面建模使其易于处理的思维方法；是按照预防、保护及通过冗余、容错、纠错的方式，并从最坏情况进行系统恢复的一种思维方法。

（4）计算机思维是利用启发式推理寻求解答，也即在不确定情况下的规划、学习和调度的思维方法。

（5）计算机思维是利用海量数据来加快计算，在时间和空间之间，在处理能力和存储容量之间进行折中的思维方法。

计算思维的原理包含可计算性原理、形理算一体原理和机算设计原理。可计算原理亦可称为计算的可行性。早在 1936 年，英国科学家图灵就提出了计算思维领域的计算可行性问题，即是怎样判断一类数学问题是否是机械可解的，或者说一些函数是否是可计算的。形理算一体原理，即是针对具体问题应用相关理论进行计算进而发现规律的原理。在计算思维领域，就是从物理图像和物理模型出发，寻找相应的数学工具与计算方法进行问题求解。机算设计原理，就是利用物理器件和运行规则——算法相结合完成某个任务的原理。这 3 个原理运用在计算思维领域中获得的最显著的成果就是电子计算机的创造——根据数学计算和物理元器件的特点研究出的计算机由五大部件组成的设计原理，以及运用二进制和存储程序的概念来达到解决问题的目的。当比较分析利用计算思维的问题解决方案后，不难发现计算思维具有以下 6 个方面的特征：①概念化，不是程序化；②根本的，不是刻板的技能；③是人的，不是计算机的思维方式；④数学和工程思维的互补与融合；⑤是思想，不是人造物；⑥面向所有的人、所有地方。

从计算思维的概念和原理中进一步深入思考可知，计算思维能帮助我们用抽象话语模式从已解决问题的算法，借助数学计算和工程建模等发现人类生活、社会各领域乃至大数据问题的切入点。这种思维能力强调在给定的资源条件下寻找问题解决方案时，先对问题进行抽象，抽象之后再试图对问题进行重新的计算性表达，然后发挥工程性的思维考虑这个问题的准确性和解决效率。计算思维实际上涉及任务统筹设计，它将提升人的能力、优化问题解决方案。

1.3.3 计算思维与各学科的关系

不同计算平台、计算环境和计算设备使得数据的获取、处理和利用更便捷、具时效性，特别是在大数据时代背景下，数据本身已成为一种工具，隐藏在其中的巨大信息资源不仅需要计算技术保持迅速发展，同时也让人们意识到基于多学科交叉的人才培养对技术创新体系的重要性。创造性思维培养离不开计算思维的培养。

思维的特性决定了它能给人以启迪，给人创造想象的空间。思维可使人具有联想性、具有推展性；思维既可概念化又可具象化，且具有普适性；知识和技能具有时间性的局限，而思维则可跨越时间性，随着时间的推移，知识和技能可能被遗忘，但思维可以潜移默化地融入未来的创新活动中。计算机学科中体现了很多这样的思维，这些典型的计算思维对各学科、包括非计算机专业学生的创造性思维培养是非常有用的，尤其是对其创新能力的培养是有决定作用的。例如，“0和1”、“程序”有助于学生形成研究和应用自动化手段求解问题的思维模式；“并行与分布计算”、“云计算”有助于学生形成现实空间与虚拟空间、并行分布虚拟解决社会自然问题的新型思维模式；“算法”和“系统”有助于学生形成化复杂为简单、层次化、结构化、对象化求解问题的思维模式；“数据化”“网络化”有助于学生形成数据聚集与分析、网络化获取数据与网络化服务的新型思维模式。借鉴通用计算系统的思维，研制支持生物技术研究的计算平台，研制支持材料技术研究的计算平台等。

思维的每一环节都需要知识，基于知识可更好地理解、形成贯通，通过贯通进而理解整个思维。对于各学科知识的汲取具有的这些思维不仅仅有助于勾勒出反映计算的原理依据和方法、计算机程序的设计，更重要的是体现了基于计算技术/计算机的问题求解思路与方法。另一方面，由于计算科学相关知识的更新和膨胀速度非常快，学习知识时应注重“思维”训练，对“知识”就必须有所选择，侧重于理解计算机学科经典的、对人们现在和未来有深刻影响的思维模式。在选择和理解知识相关性，以及培养自身具备计算思维来解决问题的过程中，可以开始养成从以下角度出发去思考。

（1）对于该类问题的解决，人的能力与局限性是什么？计算机的计算能力与局限性是什么？

（2）问题到底有多复杂？也即，问题解决的时间复杂性、空间复杂性。

（3）问题解决的判定条件是什么？也即，如何合理设定最终结果的临界值。

（4）什么样的技术（各种建模技术）能被应用于当前的问题求解或讨论之中？与已解决的哪些问题存在相似方面？

（5）在可采用的计算策略中，如何判断怎样的计算策略更有利于当前问题的解决？

1.4 本章小结

本章主要介绍了关于计算机的一些基本概念和基础知识，包括计算机的定义、特点、分类及应用领域，计算机中使用的数制的概念及不同数制之间的相互转换，并且还对计算机中的数据表示以及计算思维进行了相关介绍。

1.5 思考与练习

1. 选择题

（1）人们习惯将计算机的发展划分为四代。划分的主要依据是____。

A．计算机的应用领域　　B．计算机的运行速度

C．计算机的配置　　D．计算机主机所使用的元器件

（2）计算机辅助设计又称____。

A．CAI　　B．CAM　　C．CAD　　D．CAT

（3）个人计算机属于____。

A．小型计算机　　B．巨型计算机　　C．微型计算机　　D．中型计算机

（4）早期的计算机主要应用于____。

A．科学计算　　B．信息处理　　C．实时控制　　D．辅助设计

（5）以下不属于计算思维范畴的思维方法是____。

A．科学思维方法　　B．工程思维方法　　C．物理思维方法　　D．数学思维方法

（6）以下属于电子计算机的是____。

A．加分机　　B．差分机分　　C．图灵机　　D．乘法机

（7）“利用计算机模拟人类的感知、思维、推理等智能行为，使机器具有类似于人的行为”指的是____。

A．机器学习　　B．人工智能　　C．程序自动控制　　D．机器仿生

（8）多媒体化是指以____为核心的图像、声音与计算机、通信等融为一体的信息环境，使人们可利用计算机以更接近自然的方式交换信息。

A．数字技术　　B．数学技术　　C．通讯技术　　D．云计算技术

（9）电子计算机经历了电子管计算机、____计算机、中小规模集成电路和大规模、超大规模集成电路。

A．纳米　　B．继电器　　C．晶体管　　D．阴极管

（10）“人工智能之父”指的是____。

A．冯•诺依曼　　B．巴贝奇　　C．艾肯　　D．图灵

2．填空题

（1）目前所使用的计算机都是基于一个美国科学家提出的原理进行工作的，这位科学家是________。

（2）世界上公认的第一台电子计算机于 1946 年在宾夕法尼亚大学诞生，它叫________。

（3）将二进制数 1111111 转换成八进制数是________，转换成十六进制数是________，将 A8H 转换成十进制数是________。

（4）将十进制数 0.625 转换成二进制数是________，转换成八进制数是________，转换成十六进制数是________。

（5）如果计算机的字长是 8 位，那么 68 的补码是________，−68 的补码是________。

（6）带符号数有原码、反码和补码等表示形式，其中用________表示时，+0 和−0 的表示形式是一样的。

（7）存储 1024 个 32×32 点阵的汉字字型信息需要的字节数是________。

（8）在中文 Windows 环境下，设有一串汉字的内码是 B5C8BCB3BFBDCAD6H，则这串文字中包含________个汉字。

3．思考题

（1）计算机的发展经历了哪几代？电子计算机发展又有几个阶段？划分依据是什么？

（2）电子计算机的主要特点有哪些？

（3）举例说明生活中应用到计算思维的例子。

（4）如何看待计算思维中的“可计算性”？可否举例说明？

（5）计算机的发展经历了哪几代？每一代计算机采用的主要元器件是什么？

（6）列出表示计算机存储容量的 B、KB、MB、GB 与 TB 之间的关系。

第2章 微型计算机系统的组成

随着集成电路技术的发展及计算机应用的需要，计算机技术得到了飞速发展，计算机的结构变得越来越复杂，计算机的普及和应用也越来越广泛。因此，在学习和使用计算机时，必须掌握和建立计算机系统的观点。计算机系统由硬件系统和软件系统组成，硬件系统提供计算机工作的物质基础，软件系统是硬件功能的扩充和完善。了解计算机系统，不仅能掌握计算机系统的基本组成和工作原理，也能理解想要扩充计算机系统的功能就必须依靠计算机软件。

本章主要内容

- 计算机系统的组成和工作原理
- 微型计算机的硬件系统
- 微型计算机的软件系统

2.1 计算机系统的组成

一个完整的计算机系统包括硬件系统和软件系统两大部分。

硬件系统是指计算机系统的物理设备。只有硬件系统的计算机叫裸机，裸机是无法运行的，需要软件的支持。所谓计算机软件，是指为解决问题而编制的程序及其文档。软件包括计算机本身运行所需要的系统软件和用户完成任务所需要的应用软件。计算机是依靠硬件系统和软件系统的协同工作来完成各项任务的。

在计算机系统中，硬件和软件相互渗透、相互促进，构成一个有机的整体。硬件是基础，软件则是指挥中枢，只有将硬件和软件结合成统一的整体，才能称其为一个完整的计算机系统。完整的计算机系统的组成如图 2-1 所示。

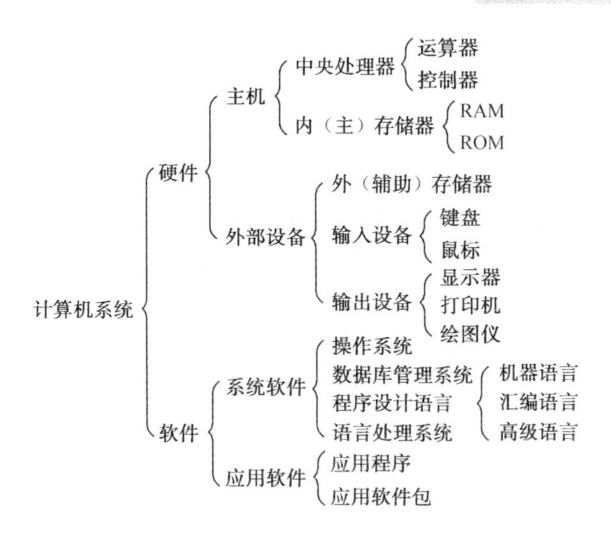

图 2-1 计算机系统的组成

2.2 微型计算机的硬件系统

微型计算机系统也是由硬件系统和软件系统组成的。微型计算机的硬件系统由主机和外部设备构成。主机包括中央处理器和内存储器，外部设备由输入设备、输出设备、外存储器、输入/输出接口和系统总线组成。微型计算机的硬件系统组成如图 2-2 所示。

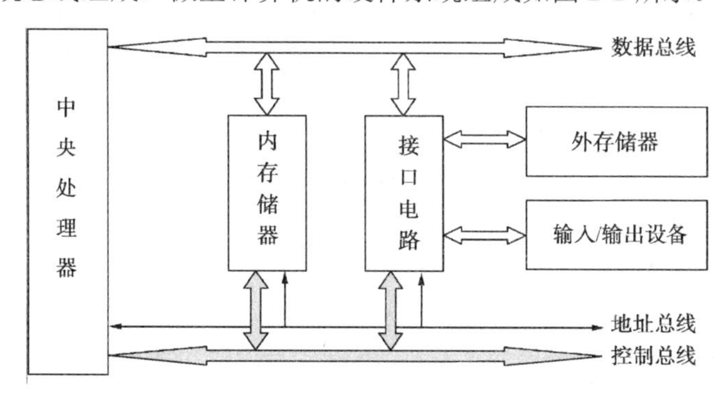

图 2-2 微型计算机的硬件系统组成

2.2.1 主机系统

主机系统包括中央处理器、内存储器和主板。

1. 中央处理器

中央处理器（Central Processing Unit，CPU）是计算机系统的核心部件，起到控制计算机工作的作用。它由运算器和控制器组成。运算器是对数据进行加工处理的部件，它在控制器的作用下与内存交换数据，负责进行各类基本的算术运算、逻辑运算和其他操作。控制器是整个计算机系统的指挥中心，负责对指令进行分析，并根据指令的要求，有序、有目的地向各个部件发出控制信号，使计算机的各部件协调一致地工作。

CPU 的主要功能如下。

（1）实现数据的算术运算和逻辑运算。

（2）实现取指令、分析指令和执行指令操作的控制。

（3）实现异常处理、中断处理等操作。

CPU 性能的高低决定了微型计算机系统的档次，CPU 的主要性能指标是主频和字长。

主频是 CPU 工作时的时钟频率，决定 CPU 的工作速度，主频越高，CPU 的运算速度越快。CPU 的主频以兆赫兹（MHz）或吉赫兹（GHz）为单位。CPU 的主频=外频×倍频系数。

字长是指计算机一次所能同时处理的二进制信息的位数。字长越长，计算精度越高，CPU 的档次就越高，它的功能也越强，但其内部结构也就越复杂。人们常说的 16 位机、32 位机和 64 位机，是指该计算机中的 CPU 可以同时处理 16 位、32 位或是 64 位的二进制数据。

外频是 CPU 的基准频率，单位是 MHz。CPU 的外频决定着整块主板的运行速度。通俗地说，在台式机中所说的超频，都是使 CPU 具有更高的外频。但对于服务器 CPU 来讲，超频是绝对不允许的，CPU 决定着主板的运行速度，两者是同步运行的，如果把服务器 CPU 超频了，改变了外频，会产生异步运行，这样会造成整个服务器系统不稳定。

市面上的 CPU 产品除了 Intel 公司的，还有 AMD 公司的系列 CPU。Intel 公司目前针对台式机主要有以下 6 个平台：Core i7 Extreme、Core i7 、Core 2 Quad（酷睿 2 四核）、Core 2、Pentium Dual Core（奔腾双核）、Celeron Dual Core（赛扬双核）。如图 2-3 所示。

图 2-3　Intel i3 CPU 和 AMD Socket AM2 CPU

Core（酷睿）是一款领先节能的新型微架构，设计的出发点是提供卓然出众的性能和能效，提高每瓦特性能，也就是所谓的能效比。早期的 Core 是基于笔记本处理器的。双核就是在一块 CPU 基板上集成两个物理处理器核心，并通过并行总线将各处理器核心连接起来，可以将系统的性能提高 50%～70%。多线程和多任务处理是双核 CPU 应用中的优势所在。目前的 PC CPU 技术已发展到 6 核甚至 8 核。

而 AMD 公司全新设计的 Zen CPU 架构特别关注大幅提升单核心性能，尤其是每个核心的解码器、ALU、浮点单元等都比推土机架构多了一倍。简单来说，Zen 架构相当于把推土机架构的一个双核心模块压缩成了单个核心，而且还加入了超线程。AMD 早些年相信，CPU 架构可以专注于整数性能，浮点性能则交给 GPU（Graphics Processing Unit，视觉处理单元），二者相辅相成，然而多线程、通用计算的发展远未达到预期。Zen 架构显然改变了思路，再次使用大核心：4 个解码、4 个 ALU、4 个 128-bit 宽度浮点单元（组成两个 256-bit FMAC）。

2. 内存储器

存储器是计算机系统内最主要的记忆装置，能够把大量计算机程序和数据存储起来（称为写），此外也能从其中取出数据或程序（称为读）。存储器是计算机的记忆核心，是程序和数据的收发集散地。

内存储器也称主存储器，读/写速度快，可直接与 CPU 交换数据，一般存放当前正在运行的程序和正在使用的数据。内存储器的升级作为显著提升系统效能的途径之一，受到众多计算机用户的推崇。国际知名高端内存品牌海盗船经典的“梳子”如图 2-4 所示。而性价比较高的以金士顿品牌为代表，如图 2-5 所示。

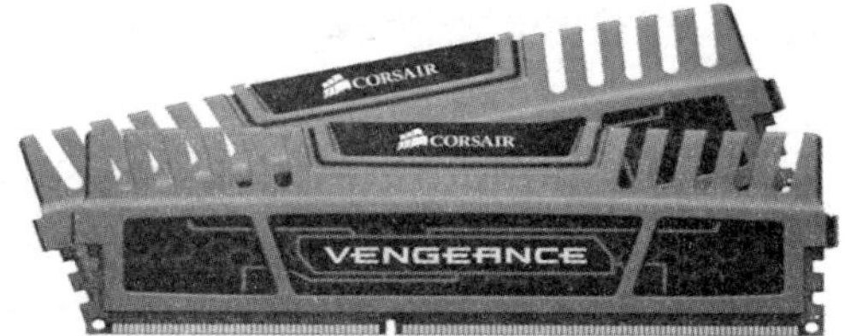

图 2-4　海盗船内存条

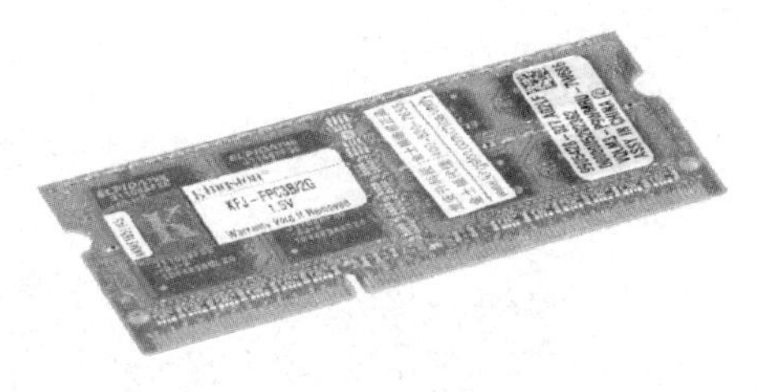

图 2-5 金士顿内存条

按工作方式的不同，可以将内存储器分为随机存储器（Random Access Memory，RAM）、只读存储器（Read-Only Memory，ROM）和高速缓冲存储器（Cache）。

RAM 中的信息可以随机读出或写入，但断电后其中的信息会消失，再次通电也不能恢复。计算机工作时使用的程序和数据都存储在 RAM 中，所以如果对程序或数据进行了修改，就应该保存到辅助存储器中，否则关机后信息将丢失。通常所说的内存大小就是指 RAM 的大小，现在一般以 MB 或 GB 为单位。

ROM 中的信息只能读出而不能写入，计算机断电后，存储器中的信息不会丢失。ROM 一般用来存放计算机启动的引导程序、启动后的检测程序、系统最基本的输入/输出程序、时钟控制程序，以及计算机的系统配置和磁盘参数等重要信息。ROM 中的内容是由厂家制造时用特殊方法写入的，或者要利用特殊的写入器才能写入。随着微电子技术的发展，出现了可编程只读存储器 PROM，可由用户用专门的写入设备将信息写入。但一经固化后，就只能读出，不能再改写，如果写入信息有错误，这种芯片就不能再使用。为此，又出现了可擦写的只读存储器 EPROM，用户利用固化设备，可多次重写，反复使用。但它需要专门的固化设备，于是又出现了电可擦写只读存储器 EEPROM，它可直接在线修改，而不需要其他设备。

高速缓冲存储器是指设置在 CPU 和内存储器之间的高速小容量存储器。在计算机工作时，系统首先去高速缓冲存储器存取数据，如果高速缓冲存储器中存在计算机所需要的数据，就直接进行处理。如果没有，系统在将数据由外存储器读入 RAM 的同时送入到高速缓冲存储器中，然后 CPU 直接从高速缓冲存储器中取数据进行操作。实际上高速缓冲存储器中的数据是从内存储器中复制的一部分数据，但由于 CPU 和高速缓冲存储器的速度相近，因此加快了数据存取的速度，使 CPU 达到了理想的运行速度。设置高速缓存就是为了解决 CPU 速度与 RAM 速度不匹配的问题。

内存储器的主要性能指标有存取速度和存储容量。存取速度是以存储器的访问时间或存取时间来表示的，而存取时间是指内存储器完成一次读（取）或写（存）操作所需的时间，其单位为 ns（纳秒），数字越小，内存速度越快。现在常用的 DDR 3 内存储器的速度已达到 5ns。存储容量是指计算机中所有内存条的容量总和，一般有 1G、2G、4G、8G 等。

3. 主板

主板（Mainboard）又叫主机板、系统板（Systemboard）或母板（Motherboard），是安装在主机箱底部的一块多层印制电路板，外表两层印制信号电路，内层印制电源和地线，如图 2-6 所示。主板的特点是采用了开放式结构，主板上大都有 6～8 个扩展插槽，供 PC 外围设备的控制卡（适配器）插接。通过更换这些插卡，可以对微机的相应子系统进行局部升级，使厂家和用户在配置机型方面有更大的灵活性。主板的类型和档次决定着整个微机系统的类型和档次，主板的性能影响着整个微机系统的性能。

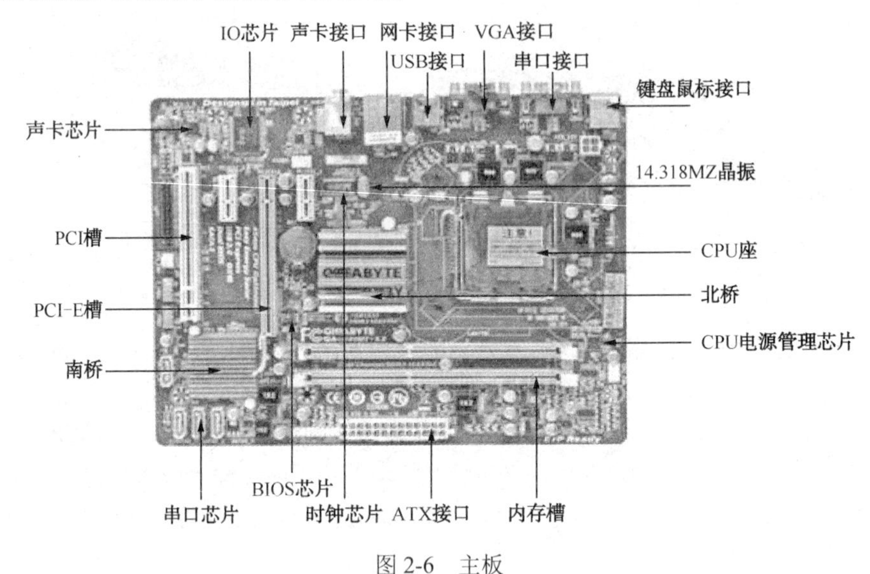

图 2-6　主板

主板的工作原理是当主机加电时，电流在瞬间通过 CPU、南北桥芯片、内存插槽、AGP 插槽、PCI 插槽、IDE 接口，以及主板边缘的串口、并口、PS/2 接口等。随后，主板会根据 BIOS（基本输入/输出系统）来识别硬件，并进入操作系统发挥出支撑系统平台工作的功能。

主板一般包括以下几个构成部分。

（1）芯片部分。

① BIOS 芯片：是一块方块状的存储器，用来保存与该主板搭配的基本输入/输出系统程序，能够让主板识别各种硬件，还可以设置引导系统的设备、调整 CPU 外频等。

② 芯片组：协助 CPU 完成各种功能的重要芯片，由北桥芯片和南桥芯片组成。芯片组性能的优劣，决定了主板的功能和性能优劣。

③ RAID 控制芯片：控制执行 RAID 功能的辅助芯片。所谓 RAID，也叫廉价磁盘冗余阵列，是一种由多块硬盘构成的冗余阵列，可支持多个硬盘，但是在操作系统下是作为一个独立

的大型存储设备出现的。

（2）插槽部分（插拔部分）。

所谓的插槽部分，是指这部分的配件可以用“插”来安装，用“拔”来反安装。

① CPU 插槽：安装 CPU 的插槽，不同的 CPU 要求与对应的主板插槽相匹配，目前主要有 Socket 和 Slot 两种。

② 内存插槽：用来安装内存条的插槽，一般位于 CPU 插槽下方，目前常用的是 184 线的 DDR SDRAM 插槽。

③ AGP 插槽：颜色多为深棕色，位于北桥芯片和 PCI 插槽之间。AGP 插槽有 1×、2×、4×和 8×（读作 1 倍速、2 倍速……）之分。AGP 4×的插槽中间没有间隔，AGP 2×则有间隔。在 PCI Express 出现之前，AGP 显卡较为流行，其传输速度最高可达到 2133MB/s。

④ PCI 插槽：PCI 插槽多为乳白色，是主板的必备插槽，可以插上软 Modem、声卡、网卡、多功能卡等设备。

⑤ PCI Express 插槽：随着 3D 性能要求的不断提高，AGP 已越来越不能满足视频处理带宽的要求，目前主流主板上显卡接口多转向 PCI Express。PCI Express 插槽有 1×、2×、4×、8×和 16×之分。

（3）数据线接口部分。

① 硬盘接口：硬盘接口可分为 IDE 接口和 SATA 接口。在型号较老的主板上，大多集成 2 个 IDE 口，而新型主板上，IDE 接口大多缩减，甚至没有，取而代之的是 SATA 接口。

② 软驱接口：用来连接软盘驱动器，多位于 IDE 接口旁，比 IDE 接口略短一些，因为它是 34 针的，所以数据线也略窄一些，现在已基本不用。

（4）外部设备接口部分。

① 串行接口（COM 接口）：连接串行鼠标和外置 Modem 等设备，大多数主板都有两个 COM 接口，分别为 COM1 和 COM2。

② PS/2 接口：仅能用于连接键盘和鼠标。鼠标的接口通常为绿色，键盘的为紫色。

③ USB 接口：USB 接口支持热拔插，应用非常广泛，最大可以支持 127 个外设。USB 接口分为 USB 1.1 和 USB 2.0 标准，可同时支持高速和低速 USB 外设的访问。

④ 并行接口（LPT 接口）：一般用来连接打印机或扫描仪。

⑤ MIDI 接口：声卡的 MIDI 接口和游戏杆接口是共用的。接口中的两个针脚用来传送 MIDI 信号，可连接各种 MIDI 设备。

（5）其他部分。

① CMOS 电池：用来给 BIOS 芯片供电，当计算机切断电源后，提供主板部分工作的持续电力，保证 BIOS 中的信息不丢失。

② 控制指示接口：用来连接机箱前面板的各个指示灯、开关等。

2.2.2　外存储器及其工作原理

外存储器又叫辅助存储器，作为内存储器的后援存储设备。外存储器具有容量大、速度慢、价格低、可脱机保存信息等特点，属“非易失性”存储器。外存储器不直接与 CPU 交换信息，外存中的数据应先调入内存，再由微处理器进行处理。计算机常用的外存储器有以下几种。

1. 硬盘存储器

硬盘存储器如图 2-7 所示，是计算机主要的存储媒介之一，绝大多数硬盘都是固定硬盘，被永久性地密封固定在硬盘驱动器中。硬盘是微机配置的大容量外部存储器，是计算机的主要外部设备，操作系统、各种应用程序及用户文档等都以文件的形式存储在硬盘中。

图 2-7　硬盘正、反面及内部分解图

（1）硬盘的结构。

硬盘用来存储数据。磁盘片被固定在电动机的转轴上，每个磁盘片的上、下两面各有一个磁头。目前市场上常见的硬盘大多数为 3.5 英寸。硬盘的内部主要由盘片、磁头组件、磁头驱动装置及主轴组件等组成，如图 2-8 所示。

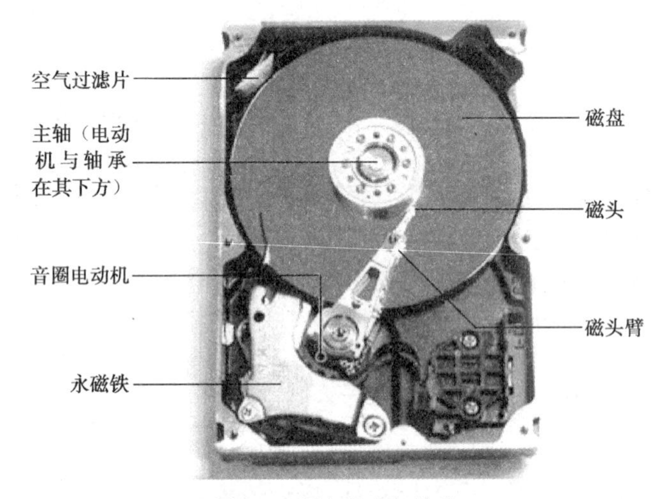

图 2-8　硬盘的内部结构

一个硬盘是由一个或多个圆盘组成的，这些盘的单面或双面上覆盖着用于记录数据的一层磁性物质。圆盘表面通常划分成许多的同心圆环，称作磁道，并且这些圆环再被分为扇区，所有盘片的相关磁道总合起来就叫作一个柱面。硬盘中的所有盘片都装在一个可旋转的轴上，每个盘片的盘面都有一个磁头，所有磁头连在磁头控制器上。加电后，控制电路中的初始化模块将磁头置于盘片中心位置，之后盘片开始高速旋转，磁头则沿着盘片的半径方向运动，开始读/写数据的过程。

（2）硬盘的接口。

硬盘接口是硬盘与主机系统之间的连接装置，其作用是在硬盘与内存之间传输数据。硬盘接口可以分为IDE接口、SCSI接口、SATA接口、SAS接口和光纤通道。

IDE接口硬盘称为电子集成驱动器（Integrated Drive Electronics），它将硬盘控制器与盘体集成在一起。IDE接口具有价格低廉和兼容性强等优点。

SCSI接口硬盘称为小型计算机系统接口（Small Computer System Interface），是一种广泛应用于小型机上的高速数据传输技术，具有应用范围广、多任务、CPU占用率低及热插拔等优点，但其价格较高，主要应用于中、高档服务器和工作站中。

SATA接口硬盘称为串口硬盘，全称为串行高级附加设备（Serial Advanced Technology Attachment），是由Intel、IBM、Dell、APT、Maxtor、Seagate等业界著名公司共同提出的硬盘接口标准。在数据传输中，既对数据进行校验，也对指令进行校验，提高了数据传输的可靠性。

SAS（Serial Attached SCSI）接口是新一代的SCSI技术，和SATA硬盘相同，都是采取序列式技术以获得更高的传输速度，可达到3GB/s。此外也透过缩小连接线改善系统内部空间等。

光纤通道硬盘：光纤通道技术最初并不是为硬盘设计的接口技术，而是专门为网络系统设计的。光纤通道技术提高了多硬盘存储系统的速度和灵活性，具有热插拔性、高速带宽、远程连接及连接设备数量多等优点。

（3）硬盘的使用。

新硬盘在使用前必须进行格式化，然后才能被系统识别和使用。硬盘格式化分为3个步骤，即硬盘的低级格式化、分区和高级格式化。

低级格式化的主要目的是对一个新硬盘划分磁道和扇区，并在每个扇区的地址域上记录地址信息。低级格式化工作一般由硬盘生产厂家用专门的程序在硬盘出厂前完成。当硬盘受到外部强磁体、强磁场的影响，或因长期使用，出现大量“坏扇区”时，可以通过低级格式化来重新划分扇区。但低级格式化是一种损耗性操作，对硬盘寿命有一定的负面影响。

分区是操作系统把一个物理硬盘划分成若干个相互独立的逻辑存储区的操作，每一个逻辑存储区就是一个逻辑硬盘。只有分区后的硬盘才能被系统识别和使用。

高级格式化是对指定的逻辑硬盘进行初始化，建立文件分配表，以便用户保存文件。

（4）硬盘的性能指标。

硬盘的性能指标是评价和购买硬盘时应该考虑的依据，主要有硬盘容量的大小、硬盘驱动器的转速和缓存大小。

① 硬盘容量：指硬盘存储数据时的容量大小。目前PC的主流硬盘容量为300～1500GB，也有2TB、3TB的硬盘容量。

② 转速：是硬盘内电动机主轴的旋转速度，即盘片每分钟转动的圈数，单位为rpm，是区分硬盘档次的重要标志，决定了硬盘的内部传输速度。硬盘的转速越快，硬盘寻找文件的速度也就越快，相对的硬盘的数据传输速度也就得到了提高。较高的转速可缩短硬盘的平均寻道时间和实际读写时间，但随着硬盘转速的不断提高也带来了温度升高、电动机主轴磨损加大、工作噪声增大等负面影响，笔记本硬盘转速低于台式机硬盘，在一定程度上是受到这个因素的影响。

③ 高速缓存：是指硬盘内部的高速存储器，用以解决硬盘内部与接口数据之间存取速率不匹配的问题，能提高硬盘的读/写速度。缓存的大小与速度是直接关系到硬盘传输速度的重要因素，能够大幅度提高硬盘的整体性能。

（5）硬盘的维护。

硬盘是微机最重要的外部设备之一，保存着用户最重要的数据。用户应该正确使用硬盘，以减少硬盘坏道发生，提高硬盘使用寿命。使用硬盘时应注意以下原则。

① 不要发生物理上的冲击（摔跌和震动），这样会改变硬盘驱动器内部的机械结构，甚至使磁头脱落、难以修复。

② 防止强磁场的干扰。为确保磁头复位，每次开关电源必须间隔一定的时间，一般在10～30s为宜。

③ 硬盘在工作时不能突然关机。硬盘工作时一般都处于高速旋转之中，突然关闭电源会导致磁头与盘片猛烈摩擦而损坏硬盘，用户使用时应该通过操作系统正常关机。

④ 在工作中避免硬盘的震动。当硬盘处于读/写状态时，如果有较大的震动，可能造成磁头与盘片的撞击，导致盘片损坏。

⑤ 定期整理硬盘上的信息。在硬盘中频繁地建立、删除文件会产生许多碎片，碎片积累多了，会使硬盘访问效率下降，甚至损坏磁道。

（6）固态硬盘。

固态硬盘（Solid State Drives），简称固盘，是用固态电子存储芯片阵列而制成的硬盘，由控制单元和存储单元（Flash芯片、DRAM芯片）组成。其在接口的规范和定义、功能及使用方法上与普通硬盘完全相同。固态硬盘的平面结构如图2-9所示。

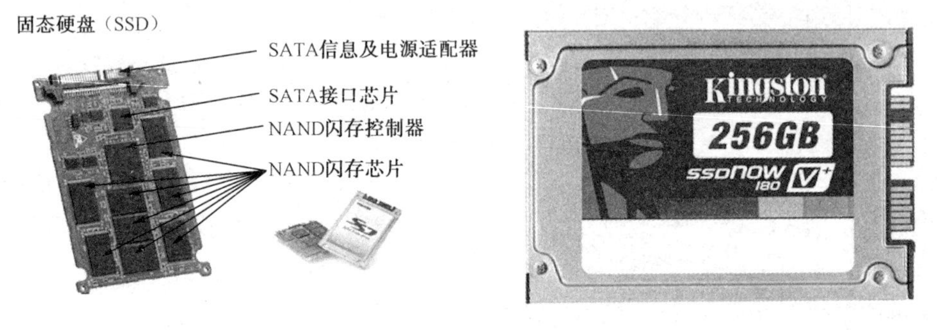

图2-9 固态硬盘的平面结构

固态硬盘与普通硬盘比较，拥有以下优点。①启动快，没有电动机加速旋转的过程。②不用磁头，快速随机读取，读延迟极小。③相对固定的读取时间。由于寻址时间与数据存储位置无关，因此磁盘碎片不会影响读取时间。④基于DRAM的固态硬盘写入速度极快。⑤无噪声。因为没有机械马达和风扇，工作时噪声值为0分贝。某些高端或大容量产品装有风扇，因此仍会产生噪声。⑥低容量的基于闪存的固态硬盘在工作状态下能耗和发热量较低，但高端或大容量产品能耗会较高。⑦内部不存在任何机械活动部件，不会发生机械故障，也不怕碰撞、冲击、震动。这样即使在高速移动甚至伴随翻转倾斜的情况下发生意外掉落或与硬物碰撞时能够将数据丢失的可能性降到最小。⑧工作温度范围更大。典型的硬盘驱动器只能在5℃～55℃范围内工作。而大多数固态硬盘可在-10℃～70℃工作，一些工业级的固态硬盘甚至更大的温度范围下工作。⑨低容量的固态硬盘比同容量传统硬盘体积小、重量轻，但这一优势随容量增大而逐渐减弱。

固态硬盘与传统硬盘比较，有以下缺点。①成本高。每单位容量价格是传统硬盘的5～10倍（基于闪存），甚至200～300倍（基于DRAM）。②容量低。目前固态硬盘最大容量远低于传统硬盘。③由于不像传统硬盘那样屏蔽于法拉第笼中，固态硬盘更易受到某些外界因素的不良影响，如断电（基于DRAM的固态硬盘尤甚）、磁场干扰、静电等。④写入寿命有限（基于闪存）。一般闪存写入寿命为 1 万～10 万次，特制的可达 100 万～500 万次，然而整台计算机寿命期内文件系统的某些部分（如文件分配表）的写入次数仍将超过这一极限。⑤基于闪存的固态硬盘在写入时比传统硬盘慢很多，也更易受到写入碎片的影响。⑥数据损坏后难以的恢复。传统的磁盘或者磁带存储方式，如果硬件发生损坏，通过目前的数据恢复技术也许还能挽救一部分数据。但如果固态硬盘发生损坏，几乎不可能通过目前的数据恢复技术在失效（尤其是基于 DRAM 的）、破碎或者被击穿的芯片中找回数据。⑦根据实际测试，使用固态硬盘的笔记本电脑在空闲或低负荷运行下，电池航程短于使用 7200RPM 的 2.5 英寸传统硬盘。⑧基于 DRAM 的固态硬盘能耗高于传统硬盘，尤其是关闭时仍需供电，否则数据丢失。

2. 光盘存储器

光盘存储器由光盘和光盘驱动器组成，如图 2-10 所示。光盘存储器是计算机的一种重要存储设备。光盘的主要特点是：存储容量大，可靠性高，只要存储介质不发生问题，光盘的数据就可长期保存。

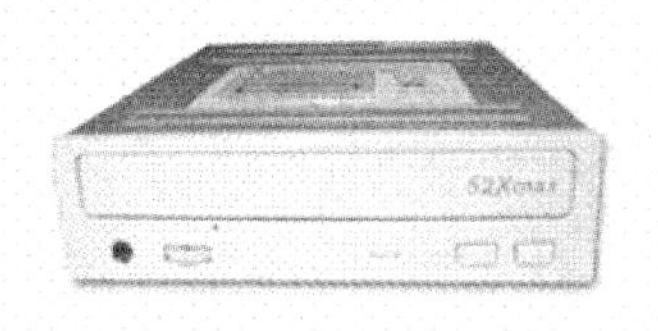

图 2-10　光盘存储器

光盘驱动器简称光驱，是用来读取光盘信息的设备，一般安装在主机箱内。光驱的盘径为 5.25 英寸，核心部分由激光头、光反射透镜、电动机系统和处理信号的集成电路组成。

当光驱在读盘时，激光头发射出激光束，照射到光盘上的凹坑和平面的地方，再反射回来。由平面反射回来的光无强度损失（代表“0”），而凹坑对光产生发散现象（代表“1”）。光驱内的光敏元件根据反射信号的强弱来识别数据“0”和“1”。光盘在光驱中高速转动，激光头在伺服电动机的控制下前后移动读取数据。

光驱的性能指标主要有数据传输率和平均访问时间。数据传输率是指光驱在 1s 的时间内所能读取的最大数据量。平均访问时间又叫平均寻道时间，是指光驱的激光头从原来的位置移到一个新指定的目标位置并开始读取该扇区上的数据这个过程中所花费的时间。

光驱分为 CD-ROM 光驱和 DVD 光驱，它们对所使用的光盘有匹配方面的要求。一般来说，DVD 光驱可以兼容 CD-ROM 光驱，反之则不行。

（1）CD-ROM 光驱及光盘。

CD-ROM 光驱包括只能读出光盘内容的普通 CD-ROM 驱动器和既能读又能写的 CD-RW 刻录机。能在 CD-ROM 驱动器上使用的光盘产品有 CD-DA、CD-ROM、Video-CD、CD-R、CD-RW 等。

（2）DVD 光驱及光盘。

DVD 光驱包括只能读出光盘内容的普通 DVD 光驱和既能读又能写的 DVD-RW 刻录机。刻录机的外观和普通光驱差不多，只是其前置面板上通常都清楚地标识着写入、复写和读取 3 种速度。DVD 光盘定义了 4 种规格：单面单层、单面双层、双面单层和双面双层，其容量分别为 4.7GB、8.5GB、9.4GB 和 17GB。

3. 移动存储器

便携式移动存储器作为新一代的存储设备被广泛使用，常用的主要有移动硬盘和移动闪存盘（U 盘），如图 2-11 和图 2-12 所示。移动存储器一般使用 USB 接口连接到计算机，实现了数据交换和共享。USB 接口支持热插拔，能够随时安全地连接或断开 USB 设备，达到真正的即插即用，方便用户使用。

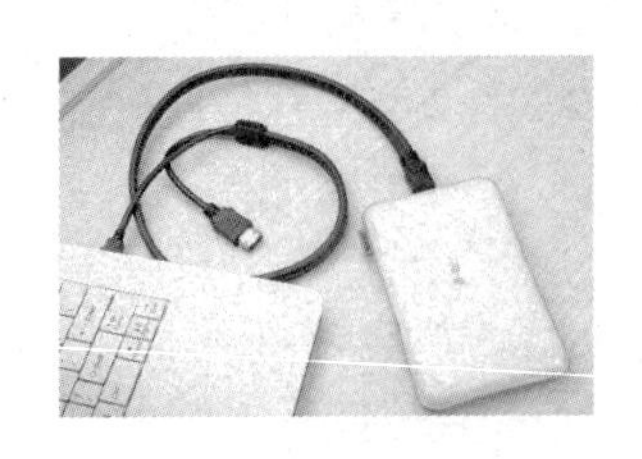

图 2-11　USB 移动硬盘

图 2-12　U 盘

移动存储器使用快闪存储器（Flash Memory）技术，将存储介质和一些外围数字电路连接在电路板上，并封装在塑料壳内，保证了数据的非易失性，并且可以重复擦写 100 次以上。随着存储技术的不断成熟和制造成本的不断降低，移动存储器已经取代了软盘。

移动硬盘是以硬盘为存储介质的，通过相关设备将 IDE 接口转换成 USB 接口连接到计算机以完成数据的读/写，它不仅便于携带，而且容量大、数据传输速率高，真正方便了用户的使用。U 盘是闪存类存储器，是一种使用 USB 接口的不需要物理驱动器的微型高容量移动存储产品，通过 USB 接口与计算机连接，实现即插即用。U 盘采用半导体电介质，数据具有非易失性，没有磁头和盘片，所以可靠性高、抗干扰能力强。U 盘具有内存的存储介质和外存的存储容量，常见的 U 盘容量为 32GB 和 64GB。

2.2.3　输入/ 输出设备

计算机的输入/输出设备是计算机系统与人（或其他系统）之间数据交互的设备。输入设备将各种信息输入计算机中，并转换成计算机可识别的数据形式。而输出设备则将计算机的处理结果进行转换并显示或打印出来。

在微机中，输入/输出设备是通过 I/O 接口来实现与主机交换数据的。I/O 接口是负责实现 CPU 通过系统总线把 I/O 电路和外部设备联系在一起的逻辑部件，由于输入/输出设备与主机在结构和工作原理上差异太大，所以要通过 I/O 接口来匹配主机，实现数据交换。I/O 接口必须具有以下功能。

（1）能实现数据缓冲，使主机与外部设备在工作速度上达到匹配。

（2）实现数据格式转换。接口在完成数据传输的同时，实现主机与外设数据格式的转换。

（3）提供外围设备和接口的状态，为处理器提供帮助。

（4）实现主机与外设之间的通信联络控制，包括设备的选择、操作时序的控制和协调，以及主机命令与外设状态的交换和传输等。

1. 输入设备

常用的输入设备主要有键盘、鼠标、扫描仪等，其他的还有声音识别器、条形读码器、数码相机等，用以将数据输入到计算机中进行处理。

（1）键盘。

键盘是最常用也是最主要的输入设备，通过键盘可以将英文字母、数字、标点符号等输入到计算机中，从而向计算机发出命令、输入数据等。键盘通过一根五芯电缆连接到主机的键盘插座内，它由一组开关矩阵组成，包括数字键、字母键、符号键、功能键和编辑控制键等，共有 100 多个，如图 2-13 所示。每个键在计算机中都有对应的唯一代码，当用户按下键后，键盘内部的键位扫描电路扫描该键，编码电路产生编码，并送到计算机的键盘控制电路，再将键位的编码送到计算机中。

常规的键盘有机械式按键和电容式按键两种，还可以按键数分类，可分为早期的 83 键和目前常用的 107 键、108 键。键盘也可以按键盘的功能分类，分为手写键盘、人体工程学键盘、多媒体键盘和无线键盘等。

图 2-13　键盘

键盘的接口是指键盘和计算机主机之间的接口。目前常用的键盘接口有 PS/2 接口（小口）、USB 接口和无线接口。

（2）鼠标。

鼠标又称鼠标器，是一种手持式屏幕坐标定位设备，如图 2-14 所示。伴随着图形界面操作系统的出现，鼠标已经成为计算机用户不可缺少的输入设备。鼠标移动方便、定位准确，通过单击或双击就可以完成各种操作。

图 2-14　鼠标

鼠标在移动过程中，将移动的距离和方向信息变成脉冲传递给计算机，由计算机将脉冲转换成光标的坐标数据，以指示光标的位置。

鼠标按内部构造分类，可以分为机械式、光机式和光电式三大类。

机械式鼠标的结构最为简单，由鼠标底部的胶质小球带动 X 方向滚轴和 Y 方向滚轴，在滚轴的末端有译码轮，译码轮附有金属导电片与电刷直接接触。鼠标的移动带动小球的滚动，再通过摩擦作用使两个滚轴带动译码轮旋转，接触译码轮的电刷随即产生与二维空间位移相关的脉冲信号。由于电刷直接接触译码轮并且鼠标小球与桌面直接摩擦，所以精度有限，电刷和译码轮的磨损也较为厉害，直接影响机械鼠标的寿命。因此，机械式鼠标已基本淘汰而同样价廉的光机鼠标取而代之。

所谓光机鼠标，顾名思义就是一种光电和机械相结合的鼠标，是目前市场上最常见的一种鼠标。光机鼠标使用非接触式的 LED 对射光路元件（主要是由一个发光二极管和一个光栅轮组成的），在转动时可以间隔地通过光束来产生脉冲信号。由于采用的是非接触部件，使磨损率下降，从而大大地提高了鼠标的寿命，也能在一定范围内提高鼠标的精度。光机鼠标的外形与机械鼠标没有区别，不打开鼠标的外壳很难分辨。出于这个原因，虽然市面上绝大部分的鼠标都采用了光机结构，但习惯上人们还称其为机械式鼠标。

光电鼠标器其核心部件是发光二极管、微型摄像头、光学引擎和控制芯片。工作时发光二极管发射光线照亮鼠标底部的表面，同时微型摄像头以一定的时间间隔不断进行图像拍摄。鼠标在移动过程中产生的不同图像传送给光学引擎进行数字化处理，最后再由光学引擎中的定位 DSP 芯片对所产生的图像数字矩阵进行分析。由于相邻的两幅图像总会存在相同的特征，通过对比这些特征点的位置变化信息，便可以判断出鼠标的移动方向与距离，这个分析结果最终被转换为坐标偏移量实现光标的定位。

（3）扫描仪。

扫描仪主要用于捕捉图像并将其转换为计算机能够处理的数据格式，如图 2-15 所示。扫描仪是图像处理、办公自动化及图文通信等领域不可缺少的设备。

图 2-15　扫描仪

扫描仪工作时，扫描头与稿件进行相对运动，扫描仪内部的可移动光源就可以对稿件进行逐行扫描。每行的图像信息经过反射或者透射后，由感光器将光信号转换为电信号，再由电路部分对这些电信号进行模/数转换（A/D 转换）和处理，产生相应的数字信号传送给计算机。

扫描结果传送给计算机后，要选择不同的扫描处理软件来处理，以满足用户的需要。典型的处理软件有图像处理软件和 OCR 处理软件。图像处理软件用于处理图像，把扫描结果作为图像来处理。OCR 处理软件是光学字符识别、用于处理字符内容的软件，它将扫描结果转换成文本供用户编辑处理。

2. 输出设备

输出设备是输出计算机处理结果的设备。常用的输出设备有显示器和打印机，其他的还有绘图仪、投影仪、音箱等。

（1）显示器。

显示器又称监视器，是计算机中必不可少的输出设备，直接影响到用户的视觉感受。计算机中的数据是由 0 和 1 组成的，通过显示卡输出到显示器上形成图形和数字，供用户浏览。

显示器按其所使用的显示器件分为阴极射线管（CRT）显示器、液晶（LCD）显示器、半导体发光二极管（LED）显示器和等离子体显示器。常用的有 CRT 和 LCD，如图 2-16 所示。

图 2-16　CRT 显示器和 LCD 显示器

CRT 显示器是 PC 使用最早的显示器。CRT 显示器由电子枪阴极发出电子束，在偏转线圈的控制下，打在一个三原色荧光粉层上使其发光，在电压控制下的电子束使荧光粉形成明暗不同的光点。电子枪周而复始地由右至左、由上至下扫描整个屏幕，形成连续的显示画面。CRT 显示器的主要性能指标有尺寸、点距、分辨率等。尺寸是指显像管对角线的尺寸，如 15 英寸、17 英寸。点距是指屏幕上两个相邻像素之间的距离，单位为 mm。点距越小，显示效果越好。目前常见的点距为 0.21～0.28mm。分辨率以水平方向的像素点数与垂直方向的像素点数相乘的方式表示屏幕上的像素点数，如 1024×768，分辨率越高，显示效果越好。

LCD 显示器是目前使用最为广泛的显示器，它实现了真正的完全平面，具有无辐射、图像无色差和能耗低等特点。LCD 液晶的分子形状为细长棒形，在不同电流、电场作用下，液晶分子会产生扭曲，使得穿越其中的光线产生有规则的折射，最后经过过滤后在屏幕上显示出来。LCD 依此原理控制每个像素的显示状态。

LED 显示器通过控制半导体发光二极管的显示方式，用来显示文字、图形、图像、动画、视频、录像信号等各种信息。LED 的技术进步是扩大市场需求及应用的最大推动力。最初，LED 只是作为微型指示灯，在计算机、音响和录像机等高档设备中应用，随着大规模集成电路和计算机技术的不断进步，LED 显示器正在迅速崛起，近年来逐渐扩展到证券行情股票机、数码相机、PDA 及手机领域。

显示器具有以下基本参数。

① 可视面积。

液晶显示器所标示的尺寸就是实际可以使用的屏幕范围。例如，15.1 英寸的液晶显示器约等于 17 英寸 CRT 屏幕的可视范围。显示器的尺寸是指液晶面板的对角线尺寸，以英寸单位（1 英寸=2.54cm），现在主流的有 15 英寸、17 英寸、19 英寸、21.5 英寸、22.1 英寸、23 英寸、24 英寸等。

② 可视角度。

液晶显示器的可视角度左右对称，而上下则不一定对称。当背光源的入射光通过偏光板、液晶及取向膜后，输出光便具备了特定的方向特性。大多数从屏幕射出的光具备垂直方向。假如从一个非常斜的角度观看一个全白的画面，可能会看到黑色或是色彩失真。一般来说，上下角度要小于或等于左右角度。如果可视角度为左右 80°，表示在始于屏幕法线 80° 的位置时可以清晰地看见屏幕图像。但是，由于人的视力范围不同，如果没有站在最佳的可视角度内，所看到的颜色和亮度将会有误差。现在有些厂商就开发出各种广视角技术，试图改善液晶显示器的视角特性，如 IPS（In Plane Switching）、MVA（Multidomain Vertical Alignment）、TN+FILM。这些技术都能把 LCD 显示器的可视角度增加到 160°，甚至更多。

③ 对比值。

对比值是指最大亮度值（全白）除以最小亮度值（全黑）的比值。CRT 显示器的对比值通常高达 500 : 1，以致在 CRT 显示器上呈现真正全黑的画面是很容易的。但对 LCD 来说就不是很容易了，由冷阴极射线管所构成的背光源很难快速地完成开关动作，因此背光源始终处于点亮的状态。为了要得到全黑画面，液晶模块必须完全把来自背光源的光完全阻挡，但在物理特性上，这些组件无法完全达到这样的要求，总是会有一些漏光发生。一般来说，人眼可以接受的对比值约为 250 : 1。

④ 响应时间。

响应时间是指 LCD 显示器各像素点对输入信号反应的速度，越短越好。如果响应时间太长了，就有可能使 LCD 显示器在显示动态图像时，有尾影拖曳的感觉。一般的 LCD 显示器的响应时间在 20～30ms。

⑤ 分辨率。

分辨率就是屏幕图像的精密度，是指显示器所能显示的像素的多少。对分辨率为 1024×768 的屏幕来说，即每一条水平线上包含有 1024 个像素点，共有 768 条线，即扫描列数为 1024 列，行数为 768 行。显示器可显示的像素越多，画面就越精细，同样的屏幕区域内能显示的信息也越多，所以分辨率是非常重要的性能指标之一。

显示器必须经过显卡才能连接到主机上，显示输出计算结果。显卡全称为显示接口卡（Video Card，Graphics Card），又称显示适配器（Video Adapter）、视频卡、视频适配器、图形卡、图形适配器和显示适配器等。显卡的用途是控制计算机的图形输出，将计算机系统所需要的显示信息进行转换驱动，并向显示器提供行扫描信号，控制显示器的正确显示。它是主机与显示器之间连接的“桥梁”。显卡主要由显示芯片（即图形处理芯片）、显存、数模转换器（RAMDAC）、VGA BIOS、各种接口等几部分组成。显卡如图 2-17 所示。

（2）打印机。

打印机可以帮助用户将计算机输出的各种文档、图形和图像等打印在纸上保存起来。打印机的种类很多，按输出方式可分为串行打印机（字符逐字打印）、行式打印机（字符逐行打印）和页式打印机（以页为单位打印），按色彩可分为单色打印机和彩色打印机，按用途可分为专用打印机和通用打印机，按打字原理可分为针式打印机、喷墨打印机和激光打印机。

针式打印机也称点阵式打印机，由走纸装置、打印头和色带组成，如图 2-18 所示。针式打印机一般按打印头上的钢针数进行分类，针数越多，针距越密，打印出来的字就越美观。针式打印机打印时，由打印头上钢针对应的电磁线圈驱动对应的钢针动作，通过色带在打印纸上形成点阵式字符。针式打印机的主要优点是价格便宜、维护费用低、可复写打印，适合打印蜡纸，缺点是打印速度慢、噪声大、打印质量稍差、易断针等，目前主要应用于银行、税务、商店等场所的票据打印。

针式打印机的性能指标包括打印速度和分辨率等。

① 打印速度：指打印机在每秒钟内所打印的字符的个数，用 CPS（字/秒）表示。打印速度与字符点阵组成有关，字符点阵越大，打印速度越慢。

② 分辨率：指打印机在每平方英寸内所打印的印点数，用 DPI（印点数/平方英寸）表示。分辨率越高，打印机的输出质量就越好。通常，准印刷质量为 180～300DPI；印刷质量为 400DPI 以上。

图 2-17　显卡

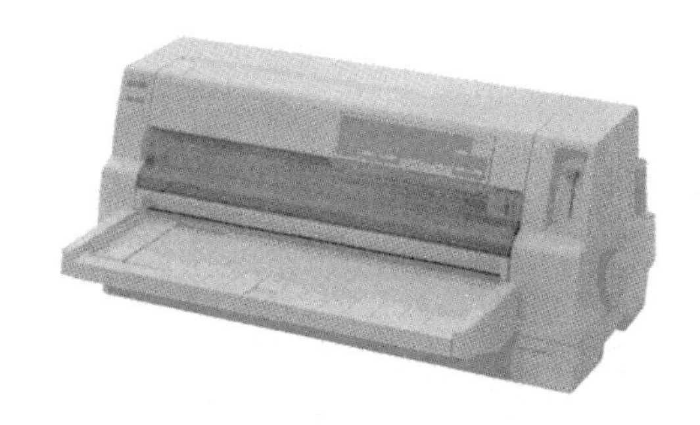

图 2-18　针式打印机

喷墨打印机属于非击打式打印机，如图 2-19 所示。喷墨打印机的打印头上包含数百个小喷嘴，每一个喷嘴内都装满了墨盒中流出的墨。利用控制指令来控制打印头上的喷嘴，从而将墨滴喷在打印纸上，实现字符或图形的输出。喷墨打印机有压电式和热喷式两种。

喷墨打印机的优点是打印精度较高、噪声低、价格便宜，可打印彩色图形，缺点是打印速度慢、日常维护费用高。

喷墨打印机的性能指标也是分辨率和打印速度。但它的打印速度是指每分钟打印的页数，单位为 PPM（页/分）。

激光打印机是目前打印质量最好的打印机，已经成为办公自动化的主流产品，如图 2-20 所示。激光打印机由激光扫描系统、电子照相系统和控制系统组成，主要采用电子成像技术进行打印。激光打印机通过调制激光束在硒鼓上进行沿轴扫描，使硒鼓鼓面上的像素点带上负电荷，当经过带正电的墨粉时，这些点就会吸附墨粉，在纸上形成色点。

图 2-19　喷墨打印机

图 2-20　激光打印机

激光打印机的优点是精度高、打印速度快、噪声低、分辨率高（一般在 600DPI 以上），缺点是打印机价格高，打印成本高。

3. 总线

总线是计算机各种功能部件之间传送信息的公共通信干线，它是由导线组成的传输线束。按照计算机所传输的信息种类，计算机的总线可以划分为数据总线、地址总线和控制总线，分别用来传输数据、地址和控制信号。总线是一种内部结构，它是 CPU、内存储器、输入设备、输出设备传递信息的公用通道，主机的各个部件通过总线相连接，外部设备通过相应的接口电路再与总线相连接，从而形成了计算机硬件系统。

控制总线（Control Bus，CB）上传输的控制信号中，有的是微处理器送往存储器和 I/O 接口电路的，如读/写信号、片选信号、中断响应信号等；也有是其他部件反馈给 CPU 的，如中断申请信号、复位信号、总线请求信号、设备就绪信号等。因此，控制总线的传送方向由具体控制信号而定，信息一般是双向的，控制总线的位数要根据系统的实际控制需要而定。实际上控制总线的具体情况主要取决于 CPU。

数据总线（Data Bus，DB）为双向线，传送数据信号，实现 CPU 和存储器或输入/输出设备之间数据的并行传输。数据总线导线数由 CPU 的位数决定，一般由 8 位、16 位、32 位、64 位并行导线组成，称为总线宽度。数据总线是双向三态形式的总线，它既可以把 CPU 的数据传送到存储器或 I/O 接口等其他部件，也可以将其他部件的数据传送到 CPU。数据总线的位数是微型计算机的一个重要指标，通常与 CPU 的字长一致。

地址总线（Address Bus，AB）为单向线，传送的信号是 CPU 指示的存储器或输入/输出设备地址信息。地址总线导线数由 CPU 的型号决定，不同的 CPU 提供的地址线数不同，决定了 CPU 能访问的存储空间大小。假设有 32 条地址线，它为内存器提供了 32 位地址码，能访问的存储空间为 2^{32}=4GB。

在计算机系统中，总线使各个部件协调地执行 CPU 发出的指令。在微型计算机中，所有外部设备都通过适配卡在主板的扩展槽中与 3 类总线相连，在 CPU 的控制下实现各自的功能，如图 2-21 所示。微机总线结构直接影响数据传输的速度和微型计算机的整体性能。目前微机的总线结构有 ISA 总线、EISA 总线、VESA 总线、PCI 总线等几种，其中 PCI 总线为主流。

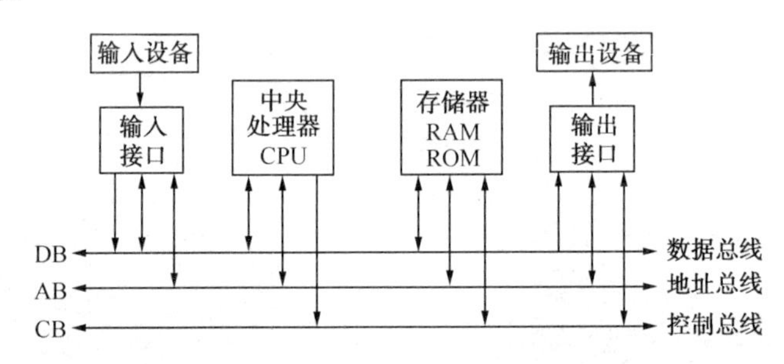

图 2-21　计算机总线示意图

2.2.4　PC 的现状及发展趋势

微型计算机从应用上可分为网络计算机、工业控制计算机、嵌入式计算机和 PC，其中以 PC 的使用群体最为庞大，目前世界上大约有几十亿台 PC。目前 PC 大致可分为台式机、电脑一体机、笔记本电脑、平板电脑几类。

1. 台式机

台式机也叫桌面机，相对于笔记本和上网本来说体积较大，主机、显示器等设备都是相对独立的，一般需要放置在电脑桌或者专门的工作台上，因此命名为台式机。台式机是现在非常流行的微型计算机，多数人家里和公司用的机器都是台式机。台式机的性能比笔记本电脑要好。

2. 电脑一体机

电脑一体机如图 2-22 所示，它是由显示器、电脑键盘和鼠标组成的电脑。它的芯片、主板与显示器集成在一起，显示器就是一台电脑，因此只要将键盘和鼠标连接到显示器上，机器就能使用。随着无线技术的发展，电脑一体机的键盘、鼠标与显示器可实现无线连接，机器只有一根电源线，这就解决了一直为人诟病的台式机线缆多而杂的问题。有的电脑一体机还具有电视接收、AV 功能（视频输出功能）。

3. 笔记本电脑

笔记本电脑（Notebook 或 Laptop）也称手提电脑或膝上型电脑，如图 2-23 所示。它是一种小型、可携带的 PC，通常重 1～6 千克。笔记本电脑和台式机架构类似，但它提供了更好的便携性。笔记本电脑除了键盘外，还提供了触控板或触控点，提供了更好的定位和输入功能。

图 2-22　电脑一体机

图 2-23　笔记本电脑

4. 平板电脑

平板电脑如图 2-24 所示，它是一款无须翻盖、没有键盘、大小不等、形状各异，却功能齐全的电脑。它利用触笔在屏幕上书写，还支持语音输入，移动性和便携性更胜一筹。平板电脑由比尔·盖茨提出，至少应该是 X86 架构。从微软提出的平板电脑概念产品上看，平板电脑就是一款无须翻盖、没有键盘、小到足以放入女士手袋，但功能完整的 PC。

图 2-24　平板电脑

随着社会信息化程度的不断提高以及网络应用、多媒体应用和移动计算应用的迅速崛起，微型计算机，尤其是便携式计算机技术的发展速度越来越快，并进一步朝着微型化、模块化、无线化、光电子化、专用化、网络化、智能化、环保化、人性化及个性化的方向发展。

2.3　微型计算机的软件系统

计算机软件是指运行、维护、管理及应用计算机所编制的所有程序，以及说明这些程序的有关资料和文档的总和。简单地说，计算机软件包括程序和文档两部分。程序是指适用于计算机处理的指令序列及所处理的数据。文档是与软件开发、维护和使用有关的文字材料。

计算机软件的主要作用是扩充计算机功能，提高计算机工作效率和方便用户使用，软件的使用和发展大大促进了硬件技术的合理利用。

计算机软件按用途分可分为系统软件和应用软件。

2.3.1 系统软件

系统软件由一组控制计算机系统并管理其资源的程序组成，其主要功能包括启动计算机，存储、加载和执行应用程序，对文件进行排序、检索，将程序语言翻译成机器语言等。实际上，系统软件可以看作用户与计算机的接口，它为应用软件和用户提供了控制、访问硬件的手段，这些功能主要由操作系统完成。系统软件是计算机正常运转不可缺少的，所有用户都要用到系统软件，其他程序都要在系统软件的支持下编写和运行。此外，编译系统和各种系统管理工具软件也属此类，它们从另一方面辅助用户使用计算机。常见的系统软件包括操作系统、程序设计语言和语言处理程序、数据库管理系统及系统服务程序等。

1. 操作系统

操作系统（Operating System，OS）是计算机中最重要的系统软件。操作系统是一个庞大的程序，它统一管理和控制计算机系统中的软、硬件资源，合理组织计算机工作流程，为用户提供一个良好的、易于操作的工作环境，最大限度地发挥计算机系统各部分的作用，使用户能够灵活、方便、有效地使用计算机。

操作系统是计算机软件系统的核心。操作系统通常应包括下列五大功能模块。

（1）处理器管理：当多个程序同时运行时，解决处理器时间的分配问题。

（2）作业管理：完成某个独立任务的程序及其所需的数据组成一个作业。作业管理的任务主要是为用户提供一个使用计算机的界面，使用户方便地运行自己的作业，并对所有进入系统的作业进行调度和控制，尽可能高效地利用整个系统的资源。

（3）存储器管理：为各个程序及其使用的数据分配存储空间，并保证它们互不干扰。

（4）设备管理：根据用户提出使用设备的请求进行设备分配，同时还能随时接收设备的请求，如要求输入信息。

（5）文件管理：主要负责文件的存储、检索、共享和保护，为用户进行文件操作提供方便。

操作系统是管理计算机硬件与软件资源的程序，同时也是计算机系统的内核与基石。操作系统的形态非常多样，不同机器安装的操作系统可从简单到复杂，包括手机的嵌入式系统到超级计算机的大型操作系统。目前微机上常见的操作系统有 OS/2、UNIX、XENIX、Linux、Windows、Netware 等。其中最常使用的操作系统是 Windows 系列，如 Windows 7、Windows 10 等，此外还有 OS/2、UNIX、Linux、手机操作系统等。

（1）Windows 操作系统：由 Microsoft 公司开发出的一种基于图形界面、多任务的操作系统，用户通过窗口就可以使用、控制和管理计算机。目前在微机操作系统中占主导地位。

（2）DOS 操作系统：由 Microsoft 公司开发出的一个单用户、单任务磁盘操作系统，现已基本不用。

（3）UNIX 操作系统：是一个交互式的多用户、多任务的操作系统，可移植性好，广泛应用在小型机、大型机上。

（4）Linux 操作系统：是一个多用户、多任务的操作系统，是一款免费软件，具有稳定、灵活和易用等特点。

（5）手机操作系统：手机操作系统一般只应用在高端智能化手机上。目前在智能手机市场上仍以个人信息管理型手机为主，随着更多厂商的加入，整体市场的竞争已经开始呈现出分散化的态势。从市场容量、竞争状态和应用状况上来看，整个市场仍处于启动阶段。目前应用在手机上的操作系统主要有 Android（安卓）、Palm OS、Symbian（塞班）、Windows Mobile、Linux、iPhone OS、Black Berry OS 6.0、Windows Phone 8。

2. 程序设计语言和语言处理程序

程序设计语言是指计算机和人类交换信息所使用的语言，又称计算机语言，主要有机器语言、汇编语言和高级语言。

（1）机器语言：指由二进制代码 0 和 1 组成的语言，是机器唯一能识别的语言。其特点是执行效率高、速度快，但可读性不强，修改困难，不同的机器有不同的机器语言，通用性很差。机器语言是第一代计算机语言。

（2）汇编语言：指用助记符来代替机器指令中的操作码，并用符号代替操作数的地址的指令系统，是一种面向机器的低级语言。汇编语言程序不能被计算机直接识别和执行，必须经汇编程序将其翻译成机器语言。不同的机器有不同的汇编语言，通用性很差。

（3）高级语言：是一种更接近于人类自然语言和数学语言的计算机语言，它与计算机的指令系统无关，从根本上摆脱了计算机语言对机器的依赖。高级语言程序不能被计算机直接识别和执行，必须经编译或解释程序将其翻译成机器语言。高级语言不受具体的机器限制，通用性强。

目前高级语言可分为面向过程和面向对象的两种语言，面向过程的高级语言有 FORTRAN、PASCAL、C 等，面向对象的高级语言有 Visual C++、Java 等。

使用不同程序设计语言完成 3+6 的运算过程如表 2-1 所示。

表 2-1　完成运算 3+6 的不同程序设计语言程序

机器语言程序	汇编语言程序	高级语言程序
000000000011111000000000100000011	MOV AL，03H	AL=3+6
000000101100011000000001100000110	ADD AL，06H	

语言处理程序是对各种语言源程序进行翻译或编译，生成计算机可识别的二进制可执行程序的系统。无论高级语言还是汇编语言，都必须“翻译”成机器语言才能被计算机识别。常见的语言处理程序有汇编程序、编译程序和解释程序。汇编程序是将汇编语言源程序翻译成机器语言目标程序。编译程序是将高级语言源程序翻译成机器语言目标程序。解释程序是将高级语言源程序逐条翻译，翻译一条执行一条，直到翻译完也执行完。

3. 数据库管理系统

数据库是指按照一定联系存储的数据集合，可为多种应用共享。数据库管理系统（Data Base Management System，DBMS）则是能够对数据库进行加工、管理的系统软件，其主要功能是建立、消除、维护数据库及对库中数据进行各种操作。数据库管理系统是能够对数据库进行有效管理的一组计算机程序，它是位于用户与操作系统之间的一层数据管理软件，是一个通用的软件系统。数据库管理系统为用户提供了一个软件环境，使用户能快速、有效地组织、处理和维护大量数据信息。目前常见的数据库管理系统都是关系型数据库系统，包括 Visual FoxPro、Oracle、Access、SQL Server 等。

4. 系统服务程序

系统服务程序也称支撑软件、工具软件，是一些日常使用的公用的工具性程序，如编辑程序（提供编辑环境）、连接装配程序、诊断调试程序、测试程序等。

2.3.2 应用软件

应用软件是指用户为解决某个实际问题而编制的程序，可分为通用软件和专用软件。通用软件是指软件公司为解决带有通用性的问题而精心研制的供用户使用的程序，如文字处理软件Word，表处理软件Excel，图形处理软件Photoshop，媒体播放软件暴风影音、千千静听，网页制作软件Dreamweaver等。专用软件是指为特定用户解决特定问题而开发的软件，它通常有特定的用户（如银行、税务等行业），具有专用性，如财务管理系统、计算机辅助设计（CAD）软件和本部门的应用数据库管理系统等。

2.4 本章小结

本章主要介绍了微型计算机的基本结构及微型计算机系统的基本组成，可以从中了解微型计算机的分类、性能指标及发展趋势。

2.5 思考与练习

1. 选择题

（1）微型计算机的运算器、控制器和内存储器三部分的总称是____。

A．主机　　B．ALU
C．CPU　　D．Modem

（2）在使用计算机的过程中，有时会出现“内存不足”的提示，这主要是指____不够。

A．CD-ROM的容量　　B．RAM的容量
C．硬盘的容量　　D．ROM的容量

（3）微型计算机中，ROM指的是____。

A．顺序存储器　　B．只读存储器
C．随机存储器　　D．高速缓冲存储器

（4）下列说法中，正确的是____。

A．计算机中最核心的部件是CPU，所以计算机的主机就是指CPU
B．计算机程序必须装载到内存中才能执行
C．计算机必须具有硬盘才能工作
D．计算机键盘上字母的排列是随机的

（5）微机存储器系统中的Cache是____。

A．只读存储器　　B．高速缓冲存储器
C．可编程只读存储器　　D．可擦除可再编程只读存储器

（6）计算机中的总线由____组成。

A．逻辑总线、传输总线和通信总线
B．地址总线、运算总线和逻辑总线

C．数据总线、信号总线和传输总线

D．数据总线、地址总线和控制总线

（7）C 语言编译系统是____。

A．系统软件　　B．操作系统

C．用户软件　　D．应用软件

（8）为了提高机器的性能，PC 的系统总线在不断发展。在下列英文缩写中，____与 PC 的总线无关。

A．PCI　　B．ISA

C．EISA　　D．RISC

（9）计算机操作系统的作用是____。

A．管理计算机系统的全部软硬件资源，合理组织计算机的工作流程，以达到充分发挥计算机资源的效率，为用户提供使用计算机的友好界面

B．对用户存储的文件进行管理，方便用户使用

C．执行用户输入的各类命令

D．为汉字操作系统提供运行的基础

（10）微型计算机中，控制器的基本功能是____。

A．进行算术和逻辑运算　　B．存储各种控制信息

C．保持各种控制状态　　D．控制计算机各部件协调一致地工作

（11）CRT 显示器能够接收显卡提供的____信号。

A．数字　　B．模拟　　C．数字和模拟　　D．光

（12）____打印机是击打式，可用于打印复写纸。

A．激光　　B．喷墨　　C．红外　　D．针式

2．填空题

（1）按照功能划分，软件可分为系统软件和________两类。

（2）将汇编语言编译成目标程序的系统称为________。

（3）U 盘的接口称为________接口。

（4）扫描仪是一种________设备。

3．问答题

（1）微型计算机硬件由哪几个组成部分？请详细说明。

（2）只读存储器与随机存储器有什么区别？

（3）计算机软件分为哪几类？试分别举例说明。

第3章 Windows 7 操作系统

Windows 7 是微软公司 2009 年 10 月正式发布的具有革命性变化的操作系统，该系统旨在让用户的日常计算机操作更加简单和快捷，为用户提供高效易行的工作环境，可供家庭及商业工作环境、笔记本电脑、平板电脑、多媒体中心等使用。Windows 7 继承了 Windows XP 的实用和 Windows Vista 的华丽，同时进行了一次升华，它性能更高、启动更快、兼容性更强，还具有很多新的特性和优点。Windows 7 的设计主要围绕 5 个重点：针对笔记本电脑的特有设计、基于应用服务的设计、用户的个性化、视听娱乐的优化、用户易用性的新引擎。这些重点和许多方便用户的新功能，使 Windows 7 成为非常易用的 Windows。

本章主要内容

- Windows 7 操作系统简介
- Windows 7 的基本操作
- Windows 7 的文件管理
- Windows 7 的控制面板
- Windows 7 的附件

3.1 Windows 7 操作系统简介

3.1.1 Windows 7 概述

Windows 7 是 Microsoft 公司开发的综合了 Windows XP 实用性和 Windows Vista 华丽性的新一代视窗操作系统。Windows 7 做了许多方便用户的设计，如快速最大化、窗口半屏显示、跳转列表、系统故障快速修复等；它还大幅缩减了 Windows 的启动时间，并改进了原有的安全和功能合法性；Windows 7 的 Aero 效果华丽，还有丰富的桌面小工具，这些都比 Vista 增色不少，但其资源消耗非常低；此外，Windows 7 系统集成的搜索功能非常强大，只要用户打开开始菜单并输入搜索内容，无论是查找应用程序还是文本文档等，搜索功能都能自动运行，给用户的操作带来极大的便利。

Windows 7 操作系统为了满足不同用户群体的需要，开发了 6 个版本，分别是 Windows 7 Starter（初级版）、Windows 7 Home Basic（家庭普通版）、Windows 7 Home Premium（家庭高级版）、Windows 7 Professional（专业版）、Windows 7 Enterprise（企业版）、Windows 7 Ultimate（旗舰版）。

3.1.2 Windows 7 的特点

1. 性能更好，响应速度更快

Windows 7 不仅在系统启动时间上进行了大幅度的改进，并且在从休眠模式唤醒系统这样的细节上也进行了改善，占用内存更少，后台服务只在需要时才运行，程序运行、硬件响应的速度更快。

2. 更个性化

Windows 7 提供了更多个性化设置，尤其是 Aero 桌面特效和小工具的使用。

3. 更强大的多媒体功能

Windows 7 具有远程媒体流控制功能，能够帮助用户解决多媒体文件共享的问题。它支持从家庭以外的 Windows 7 PC 安全地通过远程 Internet 访问家里 Windows 7 系统中的数字媒体中心，随心欣赏保存在家里计算机中的任何数字娱乐内容。

4. 更省电

Windows 7 提供了较完善的节能设置，计算机在长时间不使用时显示器会变暗或关闭，直至让计算机进入睡眠状态。

5. 更简单易用

Windows 7 用户界面更加友好，功能增强的任务栏、开始菜单、资源管理器能帮助用户以直观的方式进行操作。Windows 7 强大的搜索功能使信息的使用变得更简单，搜索界面直观、快速。

6. 更安全可靠

Windows 7 采用了多层防护方案，在保证易于使用的同时，确保了安全性能的提升。

3.1.3 Windows 7 的安装和卸载

1. Windows 7 的安装

Windows 7 支持光盘、硬盘、USB 存储器等安装方式，安装时有以下几种情况。

（1）全新安装，即在没有安装操作系统的计算机上安装 Windows 7。

（2）升级安装，即在已经安装有低版本操作系统的计算机上进行升级安装，不保留原操作系统。

（3）双系统安装，即在计算机上同时安装两种操作系统，如在已安装 Windows XP 的计算机上再安装 Windows 7 操作系统，将保留原操作系统。

例如，如果计算机中安装了多个操作系统，如何在 Windows 7 中更改菜单启动顺序？具体步骤如下。

（1）右击桌面上的“计算机”图标，在弹出的快捷菜单中选择“属性”命令，打开“系统”窗口。

（2）在“系统”窗口中选择“高级系统设置”选项，弹出“系统属性”对话框。

（3）在“高级”选项卡中单击“启动和故障恢复”中的“设置”按钮，弹出“启动和故障恢复”对话框。

（4）在“默认操作系统”的下拉列表中选择默认启动的系统，单击“确定”按钮即可更改菜单启动顺序。

2. Windows 7 的卸载

对于只安装 Windows 7 系统需要卸载更换其他系统时，需要插入 Windows 7 系统光盘，选择光盘驱动删除 Windows 7 系统分区，再选择安装其他操作系统。

若计算机上安装了双系统，如同时安装了 Windows 7 和 Windows XP，需要先进入 Windows XP，再使用 Windows 7 安装盘删除启动菜单，然后将 Windows 7 文件和相关的文件夹删除，也可以直接格式化 Windows 7 系统分区。

3.1.4 安装驱动程序

驱动程序是一种使计算机和设备通信的特殊程序，相当于硬件的接口。只有正确安装驱动程序，才能使设备正常工作。硬件设备不同，所需要的驱动程序也不同，所以一定要根据操作系统的版本和硬件设备的型号来选择不同的驱动程序。获取驱动程序的方法通常有 3 种。

方法一：操作系统自带驱动。

Windows 7 操作系统中附带了大量的通用驱动程序，用户计算机上的许多硬件在操作系统安装完成后就自动被正确识别了，并且系统自带的驱动程序都通过了微软 WHQL 数字认证，可以保证与操作系统不发生兼容性故障。

方法二：硬件出厂自带驱动。

一般来说，各种硬件设备的生产厂商会针对自己硬件设备的特点开发专门的驱动程序，以光盘等形式在销售硬件设备时，免费提供给用户。这些设备厂商直接开发的驱动程序都有较强的针对性，它们的性能比 Windows 自带的驱动程序更高一些。

方法三：从网络上下载驱动。

许多硬件厂商也会将相关驱动程序放到网上，供用户下载。这些驱动程序大多是硬件厂商推出的升级版本，用户下载并更新硬件的驱动程序，有利于对系统进行升级。

驱动程序获取之后，安装驱动程序的方法通常也是 3 种。

方法一：自动安装驱动程序。

自动安装驱动程序是指设备生产厂商将驱动程序做成一种可执行的安装文件，用户只需要将驱动安装盘放到计算机光驱中，双击“Setup.exe”程序，运行之后就可以安装驱动程序。这个过程基本上不需要用户进行相关的操作就能装好驱动程序，是现在主流的安装方式。

方法二：手动安装驱动程序。

当设备不能被系统识别时，系统会出现相应的提示信息来引导用户手动安装驱动程序。

例如，安装网卡驱动程序，具体步骤如下。

（1）右击桌面上的“计算机”图标，在弹出的快捷菜单中选择“属性”命令，打开“系统”窗口，选择“设备管理器”选项。

（2）在打开的“设备管理器”窗口中选择计算机名称，右击，在弹出的快捷菜单中选择“扫描检测硬件改动”命令。

（3）系统开始扫描硬件，稍后弹出“正在安装设备驱动程序软件”对话框，安装完成后提示已安装并可以使用。

（4）返回到“设备管理器”窗口中，可以看到网卡驱动程序已经安装成功。

方法三：使用驱动精灵安装驱动程序。

计算机连接网络之后，就可以使用驱动精灵便捷地安装驱动程序，需要先下载并安装驱动精灵软件。

3.1.5　Windows 7 的启动与关闭

1. 启动

对于安装了 Windows 7 操作系统的计算机，打开计算机电源开关即可启动 Windows 7。打开电源后系统首先进行硬件自检。如果用户在安装 Windows 7 时设置了口令，则在启动过程中将弹出口令对话框，用户只有回答了正确的口令后方可进入 Windows 7 系统。

启动 Windows 7 成功后，用户将在计算机屏幕上看到 Windows 7 界面，它表示 Windows 7 已经处于正常工作状态。

如果启动计算机时，在系统进入 Windows 7 启动画面前，按 F8 键，或是在启动计算机时按住 Ctrl 键，就可以以安全模式启动计算机。安全模式是 Windows 用于修复操作系统错误的专用模式，是一种不加载任何驱动的最小系统环境。用安全模式启动计算机，可以方便用户排除问题，修复错误。安全模式的具体作用如下。

（1）修复系统故障。

（2）恢复系统设置。

（3）彻底清除病毒。

（4）系统还原。

（5）检测不兼容的硬件。

（6）卸载不正确的驱动程序。

2. 关闭

正确关闭 Windows 7 系统的操作方法为：单击任务栏的“开始”按钮，在弹出的“开始”菜单中选择“关机”命令。

如果用户单击“关机”按钮右边的三角形按钮▶，系统就会弹出如图 3-1 所示的菜单。用户在此菜单中选择“切换用户”命令，系统就会进行用户的切换。用户若选择“重新启动”命令，则先退出 Windows 系统，然后重新启动计算机，可以再次选择进入 Windows 7 系统。

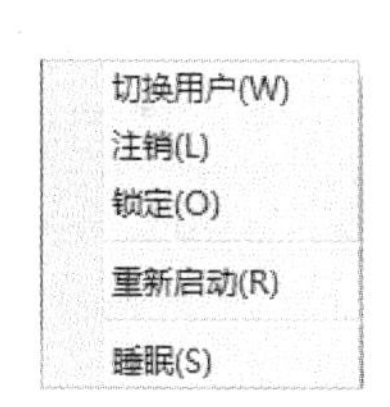

图 3-1　关机命令菜单

“切换用户”是允许另一个用户登录计算机，但前一个用户的操作依然被保留在计算机中，一旦计算机又切换到前一个用户，那么他仍能继续操作，这样就可保证多个用户互不干扰地使用计算机。“注销”就是向系统发出清除现在登录用户的请求。“锁定”是指系统主动向电源发出信号，切断除内存以外的所有设备的供电，由于内存没有断电，系统中运行的所有数据将依然被保存在内存中。“睡眠”是系统将内存中的数据保存到硬盘上，然后切断除内存以外的所有设备的供电。

3.1.6 Windows 7 的常用快捷键

Windows 7 中有很多快捷键，常用的如下。

（1）Win+R：运行。

（2）Win+E：资源管理器。

（3）Win+D：返回到桌面（再次按下，返回到程序）。

（4）Win+M：返回到桌面。

（5）Win+F：搜索。

（6）Win+U：轻松访问中心。

（7）Win+加号：放大镜。

（8）Win+方向键“↑”：窗口最大化。

（9）Win+方向键“↓”：窗口向下还原→窗口最小化到任务栏，此时再按上或下都没反应。

（10）Win+方向键“←”：窗口左半开→窗口右半开→窗口向下还原→窗口左半开……以此循环。

（11）Win+方向键“→”：窗口右半开→窗口左半开→窗口向下还原→窗口右半开……以此循环。

窗口向下还原指的是资源管理器、应用程序、网页等窗口非最大化和最小化到任务栏状况。

3.2 Windows 7 的基本操作

3.2.1 桌面及其操作

1. 桌面

Windows 7 开机后展现在用户面前的界面称为桌面，Windows 7 系统的操作使用就是从这里开始的，用户使用计算机时总是从这里开始进入各种具体应用的。桌面的组成元素主要包括桌面背景、图标、“开始”按钮、快速启动工具栏和任务栏。

2. 桌面设置

用户可以对桌面进行个性化设置，将桌面的背景修改为自己喜欢的图片，或是将分辨率设置为适合自己的操作习惯等。

（1）设置桌面背景。

桌面背景也称墙纸、壁纸，是显示在桌面上的图片或动画。用户可根据个人喜好设置背景图片和效果。具体步骤为：右击桌面空白处，在弹出的快捷菜单中选择“个性化”命令，打开“个性化”窗口，然后选择“桌面背景”选项，打开“桌面背景”窗口。窗口中“图片位置（L）”右侧的下拉列表中，列出了系统默认的图片存放文件夹，在其下的背景列表中选择一张图片并单击“保存修改”按钮，即可为桌面铺上一张墙纸。如果用户对背景列表中的所有墙纸都不满意，也可通过“浏览”按钮将“计算机”中的某个图片文件设置为墙纸。

“图片位置（P）”列表中的各选项，用于限定墙纸在桌面上的显示位置。“填充”是让墙纸充满整个窗口，但图片可能显示不完整；“适应”是将墙纸按比例放大或缩小，填充桌面；

“拉伸”表示若墙纸较小，则系统将自动拉大墙纸以使其覆盖整个桌面；“平铺”表示墙纸可能连续显示多个以覆盖整个桌面；“居中”表示墙纸将显示在桌面的中央。

如果选中背景列表中的几张或全部图片，“更改图片时间间隔”下的下拉列表即可拉开，选中其中的某个时间间隔，所选中的墙纸就会按顺序定时切换。

（2）设置屏幕分辨率和刷新频率。

屏幕分辨率指的是屏幕上显示的文本和图像的清晰度。分辨率越高，项目越清楚，在屏幕上显示的项目越小，因此屏幕上可以容纳更多的项目。分辨率越低，在屏幕上显示的项目越少，但屏幕上项目的尺寸越大。设置屏幕分辨率的操作方法如下。

① 右击桌面空白处，在弹出的快捷菜单中选择“屏幕分辨率”命令，打开“屏幕分辨率”窗口，用户可以看到系统设置的默认分辨率与方向。

② 单击“分辨率”右侧的下拉按钮，在弹出的下拉列表中拖动滑块，选择需要设置的分辨率，最后单击“确定”按钮。

刷新频率是屏幕画面每秒被刷新的次数，当屏幕出现闪烁现象的时候，就会导致眼睛疲劳和头痛。此时用户可以通过设置屏幕刷新频率，消除闪烁现象。

用户可以在“屏幕分辨率”窗口中单击“高级设置”文本链接，在弹出的对话框中选择“监视器”选项卡，在“屏幕刷新频率”下拉列表中选择合适的刷新频率，单击“确定”按钮，返回到“屏幕分辨率”窗口，再单击“确定”按钮就可以完成设置。

（3）设置屏幕保护程序。

在指定的一段时间内没有使用鼠标或键盘后，屏幕保护程序就会出现在计算机的屏幕上，此程序为变动的图片或图案。屏幕保护程序最初用于保护较旧的单色显示器免遭损坏，现在它们主要是使计算机具有个性化或通过提供密码保护来增强计算机安全性的一种方式。

设置屏幕保护程序的方法：右击桌面空白处，在弹出的快捷菜单中选择“个性化”，命令，在打开的“个性化”窗口中选择“屏幕保护程序”选项，弹出如图 3-2 所示的“屏幕保护程序设置”对话框。

图 3-2　“屏幕保护程序设置”对话框

单击“屏幕保护程序”下的下拉按钮，在弹出的下拉列表中选择一个屏幕保护程序，如“三维文字”，这时可从窗口上方的预览栏中看到屏幕保护效果。若不完全满意，还可单击“设置”按钮对屏幕保护内容进行修改。设置完成后，可单击“预览”按钮查看效果。“等待”时间是指用户在多长时间内未对计算机进行任何操作后，系统启动屏保程序。

如果想防止自己离开后别人使用自己的计算机，可选中“在恢复时显示登录屏幕”复选框。这样，当屏保程序运行后，系统会自动被锁定。当有人操作键盘或鼠标时，Windows 就会显示登录屏幕，屏幕保护程序密码与登录密码相同。只有当用户输入正确的登录密码，才能结束屏幕保护程序，回到屏幕保护程序启动之前的界面。如果没有使用密码登录，则“在恢复时使用密码保护”选项不可用。

（4）窗口颜色和外观。

右击桌面空白处，在弹出的快捷菜单中选择“个性化”命令，在打开的“个性化”窗口中选择“窗口颜色”选项，打开“窗口颜色和外观”窗口。在这里，用户可以对桌面、消息框、活动窗口和非活动窗口等的字体、颜色、尺寸大小进行修改。

如果想更改窗口边框、“开始”菜单和任务栏的颜色，选择下面的示例颜色即可。如果选中“启用透明效果”复选框，窗口边框、“开始”菜单和任务栏就会有半透明的效果。拖动“颜色浓度”右边的滑块，颜色会有深浅的变化。

单击“高级外观设置”文本链接，弹出“窗口颜色和外观”对话框。该对话框的“项目”列表中提供了所有可更改设置的选项，选择“项目”列表中想要更改的项目，如“窗口”、“菜单”或“图标”，然后调整相应的设置，如颜色、字体或字号等。

3.2.2 图标及其操作

图标是代表一个程序、数据文件、系统文件或文件夹等对象的图形标记。从外观上看，图标是由图形和文字说明组成的，不同类型对象的图标形状大都不同。系统最初安装完毕后，桌面上通常产生一些重要图标（如“Administrator”、“计算机”和“回收站”等），以方便用户快速启动并使用相应对象。用户也可根据自己的需要在桌面上建立其他图标。双击图标可以进入相应的程序窗口。

桌面上图标的多少及图标排列的方式，完全由用户根据自己的喜好来设置。

1. 图标的种类

桌面图标包括3类：系统图标、快捷方式图标和文件或文件夹图标。系统图标有5个：计算机、回收站、用户的文件、控制面板和网络。从外观上看，快捷方式图标的特点是左下角带有一个旋转箭头标记。实质上，快捷方式图标是指向原始文件（或文件夹）的一个指针，它只占用很少的硬盘空间。当双击某个快捷方式图标时，系统会自动根据指针的内部链接去打开相应的原始文件（或文件夹），用户不必考虑原始目标的实际物理位置，使用非常方便。

2. 对图标的常用操作

对图标的常用操作主要有选择图标、排列图标、添加图标及删除图标等。

（1）选择图标

直接在图标上单击，即可选中单个图标，除了选择单个图标外，也可同时选择多个图标。如果要选择的多个图标集中在一个区域，则从某个角的空白区域开始，按住鼠标左键不放，拖动并画出一个矩形，然后松开左键，则矩形区域内的所有对象被选中。如果要选择的多个图标比较分散，可先选择一个图标，按住Ctrl键不放，并用鼠标单击那些图标即可。

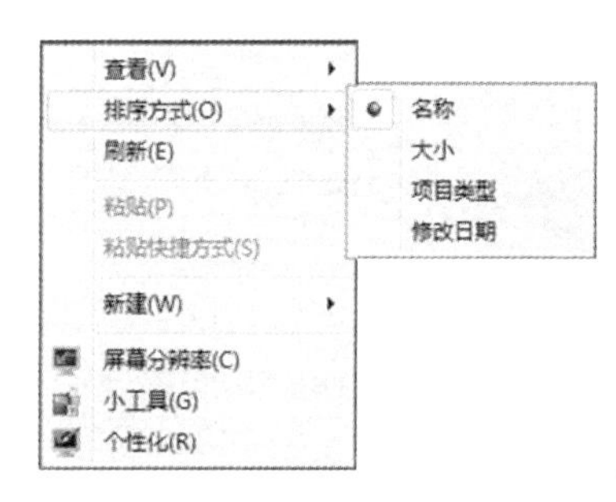

图3-3　用快捷菜单排列图标

（2）排列图标。

右击桌面空白处，在弹出的快捷菜单中选择“排序方式”命令，弹出如图3-3所示的级联菜单，用户可从中选择“名称”、“大小”、“项目类型”或“修改时间”4种排序方式之一。

（3）添加图标。

① 添加文件或文件夹图标。

右击需要添加到桌面的文件或文件夹，在弹出的快捷菜单中选择“发送到”→“桌面快捷方式”命令。

② 添加系统图标。

右击桌面空白处，在弹出的快捷菜单中选择“个性化”命令，在打开的“个性化”窗口左侧选择“更改桌面图标”选项，弹出“桌面图标设置”对话框，将相应的桌面图标复选框选中即可。

③ 添加快捷方式图标。

右击桌面空白处，在弹出的快捷菜单中选择“新建”→“快捷方式”命令，则弹出“创建快捷方式”对话框，单击对话框中的“浏览”按钮，选择欲创建快捷方式的对象并确定后，单击“下一步”按钮，为该快捷方式命名，即可在桌面上建立该对象的快捷方式。

若用户对快捷方式的图标的图形不满意，可右击该图标，在弹出的快捷菜单中选择“属性”命令，在弹出的“属性”对话框的“快捷方式”选项卡中单击“更改图标”按钮，在新弹出的对话框中选择一种满意的图标并确定，即可改变该快捷方式图标的形状。

（3）删除图标。

右击欲删除的图标，在弹出的快捷菜单中选择“删除”命令，即可删除该对象。

注意：桌面上的“计算机”、“网上邻居”、“回收站”等图标是系统固有的，不能用上述方法删除。

3. 桌面上的常用图标

桌面上通常会包含以下常用图标。

（1）“计算机”图标。

双击桌面上的“计算机”图标可以打开“计算机”窗口，用户通过该窗口可以浏览访问计算机上存储的所有文件和文件夹，还可以对计算机的各种软硬件资源进行设置。

（2）“Administrator”图标。

Windows 7 桌面上的“Administrator”文件夹是这个用户的根文件夹，里面包含了该用户的联系人、我的文档、我的音乐、我的图片等子文件夹。

（3）“回收站”图标。

“回收站”是在硬盘上开辟的一块区域，在默认情况下，只要“回收站”没有存满，Windows 7就会将用户从硬盘上删除的内容暂存在“回收站”内，用户可以随时将这些内容恢复到原有的位置。“回收站”对用户删除的文件起到一个保护的作用。

（4）“Internet Explorer”图标。

双击桌面上的“Internet Explorer”图标可以打开浏览器窗口，用户可以通过该窗口方便地浏览 Internet 上的信息。

（5）“网络”图标。

利用“网络”图标可以访问局域网中其他计算机上共享的资源。

双击“网络”图标打开“网络”窗口，在该窗口中，可以看到同一局域网中其他算机的图标，图标旁边的名字用于标志和区别不同的计算机。双击要访问的计算机图标，就可以访问这些“邻居”的共享文件夹。

3.2.3　任务栏及其操作

系统中打开的所有应用软件的图标都显示在任务栏中，任务栏由“开始”按钮、“应用程序”区域和“通知”区域组成。利用任务栏还可以进行窗口排列和任务管理等操作。

① “开始”按钮：单击“开始”按钮可以弹出“开始”菜单。

② “应用程序”区域：显示正在运行的应用程序名称。

③ “通知”区域：显示时钟等系统当前的状态。

任务栏通常位于桌面最底部，高度与“开始”按钮相同。右击任务栏空白处，确定快捷菜单中的“锁定任务栏”项未被选中的情况下，用户可以调整任务栏的位置和高度。

1. 调整任务栏的位置

任务栏可以放置在屏幕上、下、左、右的任一方位。改变任务栏位置的方法是：将鼠标指针指向任务栏的空白处，按住鼠标左键拖动至屏幕的最上（或最左、最右）边，松开鼠标左键，则任务栏就随之移动到屏幕的上（或左、右）边。

2. 调整任务栏的高度

任务栏的高度最多可以达到整个屏幕高度的一半。调整任务栏高度的方法是：将鼠标指针移到任务栏的边缘，鼠标指针会变成双向箭头形状，此时将鼠标指针向增加或减小高度的方向拖动，即可调整任务栏的高度。

3. 利用任务栏设置排列窗口及任务栏

（1）排列窗口。

当用户打开多个窗口时，除当前活动窗口可全部显示外，其他窗口往往被遮盖。用户若需同时查看多个窗口的内容，可以利用 Windows 7 提供的窗口排列功能使窗口层叠显示或并排显示。

排列窗口的操作方法为：右击任务栏上未被图标占用的空白区域，弹出如图 3-4 所示的任务栏快捷菜单。选择其中关于窗口排列的命令，即可出现不同的窗口排列形式。

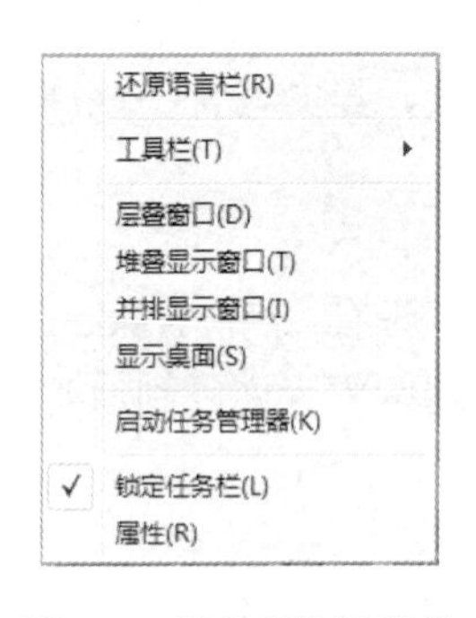

图 3-4　任务栏快捷菜单

① 层叠窗口：将已打开的窗口层叠排列在桌面上，当前活动窗口在最前面，其他窗口只露出标题栏和窗口左侧的少许部分。

② 堆叠/并排显示窗口：系统将已打开的窗口缩小，按横向或纵向平铺在桌面上。采用该窗口排列方式的目的往往是便于在不同的窗口间交流信息，所以打开的窗口不宜过多，否则窗口会过于狭窄，反而不方便。

③ 显示桌面：该命令可以使已经打开的窗口全部缩小为图标，并出现在任务栏中。

（2）“工具栏”命令。

“工具栏”命令用于设置在任务栏上显示哪些工具，如地址、链接、桌面等。

使用“工具栏”的级联菜单命令“新建工具栏”，可以帮助用户将常用的文件夹或经常访问的网址显示在任务栏上，而且可以单击直接访问它。例如，可以把“Administrator”文件夹放到新建工具栏中，步骤如下：

① 右击任务栏的空白处，弹出快捷菜单。

② 选择“工具栏”→“新建工具栏”命令，弹出“新工具栏-选择文件夹”对话框，如图 3-5 所示。

③ 在文件夹列表中选择要新建的“Administrator”文件夹后，单击“选择文件夹”按钮，“Administrator”文件夹就添加到了“新建工具栏”中。

图 3-5　“新工具栏-选择文件夹”窗口

在 Administrator 工具栏中，该文件夹中的子文件夹和文件以图标形式显示，单击这些图标就可以直接打开相应的文件夹或文件。由于受空间的限制，不是所有的文件夹和文件都能列出。单击 Administrator 工具栏右侧的双箭头按钮，会出现一个列表，在这个列表中列出了“Administrator”文件夹下所有子文件夹和文件的图标。

若要取消 Administrator 工具栏的显示，可右击任务栏空白处，在弹出的快捷菜单的“工具栏”的级联菜单中取消“Administrator”项的选择即可。

（3）“锁定任务栏”命令。

选择该命令后，任务栏的位置和高度等均不可调整。

（4）“属性”命令。

右击任务栏空白处，在弹出的快捷菜单中选择“属性”命令可弹出如图 3-6 所示的对话框，利用该对话框可以对任务栏和“开始”菜单的属性进行设置。图 3-6 中显示的是“任务栏”选项卡的内容。

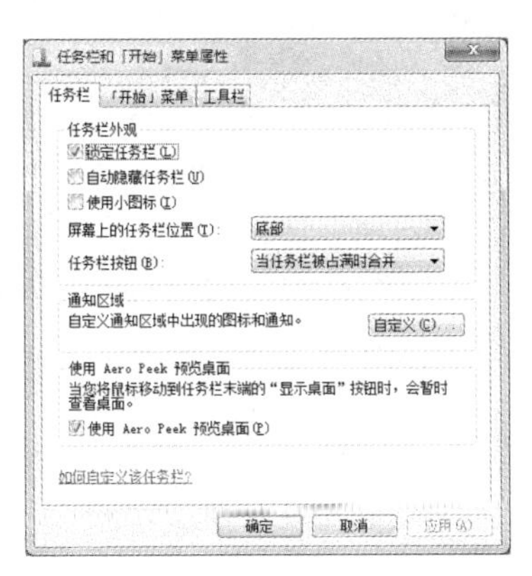

图 3-6　“任务栏和「开始」菜单属性”对话框

①“自动隐藏任务栏”：是指只有当鼠标指针指向原任务栏处时，任务栏才显示出来，其他情况下隐藏。

②“使用小图标”：是指任务栏上的所有程序都以“小图标”的形式显示。

③“屏幕上的任务栏位置”：从右侧的下拉列表中可以选择让任务栏出现在桌面的“底部”、“左侧”、“右侧”或“顶部”。

④ “任务栏按钮”：弹出“任务栏按钮”下拉列表，有“始终合并、隐藏标签”、“当任务栏被占满时合并”和“从不合并”这 3 个选项。如果选择“始终合并、隐藏标签”，则“应用程序”区域只会显示应用程序的图标，如果在同一程序中打开许多文档，Windows 会将所有文档组合为一个任务栏图标。如果选择“当任务栏被占满时合并”，则当任务栏上打开太多程序导致任务栏被占满时，Windows 会合并所有相同类型的程序。如果选择“从不合并”，那么在任何情况下，任务栏中的图标都不会被合并。

4. 多窗口多任务的切换

Windows 7 系统具有多任务处理功能，用户可以同时打开多个窗口，运行多个应用程序，并可在多个应用程序之间传递交换信息。为了使上述功能得到充分的利用，Windows 7 提供了灵活方便的切换技术。任务栏是多任务多窗口间切换的最有效方法之一。单击任务栏上任何一个应用软件的图标，其应用软件窗口即被显示在桌面的最上层，并处于活动状态。

另外，也可以直接单击某窗口的可见部分，实现切换。如果当前窗口完全遮住了需使用的窗口，用户可先用鼠标指针移开当前窗口或缩小当前窗口的尺寸，再进行切换。

用户按 Alt+Tab 组合键也可以完成多窗口多任务的切换。

5. 任务管理器

任务管理器提供了有关计算机性能、计算机上运行的程序和进程的信息。用户可利用任务管理器启动程序、结束程序或进程、查看计算机性能的动态显示，更加方便地管理、维护自己的系统，提高工作效率，使系统更加安全、稳定。

用户可以通过以下两种方法打开任务管理器。

（1）右击任务栏空白处，在弹出的快捷菜单中选择“启动任务管理器”命令，打开“Windows 任务管理器”窗口。

（2）按 Ctrl+Alt+Delete 组合键，也可打开“Windows 任务管理器”窗口。

在“应用程序”选项卡的列表中选择某个程序，然后单击“结束任务”按钮，此时该程序将会被结束。在“进程”选项卡中，用户可以查看系统中每个运行中的任务所占用的 CPU 时间及内存大小。“性能”选项卡的上部则会以图表形式显示 CPU 和内存的使用情况。

3.2.4 “开始”菜单及其操作

“开始”按钮位于任务栏上，单击“开始”按钮，即可启动程序、打开文档、改变系统设置、获得帮助等。无论在哪个程序中工作，都可以使用“开始”按钮。

在桌面上单击“开始”按钮，“开始”菜单即可展现在屏幕上，如图 3-7 所示。用户移动鼠标指针在上面滑动，一个矩形光条也随之移动。若在右边有小三角的选项上停下来，与之对应的级联菜单（即下级子菜单）就会立即出现，它相当于二级菜单。用户继续重复以上操作，还可以打开三级、四级菜单。打开最后一级菜单后，选择光条停驻的应用程序，即可启动相应的应用程序。

右击“开始”按钮，选择“属性”命令，可弹出“任务栏和「开始」菜单属性”对话框。在“「开始」菜单”选项卡中，单击“自定义”按钮，可弹出“自定义「开始」菜单”对话框，如图 3-8 所示。在这里，用户可以自定义“开始”菜单上的链接、图标以及菜单的外观和行为。

图 3-7 “开始”菜单

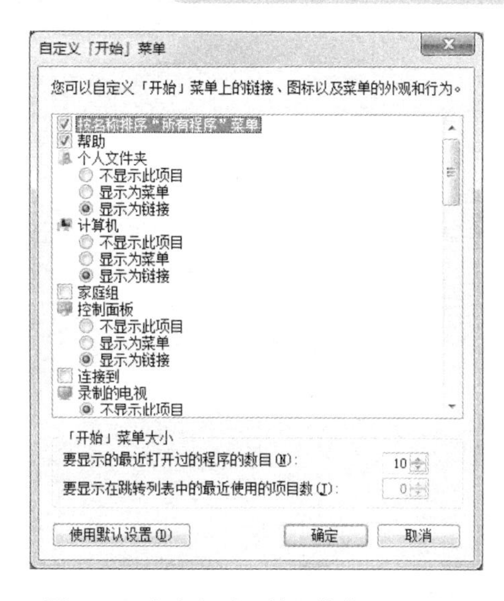

图 3-8 “自定义「开始」菜单”对话框

在“开始”菜单中可以显示用户最近使用的程序的快捷方式，系统默认显示 10 个，用户可以在“要显示的最近打开过的程序的数目”栏中调整其数目。系统会自动统计出使用频率最高的程序，使其显示在“开始”菜单中，这样用户在使用时就可以直接在“开始”菜单中选择启动，而不用在“所有程序”菜单中启动。

1. 搜索框

搜索框位于“开始”菜单最下方，用来搜索计算机中的项目资源，它是快速查找资源的有力工具，其功能非常强大。搜索框将遍历用户的程序以及个人文件夹（包括“文档”、“图片”、“音乐”、“桌面”以及其他常见位置）中的所有文件夹，因此是否提供项目的确切位置并不重要。它还将搜索用户的电子邮件，已保存的即时消息、约会和联系人等。

用户在搜索框中输入需要查询的文件名，“开始”菜单就会立即变成搜索结果列表，如图 3-9 所示。随着输入内容的变化，搜索结果也会实时更改，甚至不需要输入一个完整的关键字就能列出相关的项目，从程序到设置选项，从文档到邮件，应有尽有，使用它查找资料非常方便。

如果在这些结果中找不到要搜索的文件，也没有关系，因为这只是很小的一部分搜索结果，只要单击搜索框上方的“查看更多结果”，就能查看全部搜索结果了。

2. “帮助和支持”选项

Windows 7 为用户提供了一个功能强大的帮助系统，使用帮助是学习和使用 Windows 7 的一个非常有效的途径。

“Windows 帮助和支持”窗口如图 3-10 所示，通过它可以广泛访问各种联机帮助系统。可以向联机 Microsoft 客户支持技术人员寻求帮助，也可以与其他 Windows 7 用户和专家利用 Windows 新闻组交换问题和答案，还可以使用“Windows 远程协助”来向朋友或同事寻求帮助。

“帮助和支持”的使用方法很简单。例如，要查找关于“网络”的帮助，只需在搜索框中输入“网络”并按回车键，下面的窗口中就会出现很多关于“网络”的主题。单击其中的某个主题，窗口中就会列出详细的帮助文字。

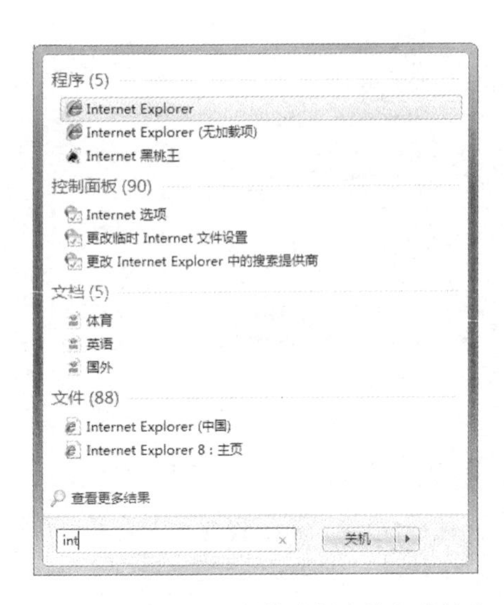

图 3-9　在 Windows 7 的搜索框中输入关键字

图 3-10　“Windows 帮助和支持”窗口

3.2.5　窗口及其操作

在 Windows 7 操作系统中，窗口是用户界面中最重要的组成部分，对窗口的操作也是最基本的操作之一。

窗口是屏幕中一种可见的矩形区域，如图 3-11 所示。窗口是用户与产生该窗口的应用程序之间的可视界面，用户可随意在任意窗口上工作，并在各窗口之间交换信息。Windows 7 的窗口分为两大类：应用程序窗口和文件夹窗口。窗口的操作包括打开、关闭、移动、放大及缩小等。在桌面上可以同时打开多个窗口，每个窗口可扩展至覆盖整个桌面或者被缩小为图标。

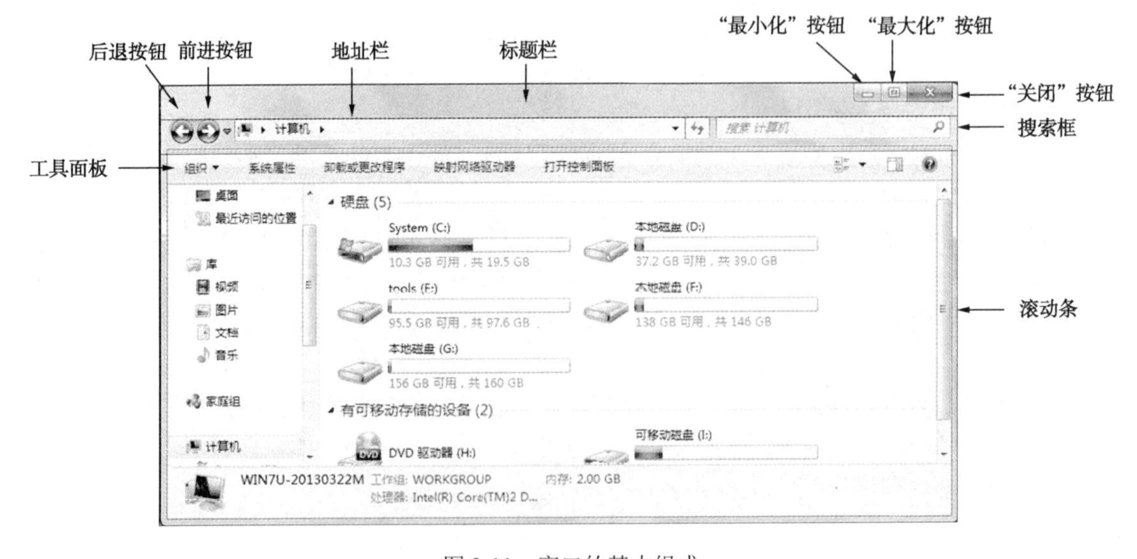

图 3-11　窗口的基本组成

窗口通常包含以下组成部分。

1. 标题栏

位于窗口上方第一行的是标题栏。标题栏的右侧依次是“最小化”按钮（单击此按钮可使窗口缩小为任务栏上的图标）、“最大化”按钮（单击此按钮可使窗口扩大到覆盖整个屏幕，此时“最大化”按钮变为“向下还原”按钮，单击它可使窗口还原为原始大小）和“关闭”按钮（单击此按钮可关闭当前窗口）。当同时打开多个窗口时，只有当前处于活动状态的窗口标题栏的颜色是用户在控制面板中设定好的窗口颜色。当窗口不处于最大化状态时，将鼠标指针置于窗口标题栏，按住鼠标左键并拖动即可移动窗口位置。双击标题栏可使窗口在“最大化”和“向下还原”两种状态间进行切换。在标题栏上右击，将弹出窗口的控制菜单，使用它也可完成最小化、最大化、还原、关闭及移动窗口等功能。

当窗口不处于最大化状态时，可把鼠标指针移到窗口的边框处，此时鼠标指针变成双向箭头形状，按住鼠标左键拖动即可改变窗口尺寸。

2. “后退”和“前进”按钮

在窗口的左上角的是“后退”与“前进”按钮，用户可以通过单击“后退”和“前进”按钮，导航至已经访问的位置，就像浏览 Internet 一样。用户还可以通过单击“前进”按钮右侧的向下箭头，然后从该列表中进行选择以返回到以前访问过的窗口。

3. 地址栏

地址栏将用户当前的位置显示为以箭头分隔的一系列链接，不仅当前目录的位置在地址栏中给出，而且地址栏中的各项均可单击，帮助用户直接定位到相应层次。除此之外，用户还可以在地址栏中直接输入位置路径来导航到其他位置。

4. 搜索框

地址栏的右边是功能强大的搜索框，用户可以在这里输入任何想要查询的搜索项。如果用户不知道要查找的文件位于某个特定文件夹或库中，浏览文件可能意味着查看数百个文件和子文件夹，为了节省时间和精力，可以使用已打开窗口顶部的搜索框。

5. 水平和垂直滚动条

当窗口显示不了全部内容时，窗口的右侧或下方会自动出现滚动条。按住鼠标左键并拖动滚动条中的滑块，即可翻看窗口中的所有内容。

注意： Windows 7 的窗口默认设置是不显示菜单栏的，如果用户想让菜单栏显示出来，打开窗口后按 Alt 键即可。

3.2.6　桌面小工具的设置

与 Windows XP 操作系统相比，Windows 7 操作系统又新增了桌面小图标工具，用户只要将小工具的图片添加到桌面上，即可方便地使用。

1. 添加桌面小工具

在 Windows 7 操作系统中添加并使用小工具的操作步骤如下。

（1）右击桌面空白处，在弹出的快捷菜单中选择“小工具”命令，打开如图 3-12 所示的“小工具库”窗口。

（2）用户选择小工具后，可以将其直接拖动到桌面上，也可以直接双击小工具或右击小工具，然后单击“添加”按钮，选择的小工具就会被成功地添加到桌面上。

图 3-12 “小工具库”窗口

2. 移除桌面小工具

用户如果不再使用已添加的小工具，可以将小工具从桌面删除。

将光标放在小工具上，单击小工具右上角的“关闭”按钮即可从桌面上删除小工具。

用户如果想将小工具从系统中彻底删除，则需要将其卸载，其操作方法如下。

（1）右击桌面空白处，在弹出的快捷菜单中选择“小工具”命令。

（2）在打开的“小工具库”窗口中，右击需要卸载的小工具，在弹出的快捷菜单中选择“卸载”命令。

（3）在弹出的“桌面小工具”对话框中，单击“卸载”按钮，用户所选择的小工具就会被成功卸载。

3. 设置桌面小工具

添加到桌面的小工具不仅可以直接使用，而且可以对其进行移动、设置不透明度等操作，设置小工具常用的操作方法如下。

（1）移动小工具：拖动小工具图标。

（2）在桌面的最前端显示小工具：右击小工具，在弹出的快捷菜单中选择“前端显示”命令。

（3）设置小工具的不透明度：右击小工具，在弹出的快捷菜单中选择“不透明度”命令，在弹出的级联菜单中选择具体的不透明度的数值，即可设置小工具的不透明度。

3.3 Windows 7 的文件管理

在计算机系统中，文件是最小的数据组织单位，也是 Windows 基本的存储单位。文件一般具有以下特点。

（1）文件中可以存放文本、声音、图像、视频和数据等信息。

（2）文件名具有唯一性，同一个磁盘中的同一目录下不允许有重复的文件名。

（3）文件具有可移动性。文件可以从一个磁盘移动或复制到另一个磁盘上，也可以从一台计算机上移动或复制到另一台计算机上。

（4）文件在外存储器中有固定的位置。用户和应用程序要使用文件时，必须提供文件的路径来告诉用户和应用程序文件的位置所在。路径一般由存放文件的驱动器名、文件夹名和文件名组成。

3.3.1 文件和文件夹

1. 文件

文件是操作系统中用于组织和存储各种信息的基本单位。用户所编制的程序、写的文章、画的图画或制作的表格等，在计算机中都是以文件的形式来存储的。因此，文件是一组彼此相关并按一定规律组织起来的数据的集合，这些数据以用户给定的文件名存储在外存储器中。当用户需要使用某文件时，操作系统会根据文件名及其在外存储器中的路径找到该文件，然后将其调入内存储器中使用。

文件名一般包括两部分，即文件主名和文件扩展名，一般用“.”分开。文件扩展名用来标识该文件的类型，最好不要更改。常见的文件类型如表 3-1 所示。

表 3-1 常见的文件类型

扩 展 名	文 件 类 型	扩 展 名	文 件 类 型
.avi	声音影像文件	.docx	Word 文档文件
.rar	压缩文件	.drv	驱动程序文件
.bak	一些程序自动创建的备份文件	.exe	直接执行文件
.bat	DOS 中自动执行的批处理文件	.mp3	使用 MP3 格式压缩存储的声音文件
.bmp	画图程序或其他程序创建的位图文件	.hlp	帮助文件
.com	命令文件（可执行的程序文件）	.inf	信息文件
.dat	某种形式的数据文件	.ini	系统配置文件
.dbf	数据库文件	.mid	MID（乐器数字化接口）文件
.psd	Photoshop 生成的文件	.jpg	广泛使用的压缩文件格式
.dll	动态链接库文件（程序文件）	.bmp	位图文件
.scr	屏幕文件	.txt	文本文件
.sys	DOS 系统配置文件	.xlsx	Excel 电子表格文件
.wma	微软公司制定的声音文件格式	.wav	波形声音文件
.pptx	PowerPoint 幻灯片文件	.zip	压缩文件

不同的文件类型，其图标往往不一样，查看方式也不一样，只有安装了相应的软件，才能查看文件的内容。

每个文件都有自己唯一的名称，Windows 7 正是通过文件的名字来对文件进行管理的。在 Windows 7 操作系统中，文件的命名具有以下特征。

（1）支持长文件名。文件名的长度最多可达 256 个字符，命名时不区分字母大小写。

（2）文件的名称中允许有空格，但命名时不能含“?”、“*”、“/”、“\”、“|”、“<”、“>”和“:”等特殊字符。

（3）默认情况下系统自动按照文件类型显示和查找文件。

（4）同一个文件夹中的文件名不能相同。

2. 文件夹

众多的文件在磁盘上需要分门别类地存放在不同的文件夹中，以利于对文件进行有效的管理。操作系统采用目录树或称为树形文件系统的结构形式来组织系统中的所有文件。

树形文件目录结构是一个由多层次分布的文件夹及各级文件夹中的文件组成的结构形式，从磁盘开始，越向下级分支越多，形成一棵倒长的“树”。最上层的文件夹称为根目录，每个磁盘只能有一个根目录，在根目录上可建立多层次的文件系统。在任何一个层次的文件夹中，不仅可包含下一级文件夹，还可以包含文件。文件夹名的命名规则与文件名的命名规则基本相同，但文件夹是没有扩展名的。

一个文件在磁盘上的位置是确定的。对一个文件进行访问时，必须指明该文件在磁盘上的位置，也就是指明从根目录（或当前文件夹）开始到文件所在的文件夹所经历的各级文件夹名组成的序列，书写时序列中的文件夹名之间用分隔符“\”隔开。访问文件时，一般采用以下格式。

[盘符] [路径] 文件名 [.扩展名]

其中各项的说明如下。

[ ]：表示其中的内容为可选项。

盘符：用以标志磁盘驱动器，常用一个字母后跟一个冒号表示，如 A:、C:、D: 等。

路径：由以“\”分隔的若干个文件夹名组成。

例如：C:\Windows\Media\ir_begin.wav 表示存放在 C 盘 Windows 文件夹下的 Media 文件夹中的 ir_begin.wav 文件。由扩展名.wav 可知，该文件是一个声音文件。

3.3.2 资源管理器

资源管理器是 Windows 7 中各种资源的管理中心，用户可通过它对计算机的相关资源进行操作。

选择“开始”→“所有程序”→“附件”→“Windows 资源管理器”命令，就可以打开“资源管理器”窗口。另外，也可以右击“开始”按钮，在弹出的快捷菜单中选择“打开 Windows 资源管理器”命令，打开“资源管理器”窗口。

Windows 7 在“资源管理器”界面方面功能设计周到，页面功能布局较多，设有菜单栏、细节窗格、预览窗格、导航窗格等；内容丰富，包括收藏夹、库、计算机、网络等。

如果用户觉得 Windows 7“资源管理器”界面布局太复杂，也可以自己设置界面。操作时，单击界面中的“组织”下拉按钮，在显示的目录中，选择“布局”中需要的部分即可。

Windows 7 资源管理器在管理方面更利于用户使用，特别是在查看和切换文件夹时。查看文件夹时，上方目录处会根据目录级别依次显示，中间还有向右的小箭头。当用户单击其中某个小箭头时，该箭头会变为向下，显示该目录下所有文件夹名称，如图 3-13 所示。选择其中任一文件夹，即可快速切换至该文件夹访问页面，非常方便用户快速切换目录。

在 Windows 7“资源管理器”的收藏夹栏中，增加了“最近访问的位置”，方便用户快速查看最近访问的目录。在查看最近访问位置时，可以查看访问位置的名称、修改日期、类型及大小等，一目了然。

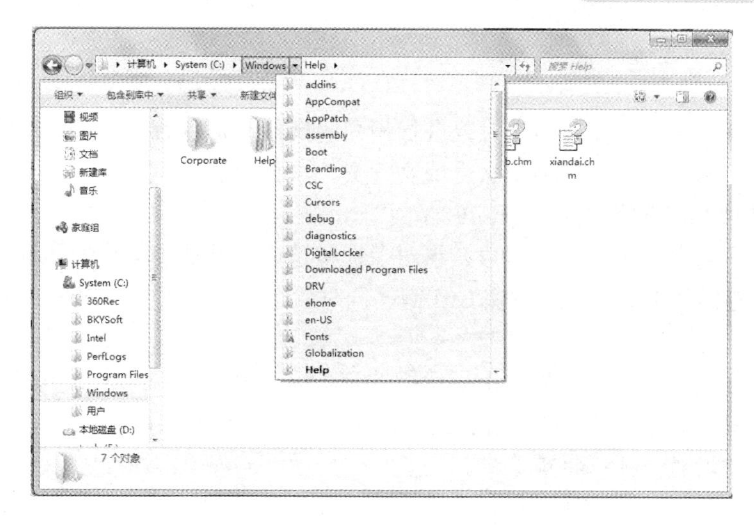

图 3-13 “资源管理器”窗口中显示子文件夹

3.3.3 文件和文件夹的操作

Windows 7 具有功能强大的文件管理系统，利用“资源管理器”窗口可方便地实现对文件和文件夹的管理。

1. 新建文件或文件夹

在“资源管理器”窗口中新建文件或文件夹的方法与在桌面上建立新图标类似，只是需要先在“资源管理器”中打开欲新建文件或文件夹的存放位置（可以是驱动器或已有文件夹），然后在右窗格的空白处右击弹出快捷菜单，再按照在桌面上建立新图标的方法操作即可。

此外，还可以利用某些对话框中的“新建文件夹”按钮来新建文件夹。例如，当用户用 Windows 7 的“画图”工具制作了一张图片（选择“开始”→“所有程序”→“附件”→“画图”命令即可打开画图工具），选择“文件”→“保存”命令，弹出“保存为”对话框后才想到，应该在 G 盘下新建一个叫作“图片”的文件夹，然后将这张新图片存在其中，这时的操作步骤如下。

（1）单击“保存为”对话框中的“新建文件夹”按钮。

（2）一个名为“新建文件夹”的图标会出现。

（3）输入新文件夹名称“图片”并按回车键，新文件夹创建完毕。

2. 重命名文件或文件夹

右击“资源管理器”窗口中欲更名的对象，在弹出的快捷菜单中选择“重命名”命令。此时，该对象名称呈反显状态，输入新名字并按回车键即可。

另外，还可以在选中文件后按 F2 键进入重命名状态。

另一种简便方式是单击选中拟更改的对象名后，再单击该对象的名称，此时名字就变为反白显示的重命名状态，输入新名字并按回车键即可。

Windows 7 还提供批量重命名功能。在“资源管理器”中选择几个文件后，按 F2 键进入重命名状态，重命名这些文件中的任意一个，则所有被选择的文件都会被重命名为新的文件名，但在主文件名的末尾处会加上递增的数字。

注意： 重命名这些文件中任意一个的时候，只要不修改扩展名，其他被选择的文件的扩展名都会保持不变。

3. 选择

在实际操作中，经常需要对多个对象进行相同的操作，如移动、复制或者删除等。为了快速执行任务，用户可以一次选择多个文件或文件夹，再执行操作。

常用以下几种对象选择方式。

（1）选择单个对象。单击某个对象，该对象即被选中，被选中的对象图标呈深色显示。

（2）选择不连续的多个对象。按住 Ctrl 键的同时逐个单击要选择的对象，即可选择不连续的多个对象。

（3）选择连续的多个对象。先单击要选择的第一个对象，然后按住 Shift 键，移动鼠标指针单击要选择的最后一个对象，即可选择连续的多个对象。也可以按住鼠标左键拖动出一个矩形，被矩形包围的所有对象都将被选中。

（4）选择组内连续、组间不连续的多组对象。单击第一组的第一个对象，然后按住 Shift 键并单击该组最后一个对象。选中一组后，按住 Ctrl 键，单击另一组的第一个对象，再同时按 Ctrl+Shift 组合键并单击该组的最后一个对象。以此步骤反复进行，直至选择结束。

（5）取消对象选择。按住 Ctrl 键并单击要取消的对象即可取消单个已选定的对象。若要取消全部已选定的文件，只需在文件列表旁的空白处单击即可。

（6）全选。按 Ctrl+A 组合键，即可选择“资源管理器”右窗格中的所有对象。

4. 复制或移动

复制或移动对象有 3 种常用方法：利用剪贴板、左键拖动和右键拖动。

（1）利用剪贴板复制或移动对象。

剪贴板是内存中的一块区域，用于暂时存放用户剪切或复制的内容。

若欲利用剪贴板实现文件或文件夹的移动操作，在“资源管理器”窗口中，右击欲移动的对象，在弹出的快捷菜单中选择“剪切”命令，该对象即被移动到剪贴板上；再右击拟移动到的目标文件夹，在弹出的快捷菜单中选择“粘贴”命令，对象即从剪贴板上移动到该文件夹下。

如果用户要执行的是复制操作，只需将上述操作步骤中的“剪切”命令改为“复制”命令即可。注意：此时对象是被复制到剪贴板上，然后将该对象从剪贴板复制到目标位置，所以该对象可被粘贴多次。例如，用户可以按上述方法对 C 盘中的一个文件选择快捷菜单中的“复制”命令，然后将其分别粘贴到桌面、D 盘、E 盘和 F 盘，这样就可以得到该文件的 4 个副本。

注意：“剪切”的快捷键为 Ctrl+X，“复制”的快捷键为 Ctrl+C，“粘贴”的快捷键为 Ctrl+V。

（2）左键拖动复制或移动对象。

打开“资源管理器”窗口，在右窗格中找到欲移动的对象，按住 Shift 键的同时将其拖动到目标文件夹上即可完成移动该对象的操作。按住 Ctrl 键的同时将其拖动到目标文件夹上会完成复制该对象的操作。注意观察，按住 Ctrl 键并拖动对象时，对象旁边有一个小“+”标记。

（3）右键拖动复制或移动对象。

打开“资源管理器”窗口，在右窗格中找到欲移动的对象，按住鼠标右键将其拖动到目标文件夹上。松开鼠标右键后将弹出如图 3-14 所示的快捷菜单，选择相应命令即可完成移动或复制该对象的操作。

5. 删除与恢复

为了避免用户误删除文件，Windows 7 提供了“回收站”工具，被用户删除的对象一般存放在“回收站”中，必要时可以从“回收站”还原。删除文件或文件夹的方法为：右击“资源管理器”中拟删除的对象，在弹出的快捷菜单中选择“删除”命令，一般会弹出如图 3-15 所示的对话框。用户可以单击“是”按钮确认删除，或单击“否”按钮放弃删除。

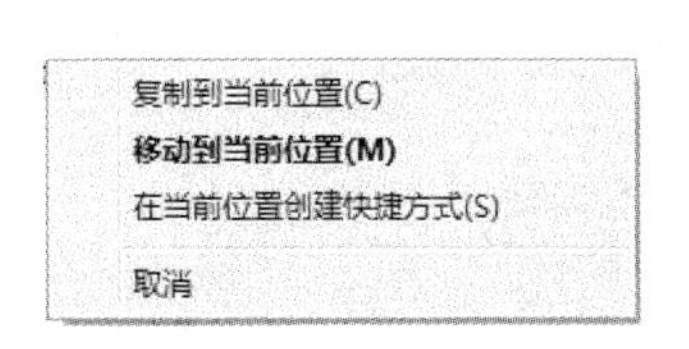

图 3-14 右键拖动快捷菜单

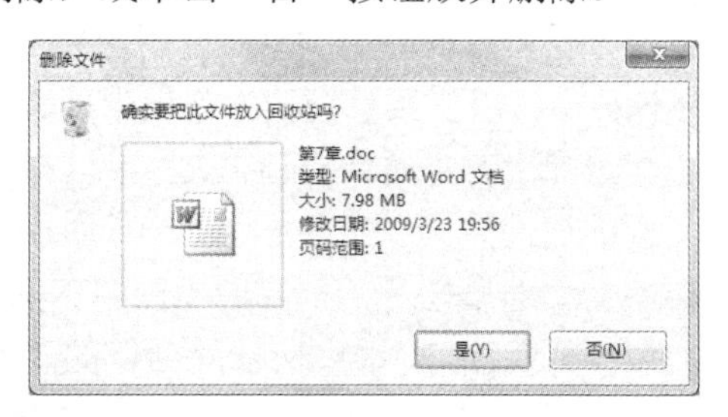

图 3-15 “删除文件”对话框

用“回收站”还原对象的方法为：双击桌面上的“回收站”图标，打开“回收站”窗口。在窗口中右击欲还原的对象，在弹出的快捷菜单中选择“还原”命令即可将该对象恢复到其原始位置。也可单击“回收站”窗口中的“还原此项目”按钮来实现还原功能。此外，还可以用“剪切”和“粘贴”来恢复对象。

“回收站”的容量是有限的。当“回收站”满时，此后再欲放入“回收站”的内容就会被系统彻底删除。所以用户在删除对象前，应注意删除文件的大小及“回收站”的剩余容量，必要时可先清理“回收站”或调整“回收站”容量的大小，再进行删除。

清理“回收站”的方法为：右击要删除的对象，在弹出的快捷菜单中选择“删除”命令，可将该对象永久删除。而单击“回收站”窗口中的“清空回收站”按钮，可将回收站中的所有内容永久删除。

调整“回收站”容量大小的方法为：右击桌面上的“回收站”图标，在弹出的快捷菜单中选择“属性”命令，弹出如图 3-16 所示的“回收站 属性”对话框。用户可以在“最大值”右边的文本框中输入所选定磁盘的回收站大小的最大值。选中“不将文件移到回收站中。移除文件后立即将其删除。”单选按钮后，删除的所有对象都不再放入“回收站”，而是直接永久删除。若取消选中“显示删除确认对话框”复选框，则此后删除对象时，不再弹出如图 3-15 或图 3-17 所示的对话框。

如果用户希望将某对象永久删除，可先选择该对象，然后按 Shift+Delete 组合键。当松开组合键后，将弹出如图 3-17 所示的对话框，单击“是”按钮后，该对象即被永久删除。

注意：一般来说，无论对文件的复制、移动、删除还是重命名操作，都只能在文件没有被打开使用的时候进行。例如，某个 Word 文档被打开后，就不能进行移动、删除或重命名等操作。

图 3-16 “回收站属性”对话框

图 3-17 “删除文件”对话框（彻底删除）

6. 文件和文件夹的属性

文件和文件夹的主要属性都包括只读和隐藏。此外，文件还有一个重要属性是打开方式，文件夹的另一个重要属性则是共享。使用文件（文件夹）属性对话框可以查看和改变文件（文件夹）的属性。右击“资源管理器”窗口中要查看属性的对象，在弹出的快捷菜单中选择“属性”命令，即可弹出对象属性对话框。

（1）文件的属性。

不同类型文件的属性对话框有所不同，下面以如图 3-18 所示的对话框为例来说明文件属性对话框的使用。在图 3-18 中所示对话框的“常规”选项卡中，上部显示该文件的名称、类型、大小等信息，下部的“属性”栏用于设置该文件的属性。若将文件属性设置为“只读”，则该文件只允许被读取，不允许修改。若将文件属性设置为“隐藏”并且确保图 3-23 所示的“文件夹选项”对话框中设置为“不显示隐藏的文件、文件夹或驱动器”，则在“资源管理器”中将看不到该文件。

如果单击该对话框中的“高级”按钮，就会弹出如图 3-19 所示的“高级属性”对话框。

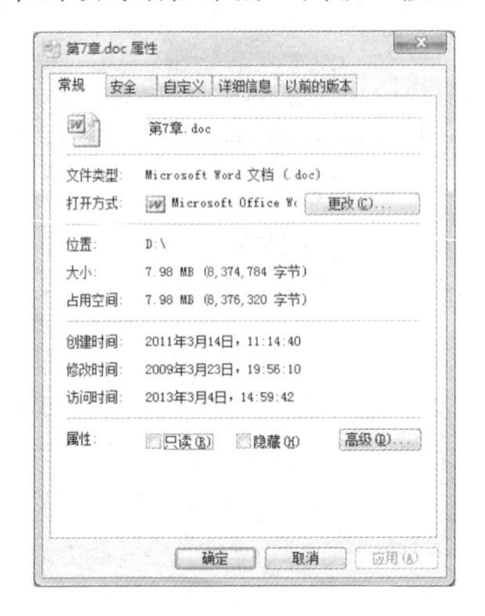

图 3-18　文件属性对话框

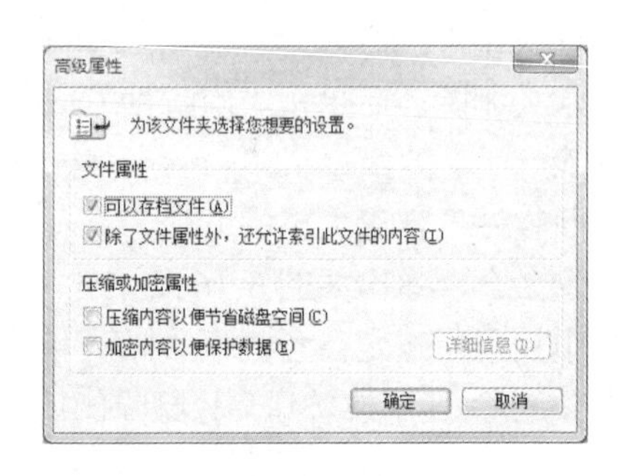

图 3-19　“高级属性”对话框

（2）文件夹的属性。

文件夹的“只读”和“隐藏”属性与文件属性中的相应项完全相同，但在设置文件夹的属性时，可能会弹出如图 3-20 所示的“确认属性修改”对话框。若选中“仅将更改应用于此文件夹”单选按钮，则只有该文件夹的属性被更改，文件夹下的所有子文件夹和文件属性依然保持不变。而若选中“将更改应用于此文件夹、子文件夹和文件”单选按钮，则该文件夹、从属于它的所有子文件夹和文件的属性都会被改变。

利用文件夹属性对话框中的“共享”选项卡可以为文件夹设置共享属性，从而使局域网中的其他计算机可通过“网络”访问该文件夹。

设置用户自己的共享文件夹的操作步骤如下。

① 在如图 3-21 所示的“共享”选项卡中，单击“高级共享”按钮，就会弹出如图 3-22 所示的“高级共享”对话框。

② 如果选中该对话框中的“共享此文件夹”复选框，“共享名”文本框将变为可用状态。“共享名”是其他用户通过“网络”连接到此共享文件夹时，所看到的文件夹名称，而文件夹的实际名称并不随“共享名”文本框中内容的更改而改变。在“将同时共享的用户数量限制为”

右边的微调框中，可以修改对该文件夹同时访问的最大用户数。

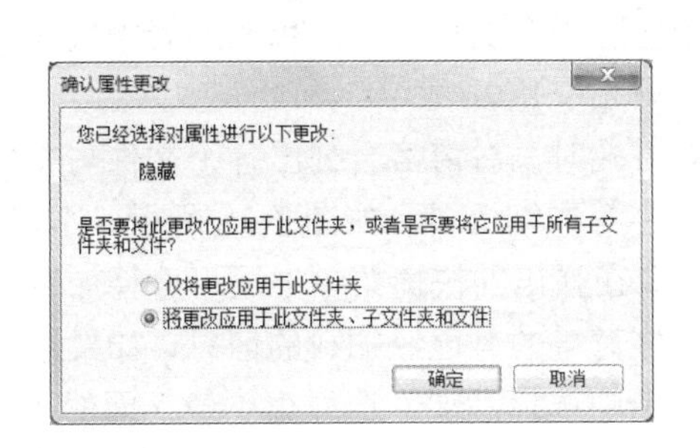

图 3-20 “确认属性更改”对话框

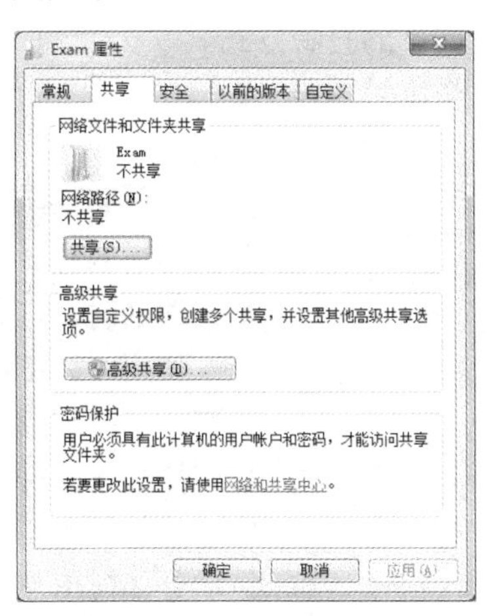

图 3-21 “共享”选项卡

③ 设置完毕后，单击“确定”按钮，再单击“关闭”按钮即可。

设置完成后，局域网中的其他用户可以通过“网络”来访问该文件夹中的内容。

7. 文件夹选项

在“资源管理器”窗口中，单击“组织”下拉按钮，在显示的目录中，选择“文件夹和搜索选项”选项，可弹出如图 3-23 所示的“文件夹选项”对话框，在此对话框中所做的任何设置和修改，都会对以后打开的所有窗口起作用。

“文件夹选项”对话框有 3 个选项卡，其中，在“常规”选项卡中可设置文件夹的外观、浏览文件夹的方式以及打开项目的方式等；在“查看”选项卡中可设置文件夹和文件的显示方式；在“搜索”选项卡中，可以设置文件的搜索内容和搜索方式。图 3-23 所示的为“查看”选项卡，其中的“隐藏文件和文件夹”用于控制具有隐藏属性的文件和文件夹是否显示。若选中“不显示隐藏的文件、文件夹或驱动器”单选按钮，则在以后打开的窗口中将不会显示具有隐藏属性的文件和文件夹；若选中“显示隐藏的文件、文件夹和驱动器”单选按钮，则在以后打开的窗口中，无论文件和文件夹是否具有隐藏属性，都将显示出来。如果选中“查看”选项卡中的“隐藏已知文件类型的扩展名”复选框，则在以后打开的窗口中，常见类型的文件显示时都只显示主文件名，扩展名被隐藏。

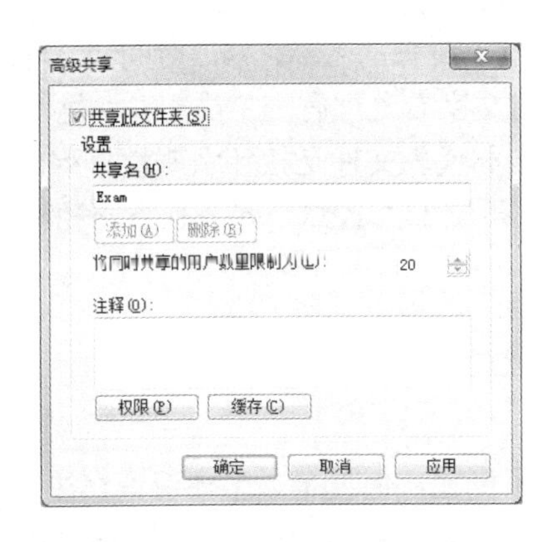

图 3-22 “高级共享”对话框

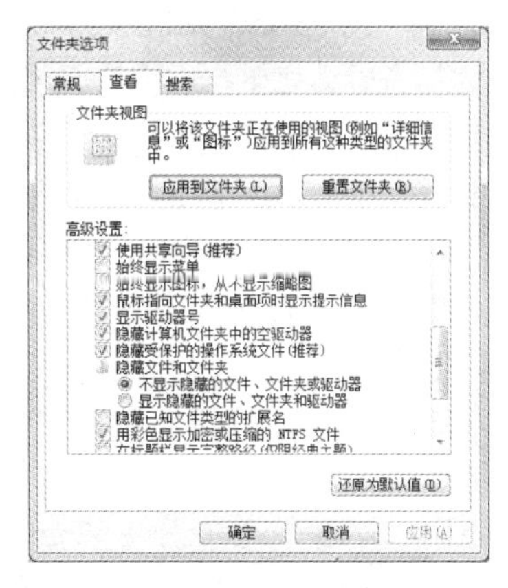

图 3-23 “文件夹选项”对话框

8. **设置显示方式**

（1）文件的查看方式。

在“资源管理器”窗口中，单击“更改您的视图”下拉按钮，将弹出如图 3-24 所示的下拉列表。

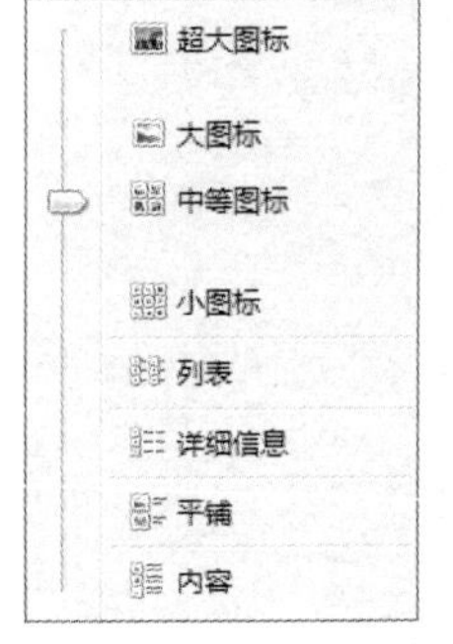

图 3-24 文件查看方式

“列表”查看方式以文件或文件夹名列表显示文件夹内容，其内容前面为小图标。当文件夹中包含很多文件，并且想在列表中快速查找一个文件名时，这种查看方式非常有用。

使用“详细信息”查看方式时，右窗格会列出各个文件与文件夹的名称、修改日期、类型、大小等详细资料，如图 3-25 所示。不仅如此，在文件列表的标题栏上右击，在弹出的快捷菜单中还可选择加载更多的信息。菜单中命令名称前已打对号的是已经加载的信息，如果用户希望显示更多的信息，可在此菜单中选择添加。选择菜单最下面的“其他”命令，还可选择加载其他更多的信息。

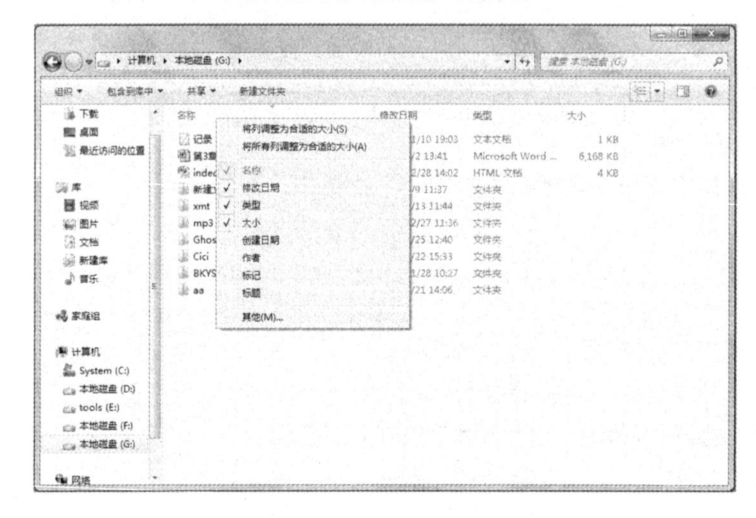

图 3-25 可供选择查看的信息

“平铺”查看方式以按列排列图标的形式显示文件和文件夹。这种图标和“中等图标”查看方式一样大，并且会将所选的分类信息显示在文件或文件夹名下方。例如，如果用户将文件按类型分类，则“Microsoft Word 文档”字样将出现在所有 Word 文档的文件名下方。

在“内容”查看方式下，右窗格会列出各个文件与文件夹的名称、修改时间和文件的大小。

在“详细信息”查看方式下，文件列表标题栏的文字右上方有一个小三角，这个小三角是用来标记文件排列方式的：三角所在列的标题栏的名称代表文件是按什么属性排列的，三角的方向代表排列顺序（升序或降序）。例如，如果小三角位于“名称”列，且方向朝下，表明右窗口中的文件是按照文件名的降序排列的。

（2）排列图标。

操作方法与桌面图标的排列相同。

（3）刷新。

在某些操作后，文件或文件夹的实际状态发生了变化，但屏幕显示还保留在原来的状态，二者出现了不一致的情况，此时可使用刷新功能来解决。右击“资源管理器”右窗格的空白处，在弹出的快捷菜单中选择“刷新”命令即可执行刷新操作。

9. 压缩和解压缩文件夹

对于较大的文件夹，用户可以进行压缩操作，压缩文件夹有利于文件夹更快速地传输，有利于网络上资源的共享，同时，还能节省大量的磁盘空间。

压缩文件夹的步骤如下。

（1）选择需要压缩的文件夹并右击，在弹出的快捷菜单中选择“添加到压缩文件”命令，在弹出的对话框中输入文件名，并选中“速度最快”单选按钮，单击“立即压缩”按钮。

（2）弹出“正在压缩”对话框，并以进度条形式显示压缩的进度，压缩完成后，用户可以在窗口中看到多了一个压缩文件。

若要解压缩文件夹，只需要选择要解压缩的文件夹并右击，在弹出的快捷菜单中选择“解压到当前文件夹”命令即可。

10. 搜索文件或文件夹

在使用计算机的过程中，如果用户忘记了某个文件或文件夹的存放位置，可以利用工具来搜索文件或文件夹，Windows 7 内置有功能强大的查找工具，可以帮助用户查找文件、文件夹、计算机甚至 Web 站点。可以按以下几种方法来搜索。

（1）选择“开始”→“搜索”命令，输入要搜索的对象。

（2）如果想在文件夹中搜索某个文件，在“计算机”或“资源管理器”中，找到右上角的“搜索”框，输入要搜索的对象，如“我的文档”，Windows 7 会显示搜索结果。

如果不知道文件的全称，或者想查找所有同一类的文件，可以使用通配符“*”号和“?”号，其中，“*”号表示匹配任意个任意字符，“?”号表示匹配一个任意字符，如“*.docx”可以搜索到所有的扩展名为.docx 的 Word 文档，而“do?c”可以搜索到 doac、dobc、do1c 等文件。

11. 加密文件或文件夹

对文件或文件夹加密，可以保护它们免受未经授权的访问，方法如下。

（1）选择需要加密的文件夹并右击，在弹出的快捷菜单中选择“属性”命令。

（2）在“属性”对话框的“常规”选项卡中，单击“高级”按钮。

（3）在弹出的“高级属性”对话框中选中“加密内容以便保护数据”复选框，然后单击“确定”按钮。

（4）返回到“属性”对话框，单击“应用”按钮，弹出“确认属性更改”对话框，选中“将更改应用于此文件夹、子文件夹和文件”单选按钮，单击“确定”按钮。

（5）弹出“应用属性”对话框，系统开始自动对所选的文件夹进行加密操作。

（6）单击“确定”按钮，关闭“属性”对话框。加密完成后，可以看到被加密的文件夹名称显示为绿色，表示加密成功，其他用户将不能随意更改文件。

文件和文件夹被加密之后还可以对其解密。方法与加密类似，步骤如下。

（1）选择被加密的文件或文件夹并右击，在弹出的快捷菜单中选择“属性”命令。

（2）在“属性”对话框的“常规”选项卡中，单击“高级”按钮。

（3）在弹出的“高级属性”对话框中取消选中“加密内容以便保护数据”复选框，然后单击“确定”按钮。

（4）返回到“属性”对话框，单击“应用”按钮，弹出“确认属性更改”对话框，选中“将更改应用于此文件夹、子文件夹和文件”单选按钮，单击“确定”按钮。

（5）弹出“应用属性”对话框，系统开始自动对所选的文件夹进行解密操作。

（6）单击“确定”按钮，关闭“属性”对话框。解密完成后，可以看到解密后的文件夹名称不再以绿色显示。

3.3.4 磁盘管理

磁盘是计算机最重要的存储设备，用户的大部分文件，包括操作系统文件，都存储在磁盘里。为了更好地理解 Windows 7 中的磁盘管理功能，下面介绍几个进行磁盘管理时经常涉及的概念和术语。

磁盘分区：就是将物理上的硬盘从逻辑上分割成几个部分，而每一部分都可以单独使用，也称逻辑磁盘。Windows 7 会为每个逻辑分区指定一个驱动器名，如 D 盘、E 盘等。

格式化：对磁盘的分区进行一定的规划，以便计算机能够准确地在磁盘上记录或提取信息。格式化磁盘还可以发现磁盘中损坏的扇区，并标识出来，避免计算机在这些坏扇区上记录数据。

扇区：磁盘上的每个磁道被等分为若干个圆弧段，这些弧段便是磁盘的扇区。磁盘驱动器在向磁盘读取和写入数据时以扇区为单位。

簇：为文件分配磁盘空间的最小单位。硬盘的“簇”通常为多个扇区。每个“簇”只能由一个文件占用，即使这个文件只有几个字节，也决不允许两个以上的文件共用一个“簇”，否则会造成数据的混乱。这种以“簇”为最小分配单位的机制，使数据的管理变得相对容易，但也造成了磁盘空间的浪费，尤其是在小文件数目较多的情况下。

不同的文件系统“簇”的大小不同，文件的管理方式也不同。比较常见的文件系统有 Windows 使用的 FAT16、FAT32 和 NTFS，以及 Linux 操作系统中的 Ext2、Ext3、Linux Swap 和 VFAT。

1. 配置磁盘分区

用户使用的计算机中的硬件和软件的配置不同，使得用户在配置自己的磁盘分区时也会有所不同。用户应根据实际的需要和现有的磁盘配置，合理地对磁盘分区进行规划和调整，可以使用 Partition Magic 等工具或 Windows 的磁盘管理工具进行分区的创建和调整。

通常情况下，用户会在安装 Windows 7 的过程中对磁盘分区进行配置。建议将 Windows 7 操作系统安装到一个 5GB 或更大的分区中，为以后添加更新文件以及其他文件提供灵活性。

安装了 Windows 7 之后，用户可以利用磁盘管理工具在硬盘上更改或创建新的分区。磁盘管理器是 Windows 7 中一个强大的图形界面磁盘管理工具，可以用于更改驱动器名和路径、格式化、更改或创建新的分区与删除磁盘分区等。

在“计算机”图标上右击，在弹出的快捷菜单中选择“管理”命令，运行“计算机管理”工具，也可以在“控制面板”上双击“管理工具”→“计算机管理”图标来打开此工具。在打开的窗口左边的控制台树中选择“存储”→“磁盘管理”选项，如图 3-26 所示。

窗口右边的详细资料窗格中将显示计算机所有的驱动器的名称、类型、采用的文件系统格式和状态以及分区的基本信息。

在要操作的驱动器上右击，可以对驱动器执行分区配置的操作。但要注意的是进行分区操作可能会导致整个驱动器上的数据丢失，所以操作前要做好数据的备份操作。

在磁盘管理中也可以更改驱动器名。在要操作的驱动器上右击，在弹出的快捷菜单中选择“更改驱动器号和路径”命令，在弹出的对话框中单击“更改”按钮，弹出如图 3-27 所示的“更改驱动器号和路径”对话框，在“分配以下驱动器号”下拉列表中选择合适的驱动器名称即可。

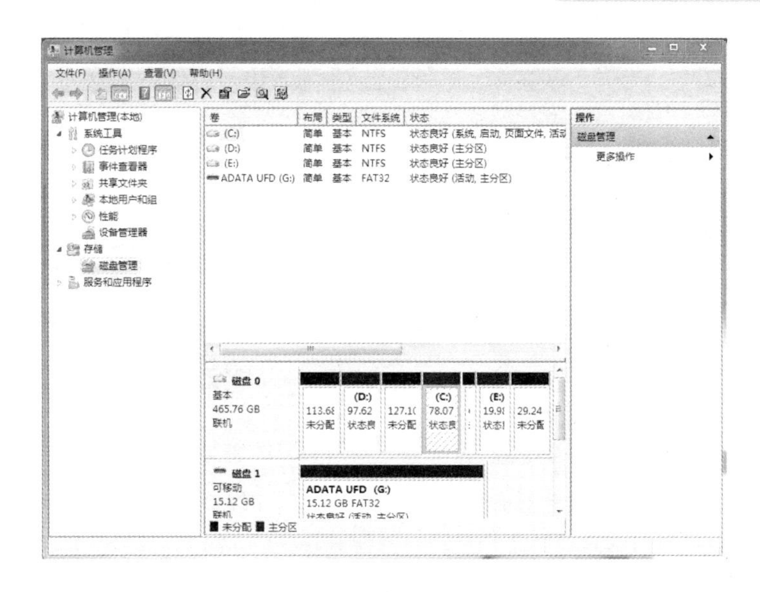

图 3-26 “磁盘管理”界面

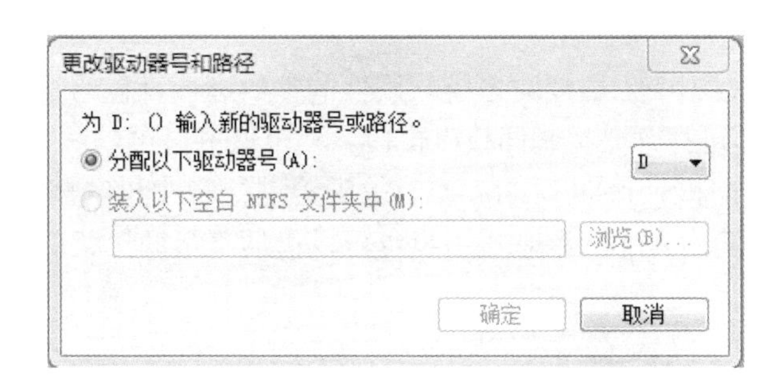

图 3-27 “更改驱动器号和路径”对话框

2. 磁盘格式化

磁盘格式化操作主要用于以下两种情况。

（1）磁盘在第一次使用之前需要进行格式化操作。

（2）欲删除某磁盘分区的所有内容时可进行格式化操作。

格式化的方法为：右击“资源管理器”窗口中待格式化的磁盘图标，在弹出的快捷菜单中选择“格式化”命令，打开如图 3-28 所示的磁盘格式化对话框。

选中“快速格式化”复选框，将快速删除磁盘中的文件，但是它不对磁盘的错误进行检测。在对话框中设置选项后，单击“开始”按钮，即可开始执行格式化操作。

3. 磁盘重命名

右击“资源管理器”窗口中的磁盘图标，在弹出的快捷菜单中选择“重命名”命令，可更改磁盘的名字。通常可给磁盘取一个反映其内容的名字。例如，若 D 盘中存放的是一些用户资料，可以给 D 盘取名为“资料”。

4. 磁盘属性设置

右击“资源管理器”窗口中的磁盘图标，在弹出的快捷菜单中选择“属性”命令，弹出如图 3-29 所示的磁盘属性对话框。用户可使用该对话框查看磁盘的软硬件信息，还可对磁盘进行查错、备份、整理及设置磁盘共享属性等操作。

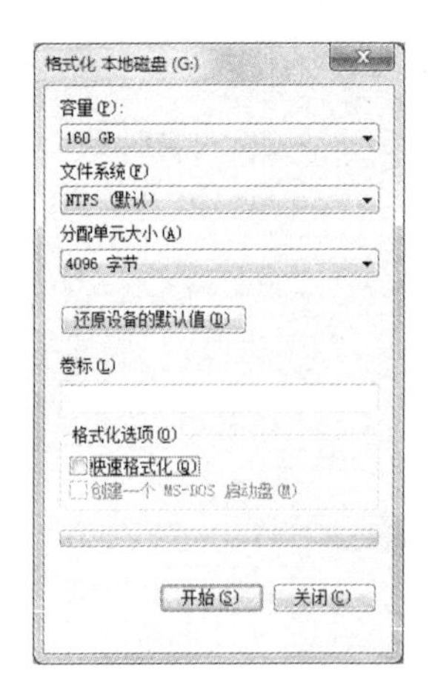

图 3-28　磁盘格式化对话框

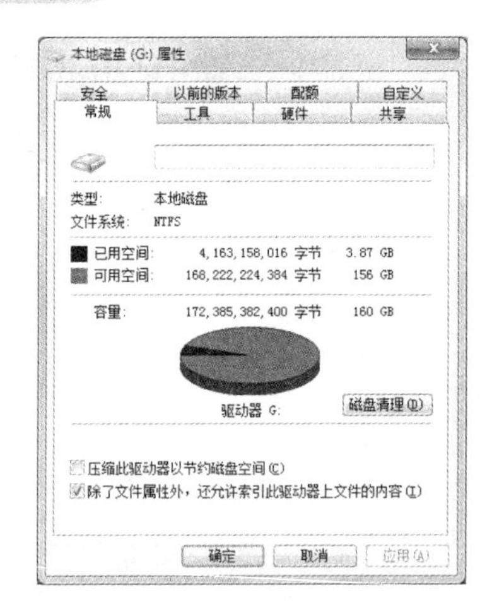

图 3-29　磁盘属性对话框

3.4　Windows 7 的控制面板

控制面板是用户根据个人需要对系统软硬件的参数进行设置的工具程序。选择“开始”→“控制面板”命令，即可打开“控制面板”窗口。利用该窗口可以对键盘、鼠标、显示、字体、区域选项、网络、打印机、日期/时间、声音等配置进行修改和调整。本节将介绍其中一些系统配置的基本功能，遇到具体问题时，用户也可以借助“帮助”菜单来解决。

3.4.1　打印机和传真设置

现在的打印机型号虽然多种多样，但由于 Windows 7 支持“即插即用”功能，用户在安装打印机时仍会很轻松，具体步骤如下。

（1）在“控制面板”窗口中单击“设备和打印机”图标，或者选择“开始”→“设备和打印机”命令，打开“设备和打印机”窗口。

（2）在已打开窗口的上方，单击“添加打印机”按钮，弹出“添加打印机”对话框。

（3）在弹出的对话框中单击“添加本地打印机”按钮后，进入选择打印机端口界面，如图 3-30 所示。

图 3-30　选择打印机端口

（4）选择使用的打印机端口后，单击“下一步”按钮，选择打印机的厂商和型号。如果自己的打印机型号未在清单中列出，可以选择其标明的兼容打印机的型号，如图 3-31 所示。

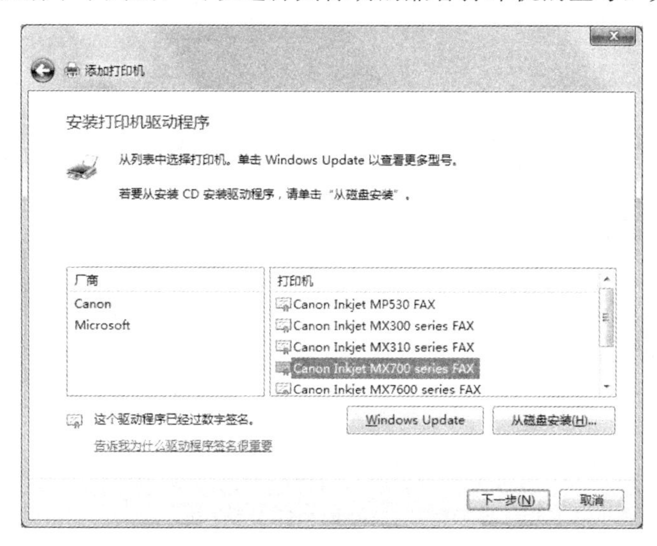

图 3-31 选择打印机型号

（5）如果打印机有安装磁盘，则单击“从磁盘安装”按钮，否则单击“下一步”按钮。如图 3-32 所示，在“打印机名称”文本框中输入打印机的名称，并选择是否将其设置为默认的打印机。

（6）单击“下一步”按钮，系统开始安装打印机。如果前面选择的是本地打印机，则在弹出的对话框中选择是否与网络上的用户共享，然后单击“下一步”按钮。

（7）选择打印测试页，Windows 7 会打印一份测试页以验证安装是否正确无误。

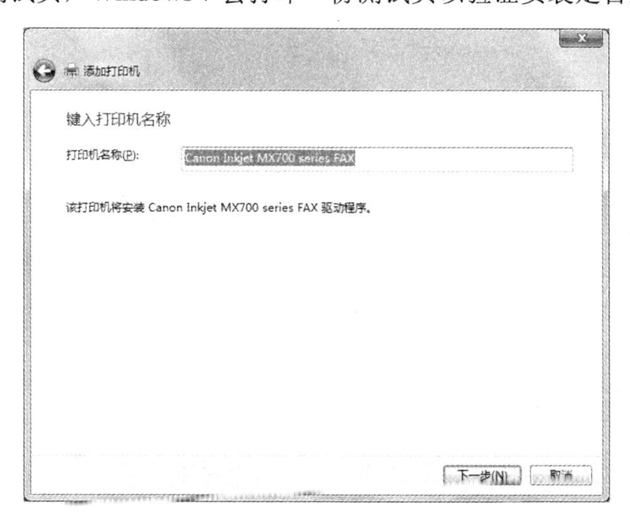

图 3-32 打印机命名

3.4.2 鼠标设置

单击“控制面板”窗口中的“鼠标”图标，弹出如图 3-33 所示的“鼠标属性”对话框。

用户可利用该对话框调整鼠标的按键方式、指针形状、双击速度以及其他属性，使操作和使用更加方便。

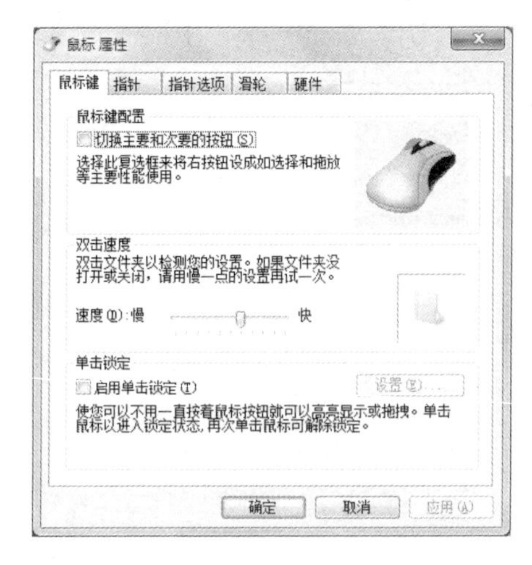

图 3-33 “鼠标 属性”对话框

1. “鼠标键”选项卡

图 3-33 显示的是“鼠标键”选项卡。其中，“鼠标键配置”栏的默认设置是左键为主要键，若选中“切换主要和次要的按钮”复选框，则设置右键为主要键。拖动“双击速度”滑块向“慢”或“快”方向移动，可以延长或缩短双击鼠标键之间的时间间隔。同时可双击右侧的文件夹图标来检验所设置的速度。在“单击锁定”栏中，若选中“启用单击锁定”复选框，则移动项目时不用一直按着鼠标键即可操作。单击“设置”按钮，在弹出的“单击锁定的设置”对话框中，可调整实现单击锁定需要按鼠标键或轨迹按钮的时间。

2. “指针”选项卡

在“指针”选项卡中，用户可以更改指针的形状。如果要同时更改所有的指针，可在“方案”的下拉列表中选择一种新方案。如果仅要更改某一选项的指针形状，可以在“自定义”列表中选择该选项，然后单击“浏览”按钮，在弹出的“浏览”对话框中选择要用于该选项的新指针即可。

若选中“启用指针阴影”复选框，则鼠标指针会显示阴影效果。

3. “指针选项”选项卡

“指针选项”选项卡如图 3-34 所示。拖动“移动”栏的滑块可对鼠标指针的移动速度进行设置。鼠标移动速度快，有利于用户迅速移动鼠标指向屏幕的各个位置，但不利于精确定位。鼠标移动速度慢，有利于精确定位，但不利于迅速移动鼠标指向屏幕的其他位置。设置后用户可在屏幕上来回移动鼠标指针以测试速度。

若在“对齐”栏中选中“自动将指针移动到对话框中的默认按钮”复选框并应用后，则在弹出对话框时，鼠标指针会自动移动到默认按钮（如“确定”或“应用”按钮）上。

“可见性”栏的选项用于改善鼠标指针的可见性。若选中“显示指针踪迹”复选框，则在移动鼠标指针时会显示指针的移动轨迹，拖动滑块可调整轨迹的长短；若选中“在打字时隐藏指针”复选框，则在输入文字时会隐藏鼠标指针，再移动鼠标时指针会重新出现；若选中“当按 CTRL 键时显示指针的位置”复选框，则按下 Ctrl 键后松开时会以同心圆的方式显示指针的位置。

图 3-34 “指针选项”选项卡

4. “滑轮”选项卡

“滑轮”选项卡主要用于设置滚动鼠标轮时屏幕数据滚动的行数。用户可以设置一次滚动的行数，也可以设置一次滚动一个屏幕。

5. “硬件”选项卡

鼠标“硬件”选项卡的设置与键盘“硬件”选项卡设置相同。

3.4.3 程序和功能

1. 卸载程序

计算机中安装了很多应用程序，有的应用程序本身提供了卸载功能，有的却没有。对于后者用户可以利用“程序和功能”进行手动卸载。

注意：简单地将应用程序所在的文件夹删除是不够的，关于该应用程序的设置还遗留在Windows 7的配置文件中，而利用手工方法找到并修正这些遗留问题是相当困难的。

单击“控制面板”窗口中的“程序和功能”图标，即可打开“程序和功能”窗口，窗口中将列出目前系统中所安装的程序，如图 3-35 所示。

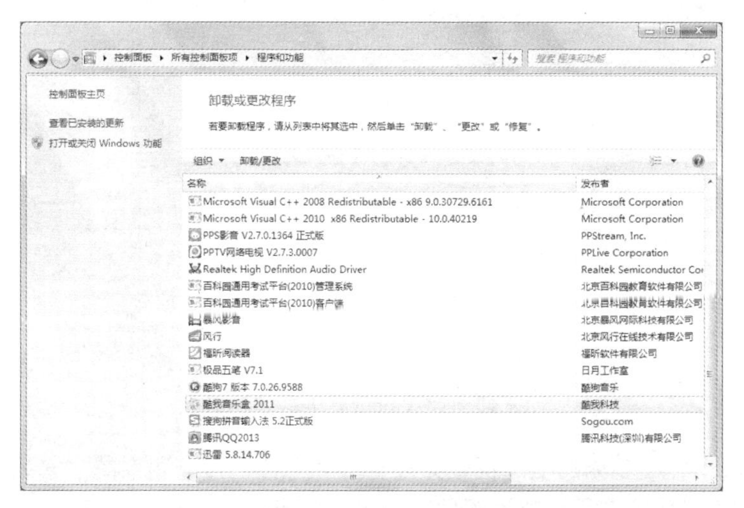

图 3-35 “程序和功能”窗口

选择某个应用程序，如“酷我音乐盒 2011”，然后单击窗口中的“卸载/更改”按钮，会弹出“卸载”对话框，单击“卸载”按钮即可确认卸载“酷我音乐盒 2011”。

在此窗口中，还可以改变所安装应用程序的显示方式。默认的显示方式是“详细信息”，单击“更改您的视图”下拉按钮，可从弹出的下拉列表中选择其他的显示方式。

2. 程序中组件的添加和删除

很多软件，如 Office 2010 办公软件中包含很多组件，在安装 Office 2010 时，会提示用户选择安装相关的组件，若后期使用时需要添加或删除其中的组件，可在控制面板中完成。

添加程序中组件的步骤如下。

（1）单击“控制面板”窗口中的“程序和功能”图标，选择需要添加组件的程序，右击，并在弹出的快捷菜单中选择“更改”命令。

（2）在弹出的对话框中选中“添加或删除功能”单选按钮，然后单击“继续”按钮。

（3）弹出“安装选项”对话框，选择需要添加的组件，单击向下按钮，在弹出的下拉列表中选择“从本机运行”选项，然后单击“下一步”按钮。

（4）系统开始自动配置组件，并以绿色进度条显示配置的进度。组件添加完成后，在弹出的对话框中单击“关闭”按钮即可。

删除程序中组件的方法和添加程序中组件的方法类似。

3. 查看已安装的更新

如果要查看 Windows 中已经安装的更新，可单击窗口左侧的“查看已安装的更新”文本链接，进入“已安装更新”界面。如果用户要卸载某个更新，选择该更新，然后单击“卸载”按钮即可。

4. 打开或关闭 Windows 功能

单击窗口左侧的“打开或关闭 Windows 功能”文本链接，会打开如图 3-36 所示的“Windows 功能”窗口，在这里可添加或删除位于列表中的 Windows 功能。

图 3-36 “Windows 功能”窗口

“功能”列表中程序左侧的复选框中如果有“✔”标记，表明系统已安装了该程序；如果复选框被填充，表明系统中只安装了该程序的部分功能。

3.4.4 日期和时间设置

单击“控制面板”窗口中的“日期和时间”图标，就可弹出如图 3-37 所示的“日期和时间”对话框。该对话框包括“时间和日期”、“附加时钟”和“Internet 时间”3 个选项卡，用户可以通过该对话框查看和调整系统时间、系统日期及所在地区的时区。

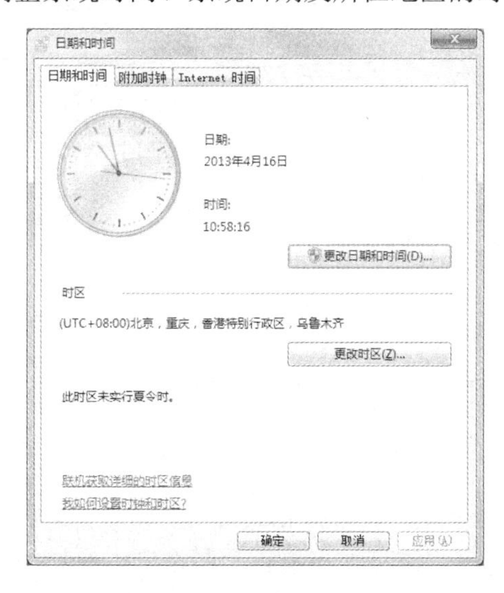

图 3-37 “日期和时间”对话框

在“时间和日期”选项卡中，单击“更改日期和时间”按钮，用户就可以在弹出的“日期和时间设置”对话框中调整系统日期和系统时间。选项卡中的钟表指针与其右边数字所显示的时间是一致的。用户还可以单击“更改时区”按钮，在弹出的“时区设置”对话框中，单击“时区”下拉按钮，从弹出的下拉列表中选择当前所在的时区。

在“附加时钟”选项卡中，用户还可以通过附加时钟显示其他时区的时间。

在“Internet 时间”选项卡中，可设置使自己的计算机系统时间与 Internet 时间服务器同步。如果单击“更改设置”按钮，还可在弹出的“Internet 时间设置”对话框中选择其他的 Internet 时间服务器。

3.4.5 区域和语言

利用“控制面板”中的“区域和语言”功能，可以更改 Windows 显示日期、时间、金额、大数字和带小数点数字的格式，也可以从多种输入语言和文字服务中进行选择和设置。

在图 3-38 所示的“区域和语言”对话框的“格式”选项卡中，可更改日期的设置。如果还要更改其他的设置，单击“其他设置”按钮，就可弹出“自定义格式”对话框，可以在其中对数字、货币、时间、日期和排序进行设置。

在“键盘和语言”选项卡中，单击“更改键盘”按钮，就弹出“文本服务和输入语言”对话框，如图 3-39 所示。

在“默认输入语言”栏的下拉列表中，可选择设置计算机启动时的默认输入法。

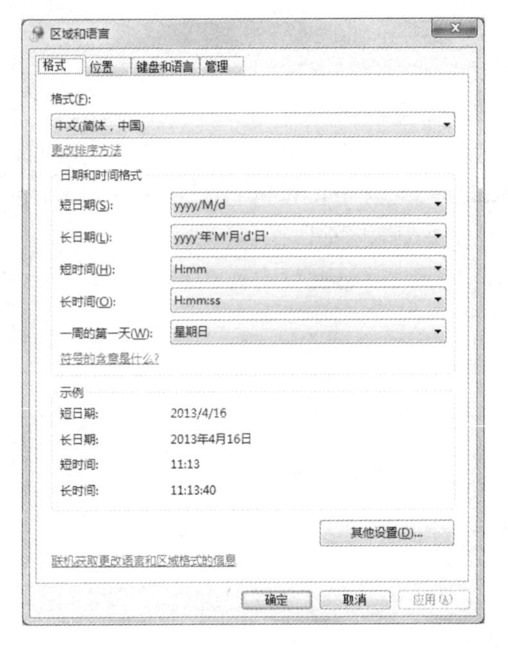

图 3-38 “区域和语言”对话框

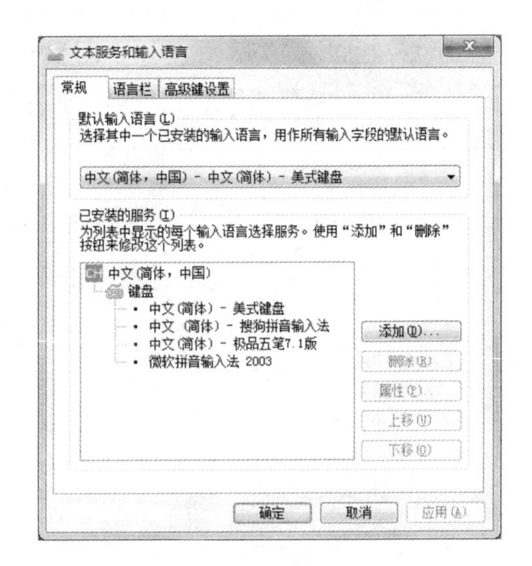

图 3-39 “文本服务和输入语言”对话框

每种语言都有默认的键盘布局，但许多语言还有可选的版本。在“已安装的服务”栏单击“添加”按钮，则可在新弹出的“添加输入语言”对话框中选择相应服务，以添加其他键盘布局或输入法。如果要更改某种已安装的输入法的属性设置，可在“已安装的服务”栏列表中选择该输入法，然后单击“属性”按钮，在弹出的对话框中进行设置即可。

3.4.6 用户账户管理

只有通过用户和组账户，用户才可以加入到网络的域、工作组或者本地计算机中，从而使用文件、文件夹及打印机等网络或本地资源。通过为用户账户和组账户提供权限，可以赋予和限制用户访问上述环境中各种资源的权限。与用户账户相对应，每位用户都可以拥有自己的工作环境，如屏幕背景、鼠标设置以及网络连接和打印机连接等，这就有效地保证了同一台计算机中各用户之间互不干扰。

组账户是为了便于管理大量的用户账户而引入的，它包括所有具有同样权限和属性的用户账户。

为了便于管理，系统预置了 Administrator（管理员）账户，具有 Administrator 权限的用户可以管理所有资源的使用。

1．创建新账户

必须在计算机上拥有计算机管理员账户才能把新用户添加到计算机中。创建新账户的具体步骤如下。

（1）在“控制面板”中单击 “用户账户”图标，打开“用户账户”窗口。

（2）单击“管理其他账户”文本链接，打开“管理账户”窗口。

（3）单击“创建一个新账户”文本链接，打开“创建新账户”窗口，如图 3-40 所示。

输入新账户的名称，并根据想要指派给新账户的账户类型，选择“标准用户”或“管理员”选项，然后单击“创建账户”按钮。

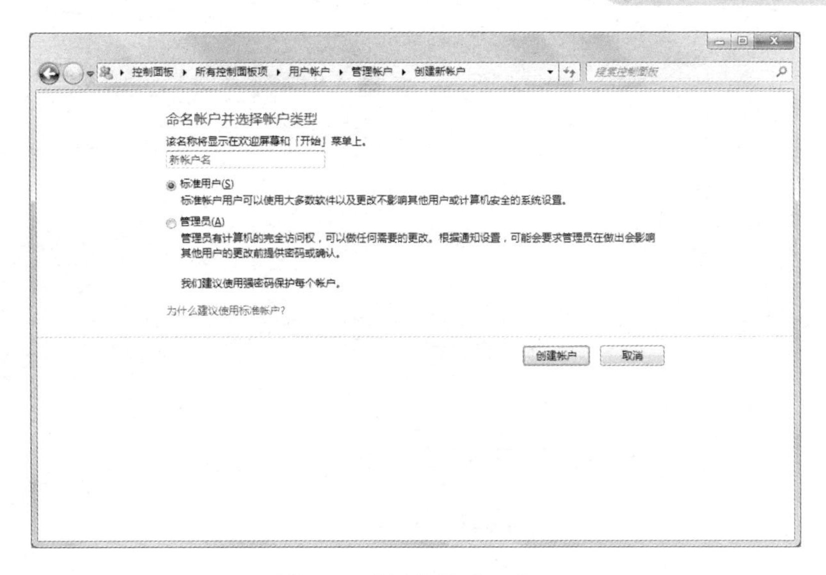

图 3-40“创建新账户”窗口

注意：指派给账户的名称就是将出现在“欢迎”屏幕和“开始”菜单上的用户名称。

2. 切换账户

通过此功能，可以不用关闭程序而简单地在多个用户间切换。例如，某一用户正在计算机上玩游戏，而另一用户要打印文档时，不用关闭游戏，直接使用“切换账户”功能切换到后者的账户就可以了。

切换账户的操作非常简单，可以单击“开始”按钮，在“开始”菜单中单击“关机”按钮右边的三角形按钮，在弹出的对话框中单击“切换用户”按钮，然后选择另一个账户名即可。

3.5 Windows 7 的附件

附件是 Windows 7 自带的一些小工具软件。

3.5.1 画图

Windows 7 的“画图”是一个位图绘制程序，如图 3-41 所示。用户可以用它创建简单或者精美的图画，然后将其作为桌面背景，或者粘贴到另一个文档中。也可以使用“画图”查看和编辑已有的图，还可以将编辑好的图片打印出来。

“画图”窗口上方是绘制图画所需的工具箱，还有颜色框，使用它可选择绘画所需的前景色和背景色，默认的前景色和背景色显示在颜料盒的左侧，颜色 1 的颜色方块代表前景色，颜色 2 的颜色方块代表背景色。要将某种颜色设置为前景色或背景色，只需先单击颜色 1 或颜色 2，再单击该颜色框即可。

若要将处理好的图片设置为桌面背景，可执行以下操作。

（1）保存图片。

（2）弹出窗口左上角 的下拉菜单，选择“设置为桌面背景”命令，并选择相应的图片位置选项即可。

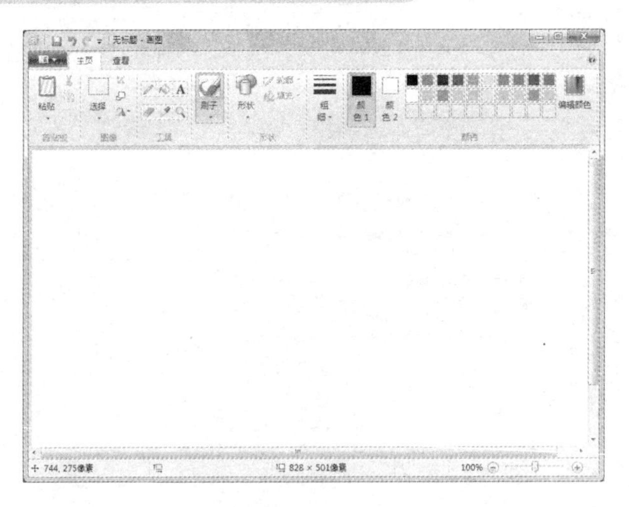

图 3-41 “画图”窗口

3.5.2 命令提示符

Windows 图形界面的诞生，大大增强了操作计算机的直观性和趣味性，使人们摆脱了 DOS 命令行的枯燥工作方式，但围绕 DOS 操作系统已经开发了数量巨大的应用程序，如何继续保证这些程序被充分利用是微软公司开发 Windows 系列产品时必须考虑的问题。Windows 提供了对 DOS 系统的完美支持，“命令提示符”即是 Windows 7 中的“MS-DOS 方式”。

选择“开始”→“所有程序”→“附件”→“命令提示符”命令，或者在“开始”菜单的“搜索程序和文件”中输入“cmd”命令，即可打开如图 3-42 所示的窗口，可以看到命令行中有闪烁的光标，用户可以直接输入各种命令，输入“exit”命令并按回车键就可以关闭该窗口。

图 3-42 Windows7 中的 MS-DOS 窗口

3.5.3 写字板

“写字板”是 Windows 7 附件中提供的文字处理类的应用程序，在功能上较一些专业的文字处理软件来说相对简单，但比“记事本”要强大。

利用写字板可以完成大部分的文字处理工作，如格式化文档；可以设置字体、字形、大小、颜色，可以给文字加删除线、下画线；还可以在编辑中加入项目符号、采用多种对齐方式等。写字板还能对图形进行简单的排版，并且与微软销售的其他文字处理软件兼容。总的来说，写字板是一个能够进行图文混排的文字处理程序。

在写字板的文档中可以插入其他类型的对象，如图片、Excel 工作表、PowerPoint 幻灯片等。方法为：单击窗口中的“插入对象”按钮，打开如图 3-43 所示的“插入对象”对话框，然后在对话框中选择需要插入的对象类型即可。

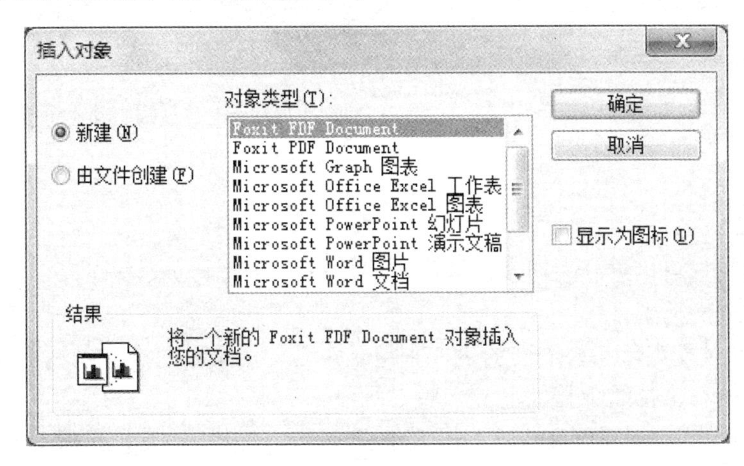

图 3-43 “插入对象”对话框

写字板的默认文件格式为 RTF 格式（Rich Text Format），但是它也可以读取纯文本文件（*.txt）、OpenDocument 文本（*.odt）及 Office Open XML（*.docx）文档。

其中，纯文本文件是指文档中没有使用任何格式；RFT 文件则可以有不同的字体、字符格式及制表符，并可在各种不同的文字处理软件中使用。

写字板还有一个特别强大的功能，就是打开文件，在计算机中有很多我们不了解的文件类型或者系统中没有安装与之关联的应用程序，此时可选择打开方式为“写字板”或者“记事本”，它们不会损坏文件。

3.5.4 计算器

Windows 7 的“计算器”可以完成所有手持计算器能完成的标准操作，如加法、减法、对数和阶乘等。

单击打开“查看”菜单，可以选择使用“标准型”、“科学型”、“程序员”或“统计信息”计算器。如图 3-44 所示的“标准型”计算器用于执行基本的运算，如加法、减法、开方等。“科学型”计算器主要用于执行一些函数操作（如求对数，正弦、余弦等）。如果想要进行多种进制之间的转换操作，可以使用“程序员”计算器。例如，欲求十进制数 182 对应的二进制数，可在如图 3-45 所示的“程序员”计算器中输入“182”，然后选中进制栏的“二进制”单选按钮，数字框中即可显示出等值的二进制数“10110110”。

图 3-44 “标准型”计算器

图 3-45 “程序员”计算器

3.5.5 录音机

使用“录音机”可以录制、混合、播放和编辑声音文件（.wav 文件），也可以将声音文件链接或插入到另一文档中。

“录音机”通过麦克风和已安装的声卡来记录声音，所录制的声音以波形（.wav）文件保存。使用“录音机”录音的步骤如下。

（1）选择“开始”→“所有程序”→“附件”→“录音机”命令，弹出“录音机”对话框。

（2）单击“录音”按钮，即可开始录音，最多录音时长为 60 秒，如果要增加录音时间，可以再次单击“录音”按钮。

（3）录制完毕，单击“停止”按钮即可。

（4）单击“播放”按钮，可以播放所录制的声音文件。

对于用“录音机”所录制的声音文件，用户还可以调整其声音文件的质量。调整声音文件质量的步骤如下。

（1）选择“文件”→“打开”命令，双击要进行调整的声音文件。

（2）选择“文件”→“属性”命令，弹出“声音的属性”对话框，在该对话框中显示了声音文件的具体信息，在“格式转换”栏中单击“选自”下拉按钮，其下拉列表中的各选项功能如下。

① 全部格式：显示全部可用的格式。

② 播放格式：显示声卡支持的所有可能的播放格式。

③ 录音格式：显示声卡支持的所有可能的录音格式。

（3）选择一种所需格式，单击“立即转换”按钮，弹出“声音选定”对话框。

（4）在该对话框中的“名称”下拉列表中可选择“无题”、“CD 质量”、“电话质量”和“收音质量”选项。如果选择“无题”选项，可在“格式”和“属性”下拉列表中选择该声音文件的格式和属性。

（5）调整完毕后，单击“确定”按钮即可。

“录音机”不能编辑压缩的声音文件，更改压缩声音文件的格式可以将文件改变为可编辑的未压缩文件。录音机还可以实现混合声音文件、插入声音文件、为声音文件添加回音等功能。

3.6 本章小结

本章主要介绍了 Windows 7 的基础知识和操作方法，包括系统概述、Windows 7 的基本操作、利用“资源管理器”进行文件管理、控制面板的使用、附件的使用等。

3.7 思考与练习

1. 选择题

（1）在 Windows 7 桌面的任务栏中，显示的是____。

A．当前窗口的图标

B．所有被最小化的窗口的图标

C．所有已打开的窗口的图标

D．除当前窗口以外的所有已打开的窗口的图标

（2）在 Windows 7 中，使用“记事本”来保存文件时，系统默认的文件扩展名是____。

A．.txt　　B．.doc　　C．.wri　　D．.bmp

（3）在 Windows 7 中，“剪贴板”是____。

A．硬盘上的一块区域　　B．软盘上的一块区域

C．内存中的一块区域　　D．高速缓存中的一块区域

（4）当一个应用程序窗口被最小化后，该应用程序将____。

A．被终止执行　　B．继续在前台执行

C．被暂停执行　　D．被转入后台执行

（5）直接删除硬盘上的文件，使其不进入回收站的正确操作是____。

A．选择“编辑”→“剪切”命令

B．选择“文件”→“删除”命令

C．按 Delete 键

D．按 Shift+Delete 组合键

2. 填空题

（1）一个文件的扩展名通常表示________。

（2）快捷方式和文件本身的关系是________。

（3）在查找文件或文件夹时，若用户输入*.*，则表示查找________。

（4）屏幕保护程序的作用是________。

3. 问答题

（1）如果系统已知类型文件的扩展名被隐藏，如何将其显示出来？

（2）如何将 D:\phj.bmp 图形文件设置为桌面背景？

（3）如何查找硬盘上所有扩展名为.png 的文件？

第4章 文字处理软件 Word 2010

Microsoft Office Word 2010是Office 2010中的重要一员，也是最常用的文字处理软件之一，它融入了文档视图、编辑、排版、打印等多种功能设置。

本章主要内容

- Word 2010 概述
- 文档的基本操作
- 文本的编辑
- 文档的排版
- 图文混排
- 表格
- 文档的打印
- 长文档的编辑

4.1 Word 2010 概述

4.1.1 Word 2010 的启动

单击桌面左下角的按钮，在弹出的菜单中依次选择“所有程序”→“Microsoft Office”→“Microsoft Word 2010”命令，即可启动Word 2010。若桌面或当前文件夹中存在Word文件（即利用Word软件创建的文件），直接双击该文件也可以启动Word 2010。

4.1.2 Word 2010 的窗口组成

启动Word 2010后，系统会自动建立一个名为“文档1”的空白文档。Word 2010窗口主要由标题栏、功能区、文档编辑区、状态栏、视图切换区和比例缩放区等部分组成，如图4-1所示。

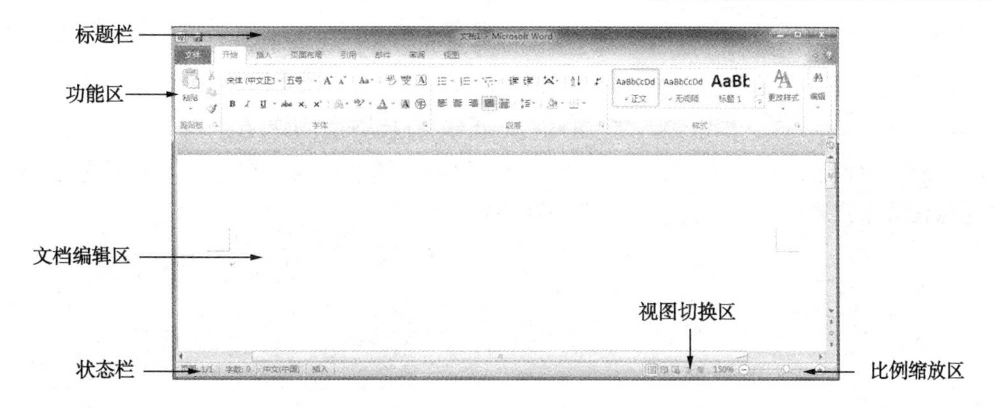

图 4-1　Word 2010 窗口

1. 标题栏

标题栏位于窗口的最上方，主要由窗口控制图标、快速访问工具栏、标题显示区和窗口控制按钮组成。其中，快速访问工具栏则用于快速实现保存、打开等使用频率较高的操作。用户可以单击快速访问工具栏右侧的按钮，在弹出的“自定义快速访问工具栏”下拉列表中单击即可使用频率较高的工具按钮添加到其中，以方便使用，如图 4-2 所示。

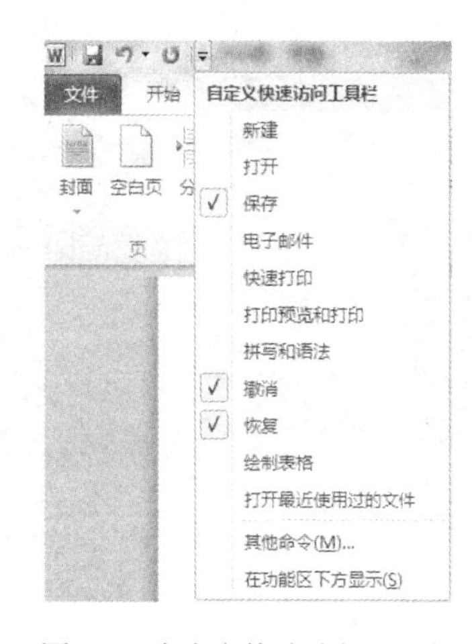

图 4-2　自定义快速访问工具栏

2. 功能区

功能区主要由选项卡、组和命令按钮等组成，用户可以单击选项卡标签切换到相应的选项卡中，然后单击相应组中的命令按钮完成所需的操作。

3. 文档编辑区

文档编辑区用于对文档进行各种编辑操作，是 Word 2010 最重要的组成部分。文档编辑区中闪烁的短竖线是文本插入点，提示下一个文字输入的位置。

4. 状态栏

状态栏位于工作页面的下方，主要用于显示当前文档的状态信息，包括文档的当前页数/总页数、字数统计、当前输入语言以及输入状态等信息。

5. 视图切换区

视图切换区位于状态栏的右侧，用来进行文档视图方式的切换。视图切换区由“页面视图”、“阅读版式视图”、“Web 版式视图”、“大纲视图”以及“草稿”5 个按钮组成。

6. 比例缩放区

比例缩放区位于视图切换区的右侧，由 “缩放级别”按钮和“显示比例”滑块组成，用户可以在该区域中对文档编辑区的显示比例进行设置。

4.1.3　Word 的设置

在 Word 2010 功能区选择“文件”→“选项”命令，即可打开“Word 选项”对话框。该对话框用于对 Word 的多个方面进行设置，如在其“常规”选项卡中可设置 Word 窗口的配色方案，是否启用实时预览；在“显示”选项卡中可设置显示哪些标记；在“高级”选项卡中可设置 Word

中的度量单位，是否启用“即点即输”等。如图 4-3 所示的是“校对”选项卡的内容，使用该选项卡可设置 Word 更正文字的方式。如在“在 Word 中更正语法和拼写时”栏中选中了“键入时检查拼写”复选框，则用户在文档中输入文字时，Word 就会自动检查拼写是否有误，如果判定有误，则有误的文字下会出现红色波浪线。若选中“键入时标记语法错误”复选框，则在输入文字时，Word 发现有语法错误，有误的文字下就会出现绿色波浪线。

图 4-3　“Word 选项”对话框“校对”选项卡

4.1.4　Word 2010 的退出

当对文档完成了所有的编辑和设置工作之后，就可以退出 Word。常用的退出方法如下。

方法一：单击 Word 应用程序工作界面右上角的“关闭”按钮。

方法二：单击工作界面左上角的“文件”选项卡，选择“退出”命令。

方法三：双击工作界面左上角的“控制窗口”按钮，或单击“控制窗口”按钮，选择“关闭”命令。

方法四：右击系统任务栏的 Word 2010 缩略图，在弹出的快捷菜单中选择“关闭窗口”命令。

4.2　文档的基本操作

4.2.1　创建新文档

启动 Word 的同时，系统会自动创建一个空白的新文档，并将新创建的文档名称自动命名为“文档 1”。此外，还可以用其他方法来创建新的 Word 文档。

在 Word 2010 功能区选择“文件”→“新建”命令，在打开的“可用模板”设置区域中双击“空白文档”选项，即可创建空白文档，如图 4-4 所示。

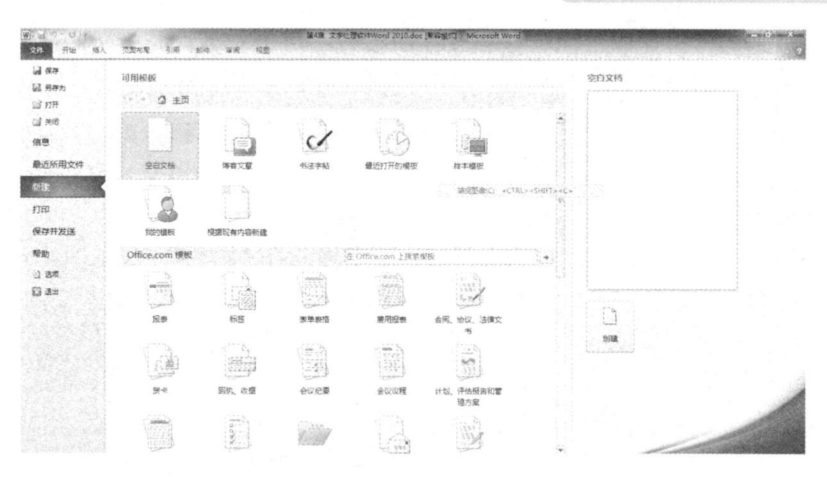

图 4-4 新建空白文档

除此之外，Word 2010 还预置了许多文档模板，利用这些模板不仅可以快速新建具有特定内容的文档，而且新建的文档看上去更加专业，适合初学者使用。使用模板创建文档的操作步骤如下。

（1）在 Word 2010 功能区中选择“文件”→“新建”命令，如图 4-4 所示。

（2）在打开的“可用模板”设置区域中根据需要选择相应的模板类型，然后单击“创建”按钮。

4.2.2 保存文档

文档编辑完成后，用户需要将它保存在磁盘上，以便将来使用。Word 2010 提供了多种保存文档的方法。

1. 手动保存文档

手动保存文档的具体步骤如下。

（1）执行“文件”→“保存”命令，或单击快速访问工具栏中的“保存”按钮，如果保存的是一份新文档，系统将弹出“另存为”对话框，如图 4-5 所示。也可以通过按 Ctrl+S 组合键来实现同样的操作。

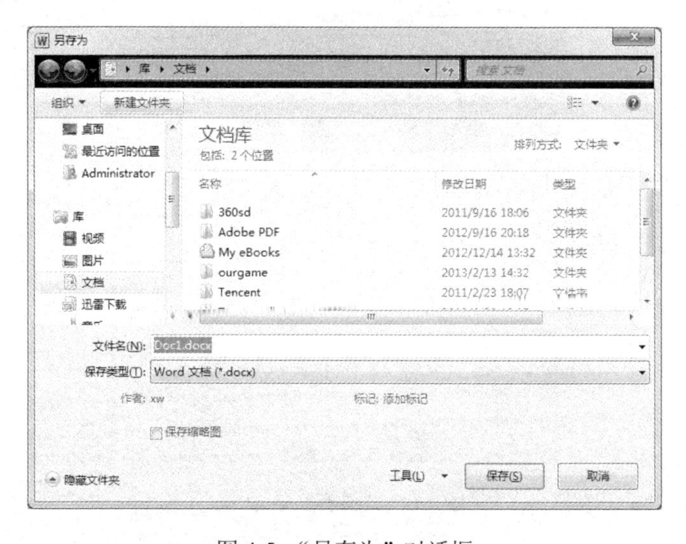

图 4-5 “另存为”对话框

（2）在“另存为”对话框中，先选好文件要保存的位置，默认在“库\文档”中。在“文件名”文本框中输入文档的名称，通常情况下，Word 文档的主文件名可根据用户需要来定义，而系统默认.docx 为文档的扩展名。在“保存类型”下拉列表中可以选择文档保存的格式。

（3）单击“另存为”对话框中的“保存”按钮，即可将文档以指定名称和指定类型保存在用户指定的位置。

对于已经保存过的文档，修改后再次保存，可直接选择“文件”→“保存”命令，此时将不再出现“另存为”对话框，修改后的文件将直接覆盖原文件。如果需要改变修改后的文件名称、改变文件格式或改变存放路径，可选择“文件”→“另存为”命令。

2. 自动保存文档

在编辑文档时，可能会遇到一些异常情况，如停电、死机等突发事件，会造成文件内容丢失。Word 提供的“自动保存”功能是为了避免由于误操作或各种计算机故障造成未保存信息丢失。自动保存可以每隔一段时间自动保存一次文档。

设置自动保存文档的具体步骤如下。

（1）选择“文件”→“选项”命令。

（2）弹出“Word 选项”对话框，选择“保存”选项卡，如图 4-6 所示。

（3）选中“保存自动恢复信息时间间隔”复选框，然后在右侧的微调框中根据需要设定间隔时间（只可输入 1～120 之间的整数），然后单击“确定”按钮。

值得注意的是，自动保存虽然能在很大程度上避免忘记保存内容丢失的情况，但是并不能完全代替存盘操作。它的作用只是将正在编辑的文档自动保存到一个临时文件中，当遇到意外情况发生时，临时文件保存的内容会在重启 Word 时显示出来，并在该文件名中含有“(恢复)”字样，此时用户应该马上将恢复内容保存。另外，从最后一次自动保存到断电前这段时间里编辑的内容不能恢复。

图 4-6 “保存”选项卡

4.2.3　打开文档

在 Word 中有多种方式可以打开已保存的文档，在此介绍最基本和常用的打开方法。

方法一：在“计算机”窗口中，找到文档所在的位置，双击文档图标，即可打开文档。

方法二：选择“文件”→“打开”命令，弹出“打开”对话框，如图 4-7 所示。在“打开”对话框中，单击“查找范围”下拉按钮，或直接从对话框左侧列表中选择相应的盘符及文件夹。然后双击所要打开的文档图标，或者单击文档图标后再单击“打开”按钮，即可完成打开操作。

图 4-7　“打开”对话框

4.2.4　关闭文档

对于已保存过的文档，选择“文件”→“关闭”命令，即可关闭该文档。

对于编辑后未保存过的文档，选择“文件”→“关闭”命令，会弹出一个询问对话框，如图 4-8 所示。单击“保存”按钮，表示将修改后的文档保存；单击“不保存”按钮，表示不保存文档修改后的内容，文档将保持原有状态；单击“取消”按钮，表示取消关闭文档操作，返回到编辑状态。

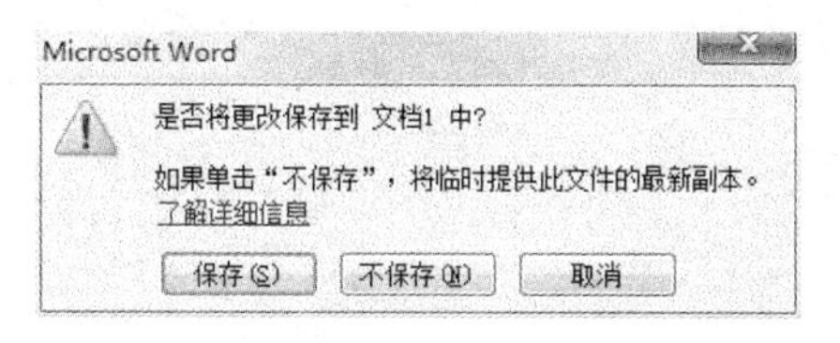

图 4-8　询问对话框

4.2.5　保护文档

设置密码是一种常用的保护文档安全的方法，为文档设置密码保护的具体步骤如下。

（1）选择“文件”→“信息”→“保护文档”→“用密码进行加密”命令，如图 4-9 所示。

图 4-9　设置文档密码

（2）弹出如图 4-10 所示的“加密文档”对话框，在“密码”文本框中输入要设置的文档的保护密码。

（3）输入完毕后单击“确定”按钮，弹出“确认密码”对话框，在“重新输入密码”文本框中再次输入刚刚设置的密码，单击“确定”按钮。

当用户再次打开设置了密码保护的文档时，会弹出“密码”对话框，如图 4-11 所示，提示用户输入文档的保护密码，用户只有输入了正确的文档保护密码，方可打开文档。

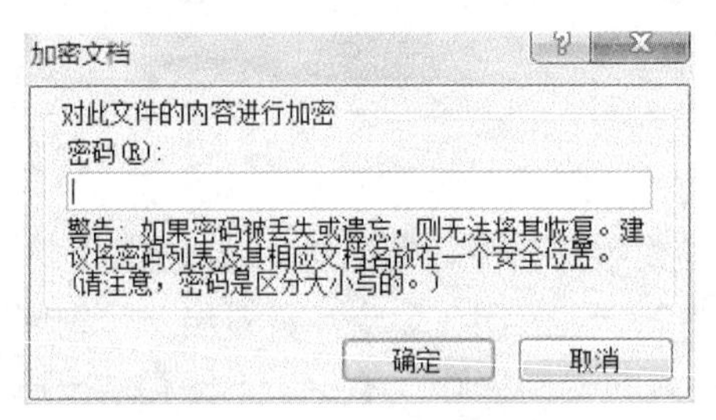

图 4-10　“加密文档”对话框

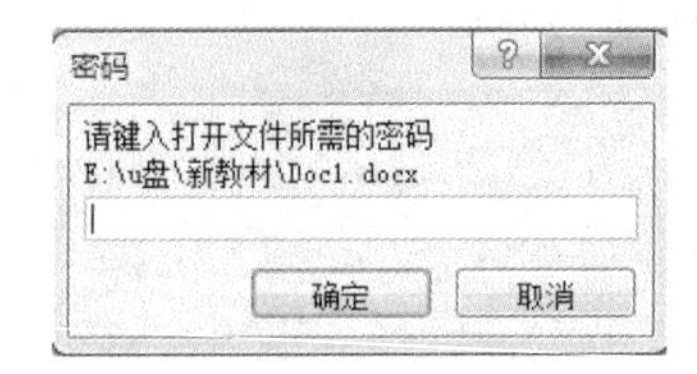

图 4-11　“密码”对话框

当文档不再需要密码保护时，可以取消密码保护，操作步骤和设置密码保护的步骤类似，只需要在图 4-10 所示的“加密文档”对话框中删除之前设置的密码即可。

4.3　文本的编辑

4.3.1　输入文本

在文档窗口中，存在着一个闪动的光标——插入符，它标志着文字输入的位置。随着文字的输入，插入符会自动向右移动，当它到达编辑区的最右端时，将自动跳转到下一行。

输入文字时，键盘上的回车键具有分段功能。当按一次回车键时，编辑文档中将出现一个灰色的分段标记“↵”。

按 Shift+回车组合键时，文档会实现强制换行，编辑文档中将出现一个灰色的换行标记“↓”。

4.3.2 删除文本

将插入点定位到需删除文本的左侧，按 Delete 键可删除文本插入点右侧的一个字符。将插入点定位到需删除文本的右侧，按 Backspace 键可删除文本插入点左侧的一个字符。

通过拖动鼠标或其他方式选择需删除的多个文本，然后按 Delete 键或 Backspace 键，即可将选中的文本同时删除。

4.3.3 选择文本

在 Word 中对文档进行修改和编辑时要遵守“先选择后操作”的原则。选取文本的操作方式根据对象的不同而不尽相同。

1. 选取连续文本

将鼠标指针移动到需要选取的文本的起始位置，按住鼠标左键拖动至文本的结束位置，即完成选取操作。或者单击连续文本的起始位置，然后按住 Shift 键的同时，单击连续文本的结束位置。

2. 选取不连续文本

首先使用鼠标拖动的方法选中不连续文本中的一部分文本，然后按住 Ctrl 键的同时，选择文档中不连续的其他文本。

3. 选取一行或多行文本

将鼠标指针移动到所选行的左边空白位置，鼠标指针会变成斜向上的箭头。此时单击，将选定该行。如果要选定多行，按住鼠标左键拖动即可。

4. 选取一段文本

将鼠标指针移动到所选段的左边空白位置，鼠标指针会变成斜向上的箭头。此时双击，将选定该段。

5. 选取矩形文本

按住 Alt 键的同时，在矩形文本的起始位置按住鼠标左键不放，拖动到矩形文本的结束位置，松开鼠标左键和 Alt 键，即可选取多行的矩形字符块。

6. 选取整篇文档

将鼠标指针移动到文档最左边的空白位置，鼠标指针会变成一个斜向上的箭头，此时连续单击 3 次，将选取整篇文档。另外，也可以单击“开始”选项卡→“编辑”组中的“选择”下拉按钮，在弹出的下拉列表中选择“全选”选项，或直接按 Ctrl+A 组合键，都可选取整篇文档。

4.3.4 移动与复制文本

当用户需要在文档中移动文本的位置，可以对文本进行剪切和粘贴操作。当用户需要在文档中输入内容相同的文本时，则可对文本进行复制和粘贴操作。

1. 文本的移动

在修改或编辑文档时，经常需要移动文本的位置。Word 提供了灵活的移动方式，下面简单介绍两种移动文本的方法。

方法一：拖动文字实现移动文本。具体操作步骤如下。

（1）选取需要移动的文本。

（2）将鼠标指针放在选取的蓝色区域上，此时鼠标指针会变成一个斜向左上的箭头。

（3）按住鼠标左键拖动，可以看到一个虚竖线“┆”，随着鼠标的拖动而移动。当虚竖线“┆”移动到合适的位置时，松开鼠标左键，即可将选取的字符串移动至此。

方法二：利用“剪切”和“粘贴”功能移动文本。具体操作步骤如下。

（1）选取需要移动的文本。

（2）单击“开始”选项卡→“剪贴板”组中的“剪切”按钮，或按 Ctrl+X 组合键，此时选取的文本从文档中被剪切掉，放到了剪贴板中。

（3）将插入符移动到要插入文本的位置，单击“开始”选项卡→“剪贴板”组中的“粘贴”按钮，或按 Ctrl+V 组合键，即可将剪贴板中的文本粘贴到指定位置。

2. 文本的复制

复制文本是编辑和修改 Word 文档过程中常常用到的功能，其基本方法与移动十分类似。

方法一：拖动文字实现复制文本。具体操作步骤如下。

（1）选取需要复制的文本。

（2）将鼠标指针放在选取的蓝色区域上，此时鼠标指针会变成一个斜向左上箭头。

（3）按住 Ctrl 键，同时按住鼠标左键进行拖动，可以看到一个虚竖线“┆”随着鼠标的拖动而移动。当虚竖线“┆”移动到合适的位置时，松开鼠标左键及 Ctrl 键，即可将选取的字符串复制至此。

方法二：利用“复制”和“粘贴”功能复制文本。具体操作步骤如下。

（1）选取需要复制的文本。

（2）单击“开始”选项卡→“剪贴板”组中的“复制”按钮，或按 Ctrl+C 组合键，此时选取的文本从文档中被复制，放到了剪贴板中。

（3）将插入符移动到要插入字符串的位置，单击“开始”选项卡→“剪贴板”组中的“粘贴”按钮，或按 Ctrl+V 组合键，即可将剪贴板中的文本粘贴到指定位置。

3. 选择性粘贴

上文介绍的移动或复制是移动或复制文本的全部信息，包括文本内容、格式等。此外，还可以利用“选择性粘贴”功能有选择、灵活性地粘贴文本。

选择性粘贴具体操作步骤如下。

（1）选取需要移动或复制的文本。

（2）单击“开始”选项卡→“剪贴板”组中的“剪切”或“复制”按钮，此时选取的文本放到了剪贴板中。

（3）将插入符移动到要插入字符串的位置，单击“开始”选项卡→“剪贴板”组中的“粘贴”下拉按钮，在弹出的下拉列表中选择“选择性粘贴”选项，弹出“选择性粘贴”对话框，如图 4-12 所示。

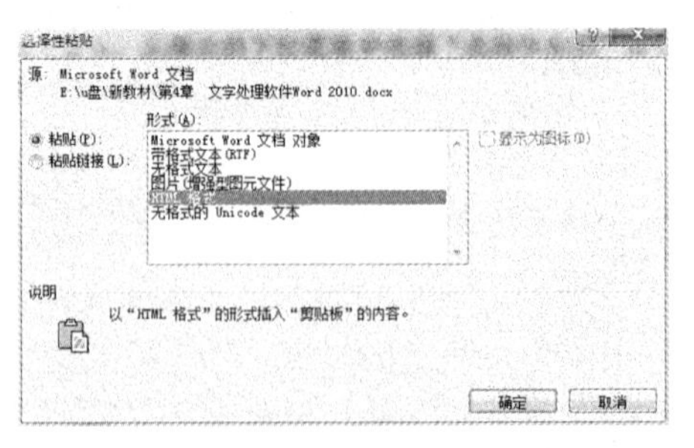

图 4-12 “选择性粘贴”对话框

（4）在“形式”列表中选择要粘贴的内容，单击“确定”按钮后完成选择性粘贴。

在进行文档编辑过程中，经常需要到网络上查找一些资料，然后把它从网页上复制到 Word 文档中，但是这样粘贴过来的文字往往带有 HTML 格式，而且多是表格形式，如果希望粘贴过来时去掉这些格式，可以按照上述步骤在“选择性粘贴”对话框中选择“无格式文本”或“无格式的 Unicode 文本”。另外，如果需要将文字和表格等转换为图片形式，可以选择要转换成图片的文字和表格，按照上述步骤在“选择性粘贴”对话框中选择图片类型，即可将文字或表格转为图片格式并粘贴到插入符所在位置。

此外，还可以使用“选择性粘贴”功能将利用 Word 绘制的图片转换为其他格式的图片，具体方法是：首先选中绘制好的图片，执行“剪切”或“复制”操作，再执行“选择性粘贴”操作，弹出“选择性粘贴”对话框，此时弹出的对话框与图 4-12 有所不同，其粘贴形式为多种图片格式，选择一种图片格式，再单击“确定”按钮即可。

4.3.5 插入与改写文本

系统默认的文档编辑状态为“插入”状态，在该状态下，用户在文档中输入的文本内容会插入到插入点所在的位置。如将文档编辑状态切换到“改写”状态，则用户在文档中输入的文本内容会将插入点右侧的原文本替换掉。

通过单击状态栏上的“插入/改写”按钮或按 Insert 键可以实现“插入”状态与“改写”状态之间的切换。

4.3.6 查找与替换文本

Word 的查找功能可以快速搜索指定单词或词组，如果希望将其替换成其他内容，可以使用 Word 的查找和替换功能。

1. 查找文本

单击“开始”选项卡→“编辑”组中的“查找”下拉按钮，在弹出的下拉列表中选择“查找”选项，在文档左侧打开“导航”窗格，如图 4-13 所示，在查找文本框中输入要查找的字符，如“word”，此时系统会自动查找符合条件的字符并在查找文本框下方显示查找结果。

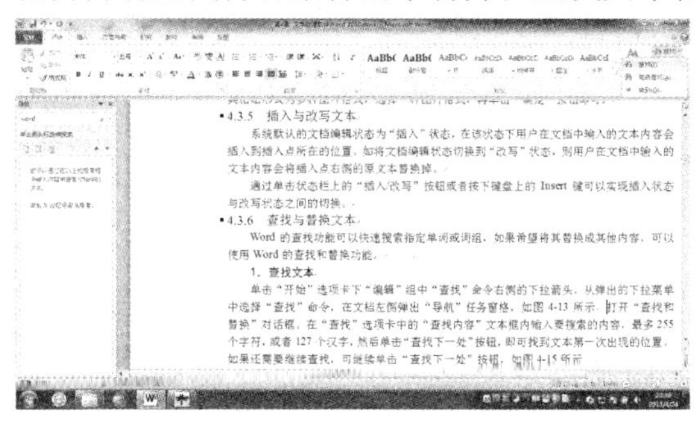

图 4-13 查找文本

“导航”窗格不仅可以查找文字，还可以查找图片、表格、公式、脚注/尾注、批注等内容。如图 4-14 所示，若要查找文档中的表格，单击图中圈示的下拉按钮，在弹出的下拉列表中选择“表格”选项，文档即会定位至第一个查找到的表格，导航栏也会显示共有多少个匹配项。单击导航栏的下箭头，即可定位至第二个查找到的表格。

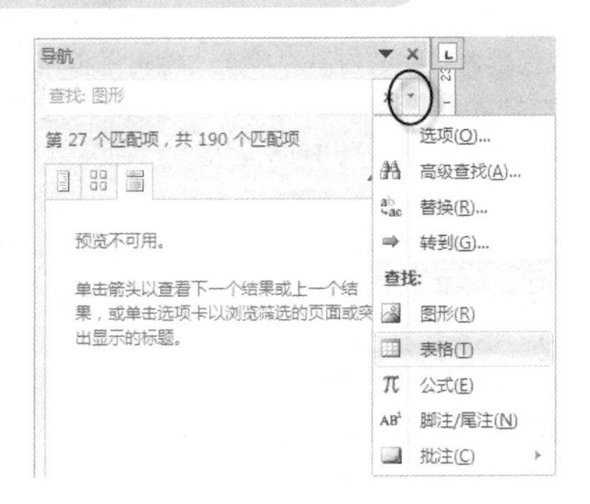

图 4-14 用“导航”窗格查找其他内容

单击“开始”选项卡→“编辑”组中的“查找”下拉按钮，在弹出的下拉列表中选择“高级查找”选项，弹出“查找和替换”对话框，如图 4-15 所示。

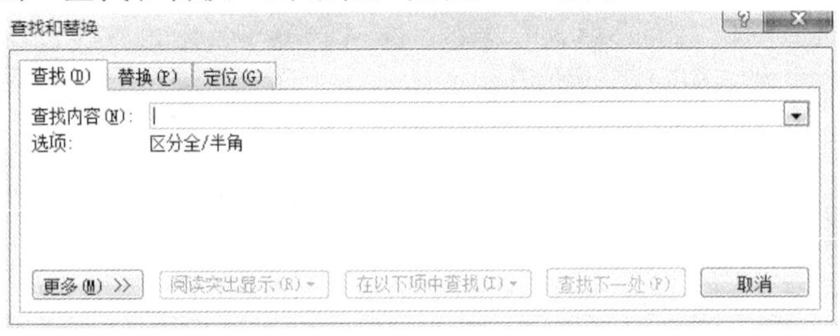

图 4-15 “查找和替换”对话框

在“查找”选项卡的“查找内容”文本框内输入要查找的内容，然后单击“查找下一处”按钮，即可定位到文本第一次出现的位置，并使用淡蓝色背景显示查找到的文本。如果还需要继续查找，可继续单击“查找下一处”按钮。如果查找不到，则会弹出提示信息对话框“Word 已完成对文档的搜索，未找到搜索项”。

2. 替换文本

单击“开始”选项卡→“编辑”组中的“替换”按钮，弹出“查找和替换”对话框，当前选项卡为“替换”选项卡，如图 4-16 所示。

图 4-16 “替换”选项卡

在“查找内容”文本框中输入需要被替换的内容，在“替换为”文本框中输入替换后的新内容，单击“查找下一处”按钮，若找不到，则会弹出提示信息对话框，单击“确定”按钮返回。若找到文本，Word 将定位到从当前光标位置起第一个满足查找条件的文本位置，并以淡蓝色背景显示，单击“替换”按钮，即可将查找到的内容替换为新的内容。单击“全部替换”按钮，可将整个文档内所有查找到的内容替换为新的内容。

Word 提供的查找和替换功能不仅可以替换字符，还可以替换带有格式的文档。在“查找和替换”对话框中，单击“更多”按钮，会出现“搜索选项”栏，在“搜索选项”栏中可以复选搜索条件，如设置搜索范围是向上查找还是向下查找、是否区分大小写、是否使用通配符等。单击“格式”下拉按钮，可以对字体、段落、制表位等格式进行设定，如图 4-17 所示。单击“特殊格式”下拉按钮，在下拉列表中可以设置特殊格式的查找。在对话框中选中了“使用通配符”复选框后，可使用通配符“?”表示任意一个字符，“*”表示任意多个任意字符。

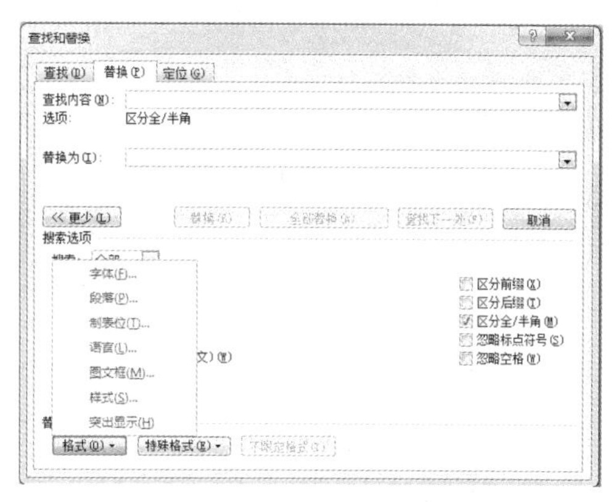

图 4-17　高级查找和替换

例如，要将某文档中的“反应阶段一”、“反应阶段二”、“反应阶段三”、“反应阶段四”等内容全部变为粗体，可以使用替换功能。如图 4-18 所示，首先在“搜索选项”栏选中“使用通配符”复选框，然后在“查找内容”框中输入“反应阶段?”，在“替换为”文本框中单击一下，再单击“格式”下拉按钮，在弹出的下拉列表中选择“字体”选项，弹出如图 4-19 所示的“查找字体”对话框。在“字形”下拉列表中选择“加粗”选项，确定返回“查找和替换”对话框。单击“全部替换”按钮完成替换。注意，“查找内容”文本框输入的“反应阶段?”中，“?”必须是英文标点。

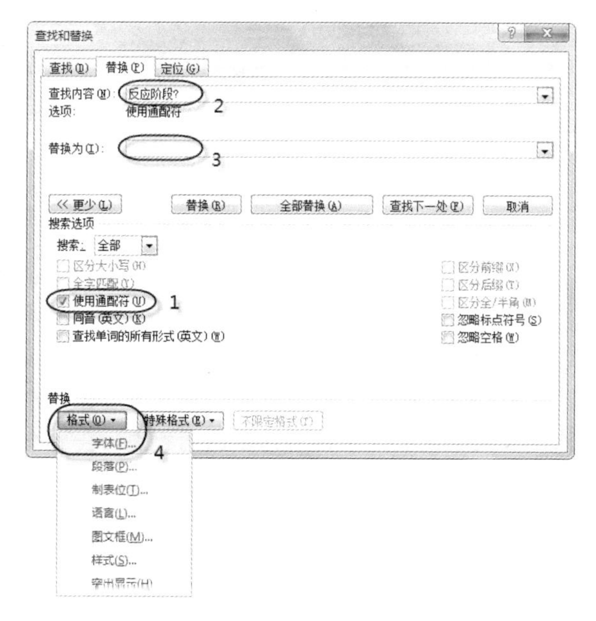

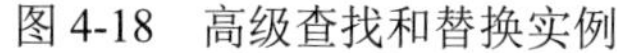

图 4-18　高级查找和替换实例

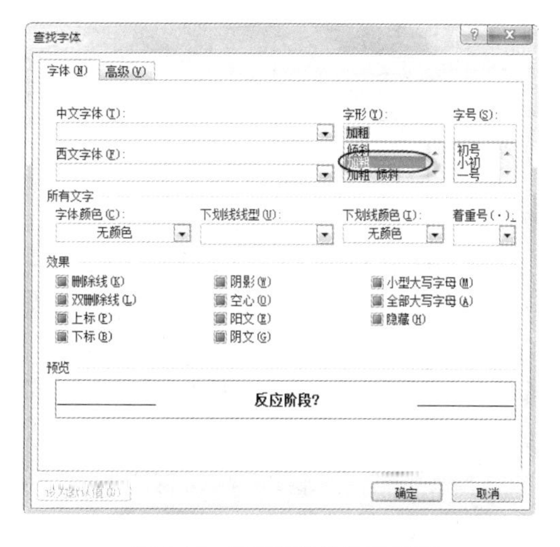

图 4-19　“查找字体”对话框

3. 定位文本

“查找和替换”对话框的“定位”选项卡如图 4-20 所示。在“定位目标”列表中单击选择定位方式，如“页”、“节”、“书签”等，然后在右侧相应的文本框中输入定位的位置，再单击“定位”按钮，即可定位到文档中指定的位置。

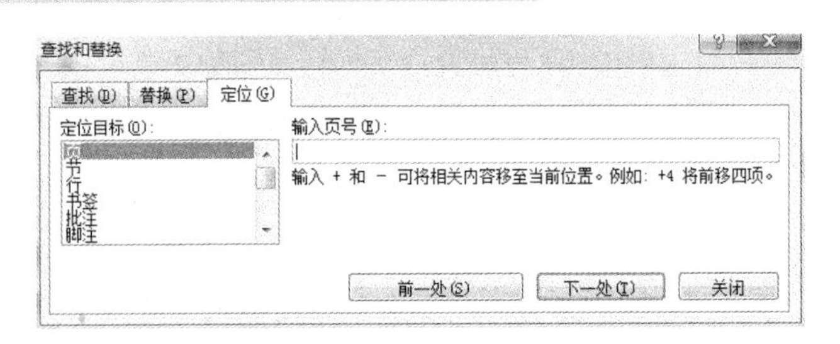

图 4-20　“定位”选项卡

4.3.7　文档编辑中的撤销与恢复操作

编辑文档时，Word 会自动记录每一步操作。在编辑过程中，若出现操作失误，可以使用 Word 提供的撤销与恢复功能。

1. 撤销

撤销即取消最近的一步或多步操作。按 Ctrl+Z 组合键可撤销最近一步操作，也可单击快速访问工具栏中的“撤销”下拉按钮，在弹出的下拉列表中记录了之前所执行的操作，选择其中的某个操作即可撤销该操作之后的多步操作。

2. 恢复

恢复是撤销的逆操作，也就是将撤销操作恢复到撤销之前的状态。只有在文档中进行过撤销操作后，恢复功能才能使用。按 Ctrl+Y 组合键可恢复最近一步被撤销的操作。也可单击快速访问工具栏中的“恢复”按钮，恢复最近被撤销的操作。

4.4　文档的排版

4.4.1　设置字体格式

字体格式选项包括字体、字号、字型（如加粗、倾斜、下画线）、字体颜色、字符边框及字符底纹等。

1. 通过“快捷字体工具栏”设置字体格式

选中需要更改格式的文本，Word 会自动弹出“快捷字体工具栏”，如图 4-21 所示，此时工具栏显示为半透明状态。当鼠标指针进入工具栏区域时，工具栏将变为不透明状态，在此工具栏中可以设置选中文本的常见格式，如字体、字号、缩进量、字体颜色等。

2. 通过“字体”组设置字体格式

选择“开始”选项卡，利用其中的“字体”组可以快速对选中文本进行字体外观、字体边框、字体底纹等设置，如图 4-22 所示。

图 4-21　快捷字体工具栏

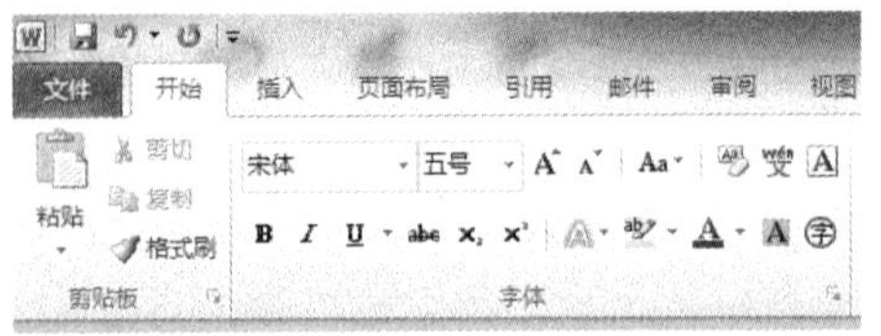

图 4-22　“开始”选项卡中的“字体”组

3. 通过“字体”对话框设置字体格式

使用“字体”对话框，可进行更多的字体格式设置。具体操作如下。

（1）选取待设置格式的文本。

（2）单击“开始”选项卡→“字体”组右下角的扩展按钮，弹出“字体”对话框，如图 4-23 所示。

图 4-23　“字体”对话框

（3）在“字体”对话框的“字体”选项卡中，用户可以设置字符的字体、字形、字号、字体颜色、下画线线型、下画线颜色、着重号等。在“效果”栏，用户还可以设置字符的上标和下标效果、删除线等。“预览”栏显示字符串格式设置后的效果。

（4）在“字体”对话框的“高级”选项卡中，用户可以设置字符间距、缩放、位置等效果。

（5）设置完成后，单击“确定”按钮即可。

4.4.2　设置段落格式

在输入文档的过程中，每按一次回车键表示换行并且开始一个新的段落，此时就会在文字末尾加上一个段落标记。段落格式的设置包括调节段落的缩进、对齐方式、段落间距及段落内的行间距等。段落设置的方法有两种：一种是通过“开始”选项卡“段落”组中的按钮进行设置；另一种是通过“段落”对话框设置。

1. 设置段落的对齐方式

整齐的排版效果可以使文本更为美观，对齐方式就是段落中文本的排列方式。段落水平对齐方式一般分为左对齐、居中对齐、右对齐、两端对齐和分散对齐。各种对齐方式的效果如下。

左对齐效果……………………………………………………………………

……………………………………………………………………右对齐效果

……………………………居中对齐效果……………………………

分………………散………………对………………齐………………效………………果

段落垂直对齐方式有多种，但常用的只有 3 种：顶端对齐、居中对齐及底端对齐。单击“开始”选项卡→“段落”组右下角的扩展按钮，弹出“段落”对话框，选择“中文版式”选项卡，在“文本对齐方式”对应的下拉列表中可以设置段落的垂直对齐方式，如图 4-24

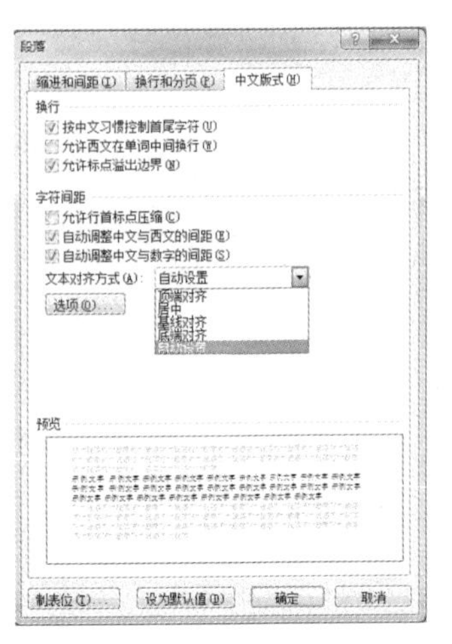

图 4-24 “中文版式”选项卡

所示。

若段落中的文字存在多种不同的字号，那么运用文本对齐方式才能观察到明显的效果，尤其是在图片与文字之间，效果格外明显。

2. 设置段落的缩进和间距

缩进是指段落到左右页边的距离。通常情况下，正文中的每个段落都会首行缩进 2 个字符。段落缩进有 4 种形式，即左缩进、右缩进、首行缩进和悬挂缩进。

（1）左缩进：控制段落每行左边的起始位置。

（2）右缩进：控制段落每行右边自动换行的位置。

（3）首行缩进：控制段落第一行的起始位置。

（4）悬挂缩进：控制段落除第一行以外其他行的起始位置。

单击“开始”选项卡→“段落”组右下角的扩展按钮，或单击“页面布局”选项卡→“段落”组右下角的扩展按钮，均会弹出“段落”对话框，选择“缩进和间距”选项卡，“缩进”栏中的“左侧”可设置段落左缩进字符数，“右侧”可设置段落右缩进字符数，“特殊格式”中可设置首行缩进和悬挂缩进距离，如图 4-25 所示。

段落行距是指从一行文字的底部到另一行文字底部的间距。行距决定段落中各行文本间的垂直距离，其默认值是单倍行距。段落的间距是指文档中段落与段落之间的距离，它决定段落的前后距离大小。当按回车键重新开始一段时，光标会跨越段间距到下一段的起始位置。段落行距和间距均可在图 4-25 所示的“段落”对话框的“缩进和间距”选项卡中设置。

3. 设置段落的换行和分页

“段落”对话框中“换行和分页”选项卡如图 4-26 所示，其中相关复选框的功能如下，用户可以根据实际需要进行选择。

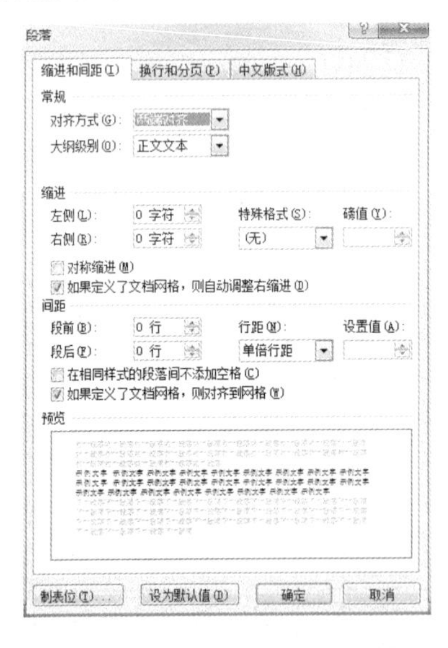

图 4-25 “缩进和间距”选项卡

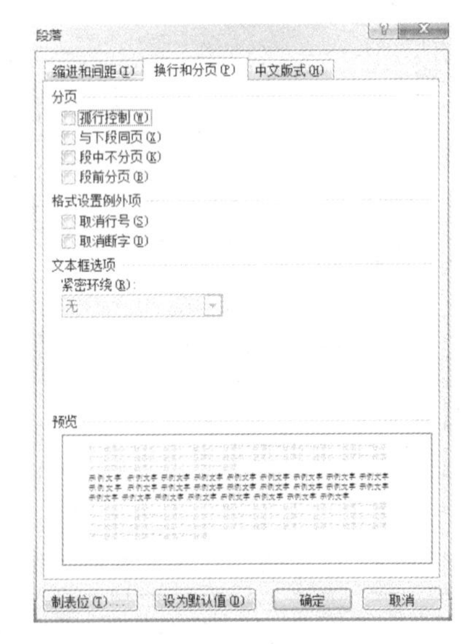

图 4-26 “换行和分页”选项卡

（1）孤行控制：可使文档中不出现孤行。所谓孤行，是指段落的第一行单独出现在页面的最后，或者段落的最后一行单独出现在页面的起始处。

（2）与下段同页：可使该段与下一段始终保持在同一页面中。

（3）段中不分页：可使一个段落的所有内容始终处于同一页面中。

（4）取消行号：可使 Word 在段落中不打印行号。

（5）取消断字：可使 Word 在段落内部分行时，不使用断字。

4.4.3 项目符号、编号和多级列表

在编辑文档时，用户经常会用到 1、2、3、4……这样的编号或●、◆、■、□……这样的项目符号来突出要点或强调顺序，从而增加文档的可读性。Word 提供了自动创建项目符号和编号的功能。项目符号和编号的应用对象是段落，也就是说，项目符号和编号只添加在段落第 1 行的最左侧。

1. 添加项目符号

添加项目符号的具体操作步骤如下。

（1）选取需要设置项目符号的段落。

（2）单击“开始”选项卡→“段落”组中的“项目符号”按钮☰，即可直接在选中段落第 1 行的最左侧添加默认的项目符号。

（3）若想添加除默认项目符号之外其他样式的项目符号，则单击“项目符号”下拉按钮，弹出“项目符号库”列表，如图 4-27 所示。当光标进入“项目符号库”列表中时，会按照当前光标所指项目符号方式在文档中预览。单击想要添加的项目符号类型，即可给当前选中段落添加该类型的项目符号。

当项目符号库中没有满意的项目符号时，用户还可以添加自定义的项目符号，选择如图 4-27 所示的“项目符号库”列表中的“定义新项目符号”选项，弹出“定义新项目符号”对话框，如图 4-28 所示，单击其中的“符号”按钮，会弹出“符号”对话框。在符号集中选择需要添加的项目符号类型，单击“确定”按钮，返回“定义新项目符号”对话框。单击“定义新项目符号”对话框中的“确定”按钮，即可将自定义的项目符号添加到文档选定段落之前。

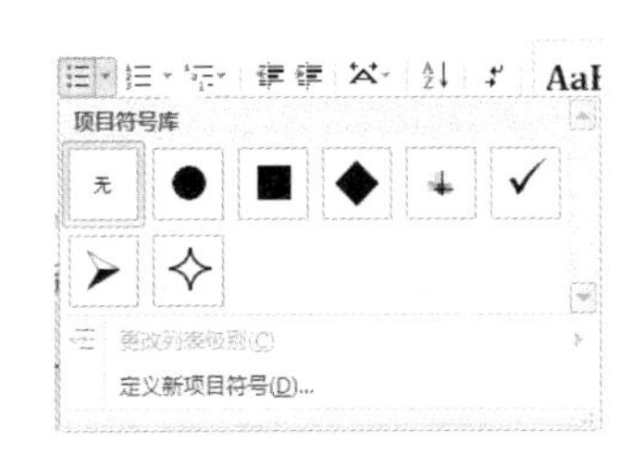

图 4-27 “项目符号库”列表框

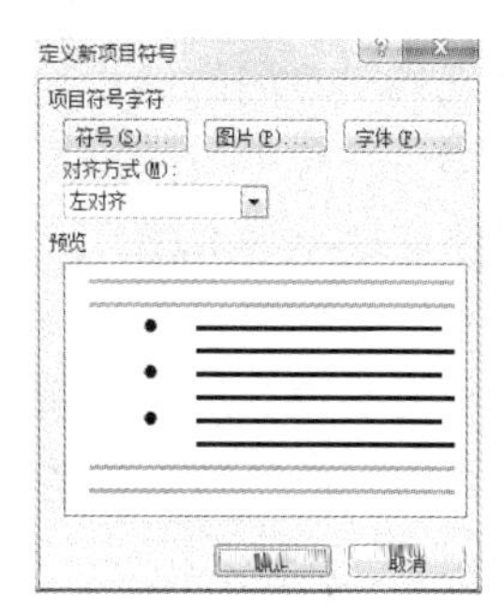

图 4-28 “定义新项目符号”对话框

另外，单击“定义新项目符号”对话框中的“图片”按钮，弹出“图片项目符号”对话框，在图片列表中选择需要添加的图片项目符号类型，即可将该图片项目符号添加到文档选定段落之前。单击“字体”按钮，弹出“字体”对话框，可以对选中的项目符号进行字体、字形、字号以及字体颜色等设置；而在“对齐方式”下拉列表中可以选择项目符号

的对齐方式。

2. 添加编号

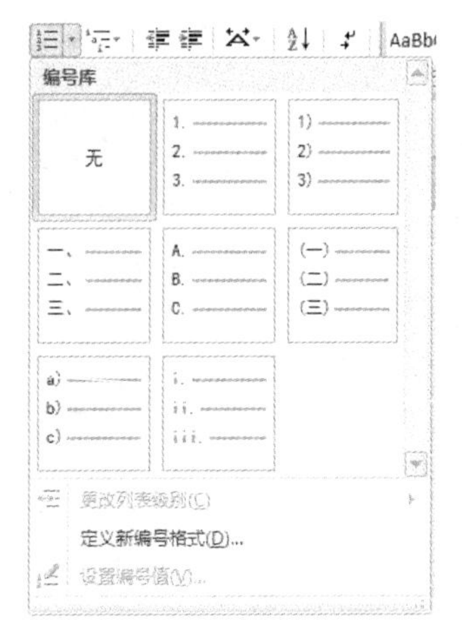

图 4-29 “编号库”列表

为文档中段落添加编号的方法与添加项目符号类似，具体操作步骤如下。

（1）选取需要设置编号的段落。

（2）单击 “开始”选项卡→“段落”组中的“编号”按钮，即可直接在选中段落第 1 行的最左侧添加默认的编号。

（3）若想添加除默认编号之外的其他样式的编号，则单击“编号”下拉按钮，弹出“编号库”列表，如图 4-29 所示，当光标进入“编号库”列表中时，会按照当前光标所指编号方式在文档中预览。单击想要添加的编号类型，即可给当前选中段落添加该类型的编号。

同样，当编号库中没有满意的编号时，用户还可以添加自定义的编号，方法与自定义项目符号类似。

3. 添加多级列表

多级列表用于文档中层次比较多的情况。具体操作步骤如下。

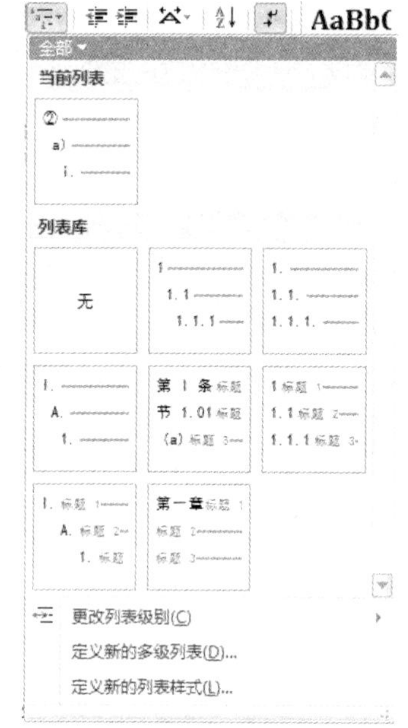

图 4-30 列表库

（1）选取需要设置多级列表的段落。

（2）单击“开始”选项卡→“段落”组中的“多级列表”下拉按钮，如图 4-30 所示，在弹出的列表库中选择需要的列表样式，即可在选中段落第 1 行的最左侧添加列表编号。

（3）使用“增加缩进量”按钮和“减少缩进量”按钮改变列表编号级别。如需降级，则单击“开始”选项卡→“段落”组中的“增加缩进量”按钮一次即可下降一个级别；如需升级，则单击“开始”选项卡→“段落”组中的“减少缩进量”按钮一次即可上升一个级别。

4.4.4 文档分栏

分栏是文档中常用的编辑功能之一。默认情况下，文档只有一栏。为了满足特殊编辑的需要，或者为了使文档布局更加合理美观，可以将文档分为多栏。

对文档设置分栏的具体步骤如下。

（1）选取需要进行分栏的段落。

（2）单击“页面布局”选项卡→“页面设置”组中的“分栏”下拉按钮，弹出“分栏”列表，如图 4-31 所示。

（3）在“分栏”列表中选择需要的分栏数即可完成分栏设置。其中，“偏左”表示将选中段落分为两栏，左侧略窄一些；“偏右”表示将选中段落分为两栏，右侧略窄一些。

若 Word 2010 提供的预设分栏不能满足需求时，用户可以自定义分栏，具体方法如下。

（1）选取需要进行分栏的段落。

（2）在图 4-31 所示的“分栏”列表中选择“更多分栏”选项，弹出“分栏”对话框，如图 4-32 所示。

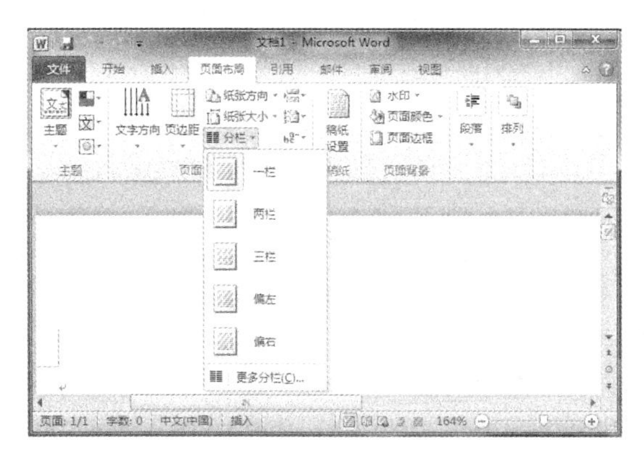

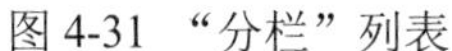
图 4-31 “分栏”列表

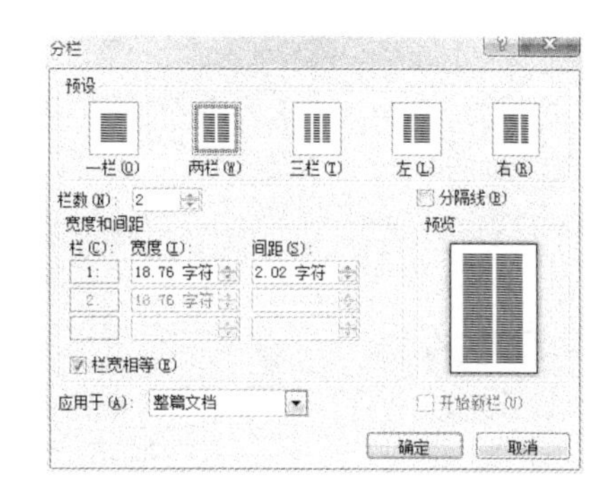

图 4-32 “分栏”对话框

（3）在“预设”栏中选择分栏版式，或直接在“栏数”文本框中输入分栏的数目。“宽度和间距”栏可设置每栏的宽度及栏与栏之间的间隔距离，若选中“栏宽相等”复选框，则各栏的宽度及栏间距离均相等。在“应用于”下拉列表中可选择要应用分栏格式的文档范围。“分隔线”复选框设定是否在栏与栏之间设置分隔线效果。“预览”栏给用户提供了设置分栏后的文档效果图。

（4）设置完成后，单击对话框中的“确定”按钮。此时在文档的页面视图中，可以看到文档的分栏情况。

4.4.5　利用格式刷复制格式

在同一文档中，往往会有多处文本应用相同的格式，使用“格式刷”工具可以快速地将当前文本或段落的格式复制到另一段文本或段落上，从而大大减少排版时的重复劳动。使用格式刷的具体方法如下。

（1）选取设定好格式的字符串。

（2）单击“开始”选项卡→“剪贴板”组中的“格式刷”按钮 格式刷，此时鼠标指针变为刷子形状。

（3）单击或拖选需要应用新格式的文本或段落即可。

将上述第（2）步操作改为双击“开始”选项卡→“剪贴板”组中的“格式刷”按钮，则可以多次复制源字符串格式。全部复制完成后，按 Esc 键或再次单击“格式刷”按钮即可退出格式复制操作。

4.4.6　边框和底纹

Word 2010 中除了使用“开始”选项卡的“字体”组中的“字符边框”按钮 A 和“字符底纹”按钮 A 可以对文档字符进行默认边框和底纹的设置外，还专门提供了“边框和底纹”对话框对文档中的文字、段落、页面等内容进行设置。具体操作步骤如下。

（1）单击“开始”选项卡→“段落”组中的“下框线”下拉按钮，在弹出的下拉列表中选择“边框和底纹”选项，或单击“页面布局”选项卡→“页面背景”组中的“页面边框”按钮，均可弹出“边框和底纹”对话框，如图 4-33 所示。

（2）选择“边框”选项卡，在“设置”栏中有 5 个选项，可以用来设置边框四周的“线型”

样式。另外，用户可分别在“样式”、“颜色”、“宽度”栏中，选择需要的样式，样式设置好之后，在“应用于”下拉列表中，设置选中边框样式是应用于“文字”或是“段落”。

（3）选择“页面边框”选项卡，可以为整篇文档或文档中的节设置页面边框，方法与文字或段落边框设置方法类似。

（4）选择“底纹”选项卡，在“填充”栏的颜色表中，可以选择底纹颜色。在“图案”栏中，可以选择填充图案的“样式”和“颜色”选项，在“应用于”下拉列表中，可选择要应用的底纹的范围。

（5）设置完成后，单击“确定”按钮，即可将所选的边框和底纹效果应用于指定的文字、段落或页面。

图 4-33 “边框和底纹”对话框

4.4.7 页眉和页脚

在页面格式中最常用的“点缀”就是页眉页脚，页眉和页脚通常出现在页面上、下页边距区域中。页眉和页脚一般包括文档名、主题、作者姓名、页码或日期等信息。创建一篇文档的页眉和页脚有两种情况：首次进入页眉页脚编辑区，或是在已有页眉页脚的情况下进入编辑状态。如果是在已经存在页眉页脚编辑区的情况下，可以双击页面顶部或底部的页眉或页脚区域，即可快速进入页眉页脚编辑区。首次创建页眉页脚的具体方法如下。

1. 插入页眉

单击“插入”选项卡→“页眉和页脚”组中的“页眉”下拉按钮，弹出“页眉”列表，列表中会显示出 Word 预设好的页眉样式，从中选择需要的页眉模板，即可进入页眉编辑状态。此时正文部分变成灰色，表示不能在此情况下对正文部分进行编辑，同时功能区中会显示“页眉和页脚工具”栏，如图 4-34 所示。

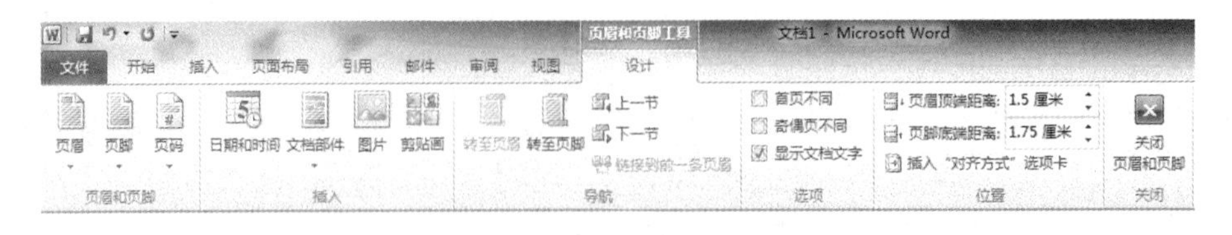

图 4-34 “页眉和页脚工具”栏

2. 插入页脚

单击“插入”选项卡→“页眉和页脚”组中的“页脚”下拉按钮，弹出“页脚”列表，列表中会显示出 Word 预设好的页脚样式，从中选择需要的页脚模板，进入页脚编辑状态。

3. 退出页眉页脚编辑状态

页眉和页脚编辑完成后，只需单击图 4-34 所示的“页眉和页脚工具”栏中的“关闭页眉和页脚”按钮，即可退出页眉和页脚编辑状态，返回文档编辑状态。

4. 插入首页不同的页眉和页脚

首页不同的页眉和页脚的作用，在于区别首页和其他页面，具体设置方法如下。

（1）单击“插入”选项卡→“页眉和页脚”组中的“页眉”下拉按钮，在弹出的“页眉”列表中选择“编辑页眉”选项，进入页眉和页脚编辑模式。

（2）在“页眉和页脚工具”栏中“设计”选项卡的“选项”组中选中“首页不同”复选框。

（3）按照之前所述的方法分别设置首页和其他页的页眉和页脚。

5. 插入奇偶页不同的页眉和页脚

在创建类似书籍的双面文档时，常需要创建奇数页和偶数页不同的页眉和页脚，具体设置方法如下。

（1）单击“插入”选项卡→“页眉和页脚”组中的“页眉”下拉按钮，在弹出的“页眉”列表中选择“编辑页眉”选项，进入页眉和页脚编辑模式。

（2）在“页眉和页脚工具”栏中“设计”选项卡的“选项”组中选中“奇偶页不同”复选框。

（3）按照之前所述的方法分别设置奇数页和偶数页的页眉和页脚。

4.4.8　页面设置

页面设置是文档基本的排版操作，是页面格式化的主要任务，它反映的是文档中具有相同内容、格式的设置。通常情况下，用户根据 Word 的默认页面设置，即可建立一份规范的文档。当然，用户也可根据自己的需要修改页面设置。

1. 设置页边距和纸张方向

页边距是页面四周的空白区域，也就是正文与页边界之间的距离，一般可在页边距内部的可打印区域中插入文字、图形、页眉、页脚和页码等。设置页边距和纸张方向的具体步骤如下。

（1）单击“页面布局”选项卡→“页面设置”组中的“页边距”下拉按钮，可在弹出的下拉列表中选择 Word 预设的常用页面边距。若选择列表中的“自定义边距”选项，则会弹出“页面设置”对话框，如图 4-35 所示。

（2）分别在“页边距”栏中的“上”、“下”、“左”、“右”微调框中输入页边距数值，换算单位是：1 厘米=28.35 磅。

（3）在“纸张方向”栏中，有“纵向”和“横向”两个选项，表示纸张的方向。另外纸张方向还可以直接通过“页面布局”选项卡下“页面设置”组中的“纸张方向”按钮进行设置。

2. 设置纸张大小

单击“页面布局”选项卡→“页面设置”组中的“纸张大小”下拉按钮，可在弹出的纸张大小列表中选择 Word 预设的常用纸张尺寸。

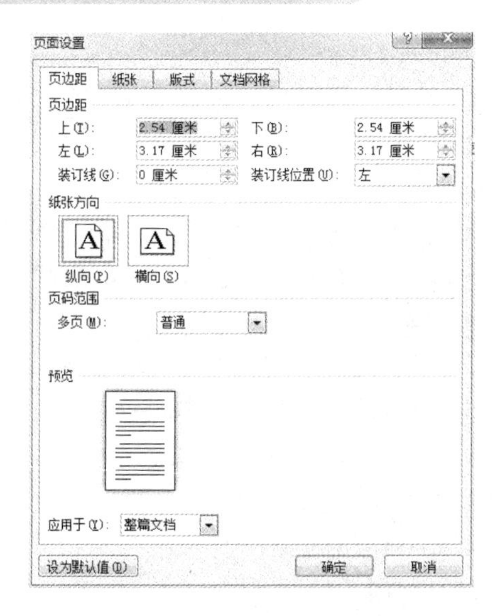

图 4-35 “页面设置”对话框

3. 设置页面背景

通过设置页面背景可以更改文档背景颜色，以满足文档在实际工作中的各种需要。设置页面背景的方法是：单击“页面布局”选项卡→“页面背景”组中的“页面颜色”下拉按钮，弹出主题颜色列表，从中选择一种颜色即可，当鼠标指针停留在主题颜色列表的某一种颜色之上时，文档中会显示将该颜色作为背景颜色的预览效果。另外，选择列表中的“填充效果”选项，可在弹出的“填充效果”对话框中为文档设置渐变或纹理、图案等背景效果。

4. 添加水印

水印是显示在文档文本之下的文本或图案，常用于向读者表明文档的保密性或版权特征。添加或删除水印的操作步骤如下。

（1）单击“页面布局”选项卡→“页面背景”组中的“水印”下拉按钮，在弹出的水印列表中选择系统预设的水印样式即可。

（2）选择“自定义水印”选项，弹出“水印”对话框，如图 4-36 所示。若要插入图片水印，可选中“图片水印”单选按钮，然后单击“选择图片”按钮，在弹出的“插入图片”对话框中选择本地计算机中的图片，再单击“插入”按钮，选中“冲蚀”复选框，可使插入的图片自动变淡，不影响文本的显示。

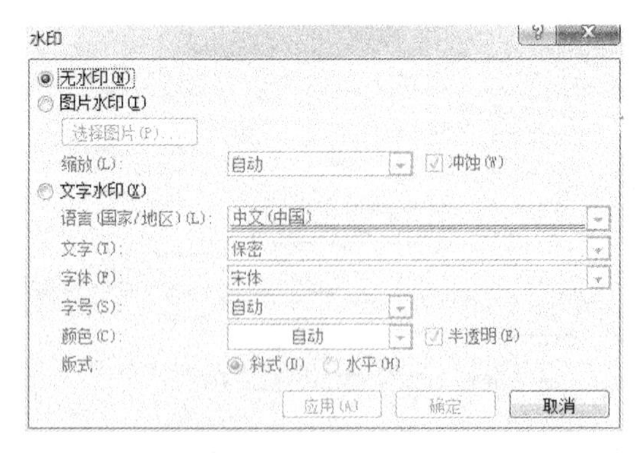

图 4-36 “水印”对话框

（3）若要插入文字水印，可选中“文字水印”单选按钮，选择“语言”后，在“文字”下拉列表中选择或直接输入水印内容，然后在“字体”、“字号”、“颜色”等下拉列表中设置水印的样式，并可选择水印显示的版式。

（4）若要删除水印，单击“页面布局”选项卡→“页面背景”组中的“水印”下拉按钮，在弹出的水印列表中选择“删除水印”选项即可。

4.5 图文混排

4.5.1 插入图片

在 Word 中，用户可以方便地插入图片，并且可以把图片插入到文档的任何位置，达到图文并茂的效果。Word 2010 支持更多的图片格式，如.emf、.wmf、.jpg、.jpeg、.jfif、.png、.bmp、.dib、.rle 和.gif 等。

在文档中插入图片的具体步骤如下。

（1）将插入符移动到要插入图片的位置。

（2）单击“插入”选项卡→“插图”组中的“图片”按钮，弹出“插入图片”对话框，如图 4-37 所示。

（3）选择需要插入的图片，单击“插入”按钮完成插入图片操作。

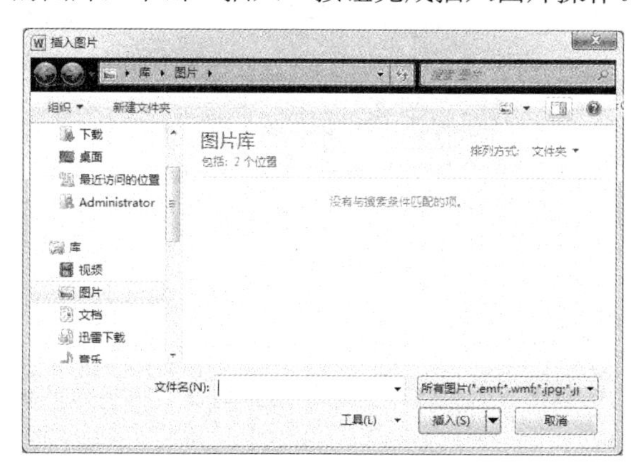

图 4-37 “插入图片”对话框

4.5.2 设置图片格式

选中已插入文档中的图片，功能区中会显示“图片工具”栏，如图 4-38 所示。单击“图片工具”栏中的按钮可以给选中图片设置相应的格式，如艺术效果、图片边框、图片大小等。

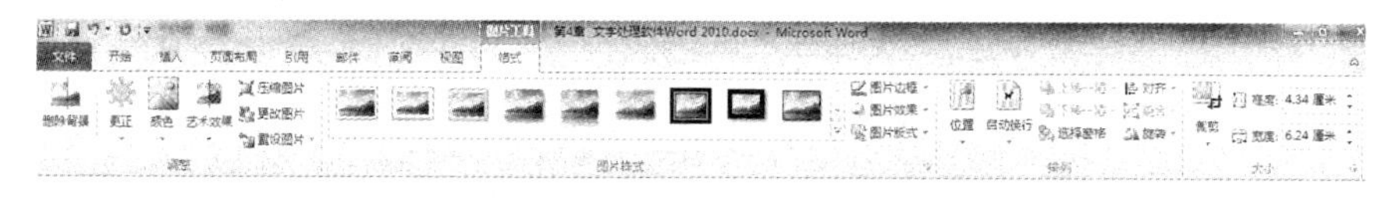

图 4-38 “图片工具”栏

若需要对图片格式做进一步设置，可以单击“图片工具”栏“格式”选项卡→“大小”组右下角的扩展按钮，或直接右击图片，从弹出的快捷菜单中选择“大小和位置”命令，都会弹出“布局”对话框，如图 4-39 所示。

在“布局”对话框的“大小”选项卡中，可以设置图片的高度、宽度、旋转角度以及缩放比例等；在“文字环绕”选项卡中，可以设置图片与上下文之间的环绕方式以及距正文的距离；在“位置”选项卡中，可以设置图片水平和垂直方向的对齐方式以及相对位置或绝对位置等。

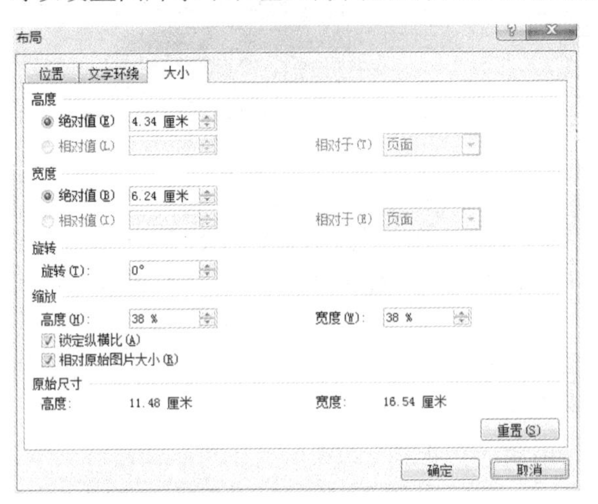

图 4-39 “布局”对话框

4.5.3 插入剪贴画

剪贴画是 Word 预置的一系列对象，可将其插入到文档中并按照编辑图片的方法对剪贴画进行处理。插入剪贴画的具体步骤如下。

（1）将插入符移动到要插入剪贴画的位置。

（2）单击“插入”选项卡→“插图”组中的“剪贴画”按钮，打开“剪贴画”窗格，如图 4-40 所示。

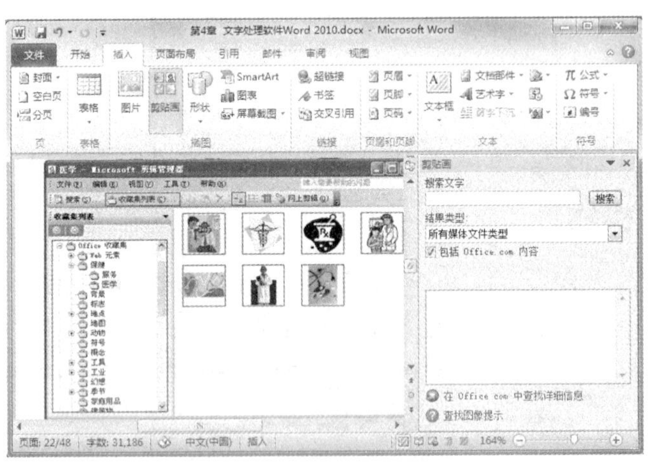

图 4-40 “剪贴画”窗格

（3）在“搜索文字”文本框中输入需要搜索的图片的名称，或者输入和图片有关的描述词汇，单击“搜索”按钮，即可开始搜索符合关键字要求的剪贴画文件。可以在“结果类型”下拉列表中设置搜索结果中包含的图片的媒体类型。

（4）搜索结束后，“剪贴画”窗格下方的空白区域会显示搜索结果，从中选择合适的剪贴画，单击即可将其插入到当前文档中。然后单击“剪贴画”窗格右上角的“关闭”按钮，即可关闭“剪贴画”窗格。

4.5.4　插入形状

Word 2010 自带了大量的形状，用户可以根据自己的需要进行选择和绘制。插入形状的具体步骤如下。

（1）单击“插入”选项卡→“插图”组中的“形状”下拉按钮，弹出形状下拉列表，其中列出了常用的各种类型的形状，如线条、矩形、基本形状、箭头总汇、公式形状、流程图、星与旗帜、标注等。

（2）单击需要插入的形状，鼠标指针变成“十”字形，在需要插入形状的位置，使用拖动的方法绘制适当大小的形状，绘制完成时释放鼠标左键即可。

（3）形状绘制好之后，形状处于选中状态，此时功能区中会自动出现“绘图工具”栏，如图 4-41 所示。

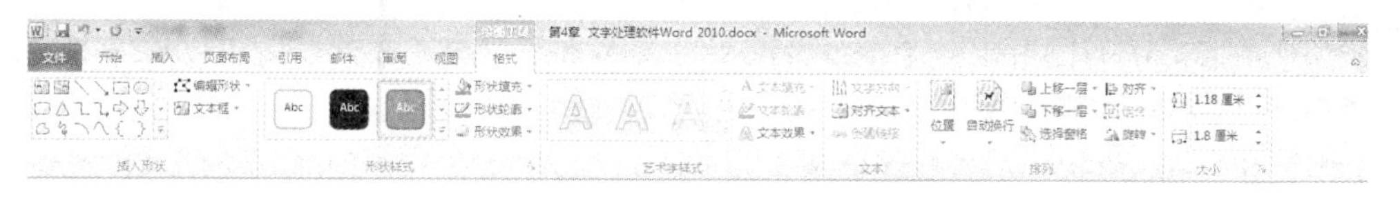

图 4-41　“绘图工具”栏

（4）在“绘图工具”栏中，可以对形状进行编辑，如更改形状、为形状填充颜色、设置形状旋转角度等。

除了利用“绘图工具”栏设置形状格式外，右击形状，从弹出的快捷菜单中选择“设置形状格式”或“其他布局选项”命令，同样可以对选中形状进行填充颜色、线条颜色、环绕方式以及形状大小等方面的设置。

4.5.5　插入 SmartArt 图形

SmartArt 图形是一种把文字图形化的表现方式，它可以帮助用户制作层次分明、结构清晰、外形美观的专业设计师水平的文档插图。制作 SmartArt 图形的具体步骤如下。

1. 插入 SmartArt 图形

将光标定位至需要插入 SmartArt 图形的位置，单击“插入”选项卡→“插图”组中的“SmartArt”按钮，弹出如图 4-42 所示的“选择 SmartArt 图形”对话框。对话框由左、中、右 3 栏组成。左栏显示 SmartArt 图形的所有类别，在其中选择一个类别后，中栏显示该类别的所有 SmartArt 图形样式。在中栏选择一个 SmartArt 图形样式后，右栏显示该样式的一种外观，并注解该 SmartArt 图形样式的功能和适用情况。选好 SmartArt 图形样式后，单击“确定”按钮。

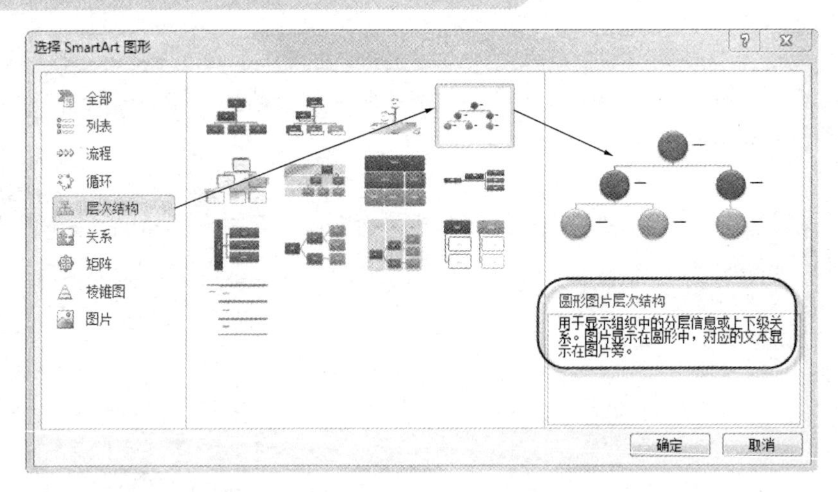

图 4-42 “选择 SmartArt 图形”对话框

2. 在 SmartArt 中插入文本

插入 SmartArt 图形后，如图 4-43 所示，图形周围会出现“文本”区域，在“文本”区域单击，就可以在其中输入文本了。例如，选择“插入”→“SmartArt”，选中“层次结构”中的“圆形图片层次结构”，如图 4-44 所示。如果需要在图 4-44 中“2.1”的右侧添加一个同级别形状，可选中图中“2.1”处的圆形或文本，然后单击“设计”选项卡→“创建图形”组中的“添加形状”下拉按钮，在弹出的如图 4-45 所示的下拉列表中选择“在后面添加形状”选项，则图中“2.1”的右侧多出一个圆形及配套的文本框。如果还需要在图中“1.2”的下方添加两个子级别形状，可选中图中“1.2”处的圆形或文本，然后单击“设计”选项卡→“创建图形”组中的“添加形状”下拉按钮，在弹出的下拉列表中选择“在下方添加形状”选项，则图中“1.2”的下方多出一个圆形及配套的文本框，在其中输入“1.2.1”。用同样的方法再添加一个同级别的图形后，效果如图 4-46 所示。

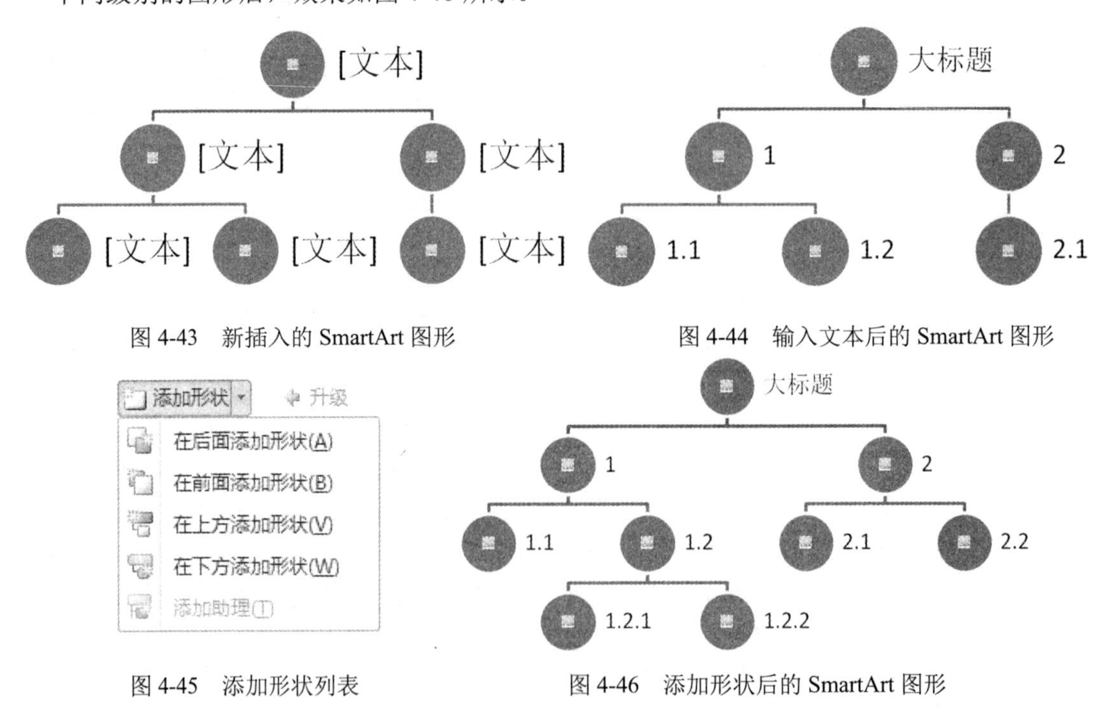

图 4-43 新插入的 SmartArt 图形

图 4-44 输入文本后的 SmartArt 图形

图 4-45 添加形状列表

图 4-46 添加形状后的 SmartArt 图形

3. 更改 SmartArt 图形的形状格式。

SmartArt 图形的每一个组成部分都是相互独立的，用户可以根据自己的需要单独更改。例如，选中图 4-46 中的一个圆形后，单击“格式”选项卡→“形状”组中的“更改形状”下拉按钮，在弹出的下拉列表中选择一个形状样式，则该圆形就变成了所选形状，如图 4-47 所示为将大标题改为三角形后的效果。另外，使用“格式”选项卡→“形状样式”组中的功能，还可以改变图形的其他格式。

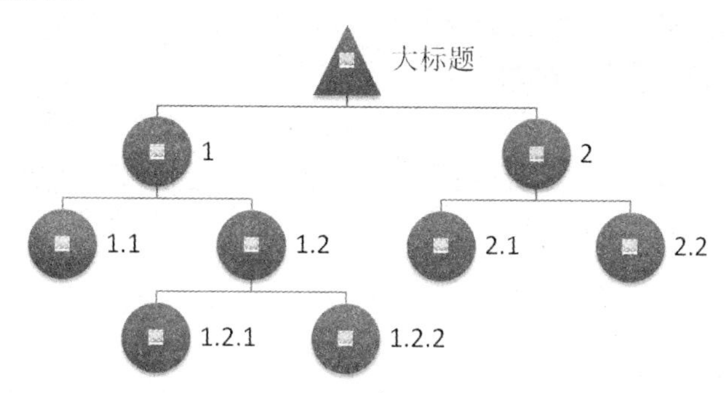

图 4-47　更改 SmartArt 图形的形状格式

4. 应用 SmartArt 样式快速美化 SmartArt 图形

Word 为 SmartArt 内置了一些样式，让普通用户也能设计出专业水平的图示。使用“设计”选项卡→“SmartArt 样式”组中的功能，可直接应用各种内置二维或三维的 SmartArt 图形样式。

4.5.6 插入图表

图表可以用图形的方式直观地表达数据之间的关系，是一种方便数据统计或分析的工具。Word 2010 为用户提供了大量预设好的图表，使用这些预设图表可以方便地创建图表。

1. 创建图表

在文档中插入图表的具体步骤如下。

（1）将光标定位至插入图表的位置。

（2）单击“插入”选项卡→“插图”组中的“图表”按钮，弹出“插入图表”对话框，如图 4-48 所示。

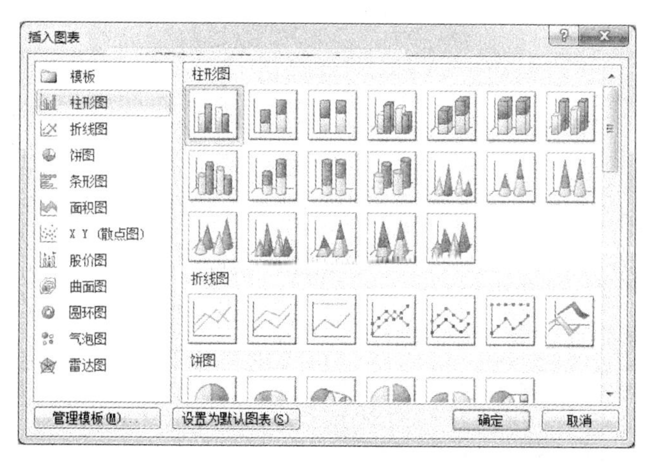

图 4-48 “插入图表”对话框

（3）从“插入图表”对话框中选择要插入的图表的类型，单击“确定”按钮，即可在文档中插入指定类型的图表，同时系统自动弹出标题为“Microsoft Word 中的图表”的 Excel 2010 窗口，Excel 表中显示的是示例数据。

（4）删除 Excel 表中全部示例数据，输入相应的图表数据，则图表会随着 Excel 电子表格中数据的更改而改变。

2. 更新图表数据

在 Word 文档中插入图表之后，用户还可以对其进行编辑操作，主要包括更新数据和更改图表类型。更新图表数据的具体步骤如下。

（1）选中图表，右击，从弹出的快捷菜单中选择“编辑数据”命令。

（2）随即弹出与图表对应的 Excel 电子表格，直接在表格中修改数据。

（3）输入完毕后，单击 Excel 工作表右上角的“关闭”按钮即可，此时 Word 文档中的图表已经随之更改。

3. 更改图表类型

更新图表类型的具体步骤如下。

（1）选中图表，右击，从弹出的快捷菜单中选择“更改图表类型”命令。

（2）弹出“更改图表类型”对话框，从中选择需要的图表类型。

（3）选择完毕单击“确定”按钮即可。

4. 图表工具栏

在文档中选中已有图表之后，功能区中会自动出现“图表工具”栏，如图 4-49 所示。

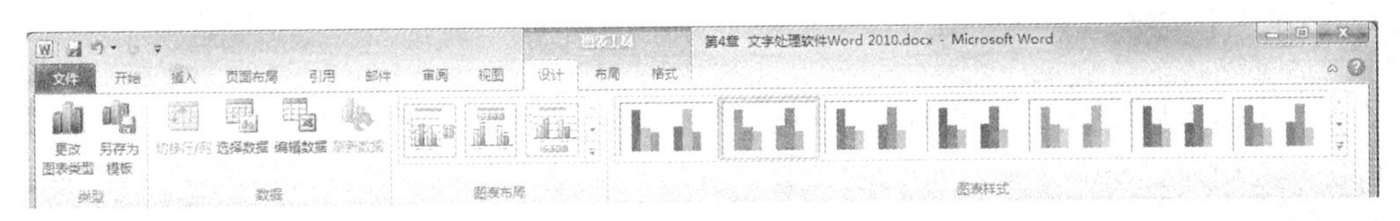

图 4-49　“图表工具”栏

“图表工具”栏由 3 个选项卡组成：在“设计”选项卡中，可以更改图表类型、编辑数据、设置图表布局和外观样式；在“布局”选项卡中，可以设置图表标题、图例、图表区、绘图区、数据系列格式等；在“格式”选项卡中，同样可以设置图表区、绘图区、数据系列和坐标轴格式，还可以设置形状样式和艺术字格式等。

4.5.7　插入文本框

文本框是一种特殊的对象，不但可以在其中输入文本，还可以插入图片、剪贴画、形状和艺术字等对象，从而制作出各种特殊和美观的文档。文本框有两种：横排文本框和竖排文本框，其区别只是文本框内所输入文本的方向不同。插入文本框的具体步骤如下。

（1）单击“插入”选项卡→“文本”组中的“文本框”下拉按钮，弹出文本框下拉列表，在下拉列表的上部，列出了 Word 预设好的常用的文本框类型，如简单文本框、奥斯汀提要栏等。选择其中任一种，则文档中插入一个该类型的文本框。

（2）选择文本框下拉列表中的“绘制文本框”选项，鼠标指针变成“十”字形，在需要插入文本框的位置，使用拖动的方法绘制适当大小的文本框，绘制完成时释放鼠标左键即可。

（3）选择文本框下拉列表中的“绘制竖排文本框”选项，方法与“绘制文本框”一样，只是文本框绘制完成后，在文本框中输入文字，文字呈竖排显示。

文本框绘制完成后，单击文本框，文本框周围会出现 8 个尺寸控点，拖动尺寸控点可以调节文本框大小。将鼠标指针移动到文本框的边框上，当鼠标指针变成一个四方向箭头时，按住鼠标左键拖动可以改变文本框的位置。

右击文本框，在弹出的快捷菜单中选择“其他布局选项”命令，弹出“布局”对话框，在该对话框中可以对文本框的位置、环绕方式、大小、旋转角度等进行设置。

右击文本框，在弹出的快捷菜单中选择“设置形状格式”命令，弹出“设置形状格式”对话框，在该对话框中可以对文本框的填充颜色、线条颜色、线型、阴影效果等进行设置。

选中文本框，功能区中会出现“绘图工具”栏，在“绘图工具”栏的“格式”选项卡下，同样可以对文本框进行格式设置。

4.5.8 插入艺术字

艺术字是一种具有特殊效果的文本，它不仅具有文本的特性，也具有一定的图片特性，是美化文档的一个好帮手，其装饰效果包括颜色、字体、阴影效果和三维效果等。在 Word 2010 中艺术字被视为一张图片。

1. 插入艺术字

在文档中插入艺术字的具体步骤如下。

（1）单击“插入”选项卡→“文本”组中的“艺术字”下拉按钮，在弹出的下拉列表中选择需要插入的艺术字的类型。

（2）此时会在光标所在位置出现一个艺术字样式文本框，显示“请在此放置您的文字”，如图 4-50 所示。

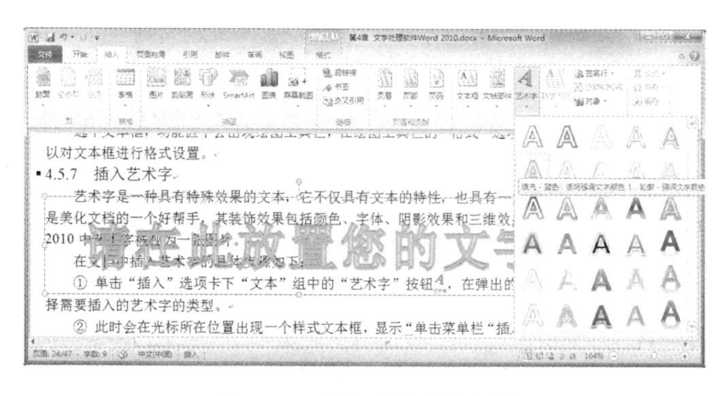

图 4-50 艺术字样式文本框

（3）在艺术字样式文本框中输入文本信息即可。

2. 更改文字方向

更改艺术字文字方向的具体步骤如下。

（1）选中需要更改文字方向的艺术字，艺术字被选中后，功能区中自动出现“绘图工具”栏。

（2）单击“绘图工具”栏中“格式”选项卡→“文本”组中的“文字方向”下拉按钮，弹出下拉列表。

（3）从弹出的下拉列表中根据需要选择文本方向即可。

3. 更改艺术字样式

更改艺术字样式的具体步骤如下。

（1）选中需要更改样式的艺术字，艺术字被选中后，功能区中自动出现“绘图工具”栏。

（2）单击“绘图工具”栏中“格式”选项卡→“艺术字样式”组中的“快速样式”下拉按钮，弹出艺术字样式列表。

（3）从艺术字样式列表中选择需要的艺术字样式即可。

利用“绘图工具”栏“格式”选项卡提供的按钮，还可以更改艺术字的填充效果、设置艺术字的阴影或三维效果、设置艺术字的对齐方式、更改艺术字的形状等。

4.5.9 首字下沉

首字下沉是指段落中的第一个字符放大且下沉一定的行数，在文档中起到强调的作用。设置首字下沉的具体步骤如下。

（1）将插入符移动到需要设置首字下沉的段落中的任意位置。

（2）单击“插入”选项卡→“文本”组中的“首字下沉”下拉按钮，在弹出的下拉列表中选择一种下沉方式，如“下沉”或“悬挂”，则光标所在段落会显示默认的该下沉方式所对应的首字下沉效果。

（3）若想精确设置首字下沉效果，则在下拉列表中选择“首字下沉选项”选项，弹出“首字下沉”对话框，如图 4-51 所示。在“位置”栏中选择“下沉”或“悬挂”样式；在“选项”栏的“字体”下拉列表中设置下沉文字的字体，在“下沉行数”微调框中设置文字下沉的行数。在“距正文”微调框中设置下沉文字与正文的距离。

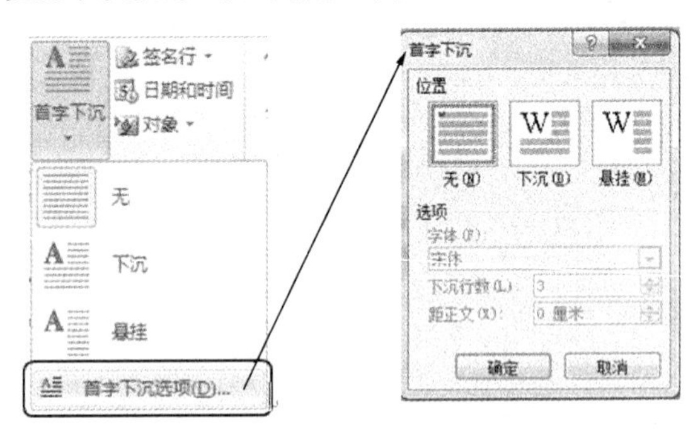

图 4-51 “首字下沉”对话框

（4）设置完成后，单击对话框中的“确定”按钮即可。

4.5.10 插入公式

在编辑有关自然科学的文章时，用户可能会经常遇到各种数学公式。数学公式结构比较复杂而且变化形式极多。在 Word 中，可以借助公式工具栏以直观的操作方法生成各种公式。从简单的求和公式到复杂的矩阵运算公式，用户都能通过“公式工具”栏轻松自如地进行编辑。

在 Word 文档中插入一个公式的具体步骤如下。

（1）把光标移到欲插入公式的位置，然后单击“插入”选项卡→“符号”组中的“公式”下拉按钮 π，弹出公式下拉列表。

（2）公式下拉列表中列出了常用的公式，如二次公式、傅里叶级数等，如用户需要插入的是此类公式，单击即可直接插入到文档当中。

（3）若用户需要插入的公式不在列表当中，则选择列表中的“插入新公式”选项，则光标所在处出现一个公式文本框，并在其中显示文本“在此处键入公式”，同时功能区中自动出现“公式工具”栏，如图 4-52 所示。

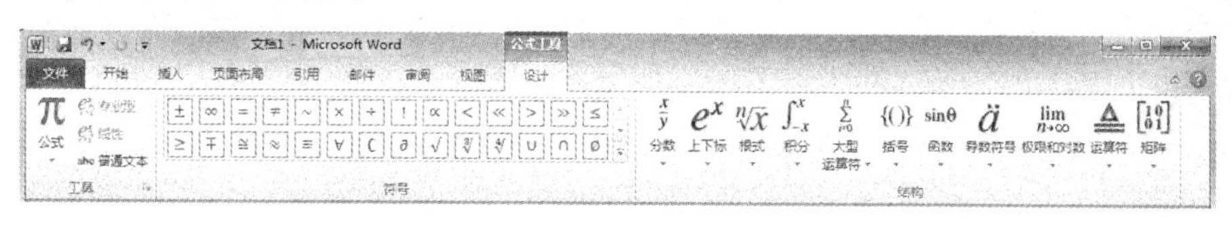

图 4-52　“公式工具”栏

（4）需要插入某种类型的符号，只需单击“公式工具”栏中的该符号，即可将该符号插入到公式文本框中。

（5）完成公式编辑后，单击公式文本框之外的任何位置，即可返回文档，完成公式插入操作。

4.5.11　插入符号

在进行文档编辑的时候，经常要使用符号，Word 2010 提供有多种符号，在文档中插入符号的具体操作步骤如下。

（1）将光标移到欲插入符号的位置，单击“插入”选项卡→“符号”组中的“符号”下拉按钮Ω，弹出符号下拉列表，如图 4-53 所示。

（2）若需要的符号出现在符号下拉列表中，单击需要插入的符号即可将该符号插入光标所在位置，如列表中没有需要的符号，选择“其他符号”选项，弹出“符号”对话框，如图 4-54 所示。

（3）在“符号”对话框的“符号”或“特殊字符”选项卡中找到所需的符号，单击“插入”按钮即可。

还可以右击需要插入符号的位置，在弹出的快捷菜单中选择“插入符号”命令，同样弹出“符号”对话框，然后进行步骤（3）的操作即可。

图 4-53　“符号”下拉列表

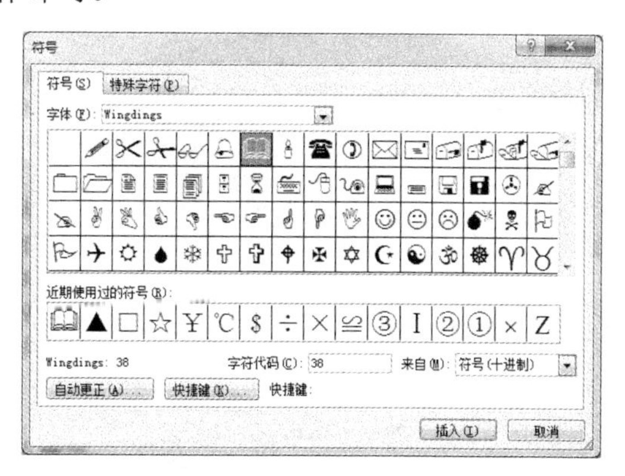

图 4-54　“符号”对话框

4.5.12 插入编号

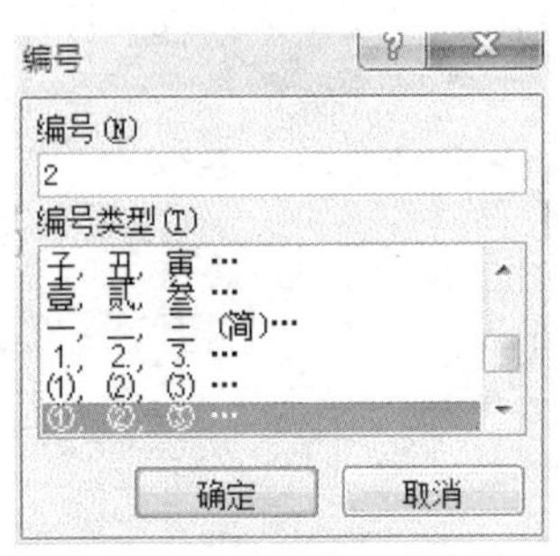

图 4-55 “编号”对话框

在 4.4.3 节介绍了为段落添加编号的方法，在 Word 中，除了为段落添加编号之外，在文档的任意位置都可以插入编号，具体操作步骤如下。

（1）将光标移到欲插入编号的位置，单击“插入”选项卡→“符号”组中的“编号”按钮，弹出“编号”对话框，如图 4-55 所示。

（2）在“编号”对话框上方的“编号”文本框中输入数字，在“编号类型”列表中选择需要的数字样式，单击“确定”按钮即可。例如，按图 4-55 设置后单击“确定”按钮之后，就能在光标所在位置插入编号“②”。

4.5.13 各种图形和图片的组合

在编辑文档时，有时需要将多个图形、图片、文本框、艺术字等组合成一个大的图片。为了方便用户，Word 提供了图形的组合功能。组合各种对象的具体操作步骤如下。

（1）按住 Shift 键的同时单击选取多个图片、图形、文本框、艺术字。

（2）在选取的多个图片上右击，弹出快捷菜单。

（3）选择“组合”→“组合”命令，可以将被选取的多个图片、图形组合成一个整体。

对于组合后的图片，可以通过右击图片，在弹出的快捷菜单中选择“组合”→“取消组合”命令将其还原成原来独立的对象。

4.6 表格

4.6.1 创建表格

Word 中提供了多种创建表格的方式，用户可以根据不同的需要，选择不同的创建方法。

1. 利用表格下拉列表创建表格

利用表格下拉列表创建表格的具体步骤如下。

（1）将插入符定位到文档中希望创建表格的位置。

（2）单击“插入”选项卡→“表格”组中的“表格”下拉按钮，弹出表格下拉列表，在“插入表格”区域内选择要插入表格的列数和行数，选中的行和列将以橙色显示，并在名称区域显示[“列数”×“行数”表格]，如图 4-56 所示。

（3）单击，即可在文档中插入符所在位置插入指定列数和行数的表格。

2. 利用“插入表格”对话框创建表格

使用表格下拉列表创建表格固然方便，可是由于下拉列表所提供的单元格数量有限，因此只能创建有限行数和列数的表格。而使用“插入表格”对话框，则不受限制，并且可以设置表格的格式。利用“插入表格”对话框创建表格的具体步骤如下。

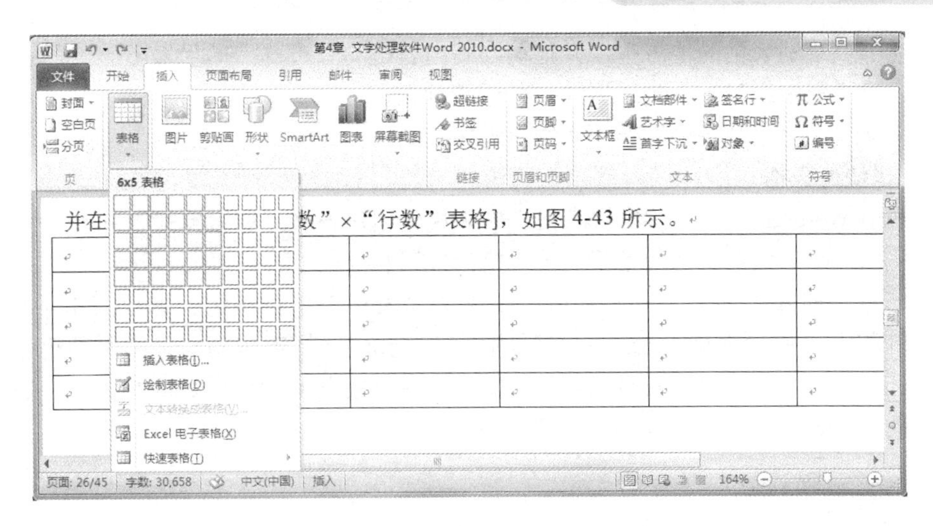

图 4-56　利用表格下拉列表创建表格

（1）将插入符定位到文档中希望创建表格的位置。

（2）单击“插入”选项卡→“表格”组中的“表格”下拉按钮，在弹出的下拉列表中选择“插入表格”选项，弹出“插入表格”对话框，如图 4-57 所示。

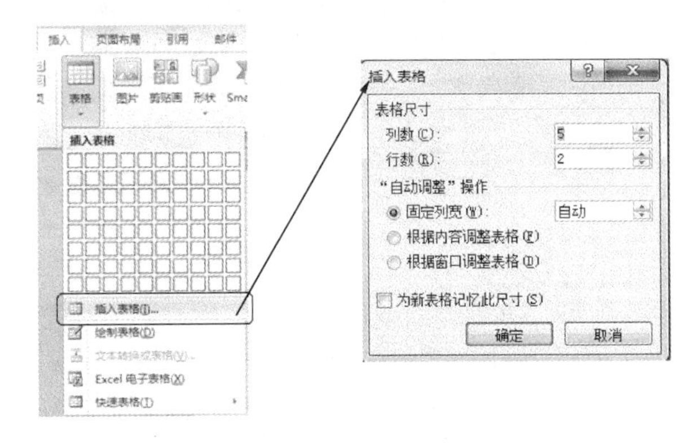

图 4-57　“插入表格”对话框

（3）分别在“列数”和“行数”微调框中输入列数和行数，选择“自动调整”操作的类型。如果还需再次建立类似的表格，可选中“为新表格记忆此尺寸”复选框。

其中，“自动调整”操作栏中各选项的含义分别如下。

① 固定列宽：设定列宽的具体数值，单位是厘米。当选择“自动”时，表格将根据页面大小自动填满整行，并平均分配各列为固定值。

② 根据内容调整表格：根据单元格中输入的内容自动调整表格的列宽和行高。

③ 根据窗口调整表格：根据窗口大小自动调整表格的列宽和行高。

（4）设置完毕单击“确定”按钮，即可在文档中插入指定列数和行数的表格。

3. 绘制表格

当用户需要创建不规则的表格时，以上的方法可能就不适用了，此时可以使用“绘制表格”功能来创建表格，具体步骤如下。

（1）单击“插入”选项卡→“表格”组中的“表格”下拉按钮，在弹出的下拉列表中选择“绘制表格”选项，鼠标指针变为铅笔形状。

（2）在需要绘制表格的地方单击并拖动绘制出表格的外边框，形状为矩形。

（3）在该矩形中绘制行、列或斜线，直至满意为止。

（4）再次单击“绘制表格”选项，结束表格绘制。

4. 创建快速表格

可以利用 Word 2010 提供的内置表格模板来快速创建表格，具体步骤如下。

（1）将插入符定位到文档中希望创建表格的位置。

（2）单击“插入”选项卡→“表格”组中的“表格”下拉按钮，弹出表格下拉列表，将鼠标指针移至“快速表格”选项，在弹出的子列表中选择理想的表格类型即可。

（3）此时文档中会插入一个包含特定格式、特定数据的表格，将表格模板中的数据替换为自己的数据即可。

4.6.2 编辑表格

表格创建完毕之后，用户可以根据需要对表格进行编辑，包括增加或删除行、列或单元格，合并或拆分单元格等。Word 在这方面提供了强大的功能。

1. 插入行或列

将光标定位到表格中的任何位置，可以是某个单元格，也可以是一行或一列，还可以是选中整个表格。此时，功能区中自动出现“表格工具”栏，如图 4-58 所示。

图 4-58 “表格工具”栏

在“表格工具”栏的“布局”选项卡的“行和列”组中，包含几个按钮，从中单击相应的插入方式按钮即可。各按钮的含义如下。

（1）删除：删除选中的行、列、单元格或表格。

（2）在上方插入：在选中单元格所在行的上方插入一行。

（3）在下方插入：在选中单元格所在行的下方插入一行。

（4）在左侧插入：在选中单元格所在列的左侧插入一列。

（5）在右侧插入：在选中单元格所在列的右侧插入一列。

除了利用“表格工具”栏“布局”选项卡中的按钮插入行或列外，还可以右击单元格，在弹出的快捷菜单中选择“插入”子菜单中的相应命令实现插入行或列的操作。

2. 删除行或列

删除行或列的方法有以下 3 种。

（1）选择需要删除的行或列，按 Backspace 键即可。

（2）选择需要删除的行或列，单击“表格工具”栏中“布局”选项卡→“行和列”组中的“删除”下拉按钮，在弹出的下拉列表中选择相应的选项。

（3）选择需要删除的行或列，右击，从弹出的快捷菜单中选择相应的命令。

3. 插入单元格

单元格是表格的最小组成单位，在插入单元格之前需要先确定插入点，也就是要插入单元格的位置。先要选中插入点，才可执行插入单元格的操作，选中的单元格可以是一个，也可以是多个。选中多少个单元格，则执行插入操作后，会插入和选中单元格数量相同的单元格。插入单元格的具体步骤如下。

（1）右击选中的插入点，在弹出的快捷菜单中选择“插入”→“插入单元格”命令，弹出“插入单元格”对话框，如图4-59所示。

（2）选中“活动单元格右移”或“活动单元格下移”单选按钮即可实现插入单元格的操作。其中，活动单元格即指当前选中的单元格。

4. 删除单元格

删除单元格的具体步骤如下。

（1）右击待删除的单元格，在弹出的快捷菜单中选择“删除单元格”命令，弹出“删除单元格”对话框，如图4-60所示。

（2）选中“右侧单元格左移”或“下方单元格上移”单选按钮即可实现删除选中单元格的操作。

除此之外，利用“表格工具”栏中“布局”选项卡→“行和列”组中的“删除”按钮下拉列表中的“删除单元格”选项同样也可以实现删除单元格的效果。

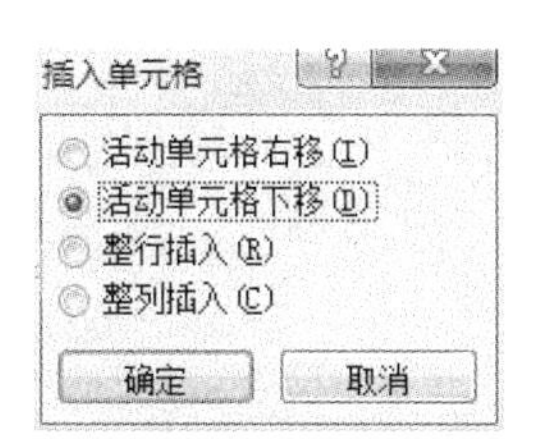

图4-59　“插入单元格”对话框

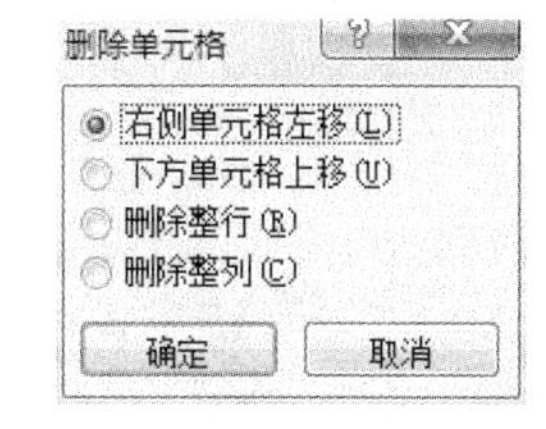

图4-60　“删除单元格”对话框

5. 删除表格

将光标移至表格区域内后，表格的左上角会出现一个图标，这是表格“全选”按钮，单击“全选”按钮可以选中整张表格，此时按Backspace键即可删除整张表格。

另外，利用表格工具栏中“布局”选项卡→“行和列”组中的“删除”按钮下拉列表中的“删除表格”选项同样可以删除表格。

6. 合并与拆分单元格

在Word中，可以把多个相邻的单元格合并为一个大的单元格，也可以把一个单元格拆分成多个小单元格。

合并单元格有以下3种方法。

（1）选中要合并的单元格，单击“表格工具”栏中“布局”选项卡→“合并”组中的“合并单元格”按钮。

（2）单击“表格工具”栏中“设计”选项卡→“绘图边框”组中的“擦除”按钮，鼠标指针变成橡皮擦形状，直接单击要合并单元格之间多余的边线即可，合并完成后，再次单击“擦除”按钮，鼠标指针恢复成“I”字形。

（3）选中要合并的单元格，右击，在弹出的快捷菜单中选择“合并单元格”命令即可。

拆分单元格也有以下3种方法。

（1）选中要拆分的单元格，单击“表格工具”栏中“布局”选项卡→“合并”组中的“拆分单元格”按钮，弹出“拆分单元格”对话框，输入列数和行数，单击“确定”按钮。

（2）单击“表格工具”栏中“设计”选项卡→“绘图边框”组中的“绘制表格”按钮，

鼠标指针变成铅笔形状，直接拖动在单元格内绘制直线即可。如果绘制水平直线，则将单元格拆分为两行，如果绘制垂直直线，则将单元格拆分为两列。拆分完成后，再次单击“绘制表格”按钮，鼠标指针恢复成“I”字形。

（3）选中需要拆分的单元格，右击，在弹出的快捷菜单中选择“拆分单元格”命令，同样会弹出“拆分单元格”对话框，输入列数和行数，单击“确定”按钮即可。

7. 合并与拆分表格

Word 2010 不仅可以合并、拆分单元格，还可以将多个表格合并成为一个表格，或将一个表格拆分为多个表格。

将上下相邻的表格合并成为一个表格的方法非常简单，只需使用 Delete 键删除表格之间的行，就可以把上下相邻的表格合并在一起。

拆分表格的步骤如下。

（1）将光标移至即将拆分而成的新表格的第 1 行，单击此行中的任意一个单元格。

（2）单击“表格工具”栏中“布局”选项卡→“合并”组中的“拆分表格”按钮，Word 会自动将表格拆分为上下两个表格，并在两个表格之间添加一个空行。

4.6.3 设置表格格式

表格创建完毕之后，还需要设定其格式或样式。

1. 设置表格的对齐与环绕方式

表格常用的对齐方式有 3 种：左对齐、居中对齐和右对齐。选中整张表格之后，可以单击“开始”选项卡→“段落”组中的“文本左对齐”、“居中对齐”、“文本右对齐”等按钮设置表格的对齐方式。

另一种设定表格对齐方式的方法是：选中整张表格之后，单击表格工具栏中“布局”选项卡→“表”组中的“属性”按钮，弹出“表格属性”对话框，如图 4-61 所示，在“表格”选项卡中选择相应的对齐方式即可。

表格也可像图片一样让文字环绕。在“表格”选项卡中“文字环绕”栏可以选择是否环绕，如图 4-61 所示。

2. 表格定位

当对表格选择“文字环绕”方式为“环绕”时，就需要将表格精确定位到一个特定位置。具体步骤如下。

（1）选中整张表格。

（2）单击“表格工具”栏中“布局”选项卡→“表”组中的“属性”按钮，弹出“表格属性”对话框，选择“文字环绕”为“环绕”，单击“定位”按钮，弹出“表格定位”对话框，如图 4-62 所示。

（3）在“水平”、“垂直”、“距正文”3 栏中输入精确的数值，在“相对于”栏内选择所需要的位置距离，最后单击“确定”按钮即可完成定位操作。

3. 设置表格的边框和底纹

默认情况下，刚创建的表格的全部边框都是 0.5 磅的黑色单实线。如果要设置表格的边框和底纹，可以使用“边框和底纹”对话框进行设置。

图 4-61 “表格属性”对话框

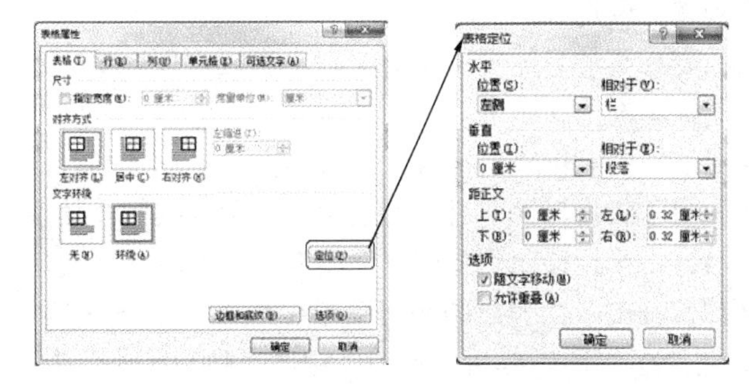

图 4-62 “表格定位”对话框

设置表格边框和底纹的具体步骤如下。

（1）选中需要设置的表格或单元格。

（2）右击，从弹出的快捷菜单中选择“边框和底纹”命令，弹出“边框和底纹”对话框，如图 4-63 所示。

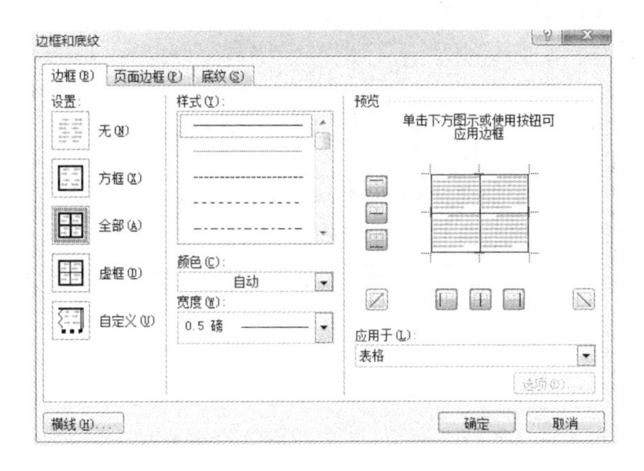

图 4-63 “边框和底纹”对话框

（3）在“边框”选项卡中设置各项参数，在“设置”栏中选择边框的类型，通过“样式”、“颜色”、“宽度”栏设置边框线条的线型、线条颜色及线条宽度；在“应用于”下拉列表中设置边框的应用范围，在“预览”栏通过按钮或单击选择所需要设定的框线。

（4）切换到“底纹”选项卡，从“填充”下拉列表中选择填充颜色，然后分别从“样式”和“颜色”下拉列表中选择图案样式和图案颜色，在“应用于”下拉列表中设置底纹的应用范围，最后单击“确定”按钮即可完成操作。

除了使用“边框和底纹”对话框设置表格的边框和底纹外，还可利用“表格工具”栏“设计”选项卡“表格样式”组中的“底纹”和“边框”按钮进行设置。

4. 设置表格的行高和列宽

在表格中可以根据每一单元格的具体需要，设定列宽与行高。Word 提供了多种方式设置表格的行高和列宽。

方法一：利用鼠标拖动改变列宽和行高。

利用鼠标拖动的方法改变列宽的具体步骤如下。

（1）将光标移至要调整列宽的表格边框的竖线上，鼠标指针会变成“←||→”形状。

（2）按住鼠标左键，会出现一条虚线，将其拖动到需要的位置，松开鼠标左键即可完成对表格列宽的设定。

改变行高的具体步骤与改变列宽类似，只要把光标移到要调整行高的表格边框的横线上，按住鼠标左键拖动即可。

方法二：利用“表格属性”对话框设定列宽和行高。

利用“表格属性”对话框设定列宽和行高的具体步骤如下。

（1）将光标移动到要调整宽度或高度的单元格内。

（2）右击，在弹出的快捷菜单中选择“表格属性”命令，弹出“表格属性”对话框，如图 4-61 所示。在该对话框中的“行”、“列”选项卡中可以对每一行、每一列的高度和宽度进行设定。

（3）设置好之后，单击“确定”按钮即可。

此外，选中整张表格，右击，在弹出的快捷菜单中选择“平均分布各行”、“平均分布各列”命令可以使表格的每一行等高、每一列等宽。

5. 套用表格样式

为了方便用户使用，Word 2010 除了允许用户自己设置表格的格式外，还提供了近百种默认样式，以满足各种不同类型表格的需求。套用表格样式的操作步骤如下。

（1）将光标置于表格中。

（2）在“表格工具”栏的“设计”选项卡“表格样式”组中，单击需要的样式按钮即可，或单击“其他”按钮，在弹出的下拉列表中选择所需的样式，如图 4-64 所示。

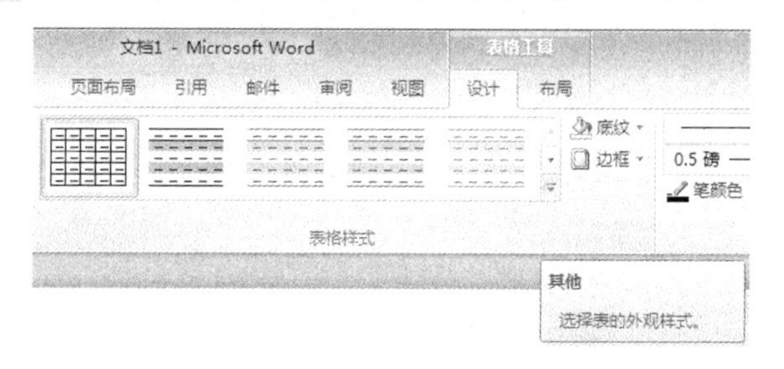

图 4-64　表格样式列表

鼠标指针在任一样式上停留时，表格将按照该样式显示预览效果，单击该样式按钮后，该选择才能生效。

6. 表格中的文本排版

在表格中输入文本之后，可以对表格中的文字方向进行修改，具体步骤如下。

（1）选定需要修改文字方向的单元格。

（2）右击，在弹出的快捷菜单中选择“文字方向”命令，弹出“文字方向”对话框，在“方向”栏中选择某种文字方向，单击“确定”按钮即可。

若只简单地将文字方向由横向变为竖向，或由竖向变为横向，可直接单击“表格工具”栏中“布局”选项卡→“对齐方式”组中的“文字方向”按钮。

对于表格中的文本，除了可以更改文字方向外，还可以设置单元格中文本的对齐方式，即设置文本在单元格中的位置，其具体步骤如下。

（1）选中需要设置文本对齐方式的一个或多个单元格。

（2）单击“表格工具”栏中“布局”选项卡→“对齐方式”组中相应的对齐方式按钮，

如图 4-65 所示。对齐方式共有 9 种，分别是：靠上两端对齐、靠上居中对齐、靠上右对齐、中部两端对齐、中部居中对齐、中部右对齐、靠下两端对齐、靠下居中对齐和靠下右对齐。

图 4-65　对齐方式按钮

除了上述方法之外，还可以在选定的单元格中右击，在弹出的快捷菜单中选择“单元格对齐方式”命令，并在子菜单中选择相应的对齐方式。

4.6.4　管理表格数据

表格的一个重要功能就是存放数据，为了更好地分析表格中的数据，用户还需要对其进行一些必要的操作，主要包括对数据排序、使用公式进行计算以及表格与文本的相互转换等。

1. 数据排序

Word 2010 提供了 4 种排序的方式，分别可以按照笔画、数字、日期或拼音进行排序，数据排序主要使用“排序”对话框来实现。以表 4-1 为例，数据排序的具体步骤如下。

表 4-1　学生成绩表

姓名	英语	数学	语文	总分	平均分
李昊	75	84	90		
周诺	86	79	87		
赵磊	80	83	87		

（1）单击要进行数据排序表格中的任意单元格。

（2）单击“表格工具”栏中“布局”选项卡→“数据”组中的“排序”按钮，弹出“排序”对话框，如图 4-66 所示。

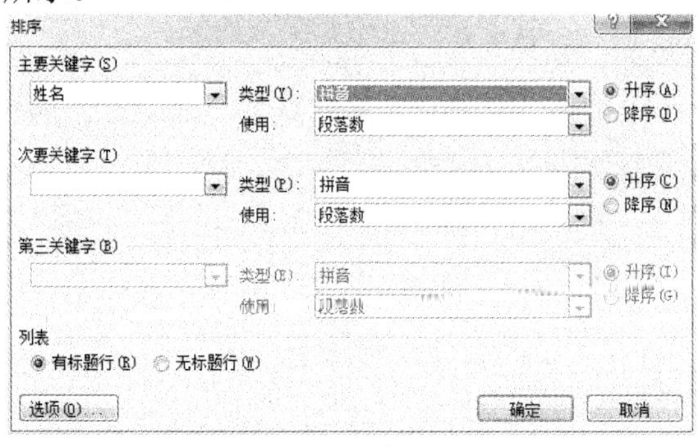

图 4-66　“排序”对话框

（3）选中“列表”栏中的“有标题行”单选按钮。“有标题行”是指在设置排序关键字时使用各列的标题，如“姓名”、“英语”等。如果选中“无标题行”单选按钮，则是指设置排序关键字时使用“列 1”、“列 2”等列号。

（4）若表格中数据是按照单条件排序的，则只需设置主要关键字及其类型和排序方式等。若要对表格数据进行多条件排序，则还可设置次要关键字和第三关键字，但 Word 2010 只提供最多 3 个排序条件。

2. 对表格中的数据进行简单运算

利用 Word 2010 提供的表格公式功能，可以对表格中的数据进行简单的数据运算，如求和、求平均值、求最大值或最小值等。以表 4-1 为例，使用公式进行计算步骤如下。

（1）将光标移至“李昊”对应的“总分”单元格。

（2）单击“表格工具”栏中“布局”选项卡→“数据”组中的“公式”按钮，弹出“公式”对话框，如图 4-67 所示。

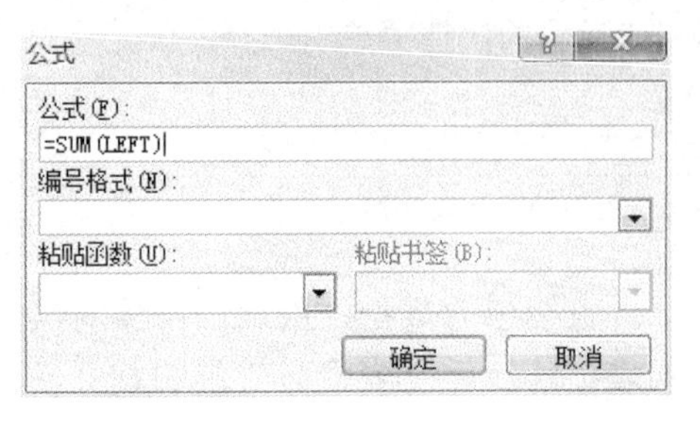

图 4-67 “公式”对话框

默认显示的就是求和公式，如果“总分”单元格在数据下方，Word 会建议使用“=SUM(ABOVE)”，对该单元格上方的各单元格数据求和；如果“总分”单元格在数据右侧，Word 会建议使用“=SUM(LEFT)”，对该单元格左侧的各单元格求和，本例中是对左侧单元格求和，所以无须更改。

公式由 3 部分组成：=、函数和参数。用户可以根据需要进行公式的编辑。输入公式的方法有以下两种。

① 删除原公式，在“公式”文本框中直接输入新公式。

② 删除原公式，在“粘贴函数”下拉列表中选择相应功能的函数，然后在函数右边的括号内输入参数即可。

参数“LEFT”表示函数的计算对象是当前单元格左侧的所有单元格，除“LEFT”之外还可以使用以下参数。

① ABOVE：计算对象为当前单元格上方的所有单元格。

② BELOW：计算对象为当前单元格下方的所有单元格。

③ RIGHT：计算对象为当前单元格右侧的所有单元格。

（3）编辑完公式后，如果需要指定结果单元格的显示格式，可在“编号格式”下拉列表中选择公式计算结果的显示格式，单击“确定”按钮即可。

函数是多种多样的，而上述介绍的 4 个参数远远不能满足用户的需求，缺乏灵活性。例如，要求表 4-1 中的平均分，就需要用到单元格引用。

单元格引用是由“列标+行号”组成的，列标由 a，b，c……标识，行号由 1，2，3……标识，如表 4-1 中“李昊”的“英语”成绩所在单元格引用为 b2，“周诺”的“语文”成绩所在单元格引用为 d3。

因此，要求“李昊”的平均分，可以使用公式“=AVERAGE(b2,c2,d2)”或“=AVERAGE(b2:d2)”，其中，逗号“,”表示并集，冒号“:”表示连续的区域。

3. 表格转换

Word 2010 提供了表格转换功能，用户利用该功能不仅可以将表格转换成文本，还可以将文本转换成表格。

将表格转换成文本的具体步骤如下。

（1）选中整张表格，单击“表格工具”栏中“布局”选项卡→“数据”组中的“转换为文本”按钮转换为文本，弹出“表格转换成文本”对话框。

（2）在该对话框的“文字分隔符”栏中选择一种分隔符。

（3）单击“确定”按钮，则系统自动将整张表格转换成以选中分隔符分隔开的文本。

同样，也可以将文本转换成表格，此时，需要在文本的中间插入制表符，指示将文本分成列的位置，使用段落标记指示文本要开始新行的位置。准备就绪后，就可以利用“插入”选项卡“表格”组中的“表格”下拉列表中的“文本转换成表格”选项进行转换。

4.6.5 表格的应用——邮件合并

如果用户在日常工作中需要制作出大量内容相同而收信人不同的邮件，如下发的通知或请柬等，可以使用 Word 2010 提供的邮件合并功能，快速地创建出多份邮件。

Word 2010 的邮件合并功能可以方便地获取 VFP 或 Excel 等应用程序中的数据。如果在 Word、Excel 或 VFP 中预先组织好收信人的有关信息（数据源），再在 Word 中建立好每封信相同的部分，在不同的地方插入“域”，然后合并邮件，生成所有信函，会非常方便。下面以一封信函为例，介绍如何使用邮件合并功能。

（1）建立数据源。可以在 Word、Excel 或 VFP 中建立数据源，本例在 Word 中新建一个表格，如表 4-2 所示，以“数据.docx”为文件名保存。

表 4-2 邮件合并数据源

姓　名	作　品	出 版 社
张利民	C 语言编程	清华出版社
王东升	Flash 动画制作	人民出版社
马力	计算机网络	教育出版社

（2）新建一个空白文档，在其中输入每封信的相同部分，以“通知.docx”为文件名保存，如图 4-68 所示。

尊敬的先生/女士：

推荐您的著作参加全国精品教材评选，请于近日回复具体的申报材料。

教育部教材编辑司

图 4-68 新建文档内容

（3）单击“邮件”选项卡→“开始邮件合并”组中的“开始邮件合并”下拉按钮，在弹出的下拉列表中选择“信函”选项。

（4）单击“邮件”选项卡→“开始邮件合并”组中的“选择收件人”下拉按钮，在弹出的下拉列表中选择“使用现有列表”选项，弹出“选取数据源”对话框，找到“数据.docx”，单击“打开”按钮。

本例事先建立了数据源并保存为“数据.docx”，因此这里选择的是“使用现有列表”选项。若事先没有建立数据源，则此时可以选择“键入新列表”选项，系统会弹出“新建地址列表”

对话框，用户可在其中输入收件人信息。

（5）将光标定位至“尊敬的”之后，单击“邮件”选项卡→“编写和插入域”组中的“插入合并域”下拉按钮，弹出下拉列表，如图 4-69 所示，列表中列出的是数据源中每列的列名，选择“姓名”选项，则“姓名”域插入到光标所在位置“尊敬的”之后。

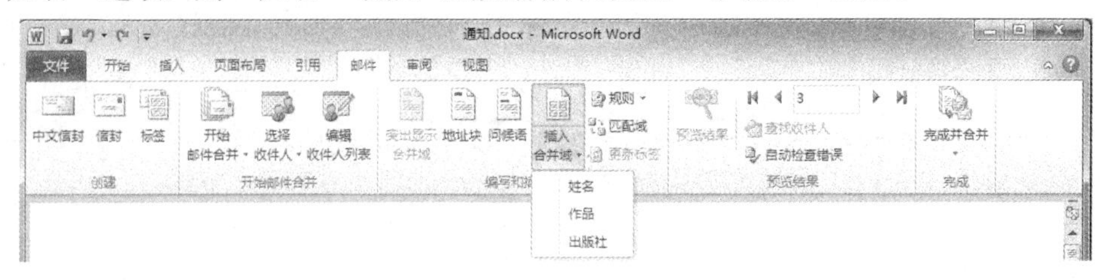

图 4-69　插入合并域

同样的步骤，依次插入“出版社”域和“作品”域，插入完成之后的效果，如图 4-70 所示。

尊敬的《姓名》先生/女士：

《出版社》推荐您的著作《作品》参加全国精品教材评选，请于近日回复具体的申报材料。

教育部教材编辑司

图 4-70　插入合并域后的效果图

（6）单击“邮件”选项卡→“完成”组中的“完成并合并”下拉按钮，在弹出的下拉列表中选择“编辑单个文档”选项，在弹出的“合并到新文档”对话框中选中“全部”单选按钮，然后单击“确定”按钮。

（7）Word 2010 会自动新建一个文档存放刚刚创建的信函，新文档中的每一页对应数据源的每一条记录。

4.7　文档的打印

4.7.1　打印预览

文档编辑完成之后，在打印之前需要预览文档的整体排版效果，此时可以使用打印预览功能。适时地预览文档打印后的效果，有助于有针对性地重新对文档中不正确的地方进行更改，以节省打印纸张。

在 Word 2010 中预览打印效果的方法是：选择“文件”→“打印”命令，此时界面右侧即可显示文档打印的效果，如图 4-71 所示。拖动界面右下角的滑块还可放大或缩小文档显示比例，以更好地观察文档中的细节效果。

此外，也可利用快速访问工具栏中的“打印预览和打印”按钮快速进行打印预览，当用户需要退出预览状态时，只需选择“文件”以外的选项卡即可返回文档编辑模式。

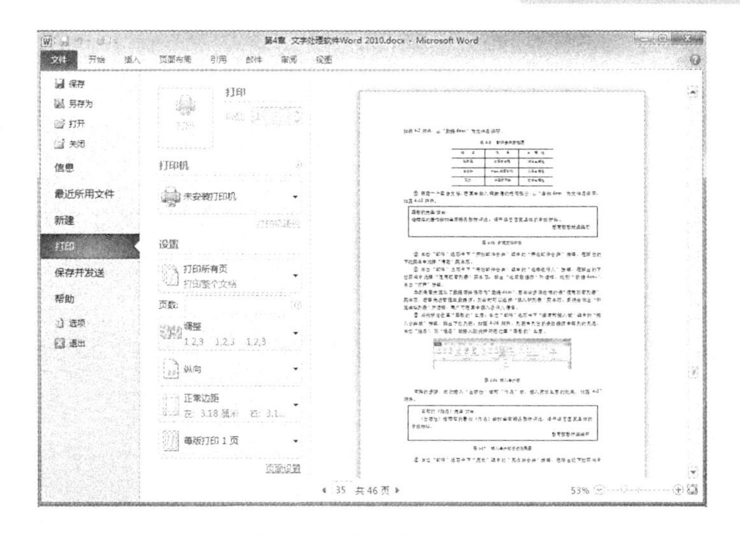

图 4-71　打印预览界面

4.7.2　打印设置与输出

如果预览结果符合用户的最终要求，即可进行打印输出。其方法为：将打印机及其他硬件正确连接，选择“文件”→“打印”命令，在显示的界面中设置打印参数后，单击“打印”按钮即可。其中，各部分的作用如下。

（1）“份数”数值框：设置文档的打印数量。

（2）“打印所有页”按钮：在该按钮的下拉列表中选择文档的打印范围，如所有页、当前页或自定义打印范围。

（3）“页数”文本框：在其中可通过输入页码来指定需打印的页面，如输入“1-3”表示打印 1～3 页，输入“1，3，5-8”表示打印第 1，3，5，6，7，8 页。

（4）“调整”按钮：当打印多份时，单击该按钮可设置打印顺序，其中包括按文档顺序和按页面顺序打印两种方式。

（5）“纵向”按钮：单击该按钮，可在弹出的下拉列表中选择文档的打印方向，包括纵向和横向两种方式。

（6）“正常边距”按钮：单击该按钮，可在弹出的下拉列表中重新设置页面边距。

（7）“每版打印 1 页”按钮：从该按钮的下拉列表中可以选择每版打印的页数。

4.8　长文档的编辑

4.8.1　样式

用户可以使用 Word 编辑字符格式和段落格式繁杂的文档。但是 Word 提供的格式选项非常多，如果每次设置文档格式时都逐一进行选择，会花费很多时间。样式是应用于文本的一系列格式特征，利用它可以快速改变文本的外观。当用户定义了样式后，只需简单地选择样式名就能一次应用该样式中包含的所有格式选项。

样式分为字符样式和段落样式。字符样式包括字符格式的设置，如字体、字号、字型、位置和间距等。段落样式包括段落格式的设置，如行距、缩进、对齐方式和制表位等。段落样式也可以包括字符样式或字符格式选项。

1. 使用系统内置样式

系统自带有一个样式库，用户可以直接套用其中的样式。用户既可以利用“快速样式”列表，也可以利用“样式”窗格套用样式。

方法一：利用“快速样式”列表套用样式，具体步骤如下。

（1）选中需要套用样式的文本，或将插入符移至需要应用样式的段落内的任意一个位置。

（2）将光标移至“开始”选项卡“样式”组中的“快速样式”列表中，当光标停留在某个快速样式名称上时，所选中的文本或段落就会按该样式显示预览效果，单击样式按钮即可将该样式应用到选定文本或段落上。

（3）用户还可单击“快速样式”列表右侧的“其他”按钮，弹出“快速样式”下拉列表，从中选择要套用的样式，如图 4-72 所示。

图 4-72 “快速样式”列表

方法二：利用“样式”窗格套用样式，具体步骤如下。

（1）单击“开始”选项卡→“样式”组右下角的扩展按钮，打开“样式”窗格。

（2）“样式”窗格中列出了系统自带的各种样式，将鼠标指针移动到某个选项上，系统会自动地给出该样式的具体描述，如图 4-73 所示。

（3）选中需要套用样式的文本，或将插入符移至需要应用样式的段落内的任意位置，再选择“样式”窗格中某一样式即可将该样式应用到当前选中文本或段落上。

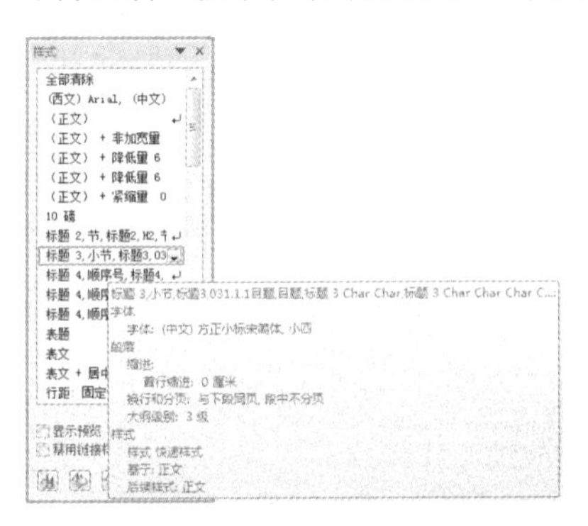

图 4-73 “样式”的具体描述

2. 自定义样式

当系统内置的样式不能满足需求时，用户也可以自己创建一些新的样式。创建样式的具体步骤如下。

（1）单击“开始”选项卡→“样式”组右下角的扩展按钮，打开“样式”窗格。

（2）单击“样式”窗格左下角的“新建样式”按钮，弹出“根据格式设置创建新样式”

对话框，如图 4-74 所示。

图 4-74 “根据格式设置创建新样式”对话框

（3）在“名称”文本框内输入新建样式的名称。

（4）在“样式类型”下拉列表中选择样式的类型。

（5）在“样式基准”下拉列表中选择一种样式作为基准。默认情况下，显示的是“正文”样式。

（6）在“后续段落样式”下拉列表中为所创建的样式指定后续段落样式。后续段落样式是指应用该样式的段落下一段的默认段落样式。

（7）在“格式”栏内可以对字体、段落、对齐方式等进行设定。还可以单击对话框中的“格式”按钮进行设定。

（8）设置完成后，单击“确定”按钮，即可完成新样式的创建。

完成样式的创建之后，用户可以在“快速样式”列表中看到新创建的样式名称。

3. 修改样式

应用了一个样式之后，可能需要对其中的某些属性进行修改。无论是系统内置样式还是用户创建的样式，都可以进行修改。修改样式的具体步骤如下。

（1）单击“样式”窗格中的“管理样式”按钮，弹出“管理样式”对话框，如图 4-75 所示。

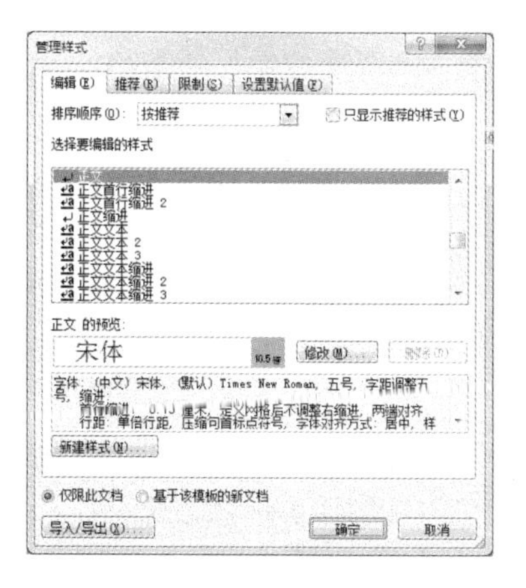

图 4-75 “管理样式”对话框

（2）在“选择要编辑的样式”列表中选择需要修改的样式，单击“修改”按钮，弹出“修改样式”对话框。

（3）在“格式”栏内可以对字体、段落、对齐方式等进行设定。也可以单击对话框中的“格式”按钮进行设定。

（4）修改完后，单击对话框中的“确定”按钮即可。

除此之外，还可以直接右击“开始”选项卡“样式”组中“快速样式”列表中的某一个样式，从弹出的快捷菜单中选择“修改”命令，同样可以弹出“修改样式”对话框，对该样式进行修改。

4. 删除样式

对于不再使用的样式，可以从列表中删除。删除样式的具体步骤如下。

（1）单击“样式”窗格中的“管理样式”按钮，弹出“管理样式”对话框，如图 4-75 所示。

（2）在“选择要编辑的样式”列表中选择要删除的样式，单击“删除”按钮即可删除所选中的样式。

还可以直接右击“开始”选项卡“样式”组中“快速样式”列表中的某一个样式，从弹出的快捷菜单中选择“从快速样式库中删除”命令，同样可以删除选中的样式。

4.8.2 插入分节符

Word 提供的分隔符有分页符、分栏符、换行符和分节符 4 种。分页符用于分隔页面，分栏符用于分栏排版，换行符用于换行显示，而分节符则用于章节之间的分隔。

文档中的节允许用户在文档的不同部分设置不同的页面级格式选项（如页眉和页脚、分栏设置、页边距等）。节是文档中一段连续的部分，可以是一页、一页中的一部分或多页。节可以开始和结束于文档的任意位置。用户可以随意添加或删除分节标记。

分节排版可以采取两种不同的方法。可以先分节后再设置排版格式，然后对每一节进行一次排版；也可以先对整个文档进行页面设置做好总体排版，再在分节后只对与总体排版格式要求不同的章节进行一次排版操作。

实现分节的过程就是插入分节符的过程，具体操作步骤如下。

（1）将插入符移动到文档中需要分节的位置。

（2）单击“页面布局”选项卡→“页面设置”组中的“分隔符”下拉按钮 分隔符，弹出分隔符下拉列表，如图 4-76 所示。

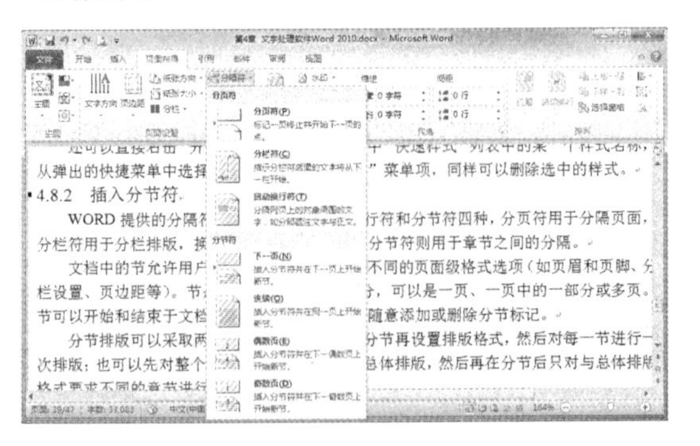

图 4-76 分隔符下拉列表

（3）在分隔符下拉列表的“分节符”区域中选择所需的分节符类型即可。其中，4 个分节符类型选项的含义分别如下。

① 下一页：表明在插入分节符时同时插入分页符。插入分节符的位置会被分页，分节符后面的文档将分到新一页的开头，下一节从下一页顶端开始。

② 连续：插入分节符，但不插入分页符。这样分节符后的文档就在同一页上新起一节。

③ 偶数页：插入分节符并在下一偶数页上开始新节。如果插入点本来就在偶数页上，那么插入分节符后，会自动在插入点处增加一页空白奇数页，插入点后的文字将分节到下一偶数页的开头。

④ 奇数页：插入分节符并在下一奇数页上开始新节。如果插入点本来就在奇数页上，那么插入分节符后，会自动在插入点处增加一页空白偶数页，插入点后的文字将分节到下一奇数页的开头。

如果想要删除一个分节符，可单击“视图”选项卡→“文档视图”组中的“草稿”按钮，切换到“草稿”视图模式，单击选中分节符，按 Delete 键即可删除它。

4.8.3 脚注和尾注

脚注和尾注用于为文档中的文本提供解释、批注以及相关的参考资料。通常情况下，脚注是在页面底端添加的注释，尾注则是在文档结尾添加的注释。因此，可用脚注对文档内容进行注释说明，而用尾注说明文档中引用的文献信息。

Word 添加的脚注或尾注由两个互相链接的部分组成：注释引用标记和与其对应的注释文本。添加、删除或移动自动编号的注释标记时，Word 将对注释标记重新编号。

添加脚注的具体步骤如下。

（1）将光标移至需添加脚注处或选中需创建脚注的文本，单击“引用”选项卡→“脚注”组中的“插入脚注”按钮 AB¹ 插入脚注。

（2）此时选中文本右上角将出现数字“1”，表示此处为文档中的第一处脚注，同时当前页面下方将出现可编辑区域，在其中输入具体的脚注内容即可。

添加尾注的具体步骤如下。

（1）将光标移至需添加尾注处或选中需创建尾注的文本，单击“引用”选项卡→“脚注”组中的“插入尾注”按钮 插入尾注。

（2）此时选中文本右上角将出现字母“i”，表示此处为文档中的第一处尾注，同时文档结尾将出现可编辑区域，在其中输入具体的尾注内容即可。

若要编辑脚注或尾注，只需双击注释标记，光标就会移动到相应的注释文本。

若要删除脚注或尾注，只需删除注释标记，与之对应的注释文本将同时被删除。

4.8.4 超链接

为了方便用户查看相应的文档内容，Word 提供了超链接功能，用户只要单击链接对象就可以打开相应的目标文档。链接对象可以是文字、图片等。插入超链接的方式有两种：一种是本文档内的超链接；另一种是多文档之间的超链接。

1. 本文档内的超链接

创建文档内的超链接的具体操作步骤如下。

（1）将光标移至文档中需要链接到的目标位置，单击“插入”选项卡→“链接”组中的“书签”按钮，弹出“书签”对话框，如图 4-77 所示。

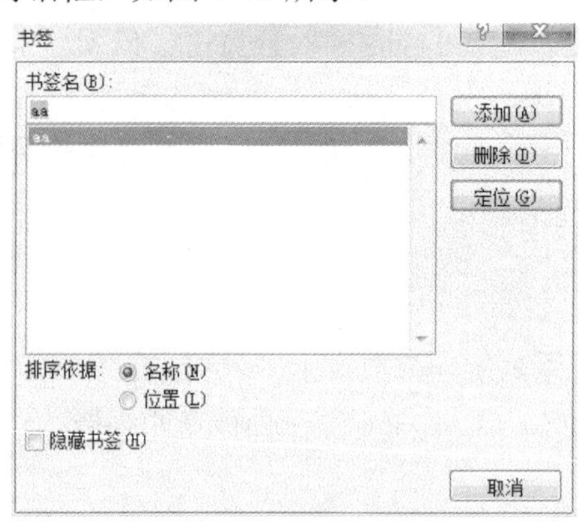

图 4-77 “书签”对话框

（2）在“书签名”文本框中输入自定义的书签名（书签名可由用户自己命名，但名称中不能有空格，且首字符不能是数字或一些特殊符号），单击“添加”按钮。

（3）选取需要设置超链接的文本或对象。

（4）单击“插入”选项卡→“链接”组中的“超链接”按钮，或右击已选中的对象，在弹出的快捷菜单中选择“超链接”命令，都会弹出“插入超链接”对话框，如图 4-78 所示。

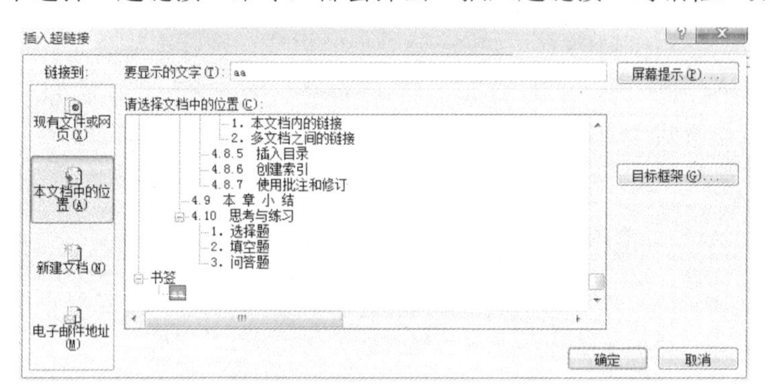

图 4-78 “插入超链接”对话框

（5）从对话框左侧的“链接到”列表中选择“本文档中的位置”选项，右侧“请选择文档中的位置”列表中会列出本文档中所有具有标题样式的文本以及所有的书签名，单击书签名称，再单击“确定”按钮即可完成操作。

此时按住 Ctrl 键的同时单击链接对象，光标会自动跳转到书签所在位置。

利用书签可以链接到文档中的任何位置，如果目标位置本身是标题格式，则不需要事先设置书签，直接执行第（3）～（5）步即可。

2. 多文档之间的超链接

在多文档之间设置超链接的具体操作步骤如下。

（1）选取需要设置为超链接的文字或对象。

（2）单击“插入”选项卡→“链接”组中的“超链接”按钮，或右击选中的对象，在弹出的快捷菜单中选择“超链接”命令，都会弹出“插入超链接”对话框，如图 4-78 所示。

（3）从对话框左侧的“链接到”列表中选择“现有文件或网页”选项，再从“查找范围”下拉列表中选中要链接到的目标文件的位置及名称，单击“确定”按钮即可。

按住 Ctrl 键的同时单击选定文字会自动链接到目标文档。

4.8.5 插入目录

目录的功能就是列出文档中各级标题及各级标题所在的页码。通过目录，用户可以更清楚地理解文档的内容和层次，并可通过单击目录中的某个标题快速跳转到相应位置。

1. 创建目录

在 Word 2010 中创建目录之前，必须确定每一级的标题使用的是“样式”列表中的标题样式或新建的标题样式。

创建目录的具体步骤如下。

（1）将光标移动到欲建立目录的位置。

（2）单击“引用”选项卡→“目录”组中的“目录”下拉按钮，在弹出的下拉列表中选择“插入目录”选项，弹出“目录”对话框，如图 4-79 所示。

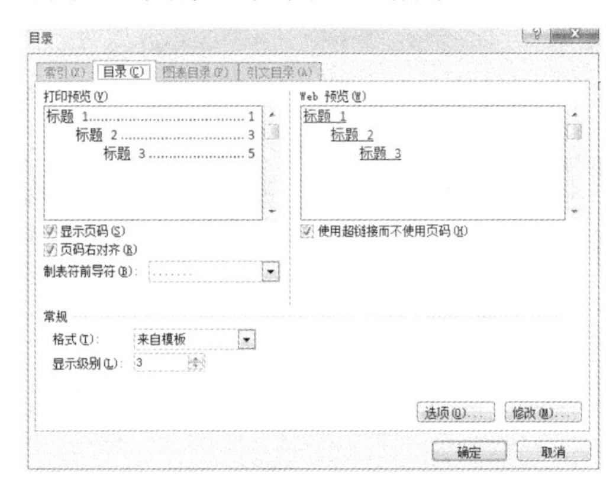

图 4-79 “目录”对话框

（3）在“格式”下拉列表中选择合适的目录格式，用户可以在“打印预览”栏中看到该格式的目录效果。

（4）在“显示级别”文本框中可指定目录中显示的标题级数。

（5）选中“显示页码”复选框，表示在目录每一个标题的后面会显示页码。选中“页码右对齐”复选框，表示让目录中的页码靠右对齐。在“制表符前导符”下拉列表中，可指定标题与页码之间的分隔符。

（6）单击“确定”按钮，目录会被提取出来并插入到光标所在位置。

2. 更新目录

在文档中插入目录之后，如果用户对文档内容进行了修改，有可能使某个标题文本发生变化或页码发生变化。为了使目录与文档内容保持一致，需要对目录进行更新。

更新目录的具体步骤如下。

（1）单击“引用”选项卡→“目录”组中的“更新目录”按钮 更新目录，弹出“更新目录”对话框，如图 4-80 所示。

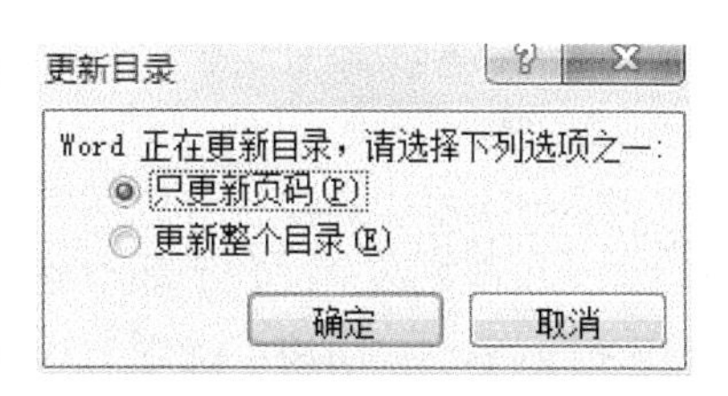

图 4-80 “更新目录”对话框

（2）在“更新目录”对话框中，选中“更新整个目录”单选按钮，单击“确定”按钮即可，此时可以看到更新后的目录。

4.8.6 创建索引

索引是指将文档中具有检索意义的词语（可以是人名、地名、专业词语、概念或其他事项）按照一定方式有序地编排起来，以方便读者浏览使用。有了索引，用户可以很快知道自己想要的词语在哪里，从而节省时间。在 Word 2010 中，为文档创建的索引列出了一篇文档中的词条和主题，以及它们出现的页码。

要创建索引，需要预先在文档中标记索引项，然后生成索引。

1. 标记索引项

索引项是文档中标记索引中特定文字的域代码。将文字标记为索引项时，Word 会在文字后插入一个具有隐藏文字格式的 XE（索引项）域。

在文档中标记索引项的具体操作步骤如下。

（1）选中要索引的词语或短语。例如，选择本文档中的“创建索引”。

（2）单击“引用”选项卡→“索引”组中的“标记索引项”按钮，弹出“标记索引项”对话框，如图 4-81 所示。

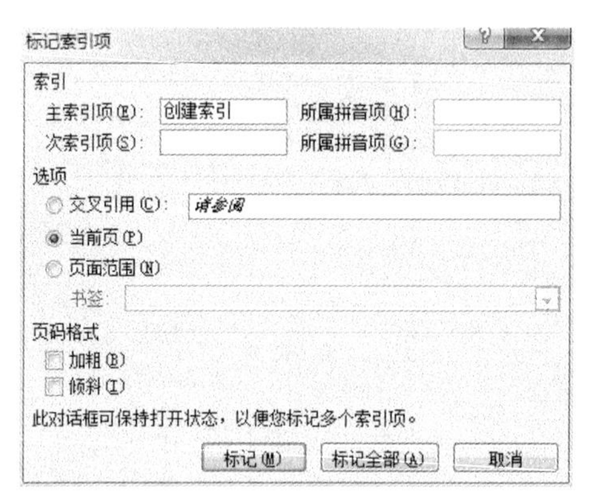

图 4-81 “标记索引项”对话框

（3）在“索引”栏的“主索引项”文本框中，显示了要建立索引的文本内容“创建索引”，用户也可以输入其他的文本内容。在“选项”栏中，选中“当前页”单选按钮。

（4）单击“标记”按钮，在文档中的索引项位置建立索引标记。用户可以继续选中其他词语，然后在“标记索引项”对话框中进行设置。索引项标记完毕，单击“关闭”按钮，关闭对话框。

标记索引后，用户会发现，在用户所标记的词语后面都会出现 XE 域符号，用户可以通过单击“开始”选项卡→“段落”组中的“显示/隐藏编辑标记”按钮，来控制域符号是否可见。

2. 插入索引

标记索引项后即可生成索引。在文档中为标记的索引项建立索引的具体步骤如下。

（1）将光标定位到文档中要建立索引的位置。

（2）单击“引用”选项卡→“索引”组中的“插入索引”按钮 插入索引，弹出“索引”对话框，如图 4-82 所示。

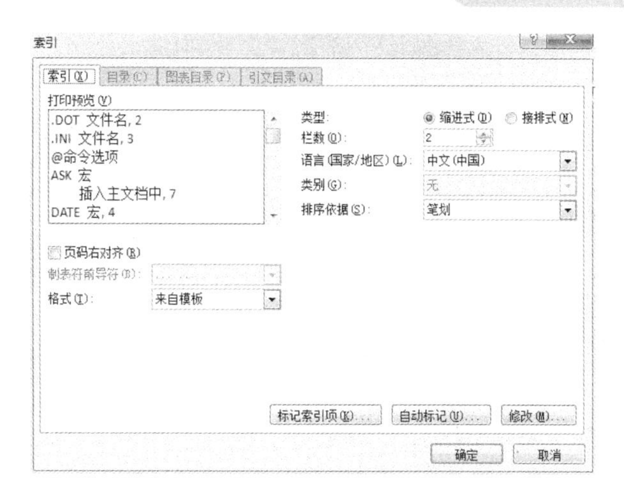

图 4-82 “索引”对话框

（3）在对话框中设置需要插入索引的样式，如“类型”、“栏数”及“排序依据”等。

（4）单击“确定”按钮，即可在文档中建立索引。

4.8.7 使用批注和修订

完成一篇文档后，在审阅文档时可以使用批注和修订功能，以强调对文档的看法和建议。其中，批注是作者或审阅者给文档添加的注释或注解，通过查看批注，可以更详细地了解文字的含义。而修订一般是审阅者对作者文章中某个部分提出的修改意见。

1. 添加批注

添加批注的对象可以是文本、表格或图片等文档内所有的内容。Word 会用审阅者设定颜色的括号将批注的内容括起来，背景色也将变为相同的颜色。默认情况下，批注显示在文档页边距外的标记区，批注与批注的文本使用与批注相同颜色的虚线连接。

添加批注的具体步骤如下。

（1）选择需要插入批注的对象。

（2）单击“审阅”选项卡→“批注”组中的“新建批注”按钮，此时选中的对象将被加上红色底纹，并在页边距外的标记区显示批注文本框，如图 4-83 所示。

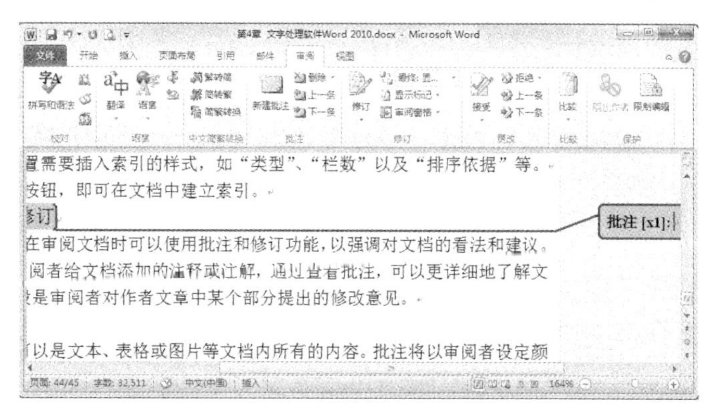

图 4-83 添加批注的显示效果

（3）在批注文本框中输入批注内容即可。

2. 添加修订

修订是审阅者对文档的修改意见，显示了文档中所做的如修改、删除、插入或其他编辑更改位置的标记。在审阅者选择了修订状态后，所做的修改将被记录下来。所修订的内容将以红色显示。

在文档中使用修订的具体步骤如下。

（1）单击“审阅”选项卡→“修订”组中的“修订”按钮，此时文档进入修订状态。

（2）此后用户在文档中所做的修改，系统都会自动做出标记，以设定的状态显示出来。例如，将文档中的“修订”改为“修改”，则“修订”会添加删除线，并以修订者设定的颜色显示，而“修改”同样会以修订者设定的颜色显示，同时还会加上下画线突出显示。

修订完成后再次单击“修订”按钮，可退出文档的修订状态，退出修订状态之后再对文档所做的修改则不会显示出来。

3. 删除批注

删除批注时，用户要先将光标定位到批注的文本内或者批注文本框内，然后单击“审阅”选项卡→“批注”组中的“删除”按钮即可，或直接右击批注文本框，从弹出的快捷菜单中选择“删除批注”命令。

“删除”按钮下拉列表中的其他选项的含义如下。

（1）删除所有显示的批注：删除当前所显示出来的所有批注，可自定义显示的批注类型。

（2）删除文档中的所有批注：删除文档中所有审阅者做的所有批注。

4. 接受或拒绝修订

当审阅者将修订后的文档返回给作者的时候，作者可以查阅修订的内容，并根据实际情况对修订进行更改。Word 2010 提供了两种方式：接受和拒绝。

在选中某一处修订文本后，如果作者接受修订意见，可以单击“审阅”选项卡→“更改”组中的“接受”按钮，或单击“接受”下拉按钮，在弹出的下拉列表中选择“接受并移到下一条”或“接受修订”选项。

在选中某一处修订文本后，如果作者不接受修订意见，可以单击“审阅”选项卡→“更改”组中的“拒绝”按钮，或单击“拒绝”下拉按钮，在弹出的下拉列表中选择“拒绝并移到下一条”或“拒绝修订”选项。

选择“审阅”选项卡“更改”组中“接受”按钮下拉列表中的“接受对文档的所有修订”选项，可以接受所有对文档的修订，则文档中凡是修订过的位置都用修订后的内容替换之前的内容。而选择“审阅”选项卡“更改”组中“拒绝”按钮下拉列表中的“拒绝对文档的所有修订”选项，可以不接受所有对文档的修订，则文档仍然是修订前的内容。

4.9 综合实例

4.9.1 实例一

假设你是某银行财富管理中心的理财顾问，客户蓝女士到财富管理中心进行了理财咨询。为了明确蓝女士的财务需求及目标，帮助她对理财事务进行更好的决策，你根据蓝女士提供的资料帮她进行了理财规划。现请你把理财报告进一步排版，使其条理清晰，图文并茂，数据一目了然。

原始文档、效果文档和图片素材请关注微信公众号进行下载。

根据对原始文稿的分析，应进行以下排版。

（1）在报告第一页之前插入新的一页做封面，封面插入图片装饰。

（2）报告中层次级别较多，应使用多级列表编号。

（3）插入目录。

（4）选择恰当的字体、字号。

（5）资产情况、收支情况、规划前后收支对比以及追加投资情况可以使用表格和图表，使各数据所占比例一目了然。

（6）插入页眉页脚。奇数页页眉为“ZS 银行”，偶数页页眉为“蓝女士理财报告”，页脚统一为页码，页眉页脚皆居中显示。首页无页眉页脚。

（7）为报告加水印“ZS 银行”。

具体操作步骤如下。

1. 制作封面

在报告第一页之前插入新的一页做封面，封面插入图片装饰，效果如图 4-84 所示。

图 4-84　封面效果

（1）打开“单身白领理财方案设计_素材.docx”文档，按 Ctrl+Home 组合键将光标移至文档开头，单击“插入”选项卡→“页”组中的“空白页”按钮，则文档开头增加新的一页。

（2）将光标定位在第一页的第一个段落标记之前，按多次回车键产生多个段落标记。然后重新将光标定位在第一个段落标记之前，单击“插入”选项卡→“插图”组中的“图片”按钮，弹出“插入图片”对话框，选择图片素材文件“素材.jpg”，将其放在第一页。

（3）选中图片，功能区中自动出现“图片工具”栏，单击“格式”选项卡→“排列”组中的“自动换行”下拉按钮，在弹出的下拉列表中选择“浮于文字上方”选项，然后将图片拖动到页面靠左上位置。

（4）在图片下方输入文字“单身白领理财方案”，单击“开始”选项卡→“字体”组中的“字号”栏下拉按钮，设置字号为“一号”。在这行文字的下一行输入文字“你不理财，财不理你”，设置字号为“小四”。

（5）单击“插入”选项卡→“插图”组中的“形状”下拉按钮，在弹出的下拉列表的“线条”区域选择“直线”选项，在第一页图片右侧拖出一条直线。

（6）选中直线，功能区中自动出现“绘图工具”栏，单击“格式”选项卡→“形状样式”组中的“形状轮廓”下拉按钮，在弹出的下拉列表中选择“主题颜色”为“橙色，强调文字颜色 6”。再次单击“形状轮廓”下拉按钮，在弹出的下拉列表中选择“粗细”为“0.75 磅”。

（7）单击“插入”选项卡→“文本”组中的“文本框”下拉按钮，在弹出的下拉列表中选择“绘制文本框”选项，在直线右侧拖动出一个文本框，在其中输入“摘要明确客户的财务需求及目标，帮助客户更好地决策理财事务。”注意“摘要”二字后边按回车键进行换行。

（8）选择文本框中的“摘要”二字，单击“开始”选项卡→“字体”组中的“字号”下拉按钮，设置字号为“四号”。再单击“字体颜色”下拉按钮，在弹出的下拉列表中选择“主题颜色”为“橙色，强调文字颜色 6”。

（9）选择文本框中的文字“明确客户的财务需求及目标，帮助客户更好地决策理财事务。”，将其字号设置为“小四”。

（10）在文本框的边框上单击选中文本框，功能区中自动出现“文本框工具”栏，单击“格式”选项卡→“文本框样式”组中的“形状轮廓”下拉按钮，在弹出的下拉列表中选择“无轮廓”选项。

（11）调整图片、线条和文本框的位置，效果如图 4-84 所示。

2. 将各标题按层次设置为“标题 1”、“标题 2”样式

观察原始文档，发现内容由“个人背景”、“财务状况分析”、“风险偏好分析及理财目标设定”、“理财组合设计”和“方案执行的要点”5 个部分组成，5 个标题的共同特点是四号字、加粗、居中对齐，且全文再没有其他文字同时具有这 3 个特点。因此可以使用“替换”功能，一次性把 5 个标题替换为所需格式。

单击“开始”选项卡→“编辑”组中的“替换”按钮，弹出“查找和替换”对话框，单击“更多”按钮，对话框出现更多选项，如图 4-85 所示，在对话框“替换”栏单击“格式”下拉按钮，在弹出的下拉列表中选择“字体”选项，弹出“查找字体”对话框。如图 4-86 所示，“字形”选择“加粗”，“字号”选择“四号”，单击“确定”按钮返回“查找和替换”对话框。再次单击“替换”栏的“格式”下拉按钮，在弹出的下拉列表中选择“段落”选项，弹出“查找段落”对话框。按照如图 4-87 所示，在“缩进和间距”选项卡“常规”栏的“对齐方式”下拉列表中选择“居中”选项，单击“确定”按钮返回“查找和替换”对话框。在“替换为”文本框中单击，然后再次单击“替换”栏的“格式”下拉按钮，在弹出的下拉列表中选择“样式”选项，弹出“替换样式”对话框。按照如图 4-88 所示，在“用样式替换”列表中选择“标题 1”样式，单击“确定”按钮返回“查找和替换”对话框。此时的对话框如图 4-89 所示。单击“全部替换”按钮，显示完成 5 处替换，5 个标题都变为“标题 1”样式。

图 4-85　“查找和替换”对话框

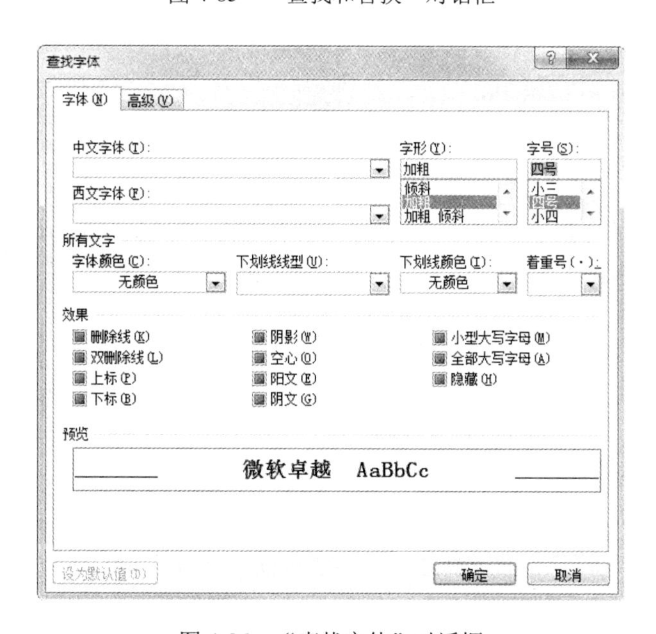

图 4-86　“查找字体”对话框

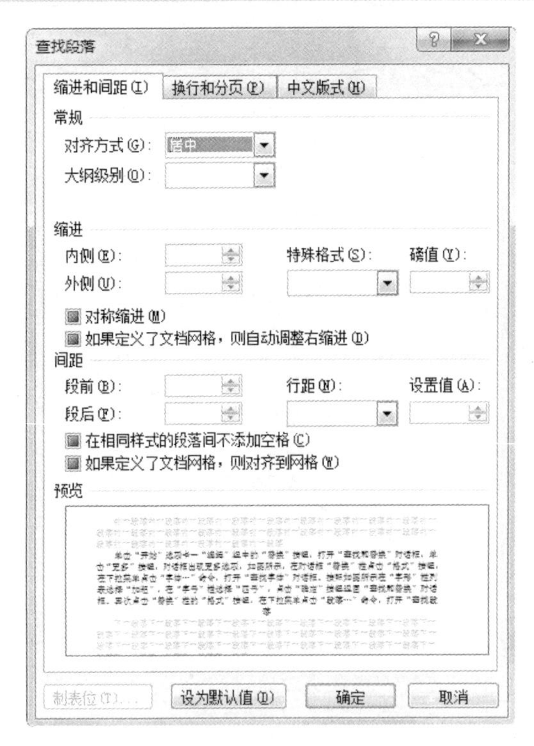

图4-87 “查找段落”对话框

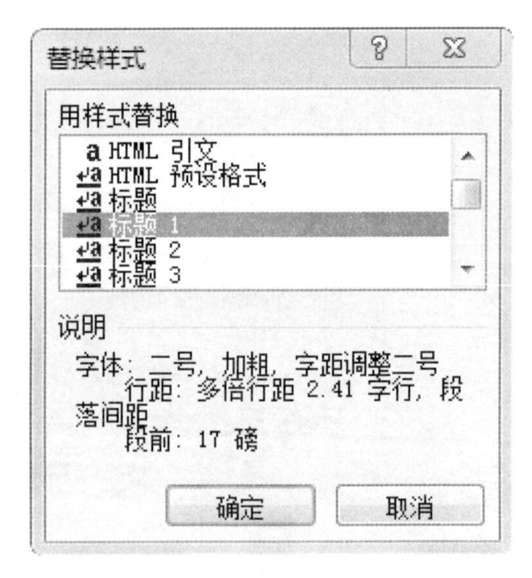

图4-88 “替换样式”对话框

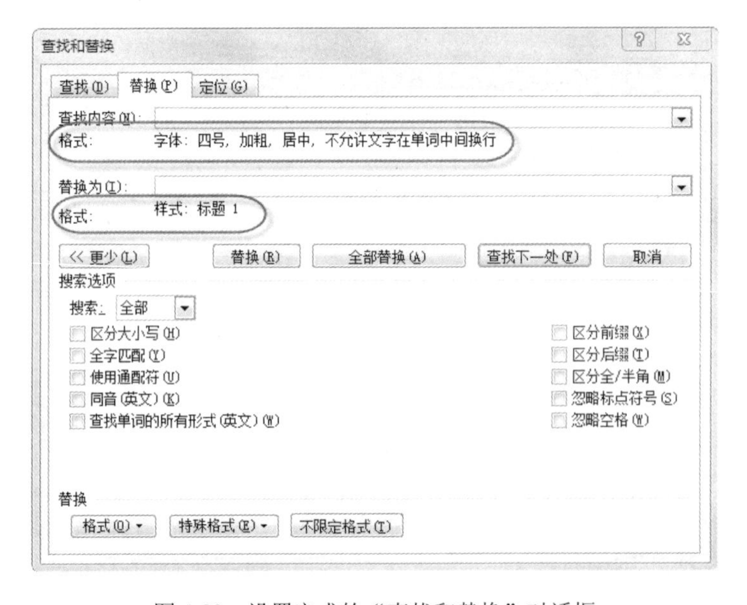

图4-89 设置完成的“查找和替换”对话框

在正文（指除封皮以外部分）第4段“一、资产情况”处单击，单击“开始”选项卡→“样式”组右下角的扩展按钮，如图4-90所示，在弹出的“样式”列表中单击“选项”按钮，弹出如图4-91所示的“样式窗格选项”对话框，确认“在使用了上一级别时显示下一标题”复选框被选中，单击“确定”按钮关闭对话框。此时可看到“样式”组中的样式如图4-92所示。单击“标题2”按钮，则光标所在段落变为“标题2”样式。

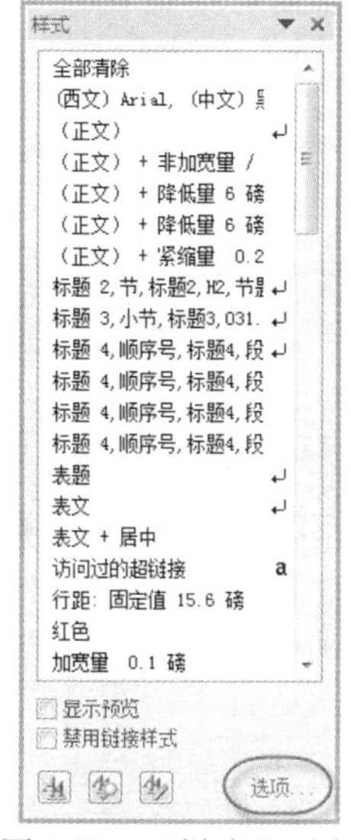

图 4-90　“样式”列表

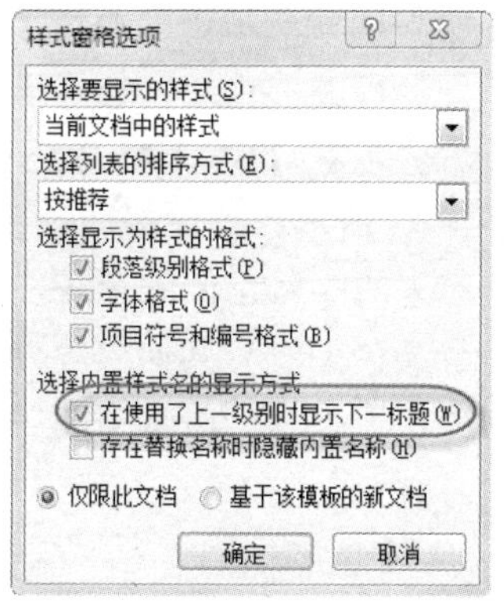

图 4-91　“样式窗格选项”对话框

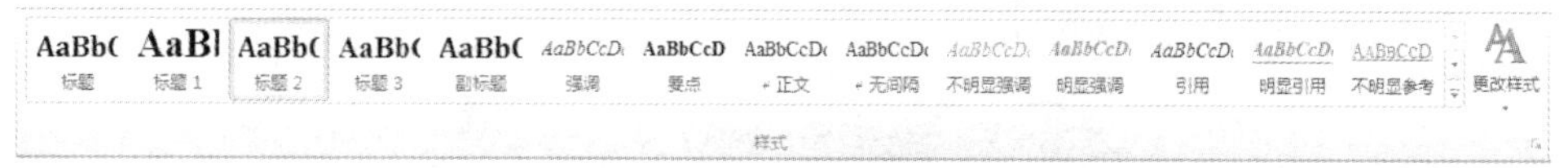

图 4-92　“标题 2”样式

3. 制作多级列表编号

（1）在第一个标题“个人背景”处单击，单击“开始”选项卡→“段落”组中的“多级列表”下拉按钮，在弹出的下拉列表中选择如图 4-90 所示的选项，此时标题“个人背景”前出现编号“1”。单击选中“个人背影”，然后双击“开始”选项卡→“剪贴板”组中的“格式刷”按钮，鼠标指针变为刷子形状，依次在另外 4 个“标题 1”样式的标题上拖动，使它们加上与标题“个人背景”同样的格式编号。全部处理完后按 Esc 键退出“格式刷”工具。

图 4-93　列表库

（2）单击“开始”选项卡→“段落”组中的“多级列表”下拉按钮，在弹出的下拉列表中选择如图 4-90 所示的选项，再次单击“开始”选项卡→“段落”组中的“多级列表”下拉按钮，在弹出的下拉列表中选择“更改列表级别”→“2 级”选项，使其降级，编号变为“1.1”。

（3）双击“开始”选项卡→“剪贴板”组中的“格式刷”按钮，鼠标指针变为刷子形状，依次在所有同样级别的标题上拖动，使它们变为与标题“一、资产情况”同样的“标题 2”样式，同时依次加上编号 1.2、1.3、1.4、1.5、2.1、2.2……

此时效果如图 4-94 所示。可发现，除了“一、资产情况”变为了“1.1 资产情况”之外，其他的“标题 2”原来的序号都依然存在，如“1.2 二、收入情况”等。观察发现这些标题都是三号加粗字体，且文档中没有其他内容为同样字体，因此可以根据指定格式根据这个规律，可以用“替换”功能快速去掉这些多余的序号。

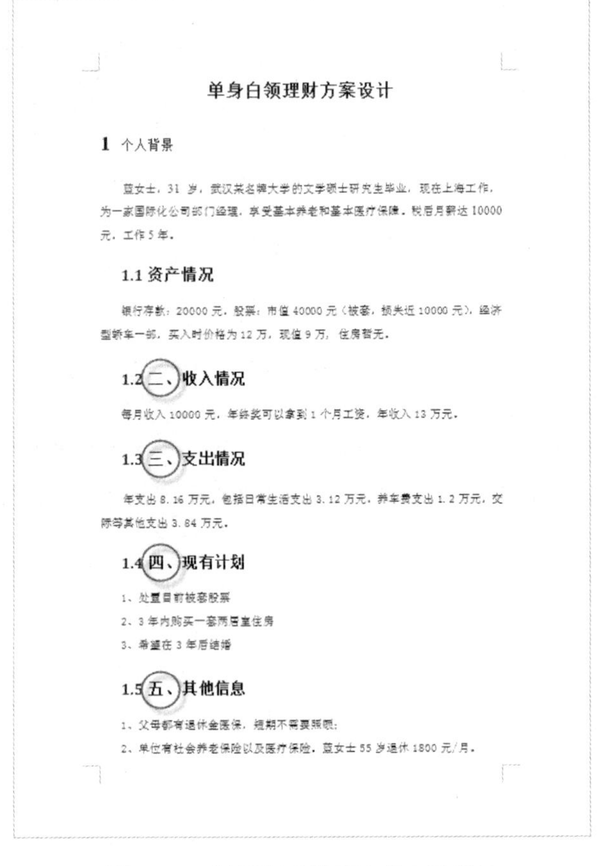

单身白领理财方案设计

1 个人背景

蓝女士，31 岁，武汉某名牌大学的文学硕士研究生毕业，现在上海工作，为一家国际化公司部门经理，享受基本养老和基本医疗保障。税后月薪达 10000 元，工作 5 年。

1.1 资产情况

银行存款：20000 元，股票：市值 40000 元（被套，损失近 10000 元），经济型轿车一部，买入时价格为 12 万，现值 9 万，住房暂无。

1.2 二、收入情况

每月收入 10000 元，年终奖可以拿到 1 个月工资，年收入 13 万元。

1.3 三、支出情况

年支出 8.16 万元，包括日常生活支出 3.12 万元，养车费支出 1.2 万元，交际等其他支出 3.84 万元。

1.4 四、现有计划

1、处置目前被套股票

2、3 年内购买一套两居室住房

3、希望在 3 年后结婚

1.5 五、其他信息

1、父母都有退休金医保，短期不需要照顾；

2、单位有社会养老保险以及医疗保险，蓝女士 55 岁退休 1800 元/月。

图 4-94 “标题 2”段落中多余的序号

注：如果只单击“查找内容”框，“不限定格式”按钮为灰色，不可用状态。除非在“查找内容”框中输入了内容，并之前做过“格式”查找的设定操作。

（4）单击“开始”选项卡→“编辑”组中的“替换”按钮，弹出“查找和替换”对话框，单击“更多”按钮，对话框出现更多选项。在“查找内容”框单击，然后单击对话框下方的按钮，以清除上次替换时留下的格式痕迹。对“替换为”框做同样处理。接下来如图 4-95 所示，在对话框“搜索选项”栏中选中“使用通配符”复选框，然后在“查找内容”框输入“?、”，注意，此处的“?”必须是英文标点，只有它才能代表“任意一个字符”。接下来在“替换”栏单击“格式”下拉按钮，在弹出的下拉列表中选择“字体”选项，弹出“查找字体”对话框。“字形”选择“加粗”，“字号”选择“三号”，单击“确定”按钮返回“查找和替换”对话框。单击“全部替换”按钮，显示完成 19 处替换，19 个标题中的序号都被成功删除。

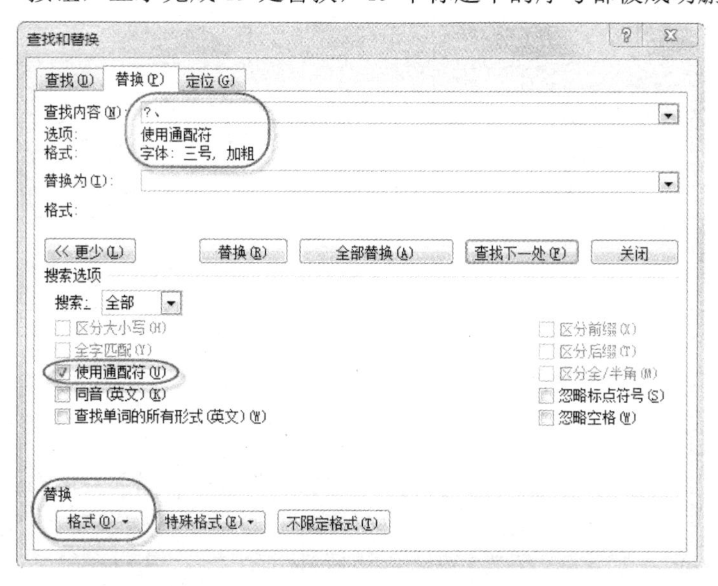

图 4-95　使用“替换”功能去掉多余内容

4. 在封皮和正文之间插入目录

（1）将光标移至文档正文标题“单身白领理财方案设计”的第一个文字之前，单击“引用”选项卡→“目录”组中的“目录”下拉按钮，在弹出的下拉列表中选择“自动目录 1”选项，则自动生成如图 4-96 所示的目录。

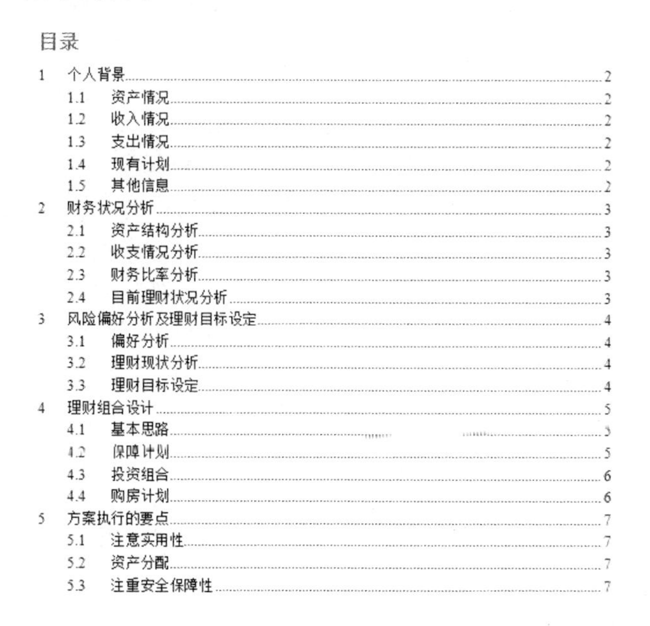
目录

图 4-96　自动生成的目录

（2）将光标移动至文档正文标题“单身白领理财方案设计”的第一个字之前，单击“页面布局”选项卡→“页面设置”组中的“分隔符”下拉按钮，在弹出的下拉列表中选择“分页符”选项，则正文移至下一页，目录单独一页。

（3）单击将光标插入至目录页“目录”二字处，单击“开始”选项卡→“段落”组中的“居中”按钮，使其水平居中。

5. 插入图表

在2.2节插入如图4-97所示的表格，以使报告文档中的数据看起来更直观明了，下面根据文中的数据插入几个表格和图表。

日期：2015.1.1-2.15.12.31					客户姓名：蓝天
	收入	支出			
	合计	日常支出	养车	交际保健等	合计
金额（元）	130,000	31,200	12,000	38,400	
比例					

图4-97　根据2.2节数据插入表格

（1）将光标移至2.2节文字“……但支出的比例按其收入水平来说偏高，对蓝女士造成了一定的压力。”之后，按2次回车键增加2空行。在增加的第1行输入文字“表1　收支情况”，并选中它们，将其设置为黑体、加粗、五号字，居中对齐。

（2）然后将光标移至下一行，单击“插入”选项卡→“表格”组中的“表格”下拉按钮，在弹出的下拉列表中选择“插入表格”选项，弹出“插入表格”对话框。在对话框中“表格尺寸”栏的“列数”文本框中输入“6”，在“行数”文本框中输入“5”，单击“确定”按钮，即可插入一个5×6的基本表格，且在上方功能区中对应出现“表格工具”栏。

（3）按下鼠标左键并拖动将表格第1行所有单元格选中，单击“表格工具”栏中的“布局”选项卡→“合并”组中的“合并单元格”按钮，则选中的所有单元格合并在一起。在其中输入“日期：2015.1.1-2.15.12.31　　客户姓名：蓝天”。

（4）拖动选中表格第2行右边4个单元格，同样通过“布局”选项卡→“合并”组中的“合并单元格”按钮，将选中的单元格合并在一起。

（5）按图4-97所示输入余下内容。

（6）将光标置于表格内，表格左上角出现⊞，单击它选中整个表格，单击“设计”选项卡→“绘图边框”组中的“笔样式”下拉按钮，在弹出的下拉列表中选择上粗下细双线线型，然后单击“设计”选项卡→“表格样式”组中的“边框”下拉按钮，在弹出的下拉列表中选择“外侧框线”选项，将整个表格的外框线改为上粗下细双线线型。

（7）拖动选中表格第1行，单击“设计”选项卡→“绘图边框”组中的“笔样式”下拉按钮，在弹出的下拉列表中选择上细下粗双线线型，然后单击“设计”选项卡→“表格样式”组中的“边框”下拉按钮，在弹出的下拉列表中选择“下框线”选项，将选中行的下框线改为上细下粗双线线型。再选中第1列的2～5行，单击“设计”选项卡→“表格样式”组中的“边框”下拉按钮，在弹出的下拉列表中选择“右框线”选项，将选中单元格的右框线改为上细下粗双线线型。

（8）选中第2列的2～5行，单击“设计”选项卡→“绘图边框”组中的“笔样式”下拉按钮，在弹出的下拉列表中选择双细线线型，再单击“设计”选项卡→“表格样式”组中的“边框”下拉按钮，在弹出的下拉列表中选择“右框线”选项，将选中单元格的右框线改为双细线线型。

（9）选中第 3 行，单击“设计”选项卡→“表格样式”组中的“底纹”下拉按钮，在“主题颜色”栏选择“橙色，强调文字颜色 6，淡色 80%”选项，将选中行设置为相应底纹颜色。

6. 用公式计算支出合计和各项支出所占百分比

（1）将光标移至第 4 行第 6 列，即 F4 单元格，单击“布局”选项卡→“数据”组中的“公式”按钮，弹出“公式”对话框。在“公式”文本框中输入公式“=SUM(C4:E4)”，单击“确定”按钮，即可得到求和结果。

（2）将光标移至第 5 行第 3 列，即 C5 单元格，单击“布局”选项卡→“数据”组中的“公式”按钮，弹出“公式”对话框。如图 4-98 所示，在“公式”文本框中，输入公式“=C4/F4*100”，在“编号格式”下拉列表中选择“0%”选项，单击“确定”按钮，即可得到百分比结果。

图 4-98　在 Word 表格中输入公式

（3）用上一步同样的方法，在 D5 单元格输入公式“=D4/F4*100”，在 E5 单元格输入公式“=E4/F4*100”，且将其“编号格式”都选择为百分比样式“0%”。

（4）选中整个表格，单击“布局”选项卡→“对齐方式”组中的“水平居中”按钮，使所有单元格内的数据水平居中对齐。

7. 根据文档中原有的表 1 生成一张图表，以更直观地表示各类投资所占比例

（1）将“表 1　蓝女士年度各类追加投资资金（单位：元/年）”中的数字“1”改为“2”。

（2）将光标定位至表 2 下边一行的行首位置，按回车键插入空行。

（3）拖动选中表 2 第 1 行和第 2 行，共 2 行 6 列的内容，按 Ctrl+C 组合键将这 2 行的数据复制至剪贴板。

（4）将光标定位至表 2 下边的空行，单击“插入”选项卡→“插图”组中的“图表”按钮，弹出“插入图表”对话框，如图 4-99 所示，选择“模板”列中的“饼图”，然后在右侧的样式中选择“分离型三维饼图”选项，单击“确定”按钮。此时 Word 中出现饼图，同时打开 Excel 软件，如图 4-100 所示，Excel 表中是默认的图表数据。

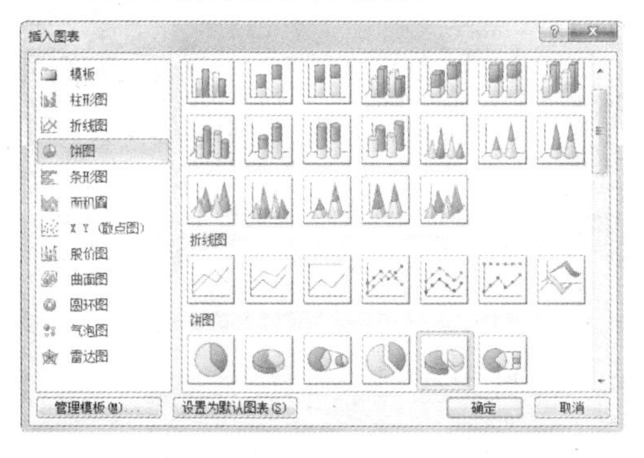

图 4-99　“插入图表”对话框

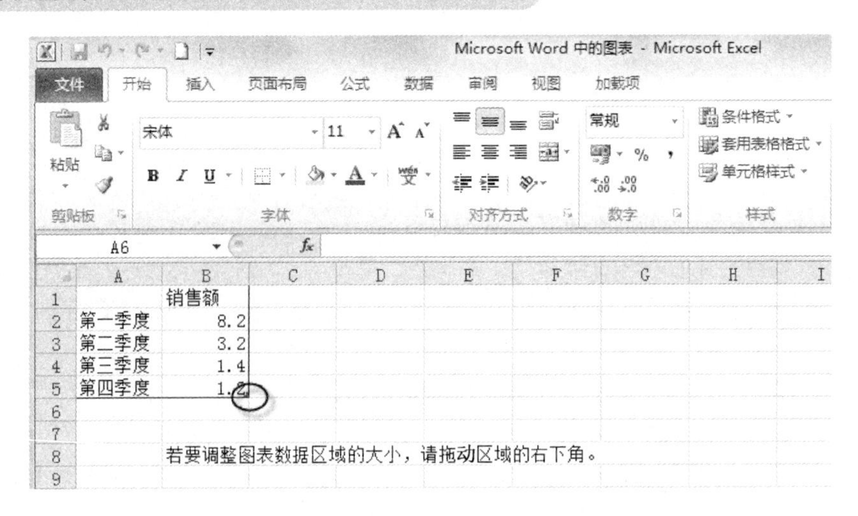

图 4-100　“插入图表”后默认的 Excel 图表数据区

（5）在左上角第一个单元格（即 A1 单元格）单击，按 Ctrl+V 组合键将剪贴板中的表 2 数据粘贴过来。拖动图中蓝色线条右下角的三角形，将线条区域调整为 2 行 6 列，使其与数据行列数相同，如　　图 4-101 所示。

	A	B	C	D	E	F
1	列1	基金	股票	外汇	债券	储蓄
2	投资额（元/年）	30000	15000	6000	4000	6000
3	第二季度	3.2				
4	第三季度	1.4				
5	第四季度	1.2				
6						
7						
8		若要调整图表数据区域的大小，请拖动区域的右下角。				

图 4-101　在 Excel 中编辑图表数据

（6）此时 Word 中的图表数据表如图 4-102 所示。选中该图表，Word 窗口上方功能区中自动出现“图表工具”栏。单击“设计”选项卡→“数据”组中的“切换行/列”按钮，图表将变为如图 4-103 所示。

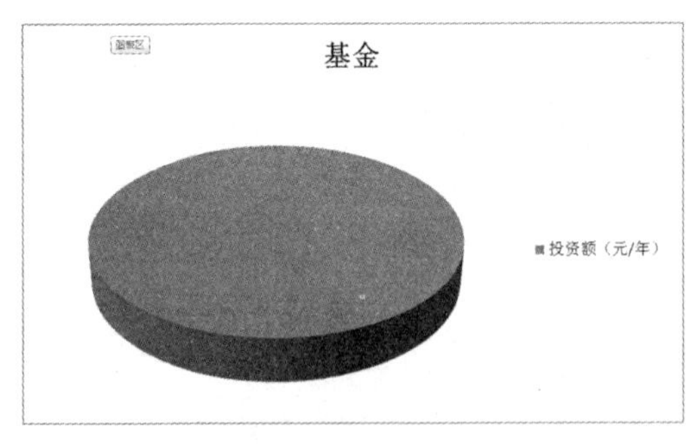

图 4-102　Word 中生成的图表

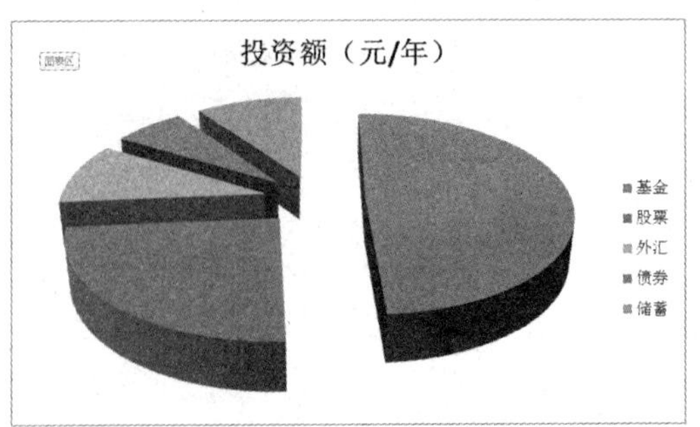

图 4-103　切换行/列后的图表

（7）关闭 Excel 软件。单击“图表工具”栏中的“布局”选项卡→“标签”组中的“数据标签”下拉按钮，在弹出的下拉列表中选择“其他数据标签选项”选项，弹出“设置数据标签格式”对话框。如图 4-104 所示，在“标签选项”选项卡选中“标签包括”栏的“百分比”和“显示引导线”复选框，在“标签位置”栏选中“数据标签外”复选框。关闭对话框，此时的图表如图 4-105 所示。

图 4-104　“设置数据标签格式”对话框

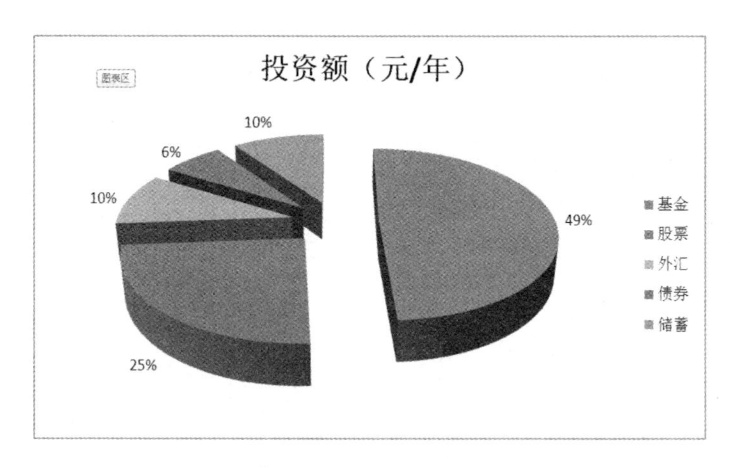

图 4-105　完成后的图表

（8）在图表以外的任意处单击，即可退出图表编辑状态。在图表上双击，即可再次进入图表编辑状态，出现“图表工具”栏。此时单击“设计”选项卡→“数据”组中的“编辑数据”按钮，即可打开 Excel 软件，对图表的原始数据进行编辑。

8. 为文档加上页眉页脚

（1）单击“插入”选项卡→“页眉和页脚”组中的“页眉”下拉按钮，在弹出的下拉列表中选择第一项“空白”。功能区中自动出现“页眉和页脚工具”栏。

（2）选中“设计”选项卡→“选项”组中的“首页不同”及“奇偶页不同”复选框，在奇数页页眉处输入“ZS 银行”，在偶数页页眉处输入“蓝女士理财报告”，首页页眉处不输入内容。

（3）将光标定位至奇数页页脚处，单击“设计”选项卡→“页眉和页脚”组中的“页码”下拉按钮，在弹出的下拉列表中选择“页面底端”→“普通数字 2”选项。再将光标定位至偶数页页脚处，同样将其页脚设置为“页面底端”→“普通数字 2”。

（4）虽然首页无页脚，但页码编码时会将首页计算在内，所以目录页的页码为 2，为了使目录页页码为 1，单击“设计”选项卡→“页眉和页脚”组中的“页码”下拉按钮，在弹出的下拉列表中选择“设置页码格式”选项，弹出如图 4-106 所示的“页码格式”对话框。在“页码编号”栏“起始页码”文本框中输入数字“0”，单击“确定”，关闭“页码格式”对话框。

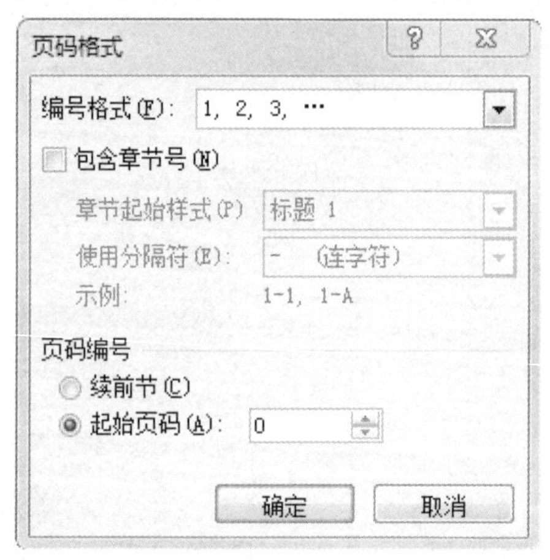

图 4-106　使用“页码格式”对话框设置起始页码

（5）单击“设计”选项卡→“关闭”组中的“关闭页眉和页脚”按钮。

9．为文档加上水印

（1）单击“页面布局”选项卡→“页面背景”组中的“水印”下拉按钮，在弹出的下拉列表中选择“自定义水印”选项，弹出如图 4-107 所示的“水印”对话框。

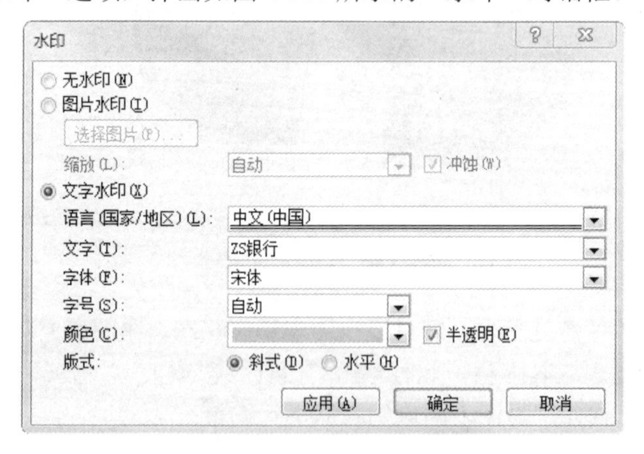

图 4-107　“水印”对话框

（2）在对话框中选中“文字水印”单选按钮，并在“文字”文本框中输入“ZS 银行”，单击“确定”按钮即可。

10. 保存文件

选择“文件”→“另存为”命令，弹出“另存为”对话框，将文件命名为“单身白领理财方案设计_效果.docx”，保存。

4.9.2 实例二

假设你是江城文艺报的排版员，现有 2016 年 2 月 6 日第 7 版“江花”版面文字素材，请对其进行排版。

根据版面要求和对原始文稿的分析，应进行以下排版。

（1）页面纸张大小：26.0cm×36.8cm，上页边距 2.8cm，下页边距 2.5cm，左右页边距 2cm。

（2）“一首诗能干什么”部分是繁体字，需要转换为简体字。

（3）由于文字分段较多，且诗的每一句较短，需使用分栏排版才能在一个版面容纳所有内容。

（4）恰当使用首字下沉效果。

（5）选择恰当的字体、字号。

（6）调整段落的对齐、缩进、间距等使排版美观。

（7）插入适当图片、艺术字和自选图形等，使版面显得活泼有一定变化。

排版效果如图 4-108 所示。具体操作步骤如下。

江 / 花

江城文艺 7

一首诗能干什么

2015 年

湖北诗歌现场

图 4-108 实例二排版效果

1. 设置页面纸张大小

打开“报纸_素材.docx”文档，单击“页面布局”选项卡→“页面设置”组右下角的扩展按钮按钮，弹出“页面设置”对话框。在“纸张”选项卡的“纸张大小”栏设置“宽度”为“26.0 厘米”，“高度”为“36.8 厘米”。在“页边距”选项卡的“页边距”栏设置“上”为“2.8

厘米”、“下”为“2.5 厘米”，“左”、“右”各为“2 厘米”，单击“确定”按钮关闭选项卡。

2. 将 1～3 段的繁体字转换为简体字。

选择第 1～3 段繁体文字，单击“审阅”选项卡→“中文简繁转换”组中的“繁转简”按钮，将所选文字转换为简体字。

3. 设置标题“一首诗能干什么”文字为黑体、加粗，小初字号，居中对齐

选择第 1 段文字“一首诗能干什么”，单击“开始”选项卡→“字体”组中的对应按钮，将其设置为黑体、加粗，字号为小初。并单击“开始”选项卡→“段落”组中的“居中”按钮，使其居中对齐。

4. 对第 2～3 段文字排版

（1）选择第 3 段“我固执地认为……”，再按住 Ctrl 键并同时拖动选择“2015 年，是湖北文学创作成果……”段，单击“开始”选项卡→“段落”组右下角的扩展按钮，弹出“段落”对话框。单击“缩进和间距”选项卡中“缩进”栏的“特殊格式”下拉按钮，在弹出的下拉列表中选择“首行缩进”选项，右侧的“磅值”栏自动显示“2 字符”，单击“确定”按钮，设置这 2 行首行缩进。

（2）选择第 2～3 段文字，单击“页面布局”选项卡→“页面设置”组中的“分栏”下拉按钮，在弹出的下拉列表中选择“两栏”选项。

（3）将光标定位在第 2 段中，单击“插入”选项卡→“文本”组中的“首字下沉”下拉按钮，在弹出的下拉列表中选择“首字下沉选项”选项，弹出“首字下沉”对话框。

（4）在对话框“位置”栏选择“下沉”选项，在“选项”栏设置“字体”为“华文行楷”，“下沉行数”为“2”，单击“确定”按钮，关闭“首字下沉”对话框。

5. 设置 6 首诗的标题

设置 6 首诗的标题“尘埃”、“冬至”、“洗澡”、“种子”、“花湖”、“地铁内的黄色雏鸡”为加粗字体，段前距为 0.5 行；作者名字“川上”、“李以亮”、“车延高”、“沉河”、“黄沙子”、“柳宗宣”为加粗、小五号字，段后距 0.5 行。

（1）选择第一首诗的题目“尘埃”二字，单击“开始”选项卡→“字体”组中的“加粗”按钮，将其设置为粗体。再单击“开始”选项卡→“段落”组右下角的扩展按钮，弹出“段落”对话框。在“缩进和间距”选项卡中，设置“间距”栏的“段前”为“0.5 行”。

（2）保持标题“尖埃”选中状态双击“开始”选项卡→“剪贴板”组中的“格式刷”按钮，将鼠标变为“格式刷”工具，依次将其他 5 首诗的题目都刷成同样的格式。完成后按 Esc 键退出“格式刷”工具。

（3）用（1）、（2）步同样的方法，将所有诗的作者名字设置为字号小五、加粗、段后距 0.5 行。

6. 将 6 首诗分 3 栏排版，加分隔线

选择所有诗，单击“页面布局”选项卡→“页面设置”组中的“分栏”下拉按钮，在弹出的下拉列表中选择“更多分栏”选项，在弹出的“分栏”对话框中设置“预设”为“三栏”，并选中“分隔线”选项，单击“确定”按钮。

7. 将 4～6 段放入文本框，并设置其字体和段落格式

（1）选择第 4～6 段，即从“2015 年湖北诗歌现场”到“……湖北文学精萃。”，单击“插入”选项卡→“文本”组中的“文本框”下拉按钮，在弹出的下拉列表中选择“绘制文本框”选项，则选中的文字被放置在新插入的文本框中。

（2）拖动文本框右侧的控制块将文本框宽度调小，使其约为下边诗歌分栏两栏的宽度，此时效果如图 4-109 所示。

2015 年湖北诗歌现场
编者按：
2015 年，是湖北文学创作成果较为丰硕的一年，小说散文领域，既有文学名家的扛鼎之作，也有新锐作家佳作频频出炉；诗歌领域，“公共空间诗歌”活动更是在江城进行得如火如荼。跟随 2016 年春天的脚步，我们将陆续推出湖北文学现场系列，为读者呈现 2015 年度湖北文学精萃。
尘埃
川上
躲进乌云的浴室里洗澡
它真是浪费
一定用了很大的喷头
需要尽可能地打开感知触须，让审美的认知区域越来越宽阔，越来越活跃。
分节符(连续)
用竹篮提着一群黄澄澄的雏鸡
人们聚拢在亲密的黄色的小家伙前
问这问那，还用手把它们摸了摸
这位妇女被允许坐在惟一的空位上
一群雏鸡的到来缓解车厢空气的沉闷

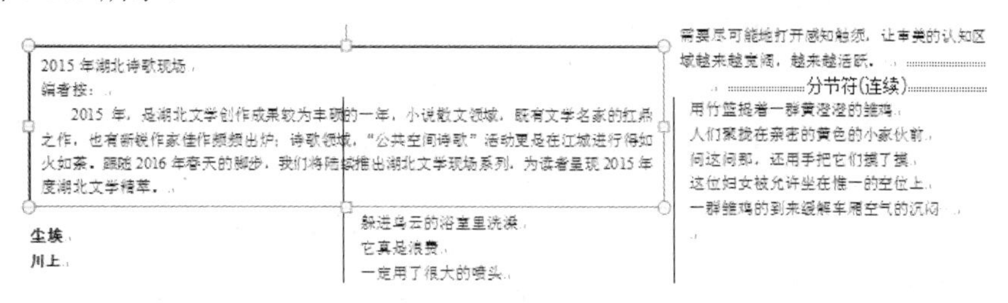

图 4-109　调整文本框宽度

（3）选择文本框中的“2015 年湖北诗歌现场”，将其设置为方正姚体，加粗，字号为小初，并单击“开始”选项卡→“字体”组中的“字体颜色”下拉按钮，在弹出的下拉列表中选择“主题颜色”栏的“白色，背景 1，深色 50%”选项。单击“开始”选项卡→“段落”组中的“居中”按钮，使其居中对齐。

（4）将光标定位在文本框中“2015 年湖北诗歌现场”的“2015 年”后边，按回车键分段。

（5）选中文本框中的“2015 年”和“湖北诗歌现场”两段，单击“开始”选项卡→“段落”组右下角的扩展按钮按钮，弹出“段落”对话框。在“缩进和间距”选项卡下的“间距”栏，取消选中“如果定义了文档网格，则对齐到网格”复选框，单击“确定”按钮。此时效果如图 4-110 所示。

2015 年
湖北诗歌现场
编者按：
2015 年，是湖北文学创作成果较为丰硕的一年，小说散文领域，既有文学名家的扛鼎之作，也有新锐作家佳作频频出炉；诗歌领域，“公共空间诗歌”活动更是在江城进行得如火如荼。跟随 2016 年春天的脚步，我们将陆续推出湖北文学现场系列，为读者呈现 2015 年度湖北文学精萃。

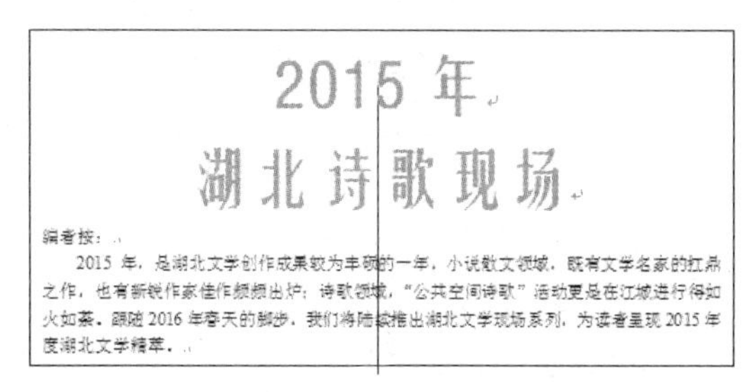

图 4-110　文本框中的标题文字排版

（6）诗歌分栏间的分隔线从文本框中穿透而过，很不美观。在文本框边框上单击使文本框被选中，功能区出现“绘图工具”栏。单击“格式”选项卡→“文本框样式”组中的“形状填充”下拉按钮，在弹出的下拉列表中选择“主题颜色”栏中的“白色，背景 1”选项。文本框不再透明，于是其中的分栏分隔线不再可见。

（7）单击“格式”选项卡→“文本框样式”组中的“形状轮廓”下拉按钮，在弹出的下拉列表中选择“无轮廓”选项。此时文本框如图 4-111 所示。

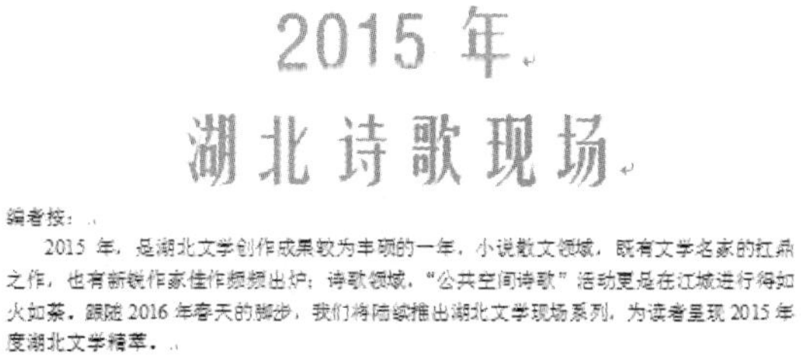

2015 年
湖北诗歌现场
编者按：
2015 年，是湖北文学创作成果较为丰硕的一年，小说散文领域，既有文学名家的扛鼎之作，也有新锐作家佳作频频出炉；诗歌领域，“公共空间诗歌”活动更是在江城进行得如火如荼。跟随 2016 年春天的脚步，我们将陆续推出湖北文学现场系列，为读者呈现 2015 年度湖北文学精萃。

图 4-111　文本框的最终排版效果

8. **插入插图**

（1）将光标定位至第 3 段的任意位置，单击“插入”选项卡→“插图”组中的“图片”按钮，弹出“插入图片”对话框，选择其中的文件“素材_背影.png”。

（2）选中图片，功能区中出现“图片工具”栏，单击“格式”选项卡→“排列”组中的“自动换行”下拉按钮，在弹出的下拉列表中选择“紧密型环绕”选项，然后，适当调整图片大小，并将其放到页面右上角位置。

（3）此时效果可能如图 4-112 所示，前 3 段被打乱，很不美观。向下调整文本框的位置，使文本框不干扰到前 3 段的内容，并再次调整图片大小，使其与第 2～3 段分栏后的内容下部对齐，效果如图 4-113 所示。

一首诗能干什么

诗的写作过程应该是写作者对内心世界的“清零”过程，从混沌到澄澈，诗人通过写作打开了“天眼”，让消逝的时光得以重现；而对于阅读者来说，遭遇一首心仪的诗歌如同与另外一个“我”狭路相逢，在两相观照中获得救赎的力量。问题在于，我们该如何从海量的诗歌文本中找到与我们内心遥相呼应的那个对应物，是否真有那样一种“对应物”存在？这对我们的写作和阅读都提出了挑战。长期以来，相对封闭的写作习性在保全写作者个人“纯粹”的同时，也将诗人们置于画地为牢的境地，从不愿走出去到不敢走出去，当代诗歌的现实处境越来越逼仄；而读者呢，因为隔膜而逐渐冷漠，与当代诗歌渐行渐远。这种尴尬僵持的现状如果不能在“人之为人”的语境下达

却是整整一条情感通道。

我固执地认为，这世上的每一个人都是潜在的诗人，只要你还有喜悦、悲伤或向往的能力，而诗歌最伟大的地方或许就在于，它能始终以声音和画面的形式将这些情感存留在我们的记忆深处，又能够以最朴素而真实可感的形象在我们的日常生活中反复出现。所谓“人之为人”，即，我们的情感强度虽然会在时光中遭到磨损但我们却具有自我修复和重建的能力，这是上帝赋予人类的一种与生俱来的能力。因此，写诗从来就不应该是一种特权，它至多是一种天赋罢了，发现这种天赋，并加以发掘，这是每一个写作者的本分。至于阅读者，则需要尽可能地打开感知触须，让审美的认知区域越来越宽阔，越来越活跃。

2015 年

湖北诗歌现场

编者按：

2015 年，是湖北文学创作成果较为丰硕的一年，小说散文领域，既有文学名家的扛鼎之作，也有新锐作家佳作频频出炉；诗歌领域，“公共空间诗歌”活动更是在江城进行得如火如荼。跟随 2016 年春天的脚步，我们将陆续推出湖北文学现场系列，为读者呈现 2015 年度湖北文学精萃。

成和解，诗歌失去的不仅是读者，还有其存在的根基；而读者失去的

图 4-112　文字、图片、文本框排版效果 1

一首诗能干什么

诗的写作过程应该是写作者对内心世界的“清零”过程，从混沌到澄澈，诗人通过写作打开了“天眼”，让消逝的时光得以重现；而对于阅读者来说，遭遇一首心仪的诗歌如同与另外一个“我”狭路相逢，在两相观照中获得救赎的力量。问题在于，我们该如何从海量的诗歌文本中找到与我们内心遥相呼应的那个对应物，是否真有那样一种“对应物”存在？这对我们的写作和阅读都提出了挑战。长期以来，相对封闭的写作习性在保全写作者个人“纯粹”的同时，也将诗人们置于画地为牢的境地，从不愿走出去到不敢走出去，当代诗歌的现实处境越来越逼仄；而读者呢，因为隔膜而逐渐冷漠，与当代诗歌渐行渐远。这种尴尬僵持的现状如果不能在“人之为人”的语境下达成和解，诗歌失去的不仅是读者，还有其存在的根基；而读者失去的却是整整一条情感通道。

我固执地认为，这世上的每一个人都是潜在的诗人，只要你还有喜悦、悲伤或向往的能力，而诗歌最伟大的地方或许就在于，它能始终以声音和画面的形式将这些情感存留在我们的记忆深处，又能够以最朴素而真实可感的形象在我们的日常生活中反复出现。所谓“人之为人”，即，我们的情感强度虽然会在时光中遭到磨损，但我们却具有自我修复和重建的能力，这是上帝赋予人类的一种与生俱来的能力。因此，写诗从来就不应该是一种特权，它至多是一种天赋罢了，发现这种天赋，并加以发掘，这是每一个写作者的本分。至于阅读者，则需要尽可能地打开感知触须，让审美的认知区域越来越宽阔，越来越活跃。

2015 年

花湖
黄沙子

图 4-113　文字、图片、文本框排版效果 2

（4）用与上述（1）、（2）步同样的方法插入图片“素材_桥.png”，并设置其“自动换行”方式为“四周型环绕”。调整其大小，将其放置在诗歌的左下角，效果如图 4-114 所示。

如果不能一蹴而就地得到这种效果，可以反复调整文本框和图片的大小、位置，逐渐达到目的。

9. 为页面加上版头

此例中版头由线条、自选图形和文本框组成，可以放在页眉中，也可以直接放在页面中。做好的效果如图 4-115 所示。

一首诗能干什么

2015 年

湖北诗歌现场

图 4-114 插入第 2 张图片后的排版效果

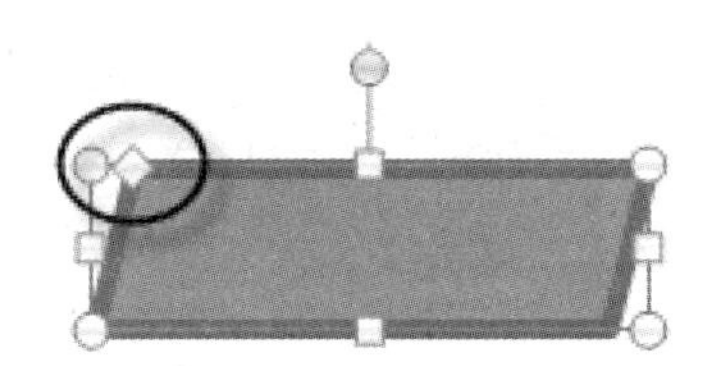

图 4-115 版头效果

（1）单击“插入”选项卡→“插图”组中的“形状”下拉按钮，在弹出的下拉列表中选择“基本形状”栏的“平行四边形”选项。在页面上方页眉位置处拖动，拉出一个平行四边形，此时功能区中自动出现“图片工具”栏。如图 4-116 所示，向左拖动平行四边形左上角的黄色菱形控制块，以调整四边形的倾斜程度。

图 4-116 调整四边形倾斜程度

（2）单击“格式”选项卡→“形状样式”组中的“形状填充”下拉按钮，在弹出的下拉列表中选择“标准色”栏的“深红”选项，再单击“格式”选项卡→“形状样式”组中的“形状轮廓”下拉按钮，在弹出的下拉列表中选择“无轮廓”选项。

（3）单击“插入”选项卡→“文本”组中的“文本框”下拉按钮，在弹出的下拉列表中选择“绘制文本框”选项，然后在平行四边形上拖动绘制一个文本框，在其中输入文字“江”。

（4）在文本框边框上单击，功能区中出现“绘图工具”栏。单击“格式”选项卡→“文本框样式”组中的“形状填充”下拉按钮，在弹出的下拉列表中选择“无填充颜色”选项。单击“格式”选项卡→“文本框样式”组中的“形状轮廓”下拉按钮，在弹出的下拉列表中选择“无轮廓”选项。

（5）选择“江”字，单击“开始”选项卡→“字体”组中的相应按钮，将其设置为白色，黑体，字号为一号。移动文本框的位置，使其在平行四边形的中央位置。调整平行四边形的大小，使其与文本大小匹配，效果如图4-117所示。

图4-117　文字和图形

（6）在文本框边框上单击，然后按住Shift键在平行四边形上单击，此时二者同时被选中，松开Shift键，按住Ctrl键的同时拖动，复制出另一份，将其放置在右侧，并把其中的文字改为“花”，效果如图4-118所示。

图4-118　文本框和图形的复制

（7）单击“插入”选项卡→“插图”组中的“形状”下拉按钮，在弹出的下拉列表中选择“线条”栏的“直线”选项。在平行四边形左侧拖动出一条水平短直线，此时功能区中自动出现“绘图工具”栏。

（8）单击“格式”选项卡→“形状样式”组中的“形状轮廓”下拉按钮，在弹出的下拉列表中选择“主题颜色”栏的“黑色，文字1”选项。再单击“格式”选项卡→“形状样式”组中的“形状轮廓”下拉按钮，在弹出的下拉列表中选择“粗细”为“1.5磅”选项。

（9）用与上述第（7）、（8）步同样的方法绘制另一条直线，并设置其粗细为3磅，移动二者的位置，使效果如图4-119所示。

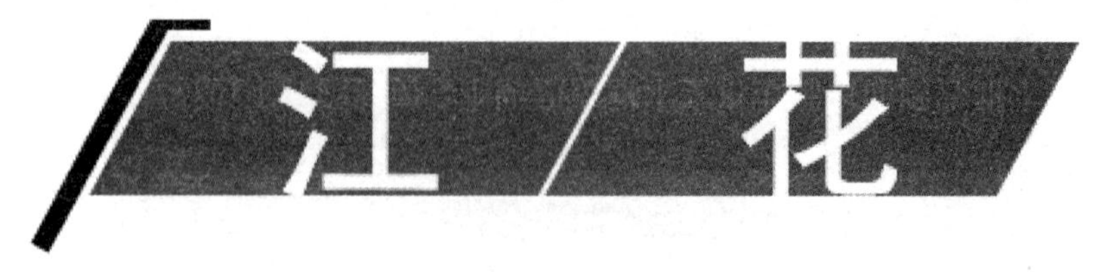

图4-119　绘制线条

（10）单击选中一条直线后，按住 Shift 键选中另一条直线，然后在其上右击，在弹出的快捷菜单中选择“组合”→“组合”命令，将两条直线组合为一个整体。

（11）按住 Ctrl 键的同时拖动，复制出另一份，将其放置在右平行四边形的右侧，单击“格式”选项卡→“排列”组中的“旋转”下拉按钮，在弹出的下拉列表中选择“其他排列选项”选项，弹出“布局”对话框。如图 4-120 所示，在“大小”选项卡的“旋转”栏设置旋转 180°，单击“确定”按钮。

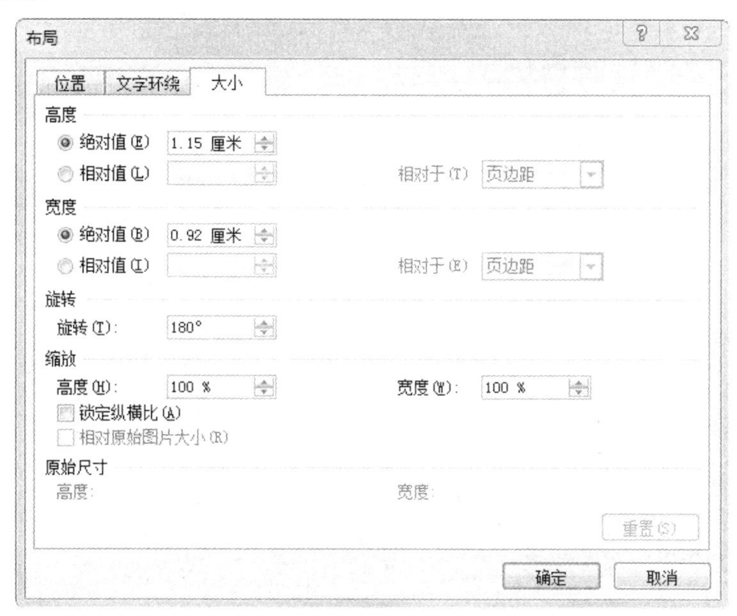

图 4-120　使用“布局”对话框旋转图形

（12）调整它的位置，使效果如图 4-121 所示。

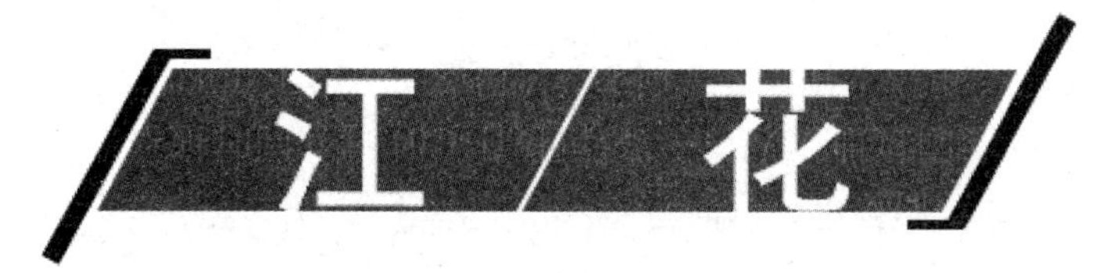

图 4-121　图形、文本框、线条排版效果 1

（13）再绘制两条黑色直线，粗细为 1.5 磅，放置在如图 4-122 所示的位置。

图 4-122　图形、文本框、线条排版效果 2

（14）插入文本框，在其中输入内容“2016 年 2 月 6 日 星期六 责编：河子　美编：小美　责校：严严　邮箱：jsjjc@163.com”，设置其字号为六号，文本框无轮廓。

（15）单击“插入”选项卡→“文本”组中的“艺术字”下拉按钮，在弹出的下拉列表中选择“填充-红色，强调文字颜色 2，暖色粗糙棱台”选项，输入文字“江城文艺”，并设置其字体为“方正舒体”，加粗，字号为小二。

（16）插入文本框，在其中输入数字“7”，并设置其字体为Arial Narrow，字号为小一，文本框无轮廓。调整其位置，效果如图4-115所示。

4.10 本章小结

本章介绍了Word 2010的应用，包括文档的基本操作、文本的编辑、文档的排版、图文混排、表格制作、文档的打印及长文档的编辑等。

4.11 思考与练习

1. 选择题

（1）在Word中对文档进行打印预览，可选择____选项卡。

A.“文件” B.“开始”
C.“插入” D.“审阅”

（2）在Word文档窗口编辑区中，当前输入的文字被显示在____。

A. 文档的尾部 B. 插入点的位置
C. 鼠标指针的位置 D. 当前行

（3）要复制单元格的格式，最快捷的方法是利用____按钮。

A.“复制” B.“格式刷”
C.“粘贴” D.“恢复”

（4）在Word中，选定矩形文本块的方法是____。

A. 鼠标拖动选择 B. Alt+鼠标拖动选择
C. Shift+鼠标拖动选择 D. Ctrl+鼠标拖动选择

（5）Word 2010中要在文档中建立超链接，可单击____选项卡的“超链接”按钮。

A.“开始” B.“引用” C.“插入” D.“视图”

（6）在Word 2010中，文档修改后换一个文件名保存，需用“文件”选项卡的____命令。

A.“保存” B.“打开” C.“另存为” D.“新建”

（7）在Word 2010中，选定图形的简单方法是____。

A. 选定图形占有的所有区域 B. 单击图形
C. 双击图形 D. 选定图形所在的页

（8）在Word 2010中，要使文字能够环绕图形，应设置的环绕方式为____。

A.“嵌入型” B.“衬于文字上方”
C.“四周型” D.“衬于文字下方”

2. 填空题

（1）在Word中，按住__________键的同时单击图形，可选定多个图形。

（2）在Word中，删除表格中选定的单元格时，可使用“表格工具”栏中__________选项卡的“删除”命令。

（3）在Word中，可以通过使用__________对话框来添加页面边框。

（4）如果要将 Word 文档中的一个关键词替换为另一个关键词，需使用__________选项卡的“替换”命令。

（5）在 Word 中，如果要为文档自动加上页码，可以单击__________选项卡的“页码”命令。

（6）如果要退出 Word，最简单的方法是__________击标题栏上的窗口控制图标。

（7）在 Word 中，快捷键__________与“粘贴”按钮功能相同。

（8）在 Word 中，按__________组合键可以选定文档中的所有内容。

3. 问答题

（1）如何在文档中输入数学公式？

（2）格式刷有几种用法？有何区别？

（3）怎样设置页眉和页脚？怎样修改页眉和页脚？怎样设置首页不同或奇偶页不同的页眉和页脚？

（4）如何在文档中查找指定的文字？如何将文档中指定的文字替换成其他内容？

第5章 电子表格软件 Excel 2010

Excel 2010 是微软公司出品的 Office 2010 系列中的电子表格软件，它提供了强大的表格制作、数据处理、数据分析、创建图表等功能，广泛应用于金融、财务、统计、审计等领域，是一款功能强大、易于操作、深受广大用户喜爱的表格制作与数据处理软件。本章主要内容包括：在 Excel 2010 中输入数据，数据的编辑和格式处理；利用公式进行数据的运算；制作图表以反映数据之间的关系，以及用 Excel 2010 进行数据管理等方面的知识。

本章主要内容

- Excel 2010 概述
- 数据输入及类型设置
- 单元格的基本操作
- 工作表的基本操作
- 公式与函数
- 数据管理与统计
- 图表的制作
- 打印工作表

5.1 Excel 2010 概述

5.1.1 Excel 2010 界面的组成

启动中文版 Excel 2010，即可进入其工作窗口。Excel 2010 的工作界面中与 Word 2010 的界面相似的部分有标题栏、快速访问工具栏、“文件”选项卡、功能区和状态栏，有自己特色的部分包括编辑栏、工作区和工作表标签等部分，如图 5-1 所示。

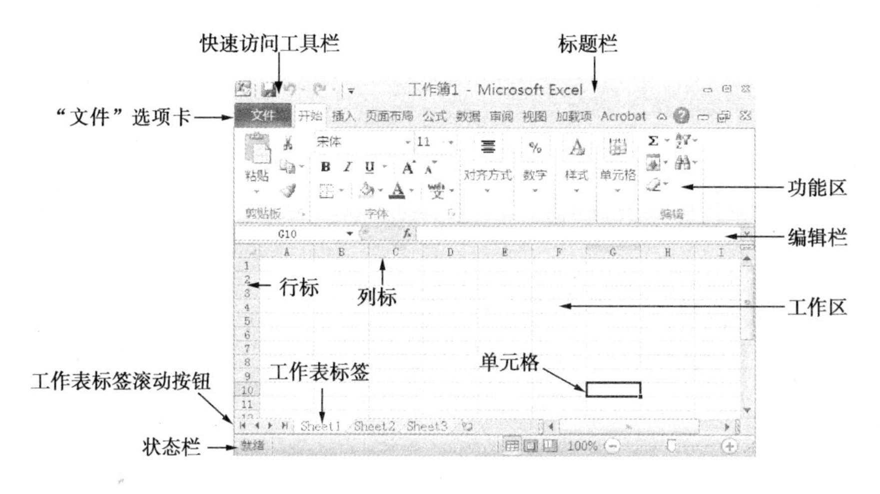

图 5-1　Excel 2010 界面的组成

1. 工作表区

在工作表区中可以输入和编辑数据。工作表区共有 1048576 行，16384 列。其中列标用字母来命名，范围从 A 到 XFD，其排列顺序为逢 Z 进位，即从 A 到 Z，AA 到 AZ，BA 到 BZ……行号用数字命名，范围从 1 到 1048576。在工作表区，按 Ctrl+→组合键可以定位到最后一列，按 Ctrl+←组合键可以定位到 A 列，按 Ctrl+↓组合键可以定位到最后一行，按 Ctrl+↑组合键可以定位到第 1 行。

在工作表区，行与列交叉处的小方格称为单元格。每个单元格都有唯一的地址，地址由单元格的列标和行号决定。例如，A 列和 1 行的交叉处是 A1 单元格，"A1"既是它的地址，也是它的名称。

2. 工作表标签

工作表标签位于工作表区的下方。默认的工作表标签为 Sheet1、Sheet2、Sheet3 等。单击工作表标签，可以在不同的工作表之间进行切换。如果所需工作表不在当前显示范围，可以单击工作表标签左边的工作表标签滚动按钮来切换活动工作表。

3. 编辑栏

编辑栏由 3 部分组成：名称框、工具框和编辑框，如图 5-2 所示。

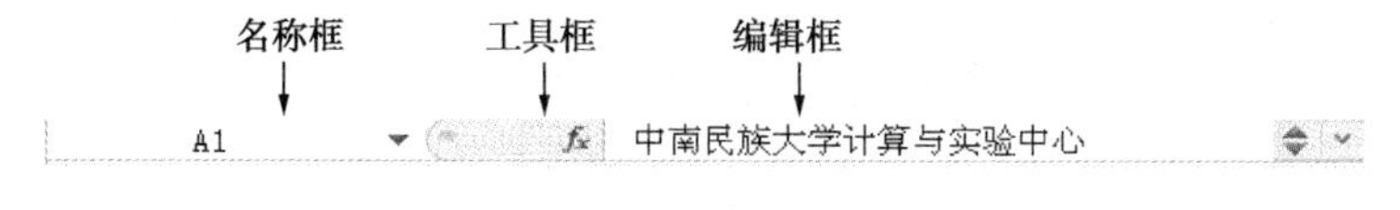

图 5-2　编辑栏

最左边是名称框，用于显示所选单元格或单元格区域的名称。如果单元格尚未命名，则名称框会显示该单元格的地址。在名称框中输入地址名称时，即可快速定位到日标单元格。例如，在名称框中输入"A1"，按回车键即将活动单元格定位到第 A 列第 1 行。

最右边是编辑框，用于向活动单元格中输入、修改数据或公式。名称框和编辑框的中间是工具框。当用户在编辑框中输入数据或公式时，工具框会出现两个按钮✕和✓。单击✕按钮，可取消输入的内容；单击✓按钮，可确认编辑的内容，相当于按回车键；单击fx按钮即可插入函数。

5.1.2 工作簿的建立、打开和保存

一个 Excel 文件就是一个工作簿。Excel 2010 文件的默认扩展名为.xlsx。每个工作簿可以包含多张工作表。默认情况下，每个新建工作簿包含 3 张工作表，工作表标签上显示工作表的名字，分别为 Sheet1、Sheet2、Sheet3。

1. 创建空白工作簿

创建一个新的空白工作簿，可以用以下 3 种方法来实现。

方法一：启动Excel 2010 后，系统会自动创建一个名称为“工作簿1”的空白工作簿。

方法二：选择“文件”→“新建”命令，在“可用模板”中单击“空白工作簿”→“创建”按钮即可。

方法三：按 Ctrl+N 组合键可以新建一个空白工作簿。

2. 基于现有工作簿创建工作簿

如果要创建与现有的某个工作簿相同或类似的工作簿，可以基于该工作簿创建一个新工作簿，然后在其基础上进行修改，这样可以提高工作效率。

基于现有工作簿创建新工作簿的操作步骤为：选择“文件”→“新建”命令，在“可用模板”中单击“根据现有内容新建”按钮，在弹出的“根据现有工作簿新建”对话框中选择需要的文件，单击“新建”按钮即可。

3. 使用模板快速创建工作簿

Excel 2010 提供了很多具有不同功能的工作簿模板。使用模板快速创建工作簿的操作步骤为：选择“文件”→“新建”命令，在“可用模板”中单击“样本模板”下拉按钮，在“样本模板”列表中选择需要的模板，单击“创建”按钮即可。

4. 打开工作簿文件

打开工作簿文件的方法有以下 3 种。

方法一：选择“文件”→“打开”命令，在“打开”对话框中选择需要的文件，单击“打开”按钮即可。

方法二：在“计算机”或资源管理器中找到要打开的 Excel 2010 文件，双击该文件即可打开它。

方法三：使用 Ctrl+O 组合键。

另外，在“文件”选项卡的“最近所用文件”中列出了最近使用过的文档，单击需要打开的文件即可打开它。

5. 保存工作簿文件

（1）保存未命名的新工作簿。

选择“文件”→“保存”或“另存为”命令，或单击快速访问工具栏中的“保存”按钮，弹出“另存为”对话框，设置文件的保存位置、文件名、文件类型，然后单击“保存”按钮。

（2）保存已有的工作簿。

当已有的工作簿被打开后又进行了修改，需要保存修改后的工作簿，可选择“文件”→“保存”命令，或单击快速访问工具栏中的“保存”按钮，则工作簿当前的内容会覆盖原来的内容，而不显示“另存为”对话框。

5.2　数据输入及类型设置

输入数据是创建工作表的最基本工作，可以在工作表的单元格中输入的数据文字、数字、日期与时间、公式等类型。

5.2.1　输入各种类型的数据

1. 输入文本

每个单元格内最多可输入 32767 个字符。输入文本时默认靠左对齐。当输入的文本超过了单元格宽度时，如果右边相邻的单元格中没有内容，则超出的文本会延伸到右边单元格位置显示出来。如果右边相邻的单元格中有内容，则超出的文本不显示出来，但实际内容依然存在。

要在一个单元格中输入多行数据，按 Alt+回车组合键，可以实现换行。换行后可以在一个单元格中显示多行文本，行的高度也会自动增大。

要输入纯数字的文本（如身份证号、电话号码等），只需在第一个数字前加上一个单引号即可（如'02767842113）。

2. 输入数值

输入数值时默认靠右对齐。当输入的数值整数部分长度较长时，Excel 会用科学计数法表示（如 2.3456E+12）。小数部分超过格式设置时，Excel 会自动对超过部分四舍五入后显示。

Excel 在计算时，是用输入的数值参与计算的，而不是显示的数值。例如，某个单元格的数字格式设置为两位小数，若输入数值 12.236，则单元格中显示数值为 12.24，但计算时仍用实际输入数据 12.236 参与运算。

另外，在输入分数时，应先输入整数部分及一个空格，再输入纯分数部分，否则 Excel 会把它处理为日期数据（如输入 3/5 会被处理为 3 月 5 日）。

3. 输入日期和时间

输入日期时，可以用“/”或“-”分隔日期的年、月、日，如“2013/4/1”、“4-1”。输入当天的日期，可按 Ctrl+；组合键。

输入时间时，小时、分钟和秒之间用“：”隔开。若用 12 小时制表示时间，需要在数字后输入一个空格，后跟一个字母 a 或 p 表示上午或下午，如“15:25”、“11:30 a”。输入当前的时间，可按 Ctrl+Shift+；组合键。

5.2.2　快速填充数据

Excel 2010 有快速填充数据的功能，从而提高输入数据的效率，并降低输入错误率。

1. 使用填充柄填充

被选中的单元格或单元格区域的右下角有个黑色方块，称为填充柄。将鼠标指针指向填充柄，鼠标指针会变为“+”形，此时拖动鼠标，可以填充相同数据或者序列数据。填充完成后会出现一个图标，单击该图标，可以在弹出的下拉列表中选择合适的填充方式。

例如，在A2单元格中输入数字“1”，然后选择单元格A2，移动鼠标指针到A2单元格右下角的填充柄，当鼠标指针变成“+”形，拖动到A9单元格，松开鼠标左键后得到如图5-3所示的数据。如果单击图标，在弹出的下拉列表中选中“填充序列”单选按钮，如图5-4所示，则填充的数据发生变化，如图5-5所示。

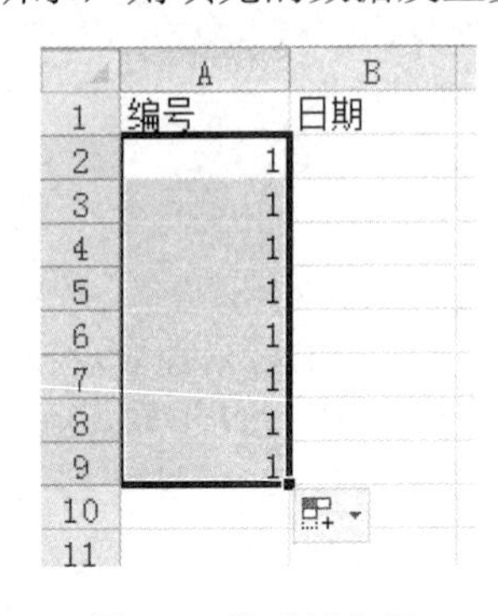

图5-3　拖动填充柄

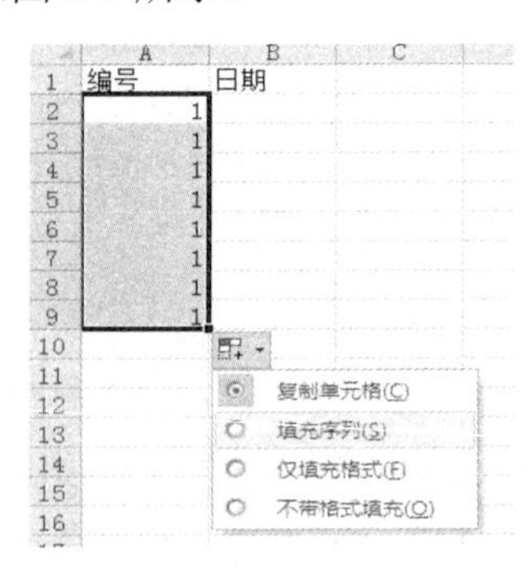

图5-4　选择“填充序列”

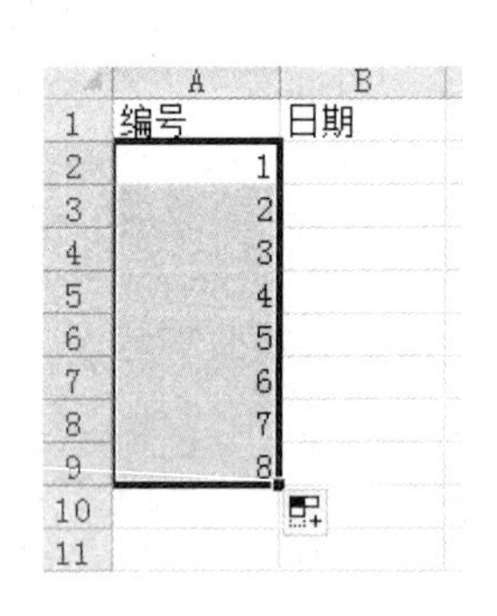

图5-5　填充序列的结果

又如，在B2单元格输入日期“2012/4/13”，选中单元格B2，拖动B2单元格右下角的填充柄，得到如图5-6所示的数据。如果单击图标，在弹出的下拉列表中选中“以月填充”单选按钮，如图5-7所示，则填充的数据发生变化，如图5-8所示。

图5-6　拖动填充柄

图5-7　选择“以月填充”

图5-8　填充序列的结果

2. 使用填充命令填充

在要填充区域的第一个单元格中输入初始值，然后选择该区域，如在A1单元格中输入“中南民族大学”，然后选中A1:A5单元格区域，单击“开始”选项卡→“编辑”组中的“填充”下拉按钮，在弹出的下拉列表中选择“向下”选项，则所选区域中都出现“中南民族大学”。

又如，在A1单元格输入数字“1”，选中A1:E1单元格区域，然后单击“开始”选项卡→“编辑”组中的“填充”下拉按钮，在弹出的下拉列表中选择“序列”选项，如图5-9所示。在弹出的“序列”对话框中，设置类型和步长值，本例中选择“等比序列”，步长值为“5”，如图5-10所示。单击“确定”按钮，得到的填充效果如图5-11所示。

3. 自定义序列填充

用户可以定义自己的序列，以便进行填充。定义序列的方法如下：选择“文件”→“选项”命令，弹出如图5-12所示的“Excel选项”对话框，在“高级”选项卡中单击“编辑自定义列表”按钮，弹出“自定义序列”对话框，在“输入序列”文本框中输入内容，单击“添加”按钮，将定义的序列添加到“自定义序列”列表中，如图 5-13 所示。

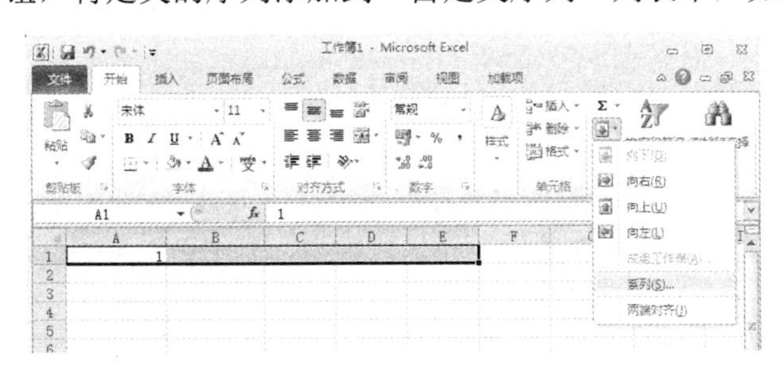

图 5-9　填充“序列”

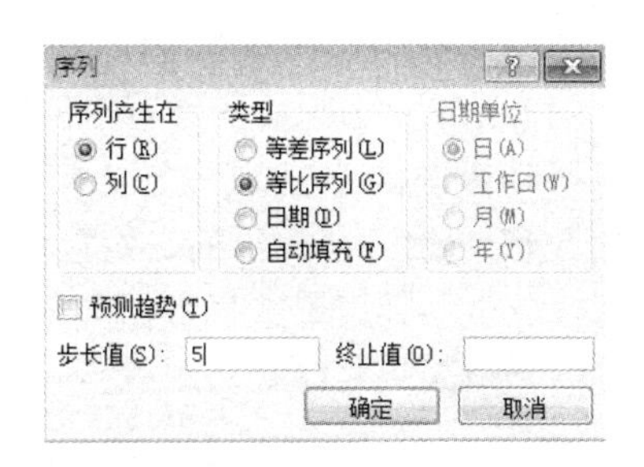

图 5-10　“序列”对话框

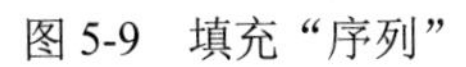

图 5-11　填充等比序列的结果

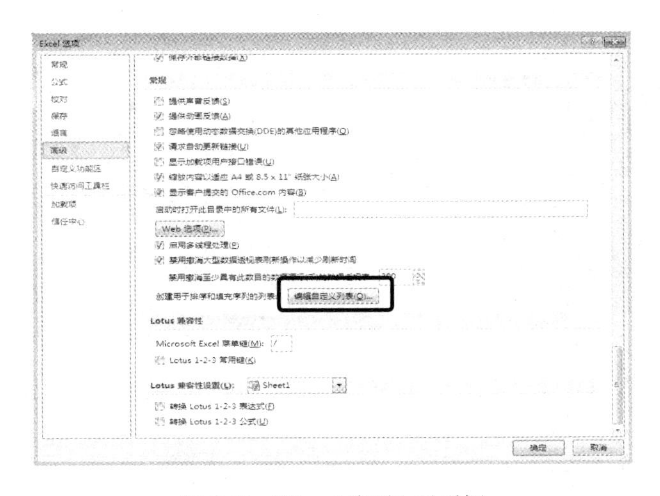

图 5-12　“Excel 选项”对话框

自定义序列后，可以使用该序列。例如，在 A1 单元格输入“小学”，用鼠标拖动 A1 单元格的填充柄，得到如图 5-14 所示的填充效果。

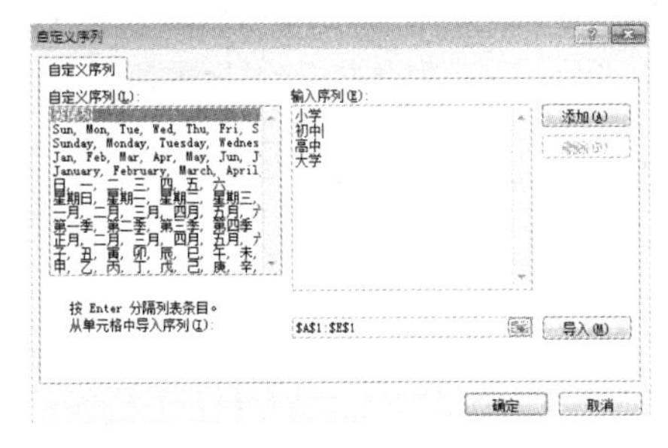

图 5-13　“自定义序列”对话框

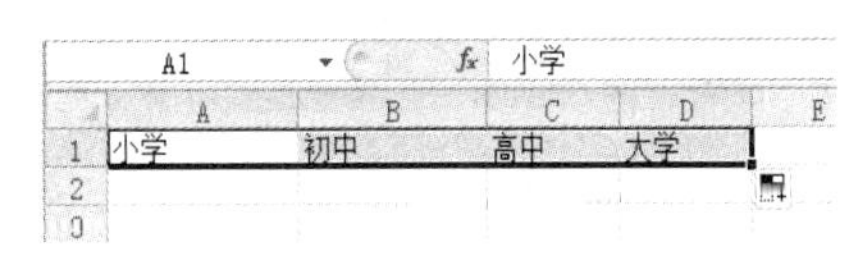

图 5-14　使用“自定义序列”进行填充

5.2.3　设置单元格数据类型

在单元格中输入数据时，有时输入的数据和显示的数据不一样，或者显示的数据格式与所需要的不一样，这是因为 Excel 单元格数据有不同的类型以及不同的显示格式。例如，选择

D7 单元格，在编辑框中输入“2012/5/1”，单元格中显示的是“5 月 1 日”。

用户可以采用以下两种方法更改数据的显示类型。

方法一：选择需要设置格式的单元格区域，如选择 D7 单元格，单击“开始”选项卡→“单元格”组中的“格式”下拉按钮，在弹出的下拉列表中选择“设置单元格格式”选项，如图 5-15 所示。在弹出的“设置单元格格式”对话框中选择“数字”选项卡，如图 5-16 所示，在“分类”列表中选择数据类型，在“类型”列表中选择需要的格式类型，则 D7 单元格中的数据显示为“二〇一二年五月一日”。

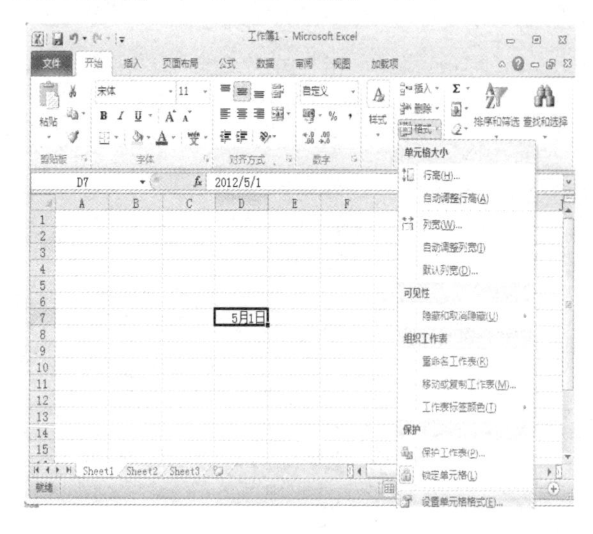

图 5-15　不同的显示格式

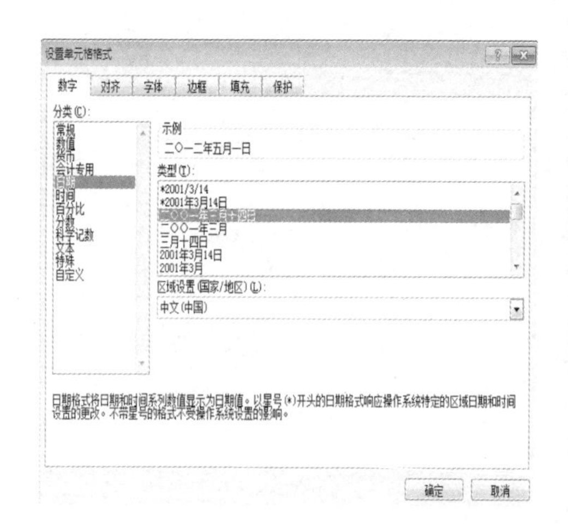

图 5-16　“设置单元格格式”对话框

方法二：右击需要设置格式的单元格区域，在弹出的快捷菜单中选择“设置单元格格式”命令，也会弹出“设置单元格格式”对话框。

下面介绍“设置单元格格式”对话框中“数字”选项卡的各种分类。

（1）常规：按原样显示输入的数字，这是 Excel 默认的数字格式。

（2）数值：可以在对话框中指定小数位数、是否使用千位分隔符和指定负数的表示方式（前面加负号“－”，或前后用圆括号括起来，或用红色表示）。

（3）货币：将数字表示为货币值，并可指定货币符号。

（4）会计专用：这与“货币”格式一样，区别在于它会将一列数据中的货币符号及小数点对齐。

（5）日期：可以选择日期的显示形式。

（6）时间：可以选择时间的显示形式。

（7）百分比：以百分比形式显示数字，并可指定小数位数。

（8）分数：以分数形式显示数字，并可选择分数的类型。

（9）科学记数：以科学记数形式显示数字，并可指定小数位数。

（10）文本：把单元格中的数字作为文本处理，其默认对齐方式为左对齐。

（11）特殊：在对话框的右边有 3 种特殊类型（邮政编码、中文小写数字、中文大写数字）可供选择。

（12）自定义：可以自定义数字的格式，如图 5-17 所示。下面介绍自定义数字格式时常用的符号及其意义。

#：只显示有意义的数字而不显示无意义的零。

0：显示数字，如果数字位数少于格式中的零的个数，则显示无意义的零。

?：为无意义的零在小数点两边添加空格，以便使小数点对齐。

,：为千位分隔符或者将数字以千倍显示。

自定义格式最多可包含 4 个部分，各部分之间用分号分隔，每部分依次定义正数、负数、零值和文本的格式。如果自定义数字格式只包含两个代码部分，则第一部分用于定义正数和零的格式，第二部分用于定义负数的格式。如果仅指定一个代码部分，则该部分将用于定义所有数字的格式。如果要跳过某一代码部分，然后在其后面包含一个代码部分，则必须为要跳过的分号不能省略。如果要设置格式中某一部分的颜色，可在该部分输入颜色的名称并用方括号括起来。

图 5-17 “自定义”数字格式示例

5.3 单元格的基本操作

5.3.1 选择单元格或单元格区域

1. 选择一个单元格

选择一个单元格的方法有以下 3 种。

（1）用鼠标选择：单击某个单元格即可选择它。被选中的单元格变为活动单元格，其边框以黑色粗线标识。

（2）用键盘选择：使用↑、↓、←、→方向键，也可以选择单元格。

（3）使用名称框：在名称框中输入单元格的地址，如“B2”，按回车键即可选择 B2 单元格。

2. 选择连续的单元格区域

选择连续的单元格区域的方法有以下 3 种。

（1）用鼠标拖动：单击该区域左上角的单元格，按住鼠标左键并拖动到区域的右下角后释放鼠标左键即可。若想取消选定，只需在工作表中单击任意单元格即可。

（2）使用快捷键：先单击要选取区域左上角的单元格，按住 Shift 键的同时单击要选取区域右下角的单元格即可。

（3）使用名称框：在名称框中输入单元格区域名称，如“B2:D5”，按回车键即可。

3. 选择不连续的单元格区域

先选择第一个单元格区域，按住 Ctrl 键的同时再选择其他单元格区域。

4. 选择一行或一列

单击工作表中的行号（或列号），即可选中该行（或该列）。

5. 选择整个工作表

单击工作表左上角行号和列标交叉处的“选定全部”按钮，即可选择整个工作表。或者按 Ctrl+A 组合键也可以选择整个工作表。

6. 选择连续的行或列

选择连续的行或列的方法有以下两种。

（1）鼠标拖动：将光标移动到起始行号或列标上，拖动鼠标到终止行号或列标上。

（2）使用组合键：单击起始行号或列标，按住 Shift 键的同时单击终止行号或列标。

7. 选择不相邻的行或列

单击第一个行号或列标，按住 Ctrl 键的同时再单击其他行号或列标。

5.3.2 调整行高和列宽

1. 使用鼠标调整行高和列宽

要改变某一行的行高或某一列的列宽，可将鼠标指针移到这一行的行号与它的下一行的行号之间的分界处或这一列的列标志与它的下一列的列标志之间的分界处，待鼠标指针变成或形状时，拖动鼠标到合适的行高或列宽时释放鼠标左键即可。

若要同时改变若干行的行高或若干列的列宽，首先选定这些行或列，然后将鼠标指针移到其中任一行的下边界或其中任一列的右边界，拖动鼠标到合适的行高或列宽即可。

2. 使用“格式”按钮调整行高或列宽

使用“格式”按钮调整行高的步骤如下。

（1）选定要调整行高的单元格或单元格区域。

（2）单击“开始”选项卡→“单元格”选项组中的“格式”下拉按钮，在弹出的下拉列表中选择“行高”选项，弹出“行高”对话框，在文本框中输入数值，单击“确定”按钮即可。

可以采用同样的方法调整列宽。

5.3.3 插入行、列或单元格

1. 插入行或列

插入行时，插入的行在当前选择行的上面；插入列时，插入的列在选择列的左侧。插入列和插入行的操作方法类似。下面只介绍插入行的步骤。

（1）插入一行。

在需要插入新行的位置单击任意单元格，单击选择“开始”选项卡→“单元格”组中的“插入”下拉按钮，在弹出的下拉列表中选择“插入工作表行”选项。

（2）插入多行。

选定若干行（选定的行数应与要插入的行数相等），单击选择“开始”选项卡→“单元格”

组中的“插入”下拉按钮，在弹出的下拉列表中选择“插入工作表行”选项。

2. 插入单元格

在要插入单元格的位置选定单元格或单元格区域，单击“开始”选项卡→“单元格”组中的“插入”下拉按钮，在弹出的下拉列表中选择“插入单元格”选项，弹出“插入”对话框，如图5-18所示，选中相应的单选按钮，单击“确定”按钮即可。

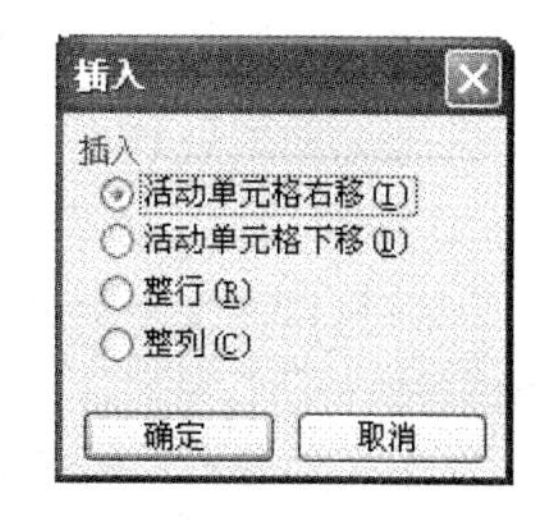

图5-18 “插入”对话框

5.3.4 删除行、列或单元格

1. 删除行或列

选定要删除的行，单击“开始”选项卡→“单元格”组中的“删除”下拉按钮，在弹出的下拉列表中选择“删除工作表行”选项，即可删除选定的行。

删除列的方法与删除行的方法类似。

2. 删除单元格

选择要删除的单元格，单击“开始”选项卡→“单元格”组中的“删除”下拉按钮，在弹出的下拉列表中选择“删除单元格”选项，弹出“删除”对话框，选中需要的单选按钮，单击“确定”按钮即可。

3. 清除单元格、行或列

清除单元格、行或列的具体步骤如下。

（1）选定需要清除的单元格、行或列。

（2）单击“开始”选项卡→“编辑”组中的“清除”下拉按钮，在弹出的下拉列表中选择相应的选项。

如果选定单元格后按Delete或BackSpace键，将只清除单元格中的内容，而保留其中的批注和单元格格式。

5.3.5 复制或移动单元格

1. 利用剪贴板复制或移动单元格

（1）选定需要复制或移动的单元格或单元格区域。

（2）如果需要移动，可单击“开始”选项卡→“剪贴板”组中的“剪切”按钮（或按Ctrl+X组合键）；如果需要复制，可单击“开始”选项卡→“剪贴板”组中的“复制”按钮（或按Ctrl+C组合键）。此时被选定的区域四周出现虚线框。

（3）单击要移动到或复制到的目标位置。

（4）单击“开始”选项卡→“剪贴板”组中的“粘贴”按钮（或按Ctrl+V组合键），则被剪切或复制的数据会出现在目标位置中。

若第（2）步执行的是“剪切”操作，则原区域中数据及虚线框均消失，数据移动操作完成。若第（2）步执行的是“复制”操作，则被复制原区域中的数据不变且仍有虚线框，表明还可以将该数据复制到其他地方。按回车键或Esc键可取消虚线框，结束复制。

2. 拖动鼠标实现复制或移动单元格

（1）选定需要复制或移动的单元格。

（2）将鼠标指针指向选定区域的边框，鼠标指针变为 。

（3）如果要移动选定的单元格，直接拖动鼠标到目标位置，然后释放鼠标左键；如果要复制选定单元格，则需要先按住 Ctrl 键，再拖动鼠标。

如果目标位置不在当前工作表上，可在进行以上操作的同时按住 Alt 键，将鼠标拖动到目标位置所在的工作表标签上，Excel 会自动切换到该工作表，此时再在该工作表中选定目标位置。

3. 以插入方式移动或复制单元格

用上述方法移动或复制数据时，目标位置原有的数据将被覆盖。如果不希望目标位置的原有数据被覆盖，而是在已有单元格间插入单元格，可按住 Shift 键（移动）或 Shift+Ctrl 组合键（复制）再行拖动，此时随着鼠标指针的移动会出现水平或垂直的“I”形线条。释放鼠标左键时，被移动或复制的数据将插入到“I”形线条的位置。

4. 选择性粘贴

以上介绍的移动或复制是移动或复制数据的全部信息，包括数值、公式、格式（单元格的数字格式、文本字体及大小、对齐方式、边框、底纹等）、批注等。此外，还可以有选择地复制其中的一部分信息。

选择性粘贴的具体操作步骤如下。

（1）选择要复制的源区域，执行“复制”操作。

（2）选择要复制到的目标区域，单击“开始”选项卡→“剪贴板”组中的“粘贴”下拉按钮，在弹出的下拉列表中选择相应的选项即可，如图 5-19 所示。如果选择“选择性粘贴”选项，则弹出如图 5-20 所示的“选择性粘贴”对话框，在对话框中进行各选项的设置，单击“确定”按钮即可。

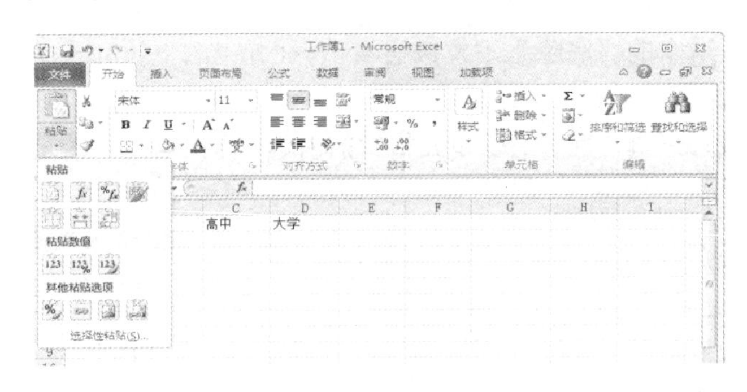

图 5-19 “粘贴”按钮的下拉列表

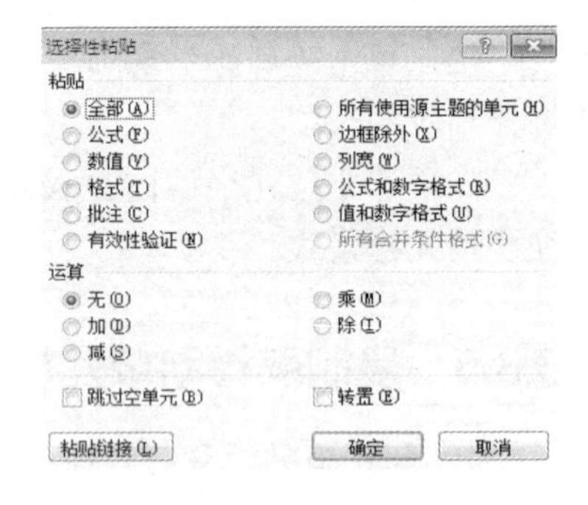

图 5-20 “选择性粘贴”对话框

5. 查找或替换单元格数据

Excel 可以在整个工作表中查找具有特定数据的单元格或者用指定的数据来替换查找到的数据。

（1）查找单元格数据。

① 选定要查找的范围。如果要搜索整张工作表，可单击其中的任意单元格。

② 单击“开始”选项卡→“编辑”组中的“查找和选择”下拉按钮 ，在弹出的下拉列表中选择“查找”选项，弹出“查找和替换”对话框。

③ 在“查找内容”文本框中输入要查找的内容，可以使用通配符“？”和“*”。

④ 单击“查找下一个”按钮，即开始查找，并将找到后的单元格置为活动单元格。再单击“查找下一个”按钮将继续查找。

（2）替换单元格数据。

① 选定需要搜索的单元格区域。如果要搜索整张工作表，可单击其中的任意单元格。

② 单击“开始”选项卡→“编辑”组中的“查找和选择”下拉按钮，在弹出的下拉列表中选择“替换”选项，弹出“查找和替换”对话框。

③ 在“查找内容”文本框中输入待查找的内容，在“替换为”文本框中输入要替换成的内容。如果要在工作表中删除“查找内容”文本框中的内容，则应将“替换为”文本框留空。

④ 如果要逐个替换搜索到的单元格，就单击“查找下一个”按钮，然后单击“替换”按钮。如果不想替换当前找到的单元格，可以直接单击“查找下一个”按钮跳过此次查找到的单元格，继续进行查找。如果要替换所有搜索到的单元格，单击“全部替换”按钮即可。

5.3.6　单元格的合并与拆分

合并和拆分单元格是 Excel 中十分常见的操作。

1. 合并单元格

合并单元格是指把两个或多个相邻的单元格合并成一个单元格。合并单元格的方法有两种。

方法一的步骤如下。

（1）选择需要合并的所有相邻单元格，如选中 A1:H1。

（2）单击“开始”选项卡→“对齐方式”组中的“合并后居中”按钮，则选中的单元格区域被合并成一个单元格且居中对齐，如图 5-21 所示。

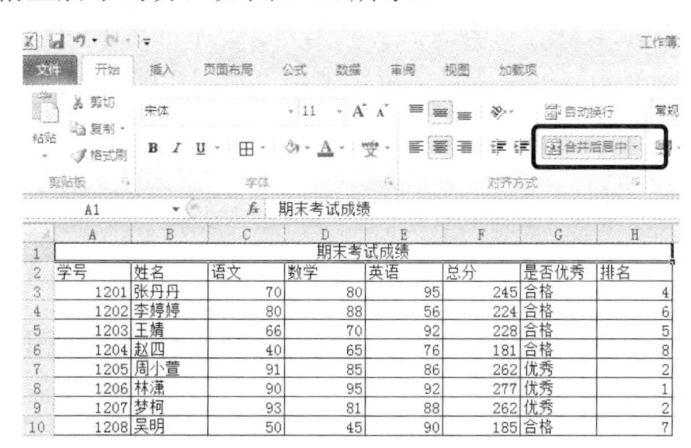

图 5-21　合并后居中

方法二的步骤如下。

（1）选择需要合并的所有相邻单元格。

（2）单击“开始”选项卡→“对齐方式”组右下角的扩展按钮，弹出“设置单元格格式”对话框，当前选项卡为“对齐”，如图 5-22 所示。

（3）在“设置单元格格式”对话框中选择“对齐”选项卡，选中“合并单元格”复选框。

（4）如果要让合并后的单元格居中，可设置其水平对齐和垂直对齐方式。

（5）单击“确定”按钮。

2. 拆分单元格

在 Excel 工作表中，拆分单元格就是将一个合并后的单元格还原成多个单元格。拆分单元格的方法有两种。

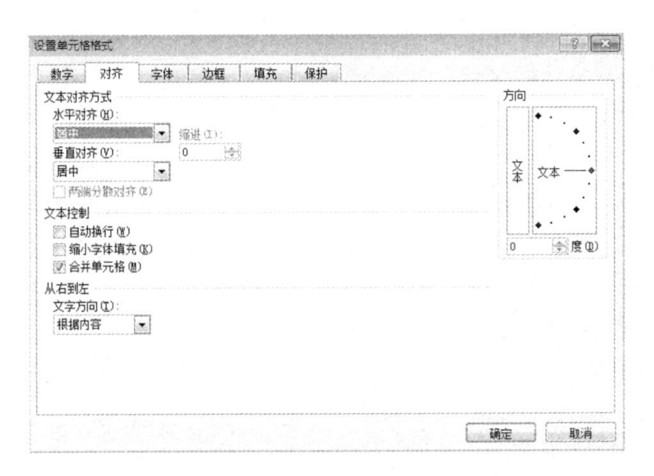

图 5-22 “设置单元格格式”对话框的“对齐”选项卡

方法一的操作步骤如下。

（1）选择合并后的单元格。

（2）单击“开始”选项卡→“对齐方式”组中的“合并后居中”下拉按钮，在弹出的下拉列表中选择“取消单元格合并”选项。

方法二的操作步骤如下。

（1）选择合并后的单元格。

（2）单击“开始”选项卡→“对齐方式”组右下角的扩展按钮 。

（3）在弹出的“设置单元格格式”对话框中选择“对齐”选项卡，取消选中“合并单元格”复选框。

（4）单击“确定”按钮。

5.3.7 设置边框线

默认情况下，单元格的边框线是灰色的，并且打印时不显示。为了使表格更加清晰、美观，需要对表格的边框线进行设置。

例如，要将表格的所有边框设置为单线，常用的方法有两种。

方法一的操作步骤如下。

（1）选中要设置边框的单元格区域，如 A1:H10。

（2）单击“开始”选项卡→“字体”组中的“边框”下拉按钮，在弹出的下拉列表中选择相应的选项，即可设置相应的边框。这里选择“所有框线”选项。

方法二的操作步骤如下。

（1）选中要设置边框的单元格区域，如 A1:H10。

（2）单击“开始”选项卡→“字体”组中的“边框”下拉按钮，在弹出的下拉列表中选择“其他边框”选项。

（3）在弹出的“设置单元格格式”对话框的“边框”选项卡中设置边框。本例中，先在线条样式列表中选择单线，再单击“外边框”按钮和“内部”按钮，如图 5-23 所示。

（4）单击“确定”按钮。

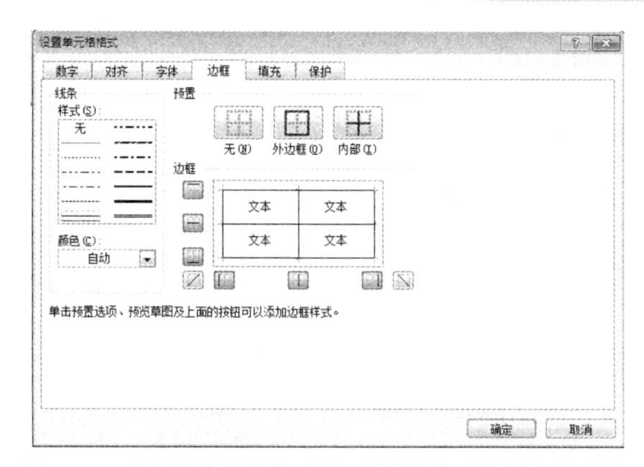

图 5-23 “设置单元格格式”对话框的“边框”选项卡

5.3.8　套用表格格式

Excel 内置了大量的表格格式，这些格式中设置了字体、对齐方式、边界、列宽和行高等属性。用户可以直接套用这些格式，提高工作效率。套用表格格式的具体操作步骤如下。

（1）选定需要自动套用格式的单元格区域。本例中，选择 A2:H10。

（2）单击“开始”选项卡→“样式”组中的“套用表格格式”下拉按钮，在弹出的下拉列表中选择一种表样式，如图 5-24 所示。

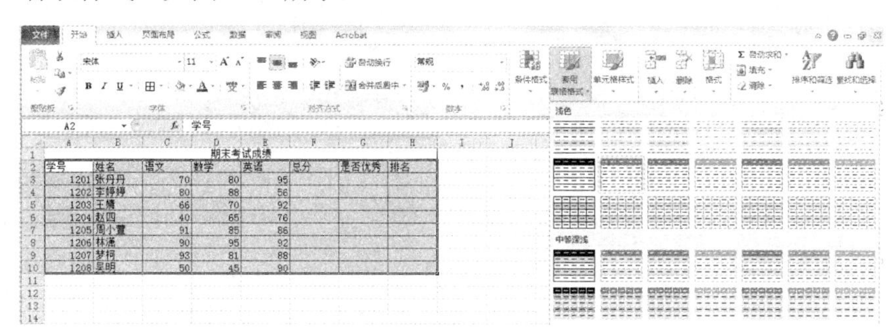

图 5-24 “套用表格格式”下拉列表

（3）在弹出的如图 5-25 所示的对话框中，如果选中区域的首行为标题，应选中“表包含标题”复选框。然后单击“确定”按钮即可。

此时，使用了套用表格格式的单元格区域就成为了一个表格，行标题中出现排序和筛选箭头，如图 5-26 所示。用户可以对表格进行添加汇总行、筛选表格列、应用表格格式、在公式中使用结构化引用等操作。创建表格后，当选中表格中任意单元格，在功能区将增加“表格工具”栏，其上有“设计”选项卡。利用“设计”选项卡中的工具，用户可编辑表格。

图 5-25 “套用表格格式”对话框

期末考试成绩

学号	姓名	语文	数学	英语	总分	是否优秀	排名
1201	张丹丹	70	80	95			
1202	李婷婷	80	88	56			
1203	王倩	66	70	92			
1204	赵四	40	65	76			
1205	周小萱	91	85	86			
1206	林潇	90	95	92			
1207	梦柯	93	81	88			
1208	吴明	50	45	90			

图 5-26 “套用表格格式”的效果

撤销套用表格格式的操作步骤如下。

（1）在要取消套用格式的单元格区域中，单击任一单元格。

（2）在“表格工具”栏中单击“设计”选项卡→“工具”组中的“转换为区域”按钮，在弹出的对话框中单击“是”按钮即可。

5.3.9 条件格式的设置与清除

使用条件格式，可以在工作表的某些区域中自动将符合给定条件的单元格设置为指定的格式。

1. 设置条件格式

例如，要把小于 60 分的考试成绩显示为红色、加粗倾斜，其具体操作步骤如下。

（1）选择要设置格式的单元格区域（C3:E10）。

（2）单击“开始”选项卡→“样式”组中的“条件格式”下拉按钮，在弹出的下拉列表中“突出显示单元格规则”→“小于”选项。

（3）在弹出的“小于”对话框中，在第一个框中输入“60”，单击“设置为”下拉按钮，在弹出的下拉列表中选择“自定义格式”选项，如图 5-27 所示。

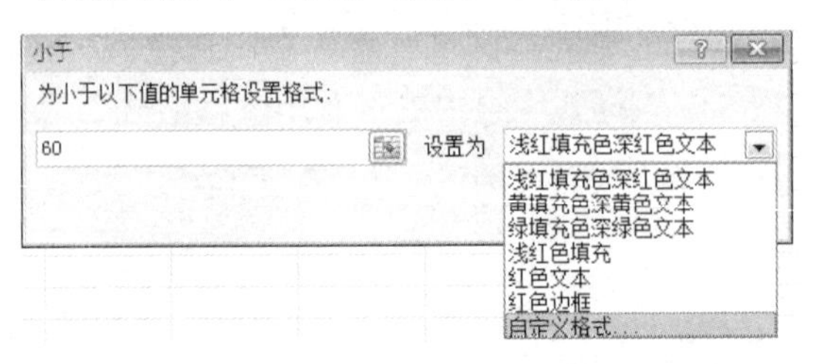

图 5-27 条件格式设置

（4）在弹出的“设置单元格格式”对话框中，在“字体”选项卡中将字体颜色设置为“红色”，字形为“加粗倾斜”。

（5）单击“确定”按钮返回“小于”对话框，此时可以在数据区域看到设置效果，如图 5-28 所示。

C3 fx 70

期末考试成绩

学号	姓名	语文	数学	英语	总分	是否优秀	排名
1201	张丹丹	70	80	95	245	合格	4
1202	李婷婷	80	88	*56*	224	合格	6
1203	王婧	66	70	92	228	合格	5
1204	赵四	*40*	65	76	181	合格	8
1205	周小萱	91	85	86	262	优秀	2
1206	林潇	90	95	92	277	优秀	1
1207	梦柯	93	81	88	262	优秀	2
1208	吴明	*50*	*45*	90	185	合格	7

小于

为小于以下值的单元格设置格式:

60 设置为 自定义格式...

确定 取消

图 5-28 成绩小于 60 分的单元格设置为红色加粗倾斜

（6）单击“确定”按钮，完成操作。

另外，还可以通过“新建规则”功能来设置条件格式。例如，要把大于等于 90 分的考试成绩显示为蓝底白色，其具体操作步骤如下。

（1）选择 C3:E10 单元格区域。

（2）单击“开始”选项卡→“样式”组中的“条件格式”下拉按钮，在弹出的下拉列表中选择“新建规则”选项。

（3）在弹出的“新建格式规则”对话框中，在“选择规则类型”列表中选择“只为包含以下内容的单元格设置格式”选项，在“编辑规则说明”栏进行相应设置，如图 5-29 所示。

（4）单击“格式”按钮，在弹出的“设置单元格格式”对话框中，在“字体”选项卡中将字体颜色设置为“白色”，在“填充”选项卡中将背景色设置为“蓝色”。

（5）单击“确定”按钮，返回“新建格式规则”对话框，此时可以在“预览”栏中看到格式效果。

（6）单击“确定”按钮，完成操作。效果如图 5-30 所示。

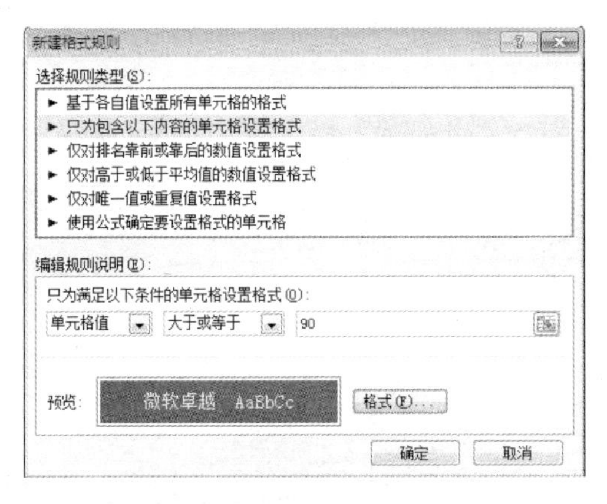

图 5-29 “新建格式规则”对话框

	A	B	C	D	E
1				期末考试成绩	
2	学号	姓名	语文	数学	英语
3	1201	张丹丹	70	80	95
4	1202	李婷婷	80	88	56
5	1203	王婧	66	70	92
6	1204	赵四	40	65	76
7	1205	周小萱	91	85	86
8	1206	林潇	90	95	92
9	1207	梦柯	93	81	88
10	1208	吴明	50	45	90

图 5-30 成绩大于等于 90 分的单元格设置为蓝底白色

2. 清除条件格式

首先选中要清除条件格式的单元格区域，单击“开始”选项卡→“样式”组中的“条件格式”下拉按钮，在弹出的下拉列表中选择“清除规则”→“清除所选单元格的规则”或“清除整个工作表的规则”选项。

5.3.10 输入批注

在 Excel 2010 中，用户还可以为工作表中的某些单元格添加批注，用以说明该单元格中数据的含义或强调某些信息。

在工作表中输入批注的具体操作步骤如下。

（1）选定需要添加批注的单元格。

（2）单击“审阅”选项卡→“批注”组中的“新建批注”按钮（或者右击该单元格，在弹出的快捷菜单中选择“插入批注”命令），此时在该单元格的旁边会弹出一个批注框，可在其中输入批注内容。

（3）输入完成后，单击批注框外的任意工作表区域，关闭批注框。

添加了批注的单元格右上角有一个小三角形，光标移到该单元格时，自动显示批注内容。

要删除批注，先选中要删除批注的单元格，单击“审阅”选项卡→“批注”组中的“删除”按钮即可。

5.4 工作表的基本操作

5.4.1 工作表的更名

Excel 2010 系统默认的工作表名称是 Sheet1、Sheet2……这样的名字虽然简单，但不便于区分和查找。用户可以为工作表取一些有意义、便于记忆的名字。工作表更名的方法有 3 种。

方法一：双击要更名的工作表标签，此时该工作表标签会以反白显示，输入新的名字即可。

方法二：右击要更名的工作表标签，在弹出的快捷菜单中选择“重命名”命令，然后输入新名字。

方法三：选择要更名的工作表，单击“开始”选项卡→“单元格”组中的“格式”下拉按钮，在弹出的下拉列表中选择“重命名工作表”选项，输入新的工作表名称。

5.4.2 工作表的选取

（1）选取单张工作表：单击工作表标签。

（2）选取多张相邻的工作表：选定第一张工作表，然后按住 Shift 键的同时，单击最后一个工作表标签。

（3）选取多张不相邻的工作表：选定第一张工作表，然后按住 Ctrl 键的同时，逐个单击要选取的其他工作表标签。

（4）选取所有的工作表：右击某个工作表标签，在弹出的快捷菜单中选择“选定全部工作表”命令。

5.4.3 工作表的插入与删除

1. 工作表的插入

可以在当前工作表前插入一张或多张空工作表。

（1）插入一张工作表：单击“开始”选项卡→“单元格”组中的“插入”下拉按钮，在弹出的下拉列表中选择“插入工作表”选项。

（2）插入多张工作表：选定多张工作表，单击“开始”选项卡→“单元格”组中的“插入”下拉按钮，在弹出的下拉列表中选择“插入工作表”选项，将插入与选定工作表相同数目的工作表。

2. 工作表的删除

选定要删除的工作表，单击“开始”选项卡→“单元格”组中的“删除”下拉按钮，在弹出的下拉列表中选择“删除工作表”选项。

或者右击要删除的工作表标签，在弹出的快捷菜单中选择“删除”命令。

5.4.4　工作表的移动和复制

如果要在当前工作簿中移动工作表，沿工作表标签行将选定的工作表标签拖动到所需的位置即可。如果要在当前工作簿中复制工作表，先按住 Ctrl 键，再将选定的工作表标签拖动到所需的位置。

如果要在不同工作簿之间复制或移动工作表，操作步骤如下。

（1）选取要移动或复制的工作表。

（2）单击“开始”选项卡→“单元格”组中的“格式”下拉按钮，在弹出的下拉列表中选择“移动或复制工作表”选项，弹出如图 5-31 所示的“移动或复制工作表”对话框。

（3）在对话框中选择要移动或复制到的工作簿及工作簿中的位置。如果是复制而不是移动，应选中“建立副本”复选框。

（4）单击“确定”按钮。

图 5-31　“移动或复制工作表”对话框

5.4.5　工作表的隐藏与显示

如果要隐藏某些工作表，应先选定这些工作表，单击“开始”选项卡→“单元格”组中的“格式”下拉按钮，在弹出的下拉列表中选择“隐藏和取消隐藏”→“隐藏工作表”选项。

如果要显示隐藏的工作表，可以单击“开始”选项卡→“单元格”组中的“格式”下拉按钮，在弹出的下拉列表中选择“隐藏和取消隐藏”→“取消隐藏工作表”选项，在弹出的“取消隐藏”对话框中选择要取消隐藏的工作表名称，单击“确定”按钮。

5.4.6　工作表的拆分与冻结

1. 拆分窗口

当工作表很大时，要想在同一个工作簿窗口中观察工作表的不同部分，可以通过拆分窗口来实现。拆分窗口的常用方法有以下两种。

方法一：拖动拆分条来拆分窗口。

在活动工作簿窗口的垂直滚动条顶端或水平滚动条右端各有一个拆分条，如图 5-32 所示。当鼠标指针移动到拆分条上时，鼠标指针会变成双向箭头。用鼠标拖动水平或垂直拆分条，到达想要分割的位置后松开鼠标左键，工作表就会被拆分为垂直或水平排列的两个窗格。如果需要将工作表拆分成 4 个窗格，只需在另一个方向上进行同样的操作即可。

方法二：利用命令按钮拆分窗口。

（1）选定某个单元格为分割的目标位置。

（2）单击“视图”选项卡→“窗口”组中的“拆分”按钮，则 Excel 会以活动单元格的左上角为分割点将窗口拆分成上下左右 4 个窗格。

注意：

（1）如果选择的目标位置是 A1 单元格，则以当前窗口的中心为分割点得到上下左右 4 个窗格。

（2）如果选择的目标位置是第一行的其他单元格，则得到水平分割的两个窗格。

（3）如果选择的目标位置是第一列的其他单元格，则得到垂直分割的两个窗格。

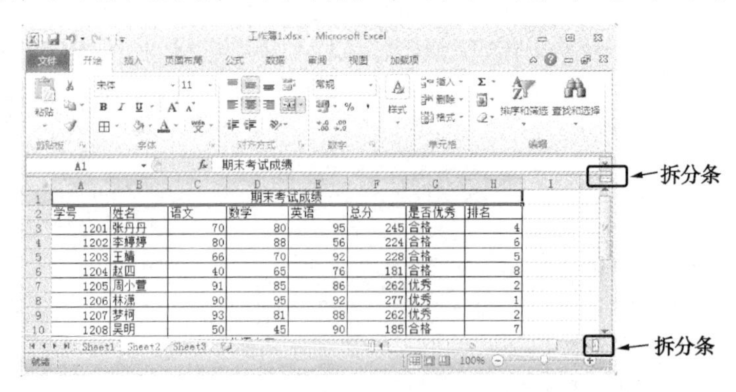

图 5-32　拆分条

2. 取消拆分窗口

双击某一分割线可将其取消，双击两条分割线的交叉点可将两条分割线都取消。

3. 冻结窗格

冻结窗格的操作与拆分窗口的操作相似。先选定活动单元格，单击“视图”选项卡→“窗口”组中的“冻结窗格”下拉按钮，在弹出的下拉列表中选择“冻结拆分窗格”选项，则会以活动单元格左上角为分割点得到上下左右 4 个窗格，不同的是分割线不是粗线而是细线。

在被冻结的窗口中进行垂直滚动操作时，其上边窗格的各行会被“冻结”，不随着滚动。进行水平滚动操作时，其左边窗格的各列会被“冻结”，不随着滚动。冻结窗口操作常用于冻结一张大的工作表上边的标题行和左边的标题列，这样在滚动工作表查看数据时也可以清楚地看到将标题行和标题列。

同样的方法可以冻结首行或冻结首列。

4. 取消冻结窗格

单击“视图”选项卡→“窗口”组中的“冻结窗格”下拉按钮，在弹出的下拉列表中选择“取消冻结窗格”选项。

5.4.7　工作表的保护

为了防止对数据的误操作和未经授权的人修改数据，用户可对工作表中的某些数据实施保护。具体操作步骤如下。

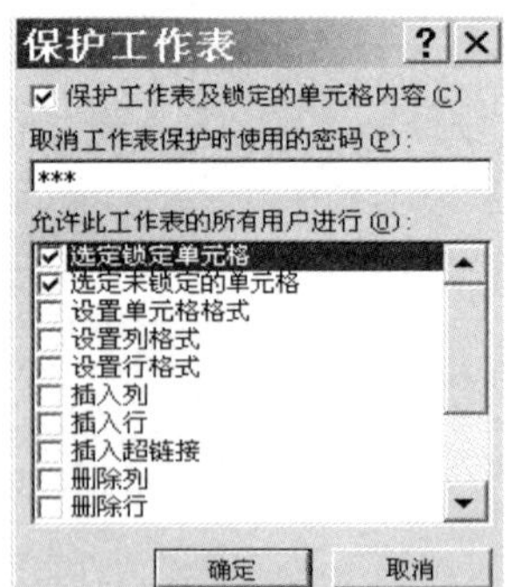

图 5-33　“保护工作表”对话框

（1）选定工作表中需要保护数据的单元格区域。若要保护整个工作表，则选定全部单元格。

（2）单击“开始”选项卡→“单元格”组中的“格式”下拉按钮，在弹出的下拉列表中选择“保护工作表”选项，会弹出“保护工作表”对话框，如图 5-33 所示。

（3）在对话框中选择相应的项目，并输入密码。

（4）单击“确定”按钮。

要取消工作表的保护，只要单击“开始”选项卡→“单元格”组中的“格式”下拉按钮，在弹出的下拉列表中选择“撤销工作表保护”选项。

如果在进行工作表保护操作时设置了密码，这时必须输入正确的密码，才能解除保护。因此，密码一经设定就要记好或保存好，否则被保护的数据就无法再修改了。

5.5　公式与函数

5.5.1　公式的使用

当单元格中的数据不是直接输入得到，而是依赖于计算的结果，那么可以通过输入公式来实现这一要求。

公式是在工作表中对数据进行运算的等式。公式以等号“=”开始，后面是参与运算的数字、单元格引用、函数和运算符等。在单元格中输入公式后，单元格中显示的数据是公式的计算结果。这一结果会随着它所引用单元格内数据的变更而自动变化。

注意：输入公式时，首先要输入一个等号“=”。公式中的标点符号必须使用英文标点符号，如双引号、括号、大于号等。

1. 公式中的操作数

公式中的操作数可以是常数、单元格引用、名称和函数。

（1）公式中的数字可直接输入。

（2）公式中的文本要用双引号括起来，否则该文本会被认为是一个名字。

（3）当数字中含有货币符号、千位分隔符、百分号及表示负数的括号时，该数字也要用双引号括起来。

（4）公式中可直接使用单元格的地址。如图 5-34 所示，编辑栏中显示了在 F3 单元格中输入公式“=C3+D3+E3”，F3 单元格中将显示“张丹丹”的总分。

F3　　=C3+D3+E3

	A	B	C	D	E	F
1				期末考试成绩		
2	学号	姓名	语文	数学	英语	总分
3	1201	张丹丹	70	80	95	245
4	1202	李婷婷	80	88	56	
5	1203	王婧	66	70	92	
6	1204	赵四	40	65	76	
7	1205	周小萱	91	85	86	
8	1206	林潇	90	95	92	
9	1207	梦柯	93	81	88	
10	1208	吴明	50	45	90	

图 5-34　在公式中使用单元格地址示例

2. 公式中的运算符

公式中的运算符包括引用运算符、算术运算符、比较运算符和文本运算符。

（1）引用运算符。

引用运算符包括区域运算符（:）、联合运算符（,）和交叉运算符（␣）。表 5-1 给出了各个引用运算符的含义及示例。

表 5-1　引用运算符的含义及示例

引用运算符	名　称	含　义	示　例
冒号（:）	区域运算符	表示对两个引用之间、包括两个引用在内的所有区域的单元格进行引用	A1:B2 表示 A1、A2、B1 和 B2 共 4 个单元格
逗号（，）	联合运算符	表示将多个引用合并为一个引用	A1:B2，D2:E3 表示由以上两个区域组成的部分，即 A1、A2、B1、B2、D2、D3、E2、E3 共 8 个单元格
空格（␣）	交叉运算符	表示产生同时属于两个引用的单元格区域的引用	G1:I2 ␣ H2:J3 表示单元格区域 G1:I2 和单元格区域 H2:J3 的交叉部分，即单元格区域 H2:I2

输入公式时，单元格地址或单元格引用可以直接输入，也可以用鼠标选定相应的单元格，单元格引用会自动出现在编辑栏中。

（2）算术运算符。

算术运算符包括加（+）、减（-）、乘（*）、除（/）、百分数（%）、乘方（^）。运算的优先级顺序与数学运算中的优先级相同。

（3）比较运算符。

比较运算符可以比较两个同类数据，其结果为逻辑值 TRUE 或 FALSE，TRUE 表示比较的结果成立，FALSE 表示比较的结果不成立。比较运算符包括等于（=）、小于（<）、大于（>）、大于等于（>=）、小于等于（<=）、不等于（<>）。例如，公式“=5>9”的结果为 FALSE。

（4）文本运算符。

文本运算符（&）可以将两个字符串连接起来产生一个连续的字符串。例如，公式“="微" & "笑"”的结果为字符串“微笑”。

公式中，运算符的计算优先次序为：引用运算符、算术运算符、文本运算符、比较运算符。

5.5.2　单元格和区域引用

引用的作用在于标识工作表上的单元格或单元格区域，并指明公式中所使用的数据的位置。在 Excel 2010 中，对单元格的引用分为相对引用、绝对引用和混合引用。

1. 相对引用

输入公式时，在单元格地址前不加任何符号，这种引用称为相对引用，如 A2、D5 等。输入公式时利用鼠标单击单元格或区域，在公式中所插入的地址就是相对引用。如果使用相对引用，当把一个含有单元格地址的公式从某一个单元格（称为源单元格）复制到另一个单元格（称为目的单元格）时，公式中的单元格地址会随之改变，使它相对于目的单元格的关系与原公式中的地址相对于源单元格的关系保持不变。

例如，在图 5-35 中，先在单元格 F3 中输入公式“=C3+D3+E3”，求出了“张丹丹”的总分。然后将鼠标指针移到 F3 单元格的填充柄，拖动鼠标经过 F4、F5 直到 F10 单元格，即可求出其他学生的总分。此时分别单击 F4、F5、F6 单元格，在编辑栏中查看它们的内容，可发现 F4 中的公式为“=C4+D4+E4”，而 F5 中的公式为“=C5+D5+E5”……由此可见，当把 F3 复制到 F4 时，改变了结果所在行的位置，所以 F4 中公式的单元格地址的行号也自动增加了 1。

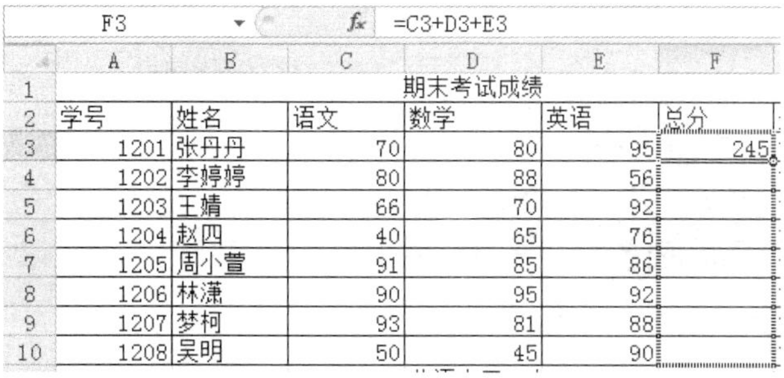

F3　　=C3+D3+E3

	A	B	C	D	E	F
1	期末考试成绩					
2	学号	姓名	语文	数学	英语	总分
3	1201	张丹丹	70	80	95	245
4	1202	李婷婷	80	88	56	
5	1203	王婧	66	70	92	
6	1204	赵四	40	65	76	
7	1205	周小萱	91	85	86	
8	1206	林潇	90	95	92	
9	1207	梦柯	93	81	88	
10	1208	吴明	50	45	90	

图 5-35　公式的相对引用示例

2. 绝对引用

绝对引用是指把公式复制到新位置时，公式中的单元格地址保持不变。要使用绝对引用，应在单元格地址的行号和列标前各加一个美元符“$”，如$F$3 表示对 F3 单元格的绝对引用。

例如，在图 5-36 中，将打折的折扣率 0.9 放在 C1 单元格中，在 C3 单元格输入公式“=B3*$C$1”。然后将鼠标指针指向 C3 单元格右下角的填充柄，拖动鼠标经过 C4 到 C5 单元格，释放鼠标左键。此时，C4 中的公式为“=B4*$C$1”，C5 中的公式为“=B5*$C$1”。由此可见，在 C3 的公式中单元格地址 B3 为相对引用，公式被复制后，它会随着目的地址的改变而发生变化；单元格地址$C$1 是绝对引用，公式被复制后，它不发生变化。

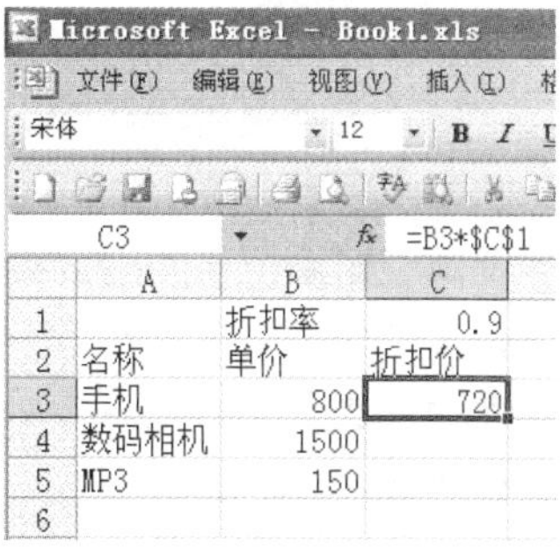

Microsoft Excel - Book1.xls

文件(F)　编辑(E)　视图(V)　插入(I)

宋体　12

C3　　=B3*$C$1

	A	B	C
1		折扣率	0.9
2	名称	单价	折扣价
3	手机	800	720
4	数码相机	1500	
5	MP3	150	
6			

图 5-36　公式的绝对引用示例

在输入公式时，可以直接输入符号“$”以表示绝对引用。也可以按功能键 F4 快速给选定的地址加上符号$，使其变为绝对引用。例如，上例中，在 C3 单元格中输入等号“=”，然后单击 B3 单元格，输入乘号“*”，再单击 C1 单元格，则编辑框中的公式为“=B3*C1”。单击编辑框中的“C1”，然后按 F4 键，编辑框中的公式就变为“=B3*$C$1”。

3. 混合引用

混合引用是指在复制公式时只保持行地址或只保持列地址不变。混合引用的表示方法是只在单元格地址的行号或列标前加“$”符号。若只在单元格地址的列标前加上“$”符号，如$C2、$D6，则复制公式时，单元格地址的列标不变而行号会随着目的地址的改变而改变；若只在单元格地址的行号前加上“$”符号，如 C$2、D$6，则在复制公式时，单元格地址的行号不变而列标会随着目的地址的变化而变化。

4. 工作表和工作簿引用

如果要引用同一工作簿中其他工作表中的单元格，应在单元格引用前加上工作表名称和一个惊叹号。如果需要引用其他工作簿的单元格，则应在工作表名称前再加上方括号括起来的工作簿名称。

例如，在 Book1 工作簿 Sheet1 工作表的 G5 单元格中输入公式“=Sheet2!C3+2”，其中“Sheet2!C3”表示对同一工作簿的 Sheet2 工作表中 C3 单元格的相对引用。若在公式中输入“[Book2]Sheet1!$C$3”，表示对 Book2 工作簿 Sheet1 工作表的 C3 单元格的绝对引用。

5.5.3 函数的使用

函数是 Excel 预先定义的公式，它由函数名和一对圆括号括起来的若干参数组成。参数可以是常数、单元格或区域、公式、名称或其他函数。参数之间用逗号分隔。有的函数没有参数，但是左右圆括号仍然需要。函数对其参数值进行运算，返回运算的结果。

在公式中输入函数的常用方法有以下几种。

1. 直接输入函数

如果用户对某些函数非常熟悉，可以采用直接输入法。具体步骤为：单击要输入公式的单元格，依次输入“=”、函数名、左括号、具体参数、右括号。例如，输入求和函数“=SUM（A2:C2）”。当参数为单元格地址或范围时，可用鼠标在工作表中进行选取，所选的单元格地址或区域会自动插入到函数中。

2. 利用函数向导输入函数

（1）单击需要输入公式的单元格。

（2）直接在编辑框输入“=”，则编辑栏左侧的名称框会变成函数列表框。

（3）单击名称框的下拉按钮，此时弹出的下拉列表中会列出常用函数，用户可以选择所需的函数。如果需要的函数没有出现在列表中，可选择“其他函数”选项或单击编辑区中的 f_x 按钮，在弹出的“插入函数”对话框中选择所需函数，如图 5-37 所示。

（4）选择函数后，屏幕上会出现如图 5-38 所示的函数编辑器，在函数编辑器中有该函数的简要说明。

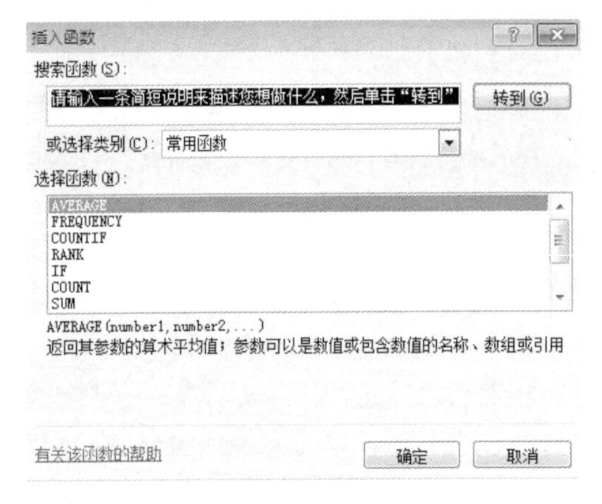

图 5-37 “插入函数”对话框

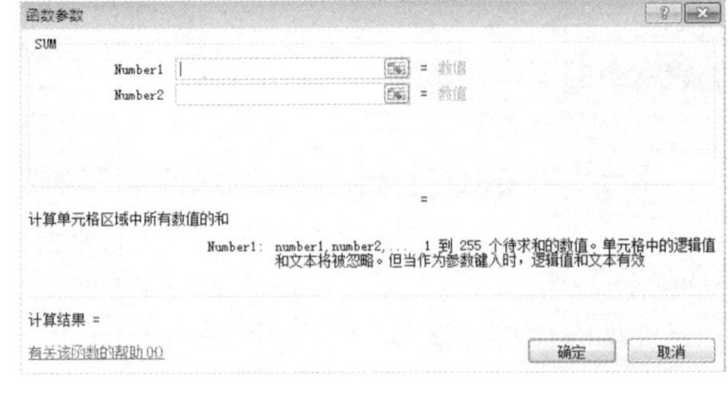

图 5-38 “函数参数”对话框（函数编辑器）

（5）在参数文本框中输入相应的参数。一般情况下，系统会给出默认的参数，如果给出的参数正是用户所需要的参数，直接单击“确定”按钮即可。如果给出的参数无法满足需要，用户可以重新输入所需的参数。当参数是单元格或区域引用时，可以直接用鼠标在工作表中选取。为方便选取，还可单击“区域选择”按钮将对话框缩小，选取完毕后再单击该按钮还原对话框。函数编辑器的下方会显示函数的计算结果，单击“确定”按钮，则该函数及相应的参数会自动插入到活动单元格的公式中，此时活动单元格中会显示公式的计算结果。如果公式中还有其他要输入的内容，可单击编辑栏，在其中继续进行输入。

3. 用功能区按钮输入函数

采用以下方法也可以弹出如图 5-37 所示的“插入函数”对话框。

方法一：单击“公式”选项卡→“函数库”组中的“自动求和”下拉按钮Σ ▾，在弹出的下拉列表中选择“其他函数”选项。

方法二：单击“公式”选项卡→“函数库”组中的“插入函数”按钮。

4. 公式的错误值

如果输入的公式中含有错误，使系统无法进行计算，则 Excel 会在单元格中显示错误值。表 5-2 列出了一些常见的错误值及其产生的原因。

表 5-2　Excel 中常见的出错提示

错　误　值	错 误 原 因
######	公式产生的结果太长，单元格容纳不下，应增加列的宽度
#VALUE!	公式中使用了错误的参数或运算对象类型
#DIV/O!	除数为零
#NAME?	公式中使用了 Excel 不能识别的文本
#N/A	没有可用的数值可以引用
#REF!	无效的单元格引用
#NUM!	在函数中使用了不能接受的参数或公式的计算结果超出了 Excel 的允许范围
#NULL!	公式中引用了两个单元格区域的公共部分，而实际上它们没有公共部分

5.5.4　常用函数

Excel 2010 提供的函数按其功能可以分为常用函数、财务函数、数学与三角函数、统计函数等几大类。下面介绍几种常用函数。

1. 求和函数 SUM

格式：SUM(number1,number2,…)。

功能：返回参数中所有数值的和。

例如，对图 5-39 所示的工作表，先把“总分”列中的数值都清除，然后用 SUM 函数来求出“张丹丹”考生的总分。操作步骤如下。

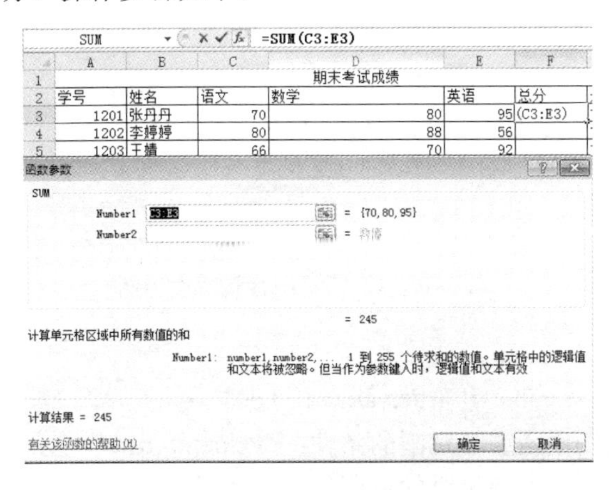

图 5-39　SUM 函数运算示例

（1）选取单元格 F3。

（2）在编辑栏中输入“=”，然后在编辑区左侧的函数列表中选择“SUM”函数，会弹出函数编辑器。

（3）在函数编辑器中，系统自动出现在“Number1”文本框中的是“C3:E3”，并且在“Number1”文本框的最右侧还显示了该区域中的所有数值“{70，80，95}”，即 3 个参数。该参数正是“张丹丹”考生的 3 门考试成绩，因此直接单击“确定”按钮。

2. 平均值函数 AVERAGE

格式：AVERAGE(number1,number2,…)。

功能：返回参数中所有数值的平均值。

3. 最大值函数 MAX

格式：MAX(number1,number2,…)。

功能：返回参数中所有数值的最大值。

4. 最小值函数 MIN

格式：MIN(number1,number2,…)。

功能：返回参数中所有数值的最小值。

5. 计数函数 COUNT

格式：COUNT(value1,value2,…)。

功能：返回参数中数字型数据的个数。

6. 条件计数函数 COUNTIF

格式：COUNTIF(range,criteria)。

其中，“range”栏是需要计算的单元格区域；“criteria”栏是单元格必须满足的条件，其形式可以为数字、表达式或文本。例如，条件可以表示为“32”、“"32"”、“">32"”、“"apples"”。

功能：计算给定区域中满足指定条件的单元格的个数。

例如，对图 5-40 所示的工作表，要统计“英语”考试成绩在 80 分以上的人数，并将结果放在 E11 单元格。在 E11 单元格中输入“=”，然后在函数列表中选择“COUNTIF”函数，在函数编辑器中进行相应设置，“Range”为“E3:E10”，“Criteria”为“">=80"”，如图 5-40 所示。

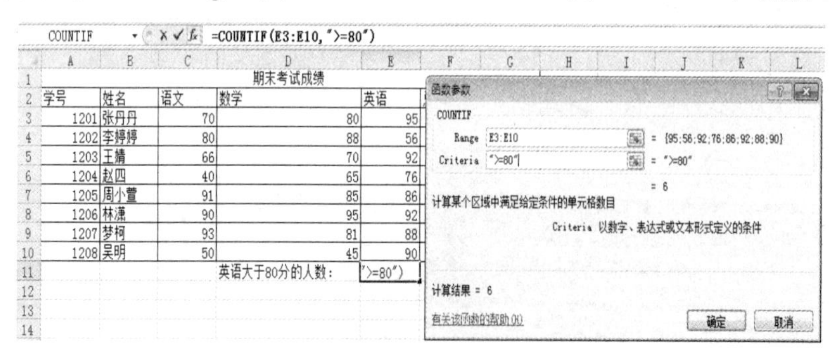

图 5-40　COUNTIF 函数应用示例

7. 条件函数 IF

格式：IF（logical_test,value_if_true,value_if_false）。

其中，“logical_test”栏是进行判断的条件；“value_if_true”栏是当条件满足时的返回值；“value_if_false”栏是当条件不满足时的返回值。

功能：进行真假值判断，根据逻辑测试的真假值返回不同的结果。

例如，对图 5-41 所示的工作表，“是否优秀”的判断条件是：总分大于等于 250 的为“优秀”，其余为“合格”。在 G3 单元格中输入的公式及 IF 函数的参数设置情况，如图 5-41 所示。

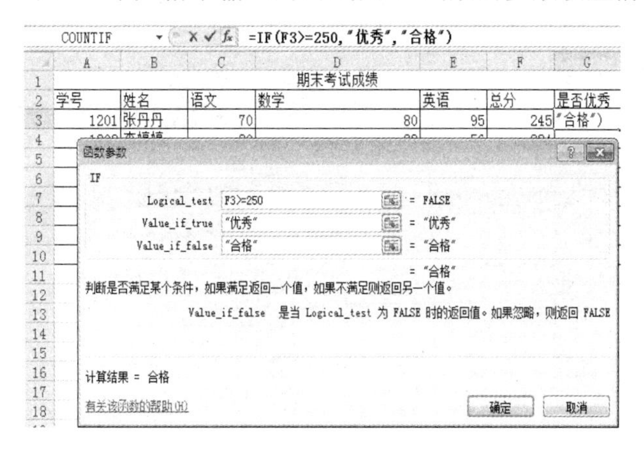

图 5-41　IF 函数应用示例

8. 排名 RANK

格式：RANK(number,ref,order)。

其中，“number”是需要找到其排名的一个数值；“ref ”是一组数值的数组或引用，其中的非数值型参数将被忽略；“order”为一个数字，指明排位的方式，“order”为 0 或省略，表示降序，“order”不为零，表示升序。

功能：返回一个数值“number”在一组数值“ref”中的排名。

RANK 函数对重复数的排名相同。但重复数的存在将影响后续数值的排位。

例如，对图 5-42 所示的工作表，按照总分进行排名，总分最高的为第 1 名。在 H3 单元格中输入的公式及 RANK 函数的参数设置情况如图 5-42 所示。排名结果如图 5-43 所示，其中有两个人的总分相同，都是 262 分，他们的排名都是第 2，没有排名第 3 的同学。

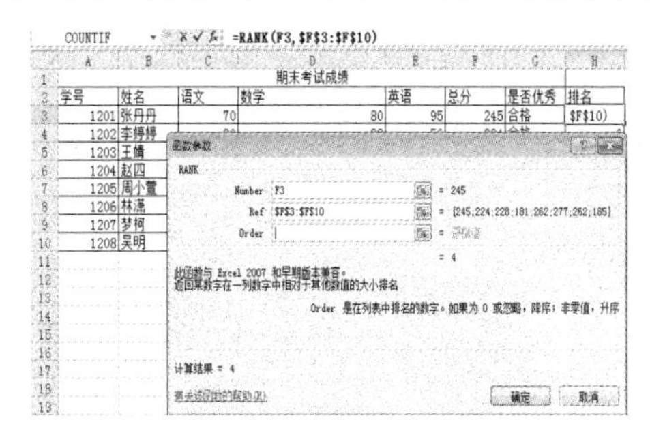

图 5-42　RANK 函数示例

期末考试成绩							
学号	姓名	语文	数学	英语	总分	是否优秀	排名
1201	张丹丹	70	80	95	245	合格	4
1202	李婷婷	80	88	56	224	合格	6
1203	王婧	66	70	92	228	合格	5
1204	赵四	40	65	76	181	合格	8
1205	周小萱	91	85	86	262	优秀	2
1206	林潇	90	95	92	277	优秀	1
1207	梦柯	93	81	88	262	优秀	2
1208	吴明	50	45	90	185	合格	7

图 5-43　用 RANK 函数进行排名的结果

5.5.5　使用名称

用户可以给常用的单元格或区域定义一个名称，然后在公式中使用名称来引用它们。使用名称可以使公式更简洁、易于理解。

名称的命名规则如下：名称的第一个字符必须是字母或下画线，名称中的字符可以是字母、数字、句号和下画线；名称中不能有空格；名称不能与单元格引用相同，如B10；名称中不区分字母的大小写。

1. 定义名称

Excel 2010 提供了3种定义名称的方法。

方法一的具体操作步骤如下。

（1）单击“公式”选项卡→“定义的名称”组中的“定义名称”按钮，弹出“新建名称”对话框。

（2）在“新建名称”对话框中进行设置。在“名称”文本框中输入名称，在“引用位置”文本框中输入所引用的单元格或单元格区域的地址引用，在“范围”下拉列表中可以设置名称的使用范围，默认情况下是在整个工作簿中都可以使用。如图5-44所示的设置，是给C3:C10单元格区域定义名称为“语文”。

（3）单击“确定”按钮，完成操作。

方法二的操作步骤如下。

（1）选择单元格区域，本例中选择D2:D10。

（2）单击“公式”选项卡→“定义的名称”组中的“根据所选内容创建”按钮。

（3）在弹出的“以选定区域创建名称”对话框中，可以选择首行、最左列、末行、最右列来作为区域的名称。如图5-45所示，选中“首行”复选框，即把D2单元格中的内容“数学”作为名称。

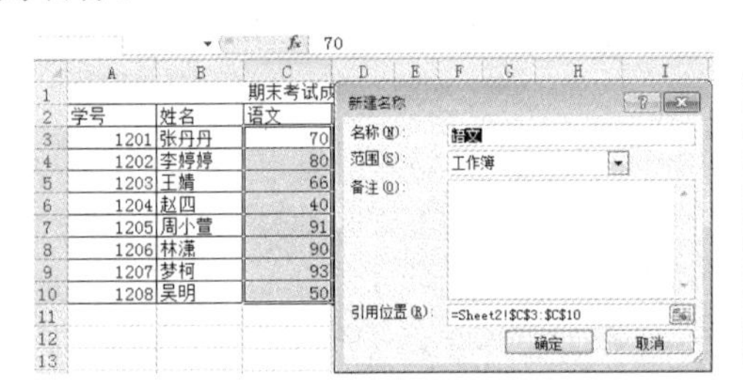

图5-44 “新建名称”对话框

图5-45 “以选定区域创建名称”对话框

（3）单击“确定”按钮，就给D3:D10单元格区域定义名称为“数学”。

方法三的具体步骤为：选择单元格区域，在编辑栏左边的名称框中输入相应的名称，直接按回车键即可。如图5-46所示，给E3:E10单元格区域定义名称为“英语”。

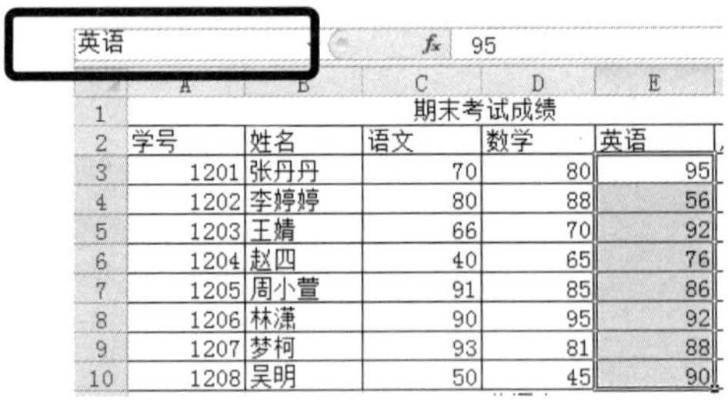

图5-46 在名称框输入名称

2. 管理名称

单击“公式”选项卡→“定义的名称”组中的“名称管理器”按钮，弹出“名称管理器”对话框。在该对话框中可以对已经定义好的名称进行编辑或删除，也可以新建名称。

3. 名称的使用

创建名称之后，在编写公式的时候就可以直接使用这些名称来代替所使用的单元格或单元格区域。在公式中使用名称的方法有两种。

方法一：编写公式的过程中，直接由键盘输入名称。

方法二：编写公式的过程中，单击“公式”选项卡→“定义的名称”组中的“用于公式”下拉按钮，在弹出的下拉列表中列出了已经定义好的名称，直接选择即可。

例如，要在图 5-47 所示的 C11 单元格中计算语文平均成绩。在 C11 单元格中输入公式“=average( )”，把光标停留在编辑栏的括号中，然后单击“公式”选项卡→“定义的名称”组中的“用于公式”，下拉按钮，在弹出的下拉列表中选择“语文”选项，则把名称“语文”应用到 average 的参数中，公式变为“=average(语文)”。

	A	B	C	D	E	F
1			期末考试成绩			
2	学号	姓名	语文	数学	英语	总分
3	1201	张丹丹	70	80	95	245
4	1202	李婷婷	80	88	56	224
5	1203	王晴	66	70	92	228
6	1204	赵四	40	65	76	181
7	1205	周小萱	91	85	86	262
8	1206	林潇	90	95	92	277
9	1207	梦柯	93	81	88	262
10	1208	吴明	50	45	90	185
11			/erage()			

图 5-47 在公式中使用名称

另外，还可以使用名称来实现工作表的快速定位。在编辑栏的名称框中输入已定义的名称，然后按回车键；或者在名称框的下拉列表中选择所需的名称，则工作表将立即定位到该名称所代表的单元格或区域。

5.5.6 函数嵌套

函数嵌套指的是一个函数的计算结果是另一个函数的参数。例如，公式：=ROUND (AVERAGE(C3:E3), 0)。首先计算 AVERAGE 函数，然后计算 ROUND 函数，AVERAGE 函数的计算结果是 ROUND 函数的参数。此时称 ROUND 为一级函数，AVERAGE 为二级函数。一个公式中最多可包含 7 级嵌套。应注意：嵌套函数返回的值类型必须与上一级函数的对应参数的值类型相同。在本例中，ROUND 函数的第一个参数必须是数字型数据，而 AVERAGE 的返回值也是数字型。

例如，要求在图 5-48 所示中的 I3 单元格中用函数计算“张丹丹”同学 3 门课的平均分，结果保留整数。单击 I3 单元格，单击编辑栏的 fx 按钮，在弹出的“插入函数”对话框的“搜索函数”栏输入“round”，单击“转到”按钮，再单击“确定”按钮。在弹出的“函数参数”对话框中单击“Number”栏，再单击编辑栏名称框的下拉按钮，在函数列表中选择“AVERAGE”函数，则弹出 AVERAGE 函数的“函数参数”对话框，选择 C3:E3 单元格区域，单击“确定”按钮。此时，编辑栏的公式变为“=ROUND(AVERAGE(C3:E3)) ”，同时弹出如图 5-49 所示的错误提示，原因是一级函数 ROUND 的参数还没有写完。单击编辑栏的 ROUND 函数，再单击 fx 按钮，就会再次弹出 ROUND 函数的“函数参数”对话框，设置“Num_digits”参数为 0，表示要保留的小数位数为 0。单击“确定”按钮即可，如图 5-50 所示。

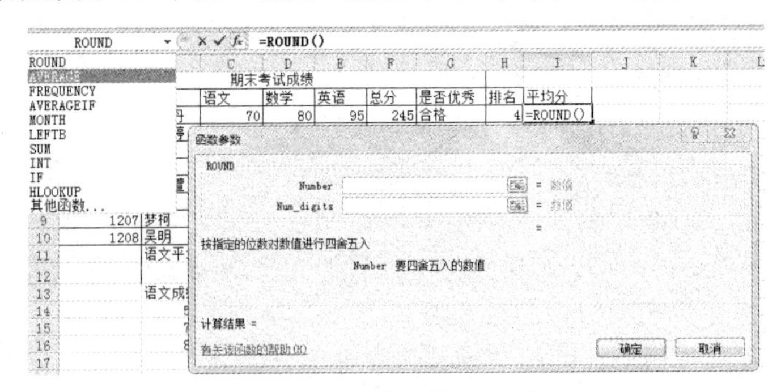

图 5-48　“函数参数”对话框

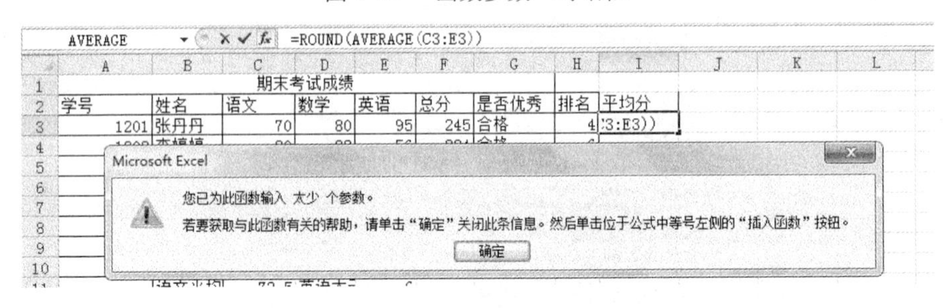

图 5-49　错误提示

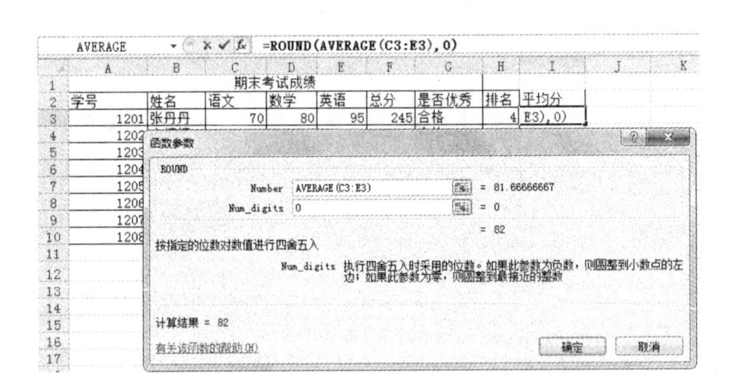

图 5-50　设置“Num_digits”参数

如果用户对公式很熟悉，直接在编辑栏输入完整的公式是很方便的。使用“函数参数”对话框可以让用户对函数的参数有清晰的了解。

5.5.7　公式求值

为了理解嵌套公式中的计算顺序，可以通过“公式求值”对话框来查看公式的不同求值部分。一次只能对一个单元格进行公式求值。

例如，单击图 5-51 中的 I3 单元格，然后单击“公式”选项卡→“公式审核”组中的“公式求值”按钮，就会弹出“公式求值”对话框。单击“求值”按钮就可以显示带下画线的表达式的计算结果。本例中，带下画线的是 AVERAGE 函数，表示首先计算 AVERAGE 函数。计算结果如图 5-52 所示。此时带下画线的是 ROUND 函数，单击“求值”按钮，得到 ROUND 函数的计算结果。公式的计算结果如图 5-53 所示，单击“关闭”按钮即可退出公式求值。

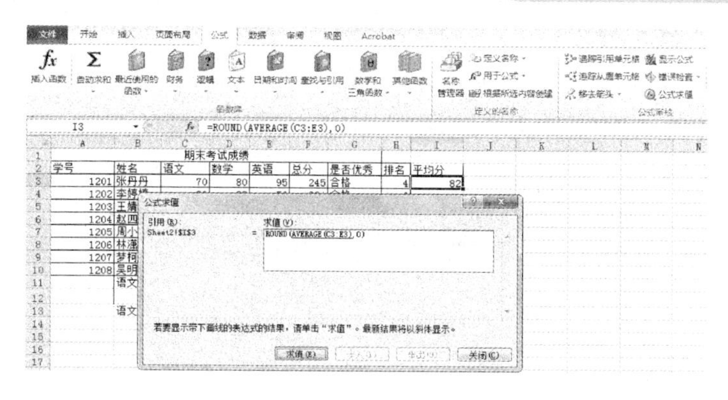

图 5-51 “公式求值”对话框 1

公式求值

引用(R):
Sheet2!$I$3

求值(V):
= ROUND(81.6666666666667,0)

若要显示带下画线的表达式的结果，请单击“求值”。最新结果将以斜体显示。

求值(E)　步入(I)　步出(O)　关闭(C)

图 5-52 “公式求值”对话框 2

公式求值

引用(R):
Sheet2!$I$3

求值(V):
= 82

若要显示带下画线的表达式的结果，请单击“求值”。最新结果将以斜体显示。

重新启动(E)　步入(I)　步出(O)　关闭(C)

图 5-53 “公式求值”对话框 3

5.5.8 使用数组公式

数组公式是指可以对数组进行计算的公式。Excel 数组相当于数学中的矩阵，数组的运算相当于矩阵运算。单元格区域数组是指一片连续的矩形状的单元格区域。例如，A1:B3 是一个 3 行 2 列的单元格区域数组。对数组进行运算（加、减、乘、除、幂）时，要求两个数组具有相同的行数和列数。

要使用数组公式，应先选中要存放结果的区域，输入公式后，按 Ctrl+Shift+回车组合键，则编辑栏的公式将自动被一对大括号{}括起来，并在选定区域返回结果。

例如，在图 5-54 中，利用数组公式来快速计算每种产品的销售额。操作步骤如下。

（1）选中 D2:D4 单元格区域，即选中存放结果的数组。

（2）输入公式“=B2:B4*C2:C4”，表示两个数组相乘。

（3）同时按 Ctrl+Shift+回车组合键，在公式的两边自动加上了大括号 {}，并在 D2:D4 单元格区域显示计算结果，如图 5-55 所示。

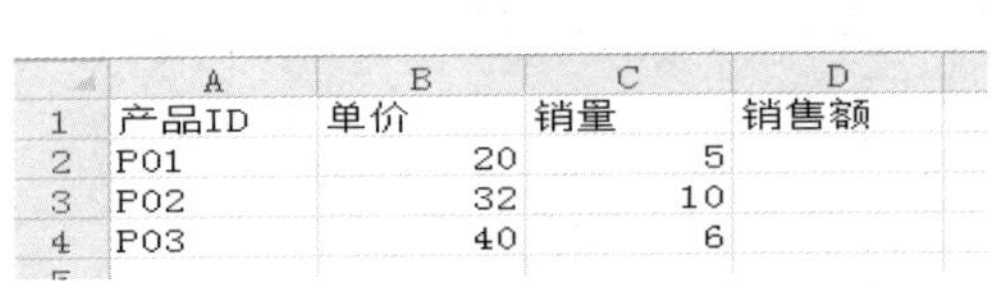

	A	B	C	D
1	产品ID	单价	销量	销售额
2	P01	20	5	
3	P02	32	10	
4	P03	40	6	

图 5-54　数据表

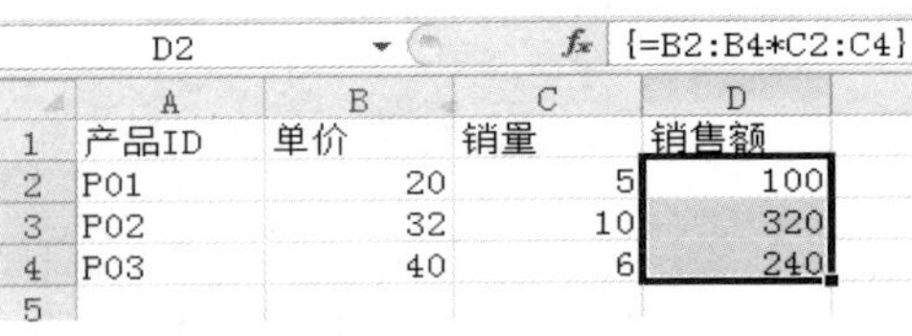

D2　{=B2:B4*C2:C4}

	A	B	C	D
1	产品ID	单价	销量	销售额
2	P01	20	5	100
3	P02	32	10	320
4	P03	40	6	240
5				

图 5-55　数组公式

5.5.9　数学与三角函数

1. 绝对值函数 ABS

格式：ABS(number)。

功能：返回数值型参数“number”的绝对值。

例如：ABS(-5)的计算结果为 5。

2. 求余函数 MOD

格式：MOD(number,divisor)。

功能：返回两数相除的余数，结果的正负号与除数相同。其中“number”是被除数，“divisor”是除数。当除数是零时，返回的结果为#DIV/0!.

当被除数与除数符号相同时，按照“被除数=除数×商+余数”的公式，可以求出余数，也即函数的返回结果。

例如：

MOD(9,4) =1　　说明：9/4 的商为 2，余数为 1。

MOD(−9,−4)=−1　说明：−9/−4 的商为 2，余数为−1。

当被除数与除数符号不同时，按照上述公式算出的余数加上除数，得到函数的返回结果。

例如：

MOD(9,−4)=−3　　说明：9/−4 的商为−2，用余数 1 加上除数−4，结果为−3。

MOD(−9,4)=3　　说明：−9/4 的商为−2，用余数−1 加上除数 4，结果为 3。

3. 取整函数 INT

格式：INT(number)。

功能：返回小于或等于数值型参数“number”的最大整数。

例如：INT(8.6)的计算结果为 8，因为小于 8.6 的最大整数是 8。

INT(−8.6)的计算结果为−9，因为小于−8.6 的最大整数是−9。

4. 四舍五入函数 ROUND

格式：ROUND(number, num_digits)。

功能：对某数字四舍五入到指定的位数。其中“number”是要进行四舍五入的数字，“num_digits”是位数。

例如，ROUND(6.1837, 2)的返回值为 6.18，表示对 6.1837 四舍五入到小数点后两位。

5. 平方根函数 SQRT

格式：SQRT(number)。

功能：返回数字“number”的平方根。如果“number”为负数，则返回值为错误值#NUM!。

例如：SQRT(16)的返回值为 4。

6. 乘积之和函数 SUMRODUCT

格式：SUMPRODUCT(array1, array2,⋯)。

其中“array1,array2,⋯”是一系列数组。

功能：将参数列表中的数组进行相乘并求和。数组参数必须具有相同的维数。

例如，要在图 5-56 中的 B6 单元格计算总销售额，在 B6 单元格输入公式“=SUMPRODUCT(A2:A4,B2:B4)”，函数的返回值为“71”，即 5*2+8*5+3*7。

在 B6 单元格输入公式“=SUM(A2:A4*B2:B4)”后，按 Ctrl+Shift+回车组合键，可以得到相同的结果。

B6　　fx　=SUMPRODUCT(A2:A4,B2:B4)

	A	B	C	D	E	F
1	单价	销售量				
2	5	2				
3	8	5				
4	3	7				
5						
6	总销售额	71				

图 5-56　SUMPRODUCT 函数示例

5.5.10　日期函数

1. 当前日期和时间函数 NOW

格式：NOW( )。

功能：返回当前日期和时间。

2. 日期与时间函数 TODAY

格式：TODAY( )。

功能：返回当前日期。

3. 年份函数 YEAR

格式：YEAR(serial_number)。

功能：返回日期参数的年份。

例如，YEAR(“2016/2/14”) 的返回值为 2016。

4. 日期函数 MONTH

格式：MONTH(serial_number)。

功能：返回日期参数的月份。

例如，MONTH(“2016/2/14”) 的返回值为 2。

5. 天数函数 DAY

格式：DAY(serial_number)。

功能：返回日期参数在一个月中的序号。

例如，DAY(“2016/2/14”)的返回值为 14。

6. 建立日期函数 DATE

格式：DATE(year, month, day)。

功能：根据 3 个数字型参数返回一个日期型数据。

例如，DATE(2016, 5, 1)的返回值是日期“2016/5/1”。

5.5.11 逻辑函数

1. 逻辑非函数 NOT

格式：NOT(logical)。

功能：返回逻辑值参数的反值。其中“logical”为逻辑值(TRUE 或 FALSE)或者计算结果为逻辑值的表达式。当参数的值为 TRUE，则函数返回 FALSE；当参数的值为 FALSE, 则函数返回 TURE。

例如，NOT(TRUE)的返回值为 FALSE；NOT(6>9)的返回值为 TRUE。

2. 逻辑与函数 AND

格式：AND(logical1, logical2,…)。

功能：当所有参数的计算结果都为 TRUE，返回 TRUE，否则返回 FALSE。

例如，AND(TRUE, TRUE)返回 TRUE；AND(3+4>8, 10−4=6)的返回值为 FALSE。

3. 逻辑或函数 OR

格式：OR(logical1, logical2, …)。

功能：当任何一个参数为 TRUE，则返回 TRUE；当所有参数都为 FALSE 时，返回 FALSE。

例如，OR(FALSE, FALSE)的返回值为 FALSE；OR(4>3, 1+2=2, 4>8)的返回值为 TRUE。

5.5.12 查找函数

1. 按列查找函数 VLOOKUP

格式：VLOOKUP(lookup_value, table_array, col_index_num, [range_lookup])。

功能：在数据区域“table_array”的第一列中，查找“lookup_value”，如果找到，则返回数据区域“table_array”的相同行第“col_index_num”列单元格的值。

“range_lookup”是匹配类型。当为 0 或 FALSE 时，表示查找精确匹配值。如果有多个值与“lookup_value”匹配，则返回找到的第一个值；如果没找到，则返回错误值#N/A。当“range_lookupz”取值为 1 或 TURE 时，表示如果找不到精确匹配值，则返回小于“lookup_value”的最大值。

例如，在图 5-57 中，要查找学号为“1205”的学生的姓名，可以使用公式“=VLOOKUP(1205, A3:B10, 2, FALSE)”，公式的返回值为“周小萱”。

	A	B	C	D	E
1				期末考试成绩	
2	学号	姓名	语文	数学	英语
3	1201	张丹丹	70	80	95
4	1202	李婷婷	80	88	56
5	1203	王婧	66	70	92
6	1204	赵四	40	65	76
7	1205	周小萱	91	85	86
8	1206	林潇	90	95	92
9	1207	梦柯	93	81	88
10	1208	吴明	50	45	90

图 5-57 数据表

2. 按行查找函数 HLOOKUP

格式：HLOOKUP(lookup_value, table_array, row_index_num, [range_lookup])。

功能：在数据区域“table_array”的第一行中，查找“lookup_value”，如果找到，则返回数据区域“table_array”的相同列第“row_index_num”行单元格的值。“range_lookup”的设置与函数 VLOOKUP 相同。

例如，在图 5-57 中，假设在 A12 单元格中输入以下公式“=HLOOKUP("数学", A2:E10, 6, 0)”，则公式的返回值为 85。

5.5.13 文本函数

文本函数中，有一些成对出现的函数，如LEN和LENB，LEFT和LEFTB，RIGHT和RIGHTB等等。在一对函数中，其中一个函数名比另一个函数名在后面多了一个字符“B”。那么，后面多了字符“B”的函数把一个汉字按 2 计数；而另一个不加字符“B”的函数则把一个汉字按 1 计数。

1. 字符串长度函数 LEN 和 LENB

格式：LEN(text)，LENB(text)。

功能：LEN 函数返回字符串参数“text”中的字符数；LENB 函数返回字符串参数“text”中的字节数。LEN 函数把一个汉字按 1 计数，而 LENB 函数把一个汉字按 2 计数。

例如，LEN("Lucy 你好") 的返回值为数字“6”；LENB("Lucy 你好") 的返回值为数字“8”。

2. 左子串函数 LEFT 和 LEFTB

格式：LEFT(text, n)，LEFTB(text, n)

功能：返回字符串参数“text”中最左边的 n 个字符或字节。当 n 省略，则默认 n 为 1。

例如，LEFT("民大 2016 级",6) 的返回值为字符串“民大 2016”；LEFTB("民大 2016 级",6) 的返回值为字符串“民大 20”。

3. 右字串函数 RIGHT 和 RIGHTB

格式：RIGHT(text, n)，RIGHTB(text, n)。

功能：返回字符串参数“text”中最右边的 n 个字符或字节。当 n 省略，则默认 n 为 1。

例如，RIGHT("民大 2016 级",4) 的返回值为字符串“016 级”；RIGHTB("民大 2016 级",4) 的返回值为字符串“16 级”。

4. 字串函数 MID 和 MIDB

格式：MID(text, start_num, n)，MIDB(text, start_num, n)

功能：返回字符串参数“text”中从“start_num”位置开始的 n 个字符或字节。

例如，MID("民大 2016 级",3,4) 的返回值为字符串“2016”；MIDB("民大 2016 级",3,4) 的返回值为字符串“大 20”。

5. 数值转换为文本函数 TEXT

格式：TEXT(value, format_text)。

功能：把数值型参数“value”转换成“format_text”指定格式的文本型数据。其中“format_text”是用双引号括起来的字符串，如"0.#"。格式中的符号及其意义请参见 5.2 节的自定义数字格式。

例如，TEXT(35.687,"0.0")的返回值为字符串“35.7”；TEXT(2,"0")&"班"的返回值为字符串“2 班”。

6. 删除首尾空格函数 TRIM

格式：TRIM(text)。

功能：删除字符串参数“text”首尾的空格。

例如，TRIM("   good morning   ")的返回值为字符串“good morning”，首尾的空格被删除，但是中间的空格不被删除。

5.5.14 统计函数

1. 条件求平均值函数 AVERAGEIF

格式：AVERAGEIF(range,criteria,average_range)。

其中，“range”和“criteria”栏的填充规则与前面介绍的 COUNTIF 函数一致，“average_range”为需要求平均值的实际单元格。

功能：根据制定的条件对若干单元格求平均值。只有在“range”区域中相应的单元格符合“criteria”条件的情况下，才对“average_range”中的单元格求平均值。如果省略“average_range”，则对“range”区域中符合条件的单元格求平均值。

例如，在图 5-57 所示的数据，要统计“优秀”的学生的英语平均分，并将结果放在 E12 单元格。单击 E12 单元格，单击 *fx* 按钮，在弹出的“插入函数”对话框的“搜索函数”栏输入“averageif”，单击“转到”按钮，再单击“确定”按钮，如图 5-58 所示。在弹出的“函数参数”对话框中进行参数设置，将“Range”参数设置为“G3:G10”，将“Criteria”参数为“"优秀"”，将“Average_range”参数设置为“E3:E10”，如图 5-59 所示。函数将在 G3:G10 单元格区域查找等于“优秀”的单元格，如果找到，则对 E3:E10 单元格区域的对应行的单元格进行求平均值运算。

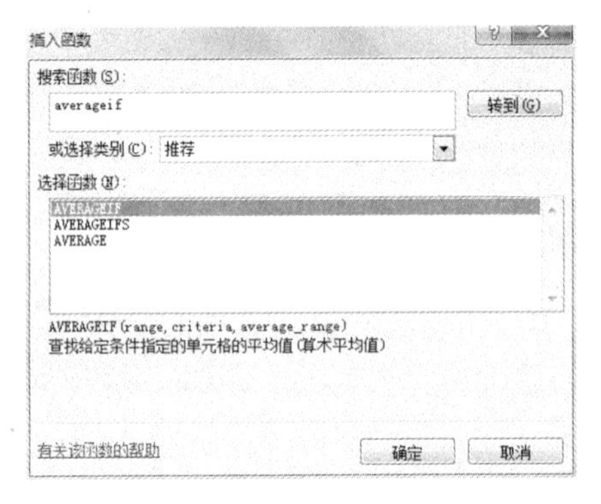

图 5-58 “插入函数”对话框

AVERAGEIF =AVERAGEIF(G3:G10,"优秀",E3:E10)

	A	B	C	D	E	F	G
1				期末考试成绩			
2	学号	姓名	语文	数学	英语	总分	是否优秀
3	1201	张丹丹	70	80	95	245	合格
4	1202	李婷婷	80	88	56	224	合格
5	1203	王婧	66	70	92	228	合格
6	1204	赵四	40	65	76	181	合格
7	1205	周小豐	91	85	86	262	优秀
8	1206	林潇	90	95	92	277	优秀
9	1207	梦柯	93	81	88	262	优秀
10	1208	吴明	50	45	90	185	合格
11				英语大于80分的人数：	6		
12				优秀生的英语平均分：	E3:E10)		

函数参数

AVERAGEIF

Range G3:G10 = {"合格";"合格";"合格";"合格";"...

Criteria "优秀" = "优秀"

Average_range E3:E10 = {95;56;92;76;86;92;88;90}

= 88.66666667

查找给定条件指定的单元格的平均值(算术平均值)

Range 是要进行计算的单元格区域

计算结果 = 88.66666667

有关该函数的帮助(H) 确定 取消

图 5-59 “函数参数”对话框

2. 条件求和函数 SUMIF

格式：SUMIF(range,criteria,sum_range)。

功能：根据制定的条件对若干单元格求和。参数使用方法与 AVERAGEIF 函数相同。只有在“range”区域中相应的单元格符合“criteria”条件的情况下，才对“sum_range”中的单元格求和，如果省略“sum_range”，则对“range”区域中的所有符合条件的单元格求和。

3. 多条件求平均值函数 AVERAGEIFS

格式：AVERAGEIFS(average_range,criteria_range1,criteria1,criteria_range2,criteria2,⋯)。

功能：根据制定的多个条件对若干单元格求平均值。其中，“average_range”是进行求平均值的单元格区域，“criteria1”是对“criteria_range1”区域进行判断的条件，“criteria2”是对“criteria_range2”区域进行判断的条件，以此类推。

4. 多条件求和函数 SUMIFS

格式：SUMIFS(sum_range,criteria_range1,criteria1,criteria_range2,criteria2,⋯)。

功能：根据制定的多个条件对若干单元格求和。其参数说明与 AVERAGEIFS 类似。

5. FREQUENCY

格式：FREQUENCY(data_array,bins_array)。

其中，“data_array”是一个数组或对一组数值的引用，是要计算其频率的数据；“bins_array ”是一个数组或对数组区域的引用，是要对“data_array”进行频率计算的分段点。如果 bins_array 中不包含任何数值，函数 FREQUENCY 返回 data_array 元素的数目。

功能：计算一列垂直数组在某个区域中的频率分布，并返回一个垂直数组。

注意： ① 返回的数组中的元素个数比 bins_array 中的元素个数多 1 个。多出来的元素表示大于最高区间的数值个数。

② 返回的是一个垂直数组，必须以多单元格数组公式的形式输入。其输入步骤为：选定单元格区域→输入数组公式→按 Ctrl+Shift+回车组合键，则 Excel 自动在公式的两边加上大括号{ }。

例如，要统计语文成绩的分布情况，操作步骤如下。

（1）在 B14、B15、B16 单元格中分别输入“59”、“74”和“89”，分别表示分数段“<=59”、“60-74”、“75-89”、“>=90”。

（2）选中存放结果的 C14:C17 单元格区域。

（3）单击编辑栏的 f_x 按钮，在弹出的“插入函数”对话框中选择函数“FREQUENCY”，单击“确定”按钮。

（4）在弹出的“函数参数”对话框中，设置“Data_array”参数为“C3:C10”，“Bins_array ”为“B14:B16”，如图 5-60 所示。单击“确定”按钮，就只在 C14 单元格显示一个计算结果“2”。

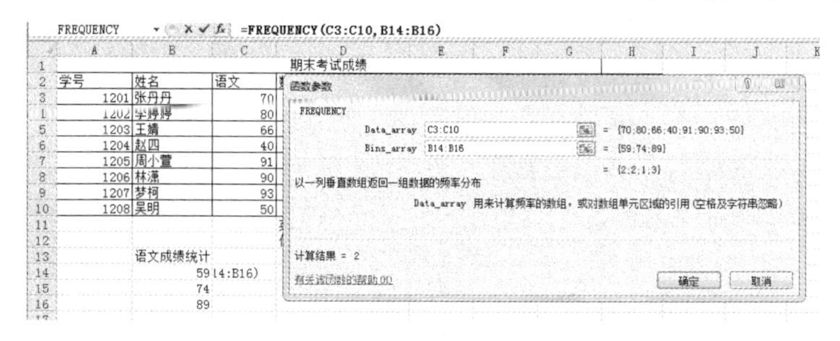

图 5-60　FREQUENCY 函数示例

（5）单击编辑栏的编辑框，然后按 Ctrl+Shift+回车组合键，则在公式两边自动加上了括号{}，并在 C14:C17 单元格区域看到计算结果，如图 5-61 所示。

C14 {=FREQUENCY(C3:C10,B14:B16)}

	A	B	C	D	E	F	G	H
1	期末考试成绩							
2	学号	姓名	语文	数学	英语	总分	是否优秀	排名
3	1201	张丹丹	70	80	95	245	合格	4
4	1202	李婷婷	80	88	56	224	合格	6
5	1203	王婧	66	70	92	228	合格	5
6	1204	赵四	40	65	76	181	合格	8
7	1205	周小萱	91	85	86	262	优秀	2
8	1206	林潇	90	95	92	277	优秀	1
9	1207	梦柯	93	81	88	262	优秀	2
10	1208	吴明	50	45	90	185	合格	7
11				英语大于80分的人数：	6			
12				优秀生的英语平均分：	88.66667			
13		语文成绩统计						
14		59	2					
15		74	2					
16		89	1					
17			3					

图 5-61　FREQUENCY 函数的计算结果

6. 绝对偏差平均值函数 AVEDEV

格式：AVEDEV(number1,number2,…)。

功能：返回一组数据与它们的平均值的绝对偏差的平均值。

5.6　数据管理与统计

Excel 具有强大的数据处理能力，如进行排序、筛选和分类汇总等操作。

5.6.1　数据筛选

数据筛选是指从众多的数据中挑选出符合特定条件的数据，那些符合条件的数据被显示在工作表中，而不满足条件的数据被隐藏起来。筛选分为自动筛选和高级筛选。

1. 自动筛选

自动筛选是一种快速的筛选方法。进行自动筛选，可以选择使用单条件和多条件两种筛选方式。

（1）单条件自动筛选。

单条件筛选是指把符合一种条件的数据筛选出来。

例如，在“员工信息”工作表中筛选出电信学院和管理学院的员工信息，操作步骤如下。

① 单击数据区域中的任意一个单元格。

② 单击“数据”选项卡→“排序和筛选”组中的“筛选”按钮，此时进入了自动筛选状态，标题行每列的右侧出现一个下拉按钮。

③ 单击“院系”右侧的下拉按钮，弹出下拉列表。

④ 选中“电信学院”和“管理学院”复选框，如图 5-62 所示。

⑤ 单击“确定”按钮。筛选后的数据如图 5-63 所示，“院系”右侧的下拉按钮变成了筛选图标。

要删除对“院系”列的筛选条件，单击“院系”右侧的筛选图标按钮，在弹出的下拉列表中选择“从‘院系’中清除筛选”选项，则所有院系的员工都会重新被显示出来。

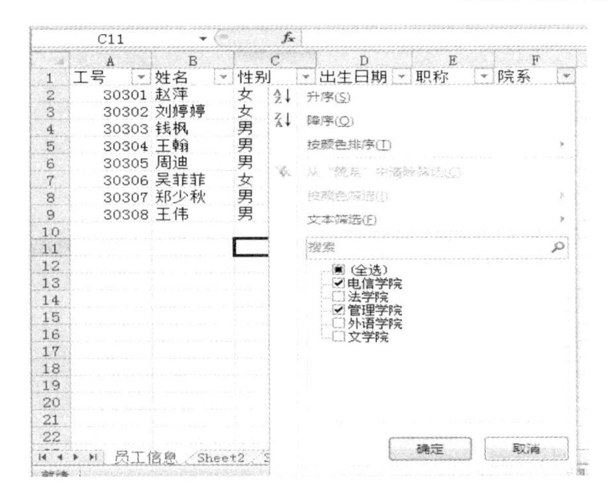

图 5-62 文本筛选

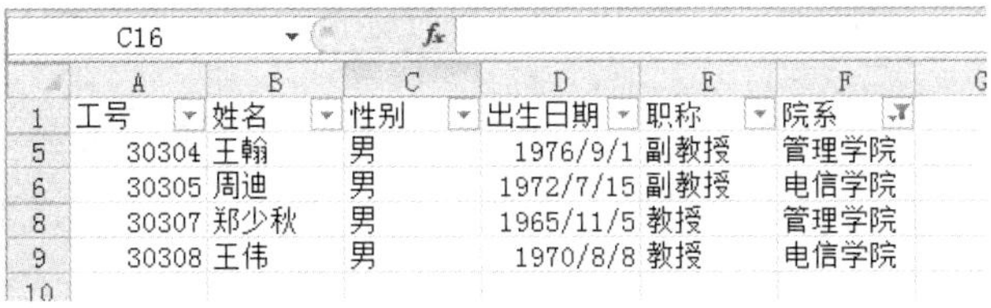

	工号	姓名	性别	出生日期	职称	院系
5	30304	王翰	男	1976/9/1	副教授	管理学院
6	30305	周迪	男	1972/7/15	副教授	电信学院
8	30307	郑少秋	男	1965/11/5	教授	管理学院
9	30308	王伟	男	1970/8/8	教授	电信学院

图 5-63 自动筛选结果

对于排序后的数值型数据，还可以按数值的大小范围筛选出若干数据。例如，要筛选出工号最大的 3 个员工的信息，操作步骤如下。

① 单击“工号”右侧的下拉按钮，在弹出的下拉列表中选择“数字筛选”→“10 个最大的值”选项，如图 5-64 所示。

图 5-64 筛选“10 个最大的值”

② 在弹出的对话框中进行设置，如图 5-65 所示。在该对话框中，第一个下拉列表里有“最大”和“最小”两个选项，第二个下拉列表用来确定筛选后要显示的项数，第三个下拉列表框有“项”和“百分比”两个选项。设置完毕后，单击“确定”按钮。筛选后的数据如图 5-66 所示。

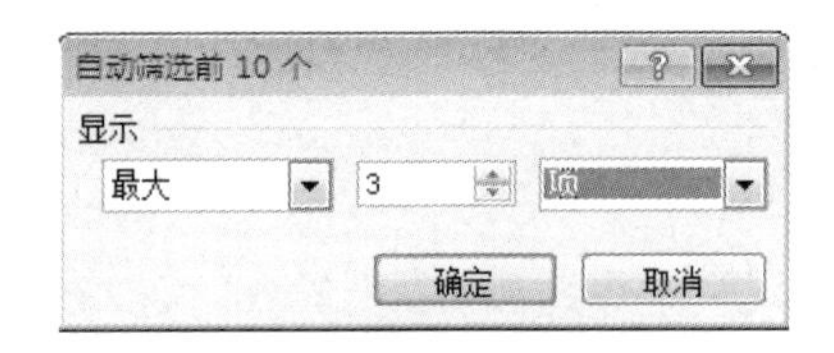

图 5-65 “自动筛选前 10 个”对话框

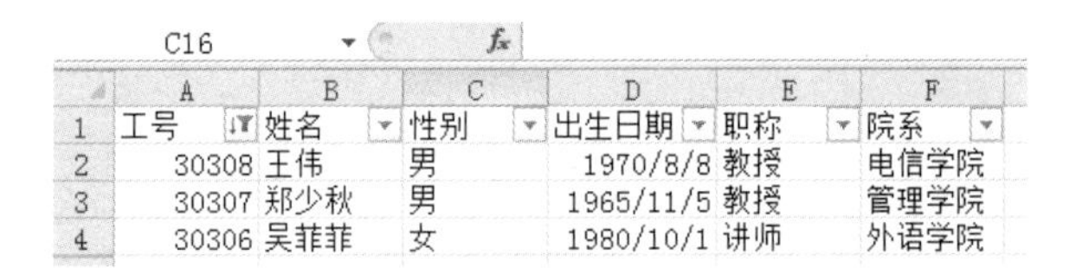

C16

	A	B	C	D	E	F
1	工号	姓名	性别	出生日期	职称	院系
2	30308	王伟	男	1970/8/8	教授	电信学院
3	30307	郑少秋	男	1965/11/5	教授	管理学院
4	30306	吴菲菲	女	1980/10/1	讲师	外语学院

图 5-66 筛选出工号最大的 3 个员工

（2）多条件自动筛选。

多条件筛选是指把符合多个条件的数据筛选出来。

例如，要筛选出 1980 年以后或 1970 年以前出生的员工信息，可以单击“出生日期”右侧的下拉按钮，在弹出的下拉列表中选择“日期筛选”选项，弹出“自定义自动筛选方式”对话框，进行如图 5-67 的设置，单击“确定”按钮即可。

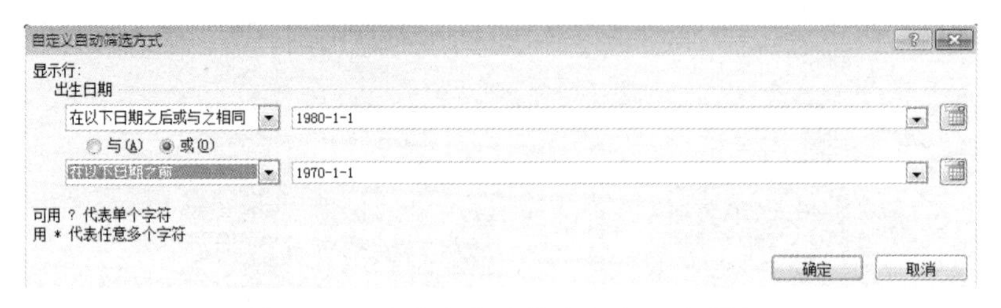

图 5-67 “自定义自动筛选方式”对话框

如果筛选条件涉及多列数据，只需分别在这些列的下拉列表中选择相应的筛选条件即可，这些条件之间是“与”的关系。

例如，在上例的基础上，再单击“性别”右侧的下拉按钮，在弹出的下拉列表中选中“女”复选框，单击“确定”按钮。则筛选结果为“1980 年以后或 1970 年以前出生”的“女”员工信息，如图 5-68 所示。

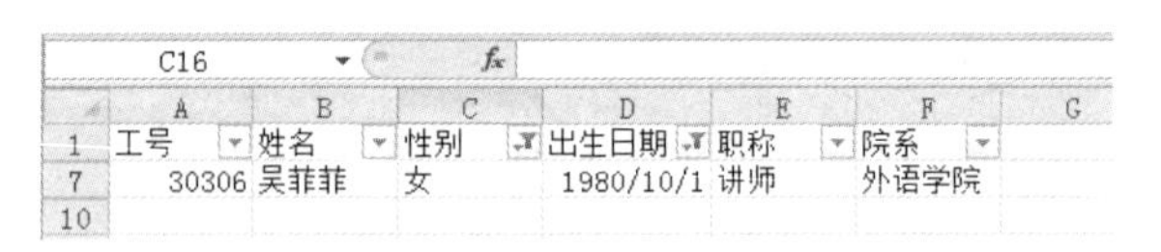

C16

	A	B	C	D	E	F	G
1	工号	姓名	性别	出生日期	职称	院系	
7	30306	吴菲菲	女	1980/10/1	讲师	外语学院	
10							

图 5-68 1980 年以后或 1970 年以前出生的女员工信息

要同时把多列的筛选条件都清除，可以直接单击“数据”选项卡→“排序和筛选”组中的“清除”按钮。

2. 取消“自动筛选”

要取消自动筛选，退出自动筛选状态，单击“数据”选项卡→“排序和筛选”组中的“筛选”按钮即可。

3. 高级筛选

高级筛选条件可以包括一列中的多个条件、多列中的多个条件，从而满足复杂的筛选要求。完成高级筛选有两个步骤：一是设定筛选条件，二是进行高级筛选。

使用高级筛选进行数据筛选时，必须先进行筛选条件的设置。高级筛选的条件设置要注意以下几点。

① 先在工作表的某区域内建立一个条件区域，用来指定条件。

② 在条件区域首行中输入的字段名必须与数据清单中的字段名一致，不能出错。

③ 条件区域的字段名下至少要有一行输入了查找记录要满足的条件。

④ 在同一行中的各条件间是“与”的关系，即必须同时满足。

⑤ 不同行的各条件间是“或”的关系，即满足其中一个即可。

Excel 将条件区域字段名下的条件与数据清单中同一字段名下的数据进行比较，满足条件的记录被显示，不满足条件的记录暂时被隐藏起来。

例如，要筛选出 1970 年以后出生的“教授”及所有的“讲师”的信息，操作步骤如下。

① 在工作表中选择一片空白区域，输入筛选条件，如图 5-69 所示。

I4　　fx　讲师

	A	B	C	D	E	F	G	H	I
1	工号	姓名	性别	出生日期	职称	院系			
2	30301	赵泽	女	1976-2-2	副教授	文学院		出生日期	职称
3	30302	刘婷婷	女	1978-4-7	讲师	法学院		>=1970-1-1	教授
4	30303	钱枫	男	1982-1-22	讲师	文学院			讲师
5	30304	王翰	男	1976-9-1	副教授	管理学院			
6	30305	周迪	男	1972-7-15	副教授	电信学院			
7	30306	吴菲菲	女	1980-10-1	讲师	外语学院			
8	30307	郑少秋	男	1965-11-5	教授	管理学院			
9	30308	王伟	男	1970-8-8	教授	电信学院			

图 5-69　筛选条件的设置

② 在数据区域选定任一单元格。

③ 单击“数据”选项卡→“排序和筛选”组中的“高级”按钮，弹出“高级筛选”对话框。

④ 按如图 5-70 所示进行设置。在“方式”栏中，可以选择“在原有区域显示筛选结果”，也可以选择“将筛选结果复制到其他位置”；在“列表区域”编辑框中输入待筛选数据所在的区域；在“条件区域”编辑框中输入筛选条件所在的区域。

⑤ 单击“确定”按钮，筛选结果如图 5-71 所示。

图 5-70　“高级筛选”对话框

	A	B	C	D	E	F
1	工号	姓名	性别	出生日期	职称	院系
3	30302	刘婷婷	女	1978-4-7	讲师	法学院
4	30303	钱枫	男	1982-1-22	讲师	文学院
7	30306	吴菲菲	女	1980-10-1	讲师	外语学院
9	30308	王伟	男	1970-8-8	教授	电信学院

图 5-71　高级筛选结果

对于筛选条件的字段值相同的记录，若不需要重复显示，则选中对话框下面的“选择不重复的记录”。要使用新的条件再次筛选，可在条件区域改变条件，然后重新筛选。

筛选后的数据除了可放在原位置（不满足条件的记录被隐藏）外，还可以将其复制到一个新的位置。步骤基本同前，但有以下差别。

① 在“高级筛选”对话框中，选中“将筛选结果复制到其他位置”单选按钮，这就使得“复制到”编辑框有效。

② 在“复制到”编辑框中输入一个区域引用，或者单击“复制到”编辑框右侧的折叠对话框按钮，然后在工作表中数据区域外单击任一单元格。

4. 取消高级筛选

若要取消“高级筛选”，单击“数据”选项卡→“排序和筛选”组中的“清除”按钮即可。

5.6.2 数据排序

在 Excel 中可以对数据进行升序或降序排序。

1. 按一列排序

要针对某一列数据进行排序，操作步骤如下。

（1）单击要排序的列中的任一单元格。

（2）单击“数据”选项卡→“排序和筛选”组中的“升序”按钮 A↓Z 或“降序”按钮 Z↓A 即可。

2. 按多列排序

按多列排序是指依据多列的数据规则对数据进行排序。例如，用户可以按“性别”升序排序，当“性别”相同时再按“出生日期”降序进行排序，其中“性别”的升序排列是指以拼音字母为顺序排列。具体操作步骤如下。

（1）选定数据区域的任一单元格。

（2）单击“数据”选项卡→“排序和筛选”组中的“排序”按钮，弹出“排序”对话框。

（3）在“排序”对话框中进行设置，如在“主要关键字”下拉列表中选择或输入“性别”，并在其右侧选择“升序”选项。

（4）单击“添加条件”按钮，在“次要关键字”下拉列表中选择“出生日期”选项，在其右侧选择“降序”选项，如图 5-72 所示。

（5）单击“确定”按钮，则工作表中的数据将按指定条件进行排列，结果如图 5-73 所示。

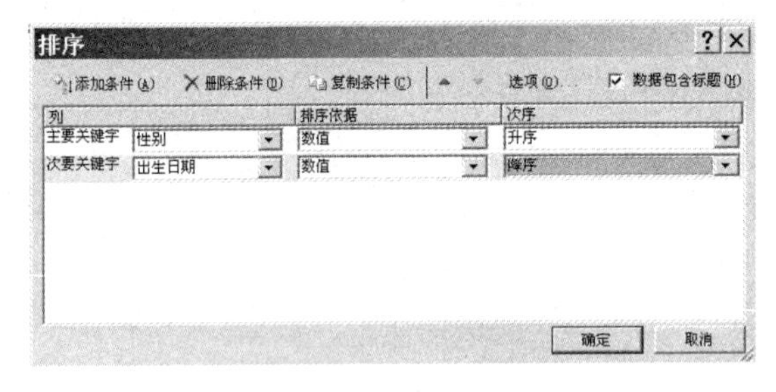

图 5-72 “排序”对话框

	A	B	C	D	E	F
1	工号	姓名	性别	出生日期	职称	院系
2	30303	钱枫	男	1982-1-22	讲师	文学院
3	30304	王翰	男	1976-9-1	副教授	管理学院
4	30305	周迪	男	1972-7-15	副教授	电信学院
5	30308	王伟	男	1970-8-8	教授	电信学院
6	30307	郑少秋	男	1965-11-5	教授	管理学院
7	30306	吴菲菲	女	1980-10-1	讲师	外语学院
8	30302	刘婷婷	女	1978-4-7	讲师	法学院
9	30301	赵萍	女	1976-2-2	副教授	文学院

图 5-73 排序结果

5.6.3 分类汇总

有时需要对数据进行汇总，并插入带有汇总信息的行。Excel 提供的“分类汇总”功能可以自动对所选数据进行汇总，并插入汇总行。汇总方式灵活多样，如求和、平均值、最大值、标准方差等，可以满足用户多方面的需要。

下面以分别统计男女员工的人数为例，介绍对数据进行分类汇总的操作步骤。

（1）对数据按分类字段进行排序，本例中按“性别”进行升序排序。

（2）选定数据区域的任一单元格，单击“数据”选项卡→“分级显示”组中的“分类汇总”按钮，弹出“分类汇总”对话框。

（3）在“分类汇总”对话框中，根据需要对各项进行设置。“分类汇总”对话框中各项说明如下。

① 分类字段：在下拉列表中选择进行分类的列标题，它是已经排序的列。本例选择“性别”。

② 汇总方式：在下拉列表中选定需要的汇总方式。本例选择“计数”。

③ 选定汇总项：在列表中选定想汇总的一列或多列。本例选择“工号”。

④ 替换当前分类汇总：若本次汇总前，已经进行过某种分类汇总，此复选框决定是否保留原来的汇总数据。

⑤ 每组数据分页：决定每类汇总数据是否独占一页。

⑥ 汇总结果显示在数据下方：决定每类汇总数据是出现在该类数据的下方还是上方。

设置之后如图 5-74 所示。

（4）单击“确定”按钮，分类汇总结果如图 5-75 所示。

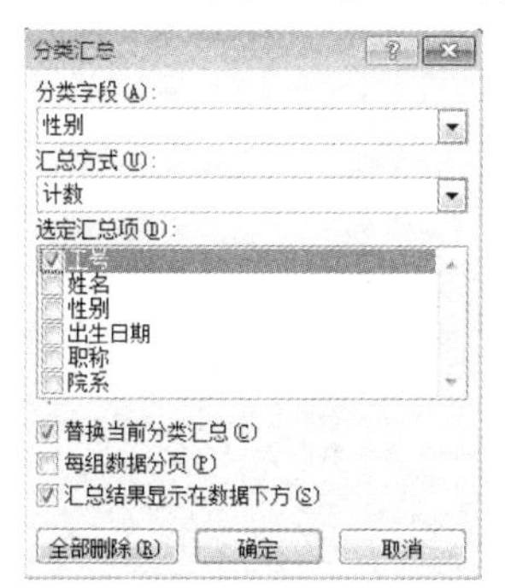

图 5-74 “分类汇总”对话框

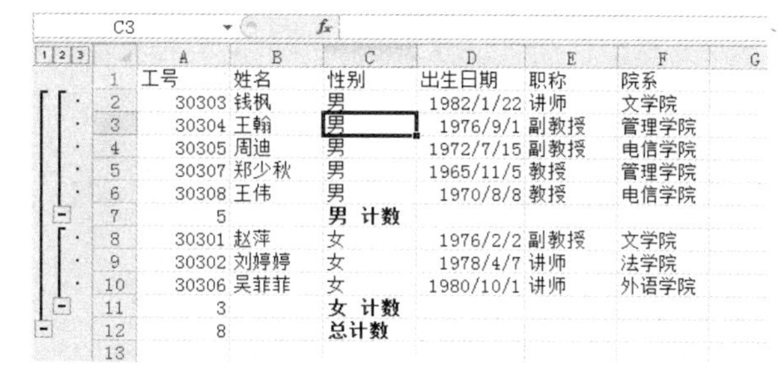

C3

	A	B	C	D	E	F	G
1	工号	姓名	性别	出生日期	职称	院系	
2	30303	钱枫	男	1982/1/22	讲师	文学院	
3	30304	王翰	男	1976/9/1	副教授	管理学院	
4	30305	周迪	男	1972/7/15	副教授	电信学院	
5	30307	郑少秋	男	1965/11/5	教授	管理学院	
6	30308	王伟	男	1970/8/8	教授	电信学院	
7	5		男 计数				
8	30301	赵萍	女	1976/2/2	副教授	文学院	
9	30302	刘婷婷	女	1978/4/7	讲师	法学院	
10	30306	吴菲菲	女	1980/10/1	讲师	外语学院	
11	3		女 计数				
12	8		总计数				
13							

图 5-75　分类汇总结果

在图 5-75 中，可以看到分别统计了男员工和女员工的人数，最后还出现总人数。

在分类汇总表的左侧出现了“摘要”按钮 -，“摘要”按钮出现的行就是汇总数据所在的行。单击该按钮，会隐藏该类数据，只显示该类数据的汇总结果，同时按钮由 - 变成 +。单击 + 按钮，会使隐藏的数据恢复显示。

在分类汇总表的左上方有层次按钮 1 2 3，单击 1 按钮，只显示总的汇总结果，不显示详细数据；单击 2 按钮，显示总的汇总结果和分类汇总结果，不显示数据；单击 3 按钮，显示全部数据和汇总结果，此为默认格式。

对数据进行分类汇总后，还可以恢复工作表的原始数据，方法为：选定数据区域的任一单元格，单击“数据”选项卡→“分级显示”组中的“分类汇总”命令，在弹出的“分类汇总”对话框中单击“全部删除”按钮，即可将工作表恢复到原始数据状态。

5.6.4　数据透视表

Excel 提供了一种简单、形象、实用的数据分析工具——数据透视表，使用数据透视表可以全面地对数据进行重新组织和统计数据。

数据透视表是一种对大量数据进行快速汇总和建立交叉列表的交互式表格，它不仅可以转换行和列以显示源数据的不同汇总结果，也可以显示不同页面以筛选数据，还可根据用户的需要显示区域中的细节数据。

1. 创建数据透视表

下面以统计各个学院的男员工和女员工的人数为例，介绍建立数据透视表的操作步骤。

（1）单击“插入”选项卡→“表格”组中的“数据透视表”按钮。

（2）在弹出的“创建数据透视表”对话框中进行设置。本例的设置如图 5-76 所示。

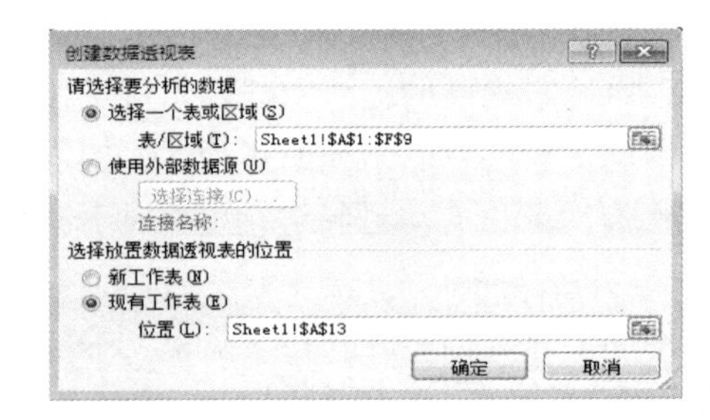

图 5-76 “创建数据透视表”对话框

（3）单击“确定”按钮，进入数据透视表的视图界面，如图 5-77 所示。

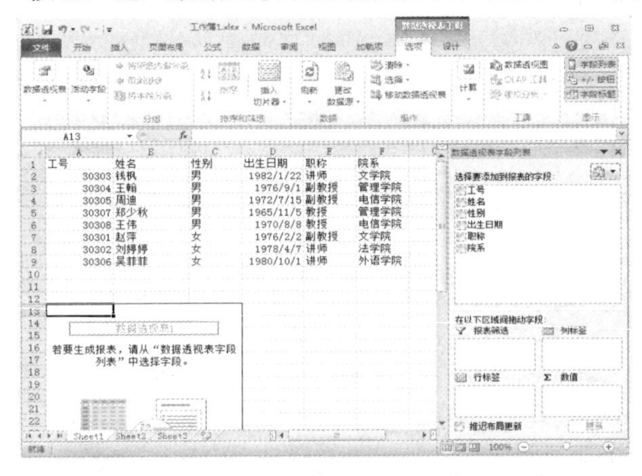

图 5-77 数据透视表视图

（4）在窗口右侧的“选择要添加到报表的字段”窗格中，选中“院系”、“性别”和“工号”复选框，则这些字段分别出现在“行标签”框和“数值”框中（也可以直接拖动相应的字段到指定的框中），在窗口左侧就出现了数据透视表，如图 5-78 所示。

图 5-78 选择数据透视表的字段

（5）单击“数值”框中的“工号”下拉按钮，在弹出的下拉列表中选择“值字段设置”选项，如图 5-79 所示。

（6）在弹出的“值字段设置”对话框中，在“计算类型”列表中选择“计数”选项，如图 5-80 所示。

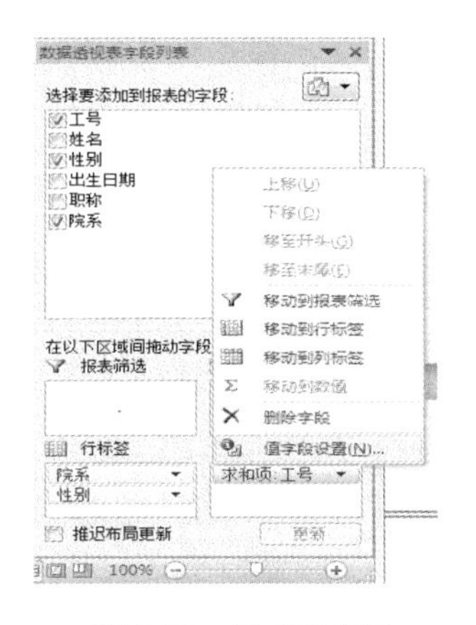

图 5-79　设置值字段

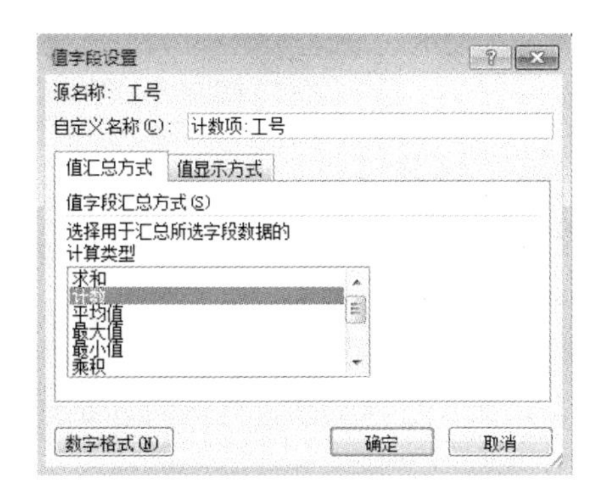

图 5-80 “值字段设置”对话框

（7）单击“确定”按钮，得到的数据透视表如图 5-81 所示。

单击数据透视表中“行标签”右侧的下拉按钮，在弹出的下拉列表中可以进行数据的排序，如图 5-82 所示。

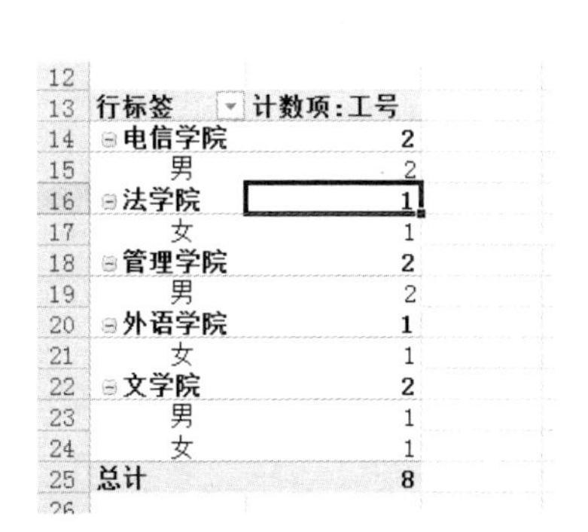

	行标签	计数项:工号
12		
13	行标签	计数项:工号
14	⊟电信学院	2
15	男	2
16	⊟法学院	1
17	女	1
18	⊟管理学院	2
19	男	2
20	⊟外语学院	1
21	女	1
22	⊟文学院	2
23	男	1
24	女	1
25	总计	8

图 5-81　数据透视表

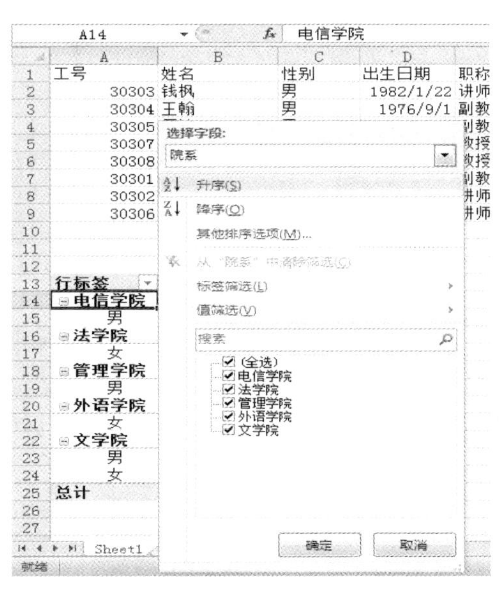

图 5-82　在数据透视表中进行排序

2. 删除数据透视表

单击数据透视表的任一单元格，在“数据透视表工具”栏，单击“选项”选项卡→“操作”组中的“选择”下拉按钮，在弹出的下拉列表中选择“整个数据透视表”选项，则整个数据透视表都被选中，按 Delete 键即可删除整个数据透视表。

5.7　图表的制作

Excel 强大的图表功能可以更加直观地将工作表中的数据体现出来，使原本枯燥无味的数据信息变得生动形象起来。有时用许多文字也无法表达的问题，可以用图表轻松地解决，并能做到层次分明、条理清楚、易于理解。用户还可以对图表进行适当的美化，使其更加赏心悦目。

5.7.1 创建常用图表

例如，要用柱形图显示学生的语文成绩，具体操作步骤如下。

（1）选中 B2:C10 单元格区域（注意应包括列标题）。

（2）单击“插入”选项卡→“图表”组中的“柱形图”下拉按钮，在弹出的下拉列表中选择一种柱形图类型，如“簇状柱形图”，即可创建一个柱形图表，如图 5-83 所示。

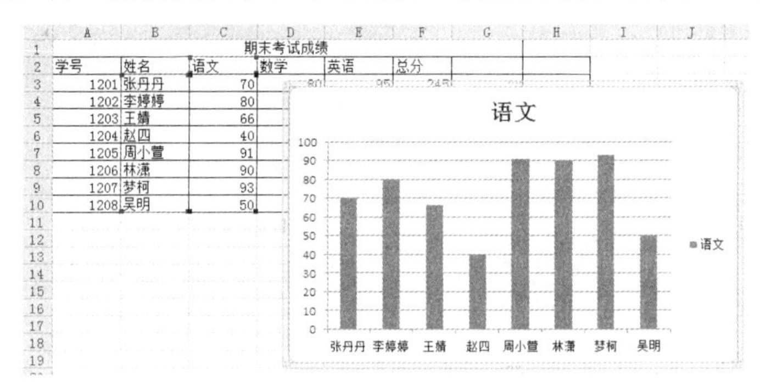

图 5-83 创建常用图表

5.7.2 图表的编辑

图表主要由图表区、绘图区、标题、数据系列、坐标轴、图例、模拟运算表和三维背景等组成，如图 5-84 所示。在图表中移动鼠标指针，在不同的区域停留时会显示鼠标指针所在区域的名称。

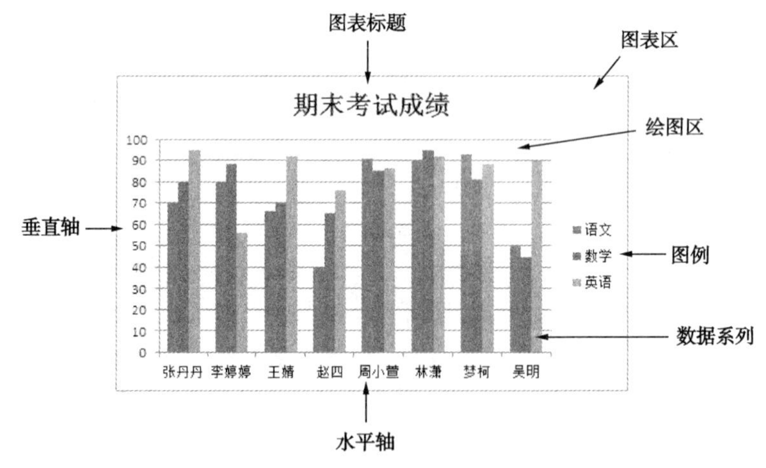

图 5-84 图表的组成

如果用户对已完成的图表不太满意，可以对图表进行编辑或修饰。对图表进行修饰的方法有以下 3 种。

方法一：要修改某部分时，可以直接双击该部分，会弹出相应的对话框进行设置。

方法二：右击要修改的部分，在弹出的快捷菜单中选择“设置**格式”命令。例如，要修改图表标题，右击图表标题，在弹出的快捷菜单中选择“设置图表标题格式”命令。

方法三：选定图表，此时功能区增加了“图表工具”栏，其中包括“设计”、“布局”、“格式”3 个选项卡。利用这 3 个选项卡可以进行图表的编辑与修饰。

1. 调整图表大小

当用户选定图表后，图表周围会出现一个边框，且边框上有尺寸控制点。在图表上按住鼠标左键并拖动，可以将图表移动到新的位置。在尺寸控制点上按住鼠标左键并拖动，可以调整图表的大小。

要想精确地控制图表的大小，单击“格式”选项卡→“大小”组中的按钮可以设置图表的大小。

2. 修改图表标题

如果图表没有标题，可以添加标题，具体操作步骤如下。

（1）选择图表。

（2）在“图表工具”栏中，单击“布局”选项卡→“标签”组中的“图表标题”下拉按钮，在弹出的下拉列表选择“图表上方”或“居中覆盖标题”选项，即可添加标题。

单击标题，可以修改文字。要设置整个标题的格式，也可以通过以下方法实现：右击该标题，在弹出的快捷菜单中选择“设置图表标题格式”命令，弹出“设置图表标题格式”对话框。或者双击图表标题的边缘，也会弹出“设置图表标题格式”对话框，从中选择所需的格式进行设置即可，如图 5-85 所示。

3. 显示数据标签

数据标签中可以显示系列名称、类别名称和百分比等。在图表中添加数据标签的具体操作步骤如下。

（1）选择图表。

（2）在“图表工具”栏中，单击“布局”选项卡→“标签”组中的“数据标签”下拉按钮，在弹出的下拉列表中选择一种显示的方式即可。如果在下拉列表中选择“其他数据标签选项”选项，则弹出如图 5-86 的“设置数据标签格式”对话框，在其中进行设置即可。

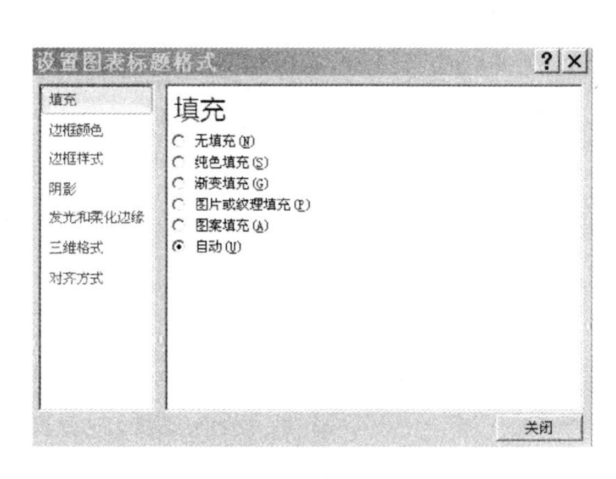

图 5-85 “设置图表标题格式”对话框

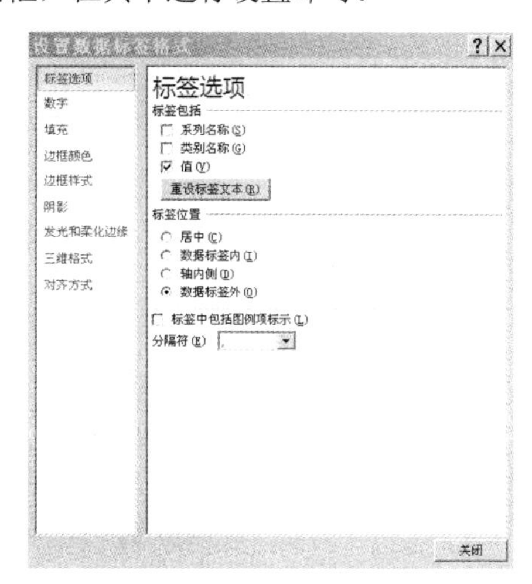

图 5-86 “设置数据标签格式”对话框

5.8 打印工作表

5.8.1 设置打印页面

在打印之前，可以为当前工作表设置页边距、纸张大小、打印区域等，有以下两种方法。

方法一：利用“页面布局”选项卡→“页面设置”组中的按钮进行设置。

方法二：利用“页面设置”对话框进行设置。单击“页面布局”选项卡→“页面设置”组右下角的扩展按钮，即可弹出“页面设置”对话框。

下面介绍“页面设置”对话框中的4个选项卡：页面、页边距、页眉/页脚及工作表。

1. “页面”选项卡

“页面”选项卡如图5-87所示。可以设置页面方向、缩放比例、纸张大小、起始页码等。

2. “页边距”选项卡

“页边距”选项卡如图5-88所示。页边距是以“厘米”为衡量单位的，通常是从打印纸的边沿向内测量。

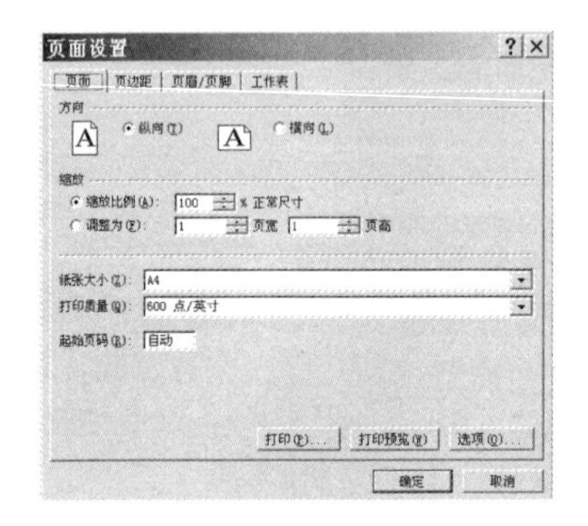

图5-87 “页面”选项卡

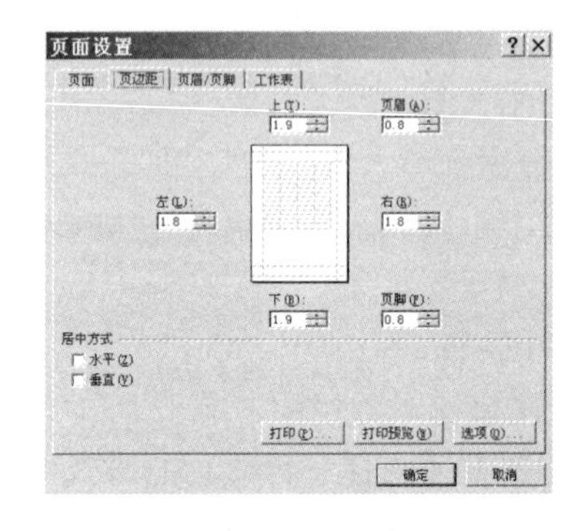

图5-88 “页边距”选项卡

3. “页眉/页脚”选项卡

“页眉/页脚”选项卡如图5-89所示。

（1）在页脚插入页码。如图5-89所示，在“页脚”下拉列表中可以选择页码的样式。

（2）自定义页眉/页脚。单击对话框中的“自定义页眉”或“自定义页脚”按钮，会弹出另一对话框，其中有“字体格式”、“页码”、“总页数”、“日期”、“时间”、“活动工作簿名”、“活动工作表名”等按钮，用户可根据需要选择相应按钮。

4. “工作表”选项卡

“工作表”选项卡如图5-90所示。在该选项卡中，可以规定打印区域、标题及其他若干打印选项。下面列出有关的一些选项说明。

（1）打印区域。该选项用于选择要打印的工作表的区域。用户可直接在其中输入区域引用或单击其右侧的折叠对话框按钮选择。

（2）打印标题。该选项用于选择或输入每页打印标题的行或列。如果要打印的文件有多页，希望每页的顶端都有标题行，可以单击图5-90中的“顶端标题行”右侧的折叠对话框按钮，选择需要打印的标题行。本例中，选择第 3 行为标题行。

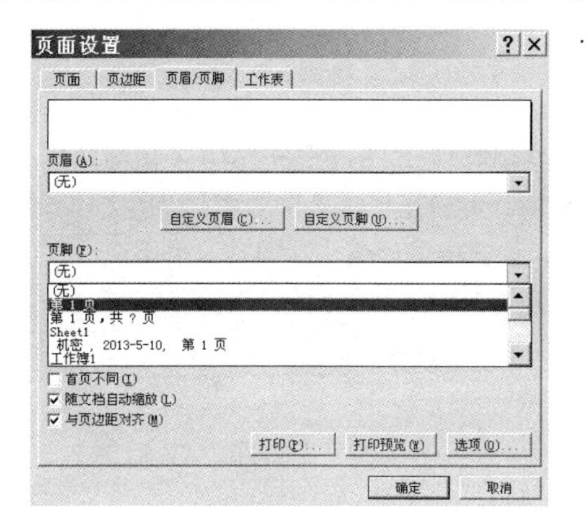

图 5-89 “页眉/页脚”选项卡

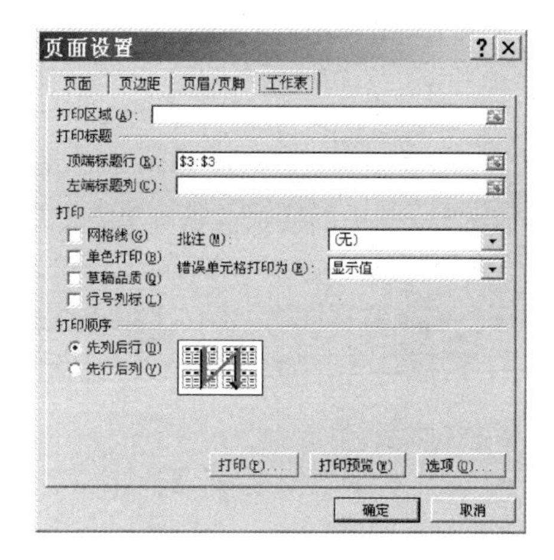

图 5-90 “工作表”选项卡

（3）打印。该选项用于设置一些打印选项，如是否打印网格线、批注、行号列标等。

（4）打印顺序。为大的工作表选择打印顺序。“先列后行”是按列来打印工作表数据，到达最后一行时再从下一列的第一行开始；而“先行后列”则相反。

5.8.2 打印预览与打印

1. 打印预览

在打印工作表之前，通常都会先用“打印预览”命令查看工作表的打印效果。在“打印预览”时，若发现页面设置不合理，可及时调整，直到满意后再进行打印。

实现“打印预览”的方法有两种。

方法一：在“页面设置”对话框中单击“打印预览”按钮。

方法二：选择“文件”→“打印”命令，可以实现打印预览，如图 5-91 所示。

图 5-91 “打印预览”界面

2. 打印

在图 5-91 所示的“打印预览”界面中，设置打印份数后，单击“打印”按钮即可。

5.9 本章小结

本章详细介绍了 Excel 2010 的菜单命令及各种功能特性，包括 Excel 2010 工作簿的基本操作，使用 Excel 中的模板及管理 Excel 工作簿中的文件，编辑工作表中的数据，设置 Excel 2010 工作表格式的基本方式与技巧，公式的组成和命令，公式中的函数、运算符、引用及公式的运算次序，创建数据图表，Excel 2010 提供的数据查询、排序、筛选功能，对工作表进行分类汇总、合并计算、创建数据透视表，以及 Excel 2010 工作表的打印预览和打印等。

5.10 思考与练习

1. 选择题

（1）工作表列标表示为____，行标表示为____。

A. 1、2、3　　B. A、B、C　　C. 甲、乙、丙　　D. Ⅰ、Ⅱ、Ⅲ

（2）一个工作簿中有两个工作表和一个图表，如果要将它们保存起来，将产生____个文件。

A. 1　　B. 2　　C. 3　　D. 4

（3）=SUM（D3,F5,C2:G2,E3）表达式的数学意义是____。

A. =D3+F5+C2+D2+E2+F2+G2+E3

B. =D3+F5+C2+G2+E3

C. =D3+F5+C2+E3

D. =D3+F5+G2+E3

（4）已知 A1、B1 单元格中的数据为 33、35，C1 中的公式为“=A1+B1”，其他单元格均为空，若把 C1 中的公式复制到 C2，则 C2 显示为____。

A. 88　　B. 0　　C. =A1+B1　　D. 55

（5）对于选定操作，以下不正确的是____。

A. 按住 Shift 键，可以方便地选定整个工作表

B. 按住鼠标左键并拖动，可以选择连续的单元格

C. 按住 Ctrl 键，可以选定不连续的单元格区域

D. 用鼠标在行号或列标的位置单击可以选定整行或整列

2. 填空题

（1）Excel 窗口由标题栏、菜单栏、________、________、________、________、状态栏、滚动条及 Office 助手组成。

（2）从一张工作表切换至另一张工作表，单击工作表下方的________即可。

（3）Excel 单元格中可以存放________、________、________、________、________等。

（4）Excel 中绝对引用单元格需在单元格地址前加上________符号。

（5）要在 Excel 单元格中输入内容，可以直接将光标定位在编辑栏中，输入内容后单击编辑栏左侧的________按钮确定。

3. 问答题

（1）如何启动和退出 Excel 2010？

（2）工作簿、工作表、单元格之间有什么关系？

（3）如何在打开的工作簿之间进行切换？

（4）如何设置打印区域？

第6章 演示文稿软件 PowerPoint 2010

PowerPoint 2010 是 Microsoft Office 2010 办公自动化套装软件的一个重要组成部分，利用它可以制作出集文字、图像、声音、动画和视频剪辑等多媒体元素于一身的演示文稿，常用于教学、学术报告和产品展示等多个方面。使用 PowerPoint 2010 创建的文档称为演示文稿，默认扩展名为.pptx，每个演示文稿通常由若干张幻灯片组成。

本章主要内容

- PowerPoint 2010 概述
- 演示文稿的基本操作
- 在幻灯片中插入基本对象
- 幻灯片母版
- 动画与放映

6.1 PowerPoint 2010 概述

6.1.1 PowerPoint 2010 的窗口组成

PowerPoint 2010 启动成功后，将出现如图 6-1 所示的 Microsoft PowerPoint 应用程序窗口，此时的工作状态是普通视图方式。PowerPoint 2010 应用程序窗口由标题栏、功能区、状态栏、大纲/幻灯片视图窗格、幻灯片窗格和备注窗格等部分组成。

1. 标题栏

标题栏显示应用程序名（Microsoft PowerPoint）和正在编辑的演示文稿的名称（图 6-1 中为“演示文稿 1”）。标题栏左侧是快速访问工具栏，它包含了一些 PowerPoint 2010 最常用的工具按钮，如“保存”按钮、“撤销”按钮和“恢复”按钮等。单击快速访问工具栏右侧的下拉按钮，可弹出如图 6-2 所示的“自定义快速访问工具栏”下拉菜单，选择其中的命令即可将该命令添加至快速访问工具栏。

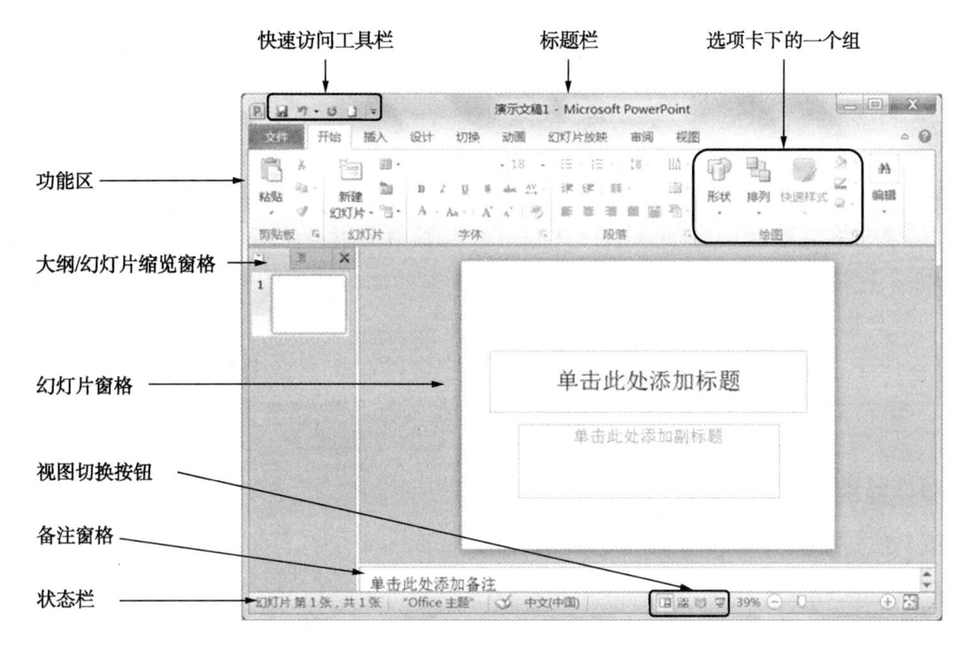

图 6-1 PowerPoint 2010 窗口组成

图 6-2 “自定义快速访问工具栏”下拉菜单

2. 功能区

功能区包含 PowerPoint 2003 及更早版本中的菜单和工具栏上的命令以及其他菜单项，旨在帮助用户快速找到完成某任务所需的命令。

功能区由“文件”、“开始”、“插入”、“设计”、“切换”、“动画”、“幻灯片放映”、“审阅”、“视图”等选项卡组成。其中，“文件”选项卡包含“保存”、“另存为”、“打开”、“关闭”、“打印”、“新建”、“选项”等基本命令。其他每个选项卡下有若干个功能组，每个组由若干命令或按钮组成。

3. 状态栏

状态栏位于窗口底部，左侧显示正在编辑的演示文稿所包含幻灯片的总张数、当前处于第几张幻灯片，以及当前幻灯片所使用的主题名称等信息；中间显示 4 个主要视图的切换按钮和用以调整显示比例的滑块。视图切换按钮包括“普通视图”按钮、“幻灯片浏览”按钮、“阅读视图”和“幻灯片放映”按钮。通过单击这些按钮，可在不同的视图模式下浏览演示文稿。右侧显示“显示比例”滚动条，用来调整幻灯片的显示比例。

4. 大纲/幻灯片缩览窗格

该窗格包括“幻灯片”和“大纲”两个选项卡。选择“幻灯片”选项卡可查看幻灯片的缩略图，也可通过拖动缩略图来调整幻灯片的位置；利用大纲/幻灯片缩览窗格可以重新排序、添加或删除幻灯片。在“大纲”选项卡中，可以显示幻灯片的标题和主要文本信息。

5. 幻灯片窗格

该窗格用于查看每张幻灯片的整体效果，用户可以在该窗格中对幻灯片进行编辑和格式化。例如，输入文本、编辑文本、插入各种媒体以及添加各种效果等。它所显示的主要文本内容和大纲/幻灯片视图窗格中的文本内容是相同的。

6. 备注窗格

每张幻灯片都有备注页，用于显示或添加对当前幻灯片的注释信息，供演讲者演示时使用。

6.1.2 视图方式

PowerPoint 2010 提供了普通视图、幻灯片浏览视图、备注页视图和阅读视图 4 种演示文稿视图，幻灯片放映视图，以及幻灯片母版、讲义母版和备注母版 3 种母版视图。单击状态栏的视图切换按钮或是功能区“视图”选项卡下的视图切换按钮，即可切换到相应的视图方式。每种视图都有自己特定的显示方式和加工特色。在一种演示文稿视图中对演示文稿的修改和加工会自动反映在该演示文稿的其他视图中。下边介绍普通视图、幻灯片浏览视图、阅读视图和幻灯片放映视图 4 种主要视图方式。

1. 普通视图

普通视图是主要的编辑视图，也是 PowerPoint 2010 的默认视图，可用于撰写或设计演示文稿，如图 6-1 所示。演示文稿窗口左侧是大纲/幻灯片窗格，大纲/幻灯片窗格包括大纲和幻灯片两种窗格，用户可通过选择本窗格上方的“大纲”选项卡和“幻灯片”选项卡实现这两种窗格之间的切换。幻灯片窗格显示幻灯片的缩略图，在每一张幻灯片的前面都有序号；大纲窗格以纲要形式显示幻灯片文本，用户可以编辑演示文稿的文字内容、移动项目符号或幻灯片。演示文稿窗口右侧上部是幻灯片编辑窗格，在幻灯片编辑窗格中，可以查看和编辑每张幻灯片的内容及外观。幻灯片编辑窗格下方是备注窗格，在备注窗格中用户可以添加与幻灯片内容相关的备注信息。

当用户在大纲/幻灯片窗格中单击某张幻灯片的时候，幻灯片编辑窗格中会显示出对应的幻灯片。在幻灯片编辑窗格中，单击垂直滚动条中的向上箭头或向下箭头，可分别向前或向后滚动一张幻灯片；按住鼠标左键拖动滚动块可快速切换幻灯片，同时在滚动块旁边会出现一个动态文本块，以显示当前幻灯片的位置和标题。用户也可以按 PgDn 键显示下一张幻灯片，或按 PgUp 键显示上一张幻灯片。

2. 幻灯片浏览视图

在幻灯片浏览视图方式下，可以显示演示文稿中所有幻灯片的缩略图，幻灯片的序号会出现在每张幻灯片的右下方，如图 6-3 所示。它适用于对幻灯片进行组织和排序、添加切换功能或设置放映时间，但不能直接对幻灯片内容进行编辑或修改。如果要对幻灯片进行编辑，可双击某一张幻灯片，系统会自动切换到幻灯片编辑窗格。

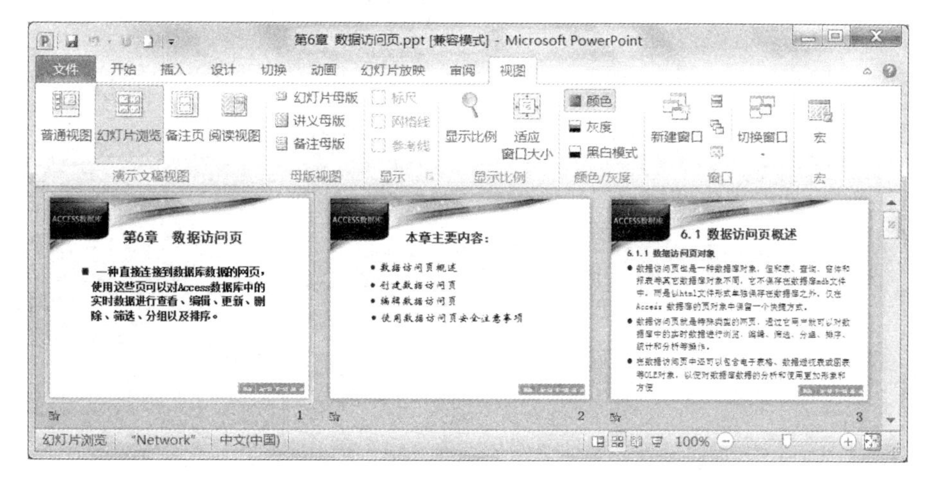

图 6-3　幻灯片浏览视图

3. 阅读视图

阅读视图隐藏了用于幻灯片编辑的各种工具，仅保留标题栏、状态栏和幻灯片窗格，通常用于演示文稿制作完成后对其进行简单的预览。单击状态栏的视图切换按钮即可从阅读视图切换至其他视图方式。

4. 幻灯片放映视图

单击“幻灯片放映”按钮即可进入该视图方式，PowerPoint 将从当前幻灯片开始，以全屏方式逐张动态显示演示文稿中的幻灯片。在放映过程中，按回车键或单击，可以切换到下一张幻灯片，当显示完最后一张幻灯片时，系统会自动退出该视图方式。放映过程中，用户也可以按 Esc 键终止放映。

6.2　演示文稿的基本操作

6.2.1　创建演示文稿

启动 PowerPoint 2010 后，系统会自动新建一个文件名为“演示文稿 1”的空演示文稿。用户也可以另外新建空白演示文稿、根据主题、根据样本模板、根据现有内容或根据从 office.com 下载的模板等方法来创建演示文稿。

1. 创建空演示文稿

PowerPoint 提供的空白演示文稿不包含任何颜色和样式，就像日常写信用的不带任何格式的空白稿纸，用户可以充分利用 PowerPoint 提供的版式、主题、颜色等，创建自己喜欢的、有个性的演示文稿。

创建空白演示文稿的操作步骤如下。

（1）选择“文件”→“新建”命令，如图 6-4 所示。

（2）在“可用的模板和主题”栏选择“空白演示文稿”选项，并单击窗口右侧的“创建”按钮，即可创建一个含一张空白幻灯片的演示文稿，该幻灯片默认使用“标题幻灯片”版式。

“版式”指的是幻灯片内容在幻灯片上的排列方式，由占位符组成。占位符中可放置文字（如标题和项目符号列表）和幻灯片内容（如表格、图表、图片、形状和剪贴画）。

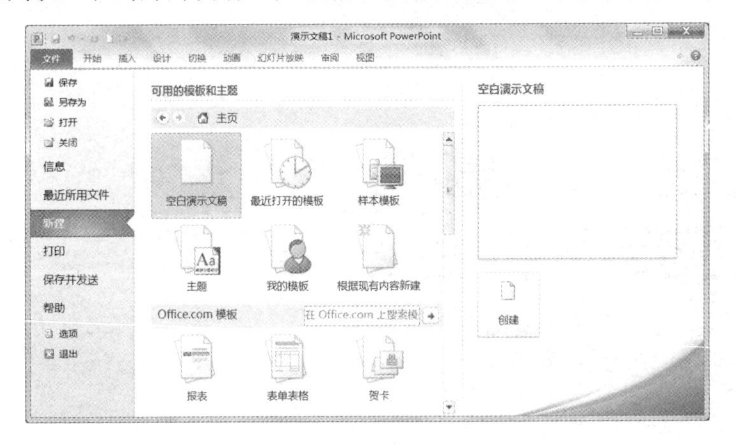

图 6-4　新建演示文稿

（3）单击“开始”选项卡→“幻灯片”组中的“版式”下拉按钮，在弹出的下拉列表中选择所需版式，如图 6-5 所示。每种版式中的一个虚线框就是一个占位符。

图 6-5　幻灯片版式

（4）在幻灯片编辑窗格中输入所需的文字、添加图片、表格等。

（5）若要插入新幻灯片，单击“开始”选项卡→“幻灯片”组中的“新建幻灯片”按钮。此时若直接单击该按钮，则直接插入一张“标题和内容”版式的新幻灯片；若单击该按钮的下拉按钮，则可选择新幻灯片的版式。

（6）保存演示文稿。选择“文件”→“保存”命令，或单击快速访问工具栏中的“保存”按钮，或选择“文件”→“另存为”命令，弹出“另存为”对话框。在“文件名”文本框中输入演示文稿的名称，在“保存类型”下拉列表中选择“演示文稿（*.pptx）”选项，在“保存位置”下拉列表中选择演示文稿要保存的文件夹，然后单击“保存”按钮。

2. 根据主题创建演示文稿

所谓主题，指的是包含演示文稿样式的文件，包括项目符号、文本的字体和字号、占位符的大小和位置、背景设计、配色方案等。PowerPoint 提供了多种主题，以便为演示文稿设计完整、专业的外观。

利用主题创建演示文稿的主要操作步骤如下。

（1）选择“文件”→“新建”命令。

（2）在如图 6-4 所示的“可用的模板和主题”栏选择“主题”选项，则“可用的模板和主题”栏显示 PowerPoint 已安装的主题列表。选择所需主题并单击窗口右侧的“创建”按钮，即可创建一个应用了该主题的空白演示文稿，如图 6-6 所示。

图 6-6　根据主题创建演示文稿

3. 根据样本模板创建演示文稿

样本模板是由专业设计人员针对各种不同用途精心制作的演示文稿示例，用户根据所要表达的内容选择合适的演示文稿示例，再加以编辑、补充，就可以完成演示文稿的设计，从而提高制作演示文稿的效率。对于初次使用 PowerPoint 2010 制作演示文稿的用户来说，利用样本模板新建演示文稿是很方便的选择。

根据样本模板创建演示文稿的操作步骤如下。

（1）选择“文件”→“新建”命令。

（2）在如图 6-4 所示的“可用的模板和主题”栏选择“样本模板”选项，则“可用的模板和主题”栏显示 PowerPoint 已安装的样本模板列表。选择所需样本模板并单击窗口右侧的“创建”按钮，即可创建一个应用了该样本模板的演示文稿。该演示文稿中幻灯片的级别内容、版式和背景等都已经设计好了，用户根据需要修改其中的内容，或者添加新的幻灯片，即可得到自己所需的演示文稿。

4. 根据现有内容新建演示文稿

用户在创建一个新的演示文稿时，如果认为他人制作的或者是自己曾经创作过的演示文稿可以拿来借鉴，就可以利用这些已有的演示文稿来创建新的演示文稿。

根据现有内容创建新演示文稿的操作步骤如下。

（1）选择“文件”→“新建”命令。

（2）在如图 6-4 所示的“可用的模板和主题”栏选择“根据现有内容新建”选项，则弹出如图 6-7 所示的“根据现有演示文稿新建”对话框。

图 6-7 “根据现有演示文稿新建”对话框

（3）选择现有的演示文稿后，单击“新建”按钮，即可为选中的演示文稿创建一个副本。将不需要的内容删除掉，并添加新的内容，通过逐步修改就可以制作出新的演示文稿。利用现有演示文稿创建新的演示文稿过程中，不会改变已有的演示文稿的内容。

5. 将 Word 文档直接转成 PPT 演示文稿

有时候用户需要直接将制作好的 Word 文档转换成 PPT 演示文稿，方法：先将 Word 按照大纲级别整理好后，在 PPT 中单击“开始”选项卡→“幻灯片”组中的“新建幻灯片”下拉按钮，在弹出的下拉列表中选择“幻灯片（从大纲）”选项，在弹出的“插入大纲”对话框中选择需要转换的 Word 文档。

6.2.2 幻灯片文本的编辑

建立新的演示文稿后，就要开始编辑幻灯片。在幻灯片上，用户可以输入文字，添加图片、表格等。本节主要介绍文本编辑方法。

1. 输入文本

在幻灯片中输入文本一般有 3 种方法：在文本占位符中、在文本框中和在大纲窗格中输入文本。

（1）使用占位符输入文本。

占位符是指应用幻灯片版式创建新幻灯片时在幻灯片编辑窗格中出现的虚线方框。当幻灯片中包含了文本占位符（标题、副标题和文本）时，只需在相应的文本占位符中单击一下，占位符的虚线方框就会变为激活状态，同时光标也会显示在占位符内，表示可以输入文本内容。

输入时，PowerPoint 会自动将超出占位符宽度的文本切换到下一行，用户也可以按 Shift+回车组合键进行人工换行。而按回车键则表示文本另起一个段落。完成输入后，单击文本占位符以外的地方，可结束文本输入，此时占位符的虚线框和提示文字也会消失。在幻灯片编辑窗格中输入文字的时候，大纲窗格中也会同步出现文字。

（2）使用文本框输入文本。

有时候幻灯片版式的结构不一定符合用户要求，如果用户想要在没有占位符的地方输入文本，可以通过插入文本框来输入文字。用户可以通过文本框在幻灯片上随意添加文字。插入文本框的操作步骤如下。

① 单击“插入”选项卡→“文本”组中的“文本框”下拉按钮，弹出下拉列表，从中选择“横排文本框”或“垂直文本框”选项；或单击“开始”选项卡→“绘图”组中的“文本框”按钮或“垂直文本框”按钮。

② 在幻灯片上要放置文字的地方按住鼠标左键并向右下方拖动产生文本框。

③ 松开鼠标左键后，功能区发生两种变化：一是自动切换至“开始”选项卡，用户可根据需要调整文本框中文字的字体、段落格式，还可以通过“绘图”组的“形状轮廓”、“形状填充”和“形状效果”等按钮对文本框的外观进行设置；二是功能区增加“绘图工具”栏，其下的“格式”选项卡如图 6-8 所示，利用其“形状样式”组的功能也可对文本框的外观进行设置。

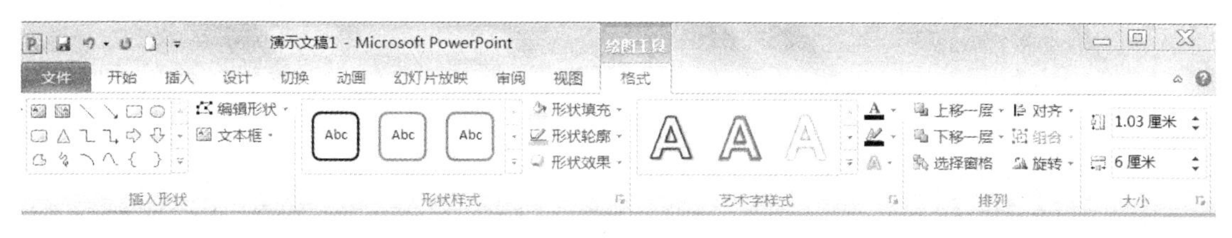

图 6-8　“绘图工具”下的“格式”选项卡

（3）在大纲窗格中输入文本。

在大纲窗格中将光标置于幻灯片图标之后，就可以输入文本，新输入的文本会同时出现在幻灯片编辑窗格的占位符中。注意：用户在文本框中输入的文本在大纲窗格中是看不到的。

2. 移动与复制文本

选择文本后，按 Ctrl+C 组合键可将文本复制至剪贴板。将光标定位至目标处，按 Ctrl+V 组合键，即可将文本从剪贴板复制至目标处。

选择文本后，按 Ctrl+X 组合键可将文本移动至剪贴板。将光标定位至目标处，按 Ctrl+V 组合键，即可将文本从剪贴板移动至目标处。

3. 删除文本

选择要删除的文本，按 Delete 键即可将其删除。

6.2.3　幻灯片外观的设计

1. 设置幻灯片的主题

通过 PowerPoint 2010 提供的主题和背景等功能，可以有效控制幻灯片的外观，使演示文稿的风格与演讲内容更贴切，更具有吸引力。

1）使用主题

PowerPoint 2010 提供了几十种设计主题，以便用户可以轻松快捷地更改演示文稿的整体外观。所谓主题，指的是含有演示文稿样式的文件，包含配色方案、背景、字体样式和占位符位置等。在演示文稿中选择使用某种主题后，该演示文稿中使用此主题的每张幻灯片都会具有统一的颜色配置和布局风格。

在演示文稿的制作中应用设计模板的操作步骤如下。

（1）选择“设计”选项卡，将光标移动至“主题”组中的某个主题，此时幻灯片编辑窗格中的幻灯片会显示应用该主题后的效果。

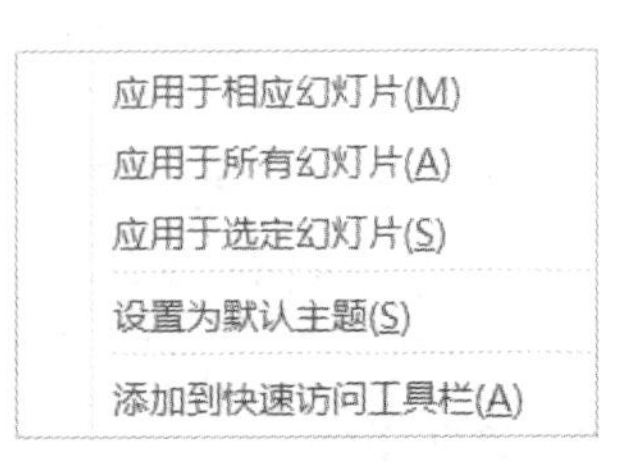

图 6-9　主题应用范围快捷菜单

（2）此时若单击该主题，则演示文稿中所有幻灯片统一应用该主题；若右击该主题，则弹出如图 6-9 所示的快捷菜单。如果选择快捷菜单中的“应用于相应幻灯片”命令，那么原本与当前幻灯片相同主题的所有幻灯片将应用该主题；如果选择“应用于选定幻灯片”命令，则当前选取的所有幻灯片都会应用该主题；如果选择“设置为默认主题”命令，则当用户新建演示文稿时，幻灯片自动应用该主题。

如果用户不想使用系统提供的主题，可单击主题列表右侧的“其他”按钮，在弹出的下拉列表中选择“浏览主题”选项，并在弹出的“选择主题或主题文档”对话框中选取所需主题。

2）设置主题颜色、主题字体和主题效果

主题是主题颜色、主题字体和主题效果三者的组合，用户可根据需要单独设置主题的颜色、字体和效果。

（1）设置主题颜色。

主题颜色是指一组可以预设背景、文本、线条、阴影、标题文本、填充、强调和超链接的色彩组合。PowerPoint 可以为指定的幻灯片选取一个主题颜色方案，也可以为整个演示文稿的所有幻灯片应用同一种主题颜色方案。默认情况下，演示文稿的主题颜色是由用户使用的主题确定的，用户也可根据需要更改颜色方案。

设置主题颜色的操作步骤如下。

① 单击“设计”选项卡→“主题”组中的“颜色”下拉按钮，弹出颜色下拉列表。“内置”栏显示 Office 内置的可选颜色组，鼠标指针经过这些颜色组的时候，当前幻灯片预览显示应用该主题颜色组的效果。选择某个颜色组，即可将其应用于与当前幻灯片同主题的所有幻灯片。在颜色组上右击，用户可根据需要选择只将该颜色应用于所选幻灯片或全部幻灯片等。

② 如果用户对内置的颜色组不满意，可选择列表下方的“新建主题颜色”选项，弹出如图 6-10 所示的“新建主题颜色”对话框。设置完各部分颜色后，若对“示例”栏显示的效果不满意，单击“重置”按钮即可将所有颜色还原到原始状态；若对效果满意，可在“名称”文本框中输入新建主题颜色的名称，单击“保存”按钮保存且自动应用该主题颜色。

图 6-10　“新建主题颜色”对话框

保存后的自定义主题颜色将出现在颜色列表的最上边。若要删除或再次编辑该主题颜色，可在其上右击，在弹出的快捷菜单中选择“编辑”或“删除”命令。

（2）设置主题字体。

设置主题字体的操作步骤如下。

① 单击“设计”选项卡→“主题”组中的“字体”下拉按钮文字体，弹出字体下拉列表。“内置”栏显示 Office 内置的可选字体，鼠标指针经过这些字体的时候，当前幻灯片预览显示应用该字体的效果。选择某个字体，即可将其应用于与当前幻灯片同主题的所有幻灯片。在字体上右击，将弹出快捷菜单，用户可根据需要选择将该字体应用于相应幻灯片或全部幻灯片等。

② 如果用户对内置的字体不满意，可选择列表下方的“新建主题字体”选项，弹出如图 6-11 所示的“新建主题字体”对话框，用户可在对话框中设置标题和正文的中、西文字体。在“名称”文本框中输入新建主题字体的名称，并单击“保存”按钮即可保存该主题字体，且自动应用到当前文档。

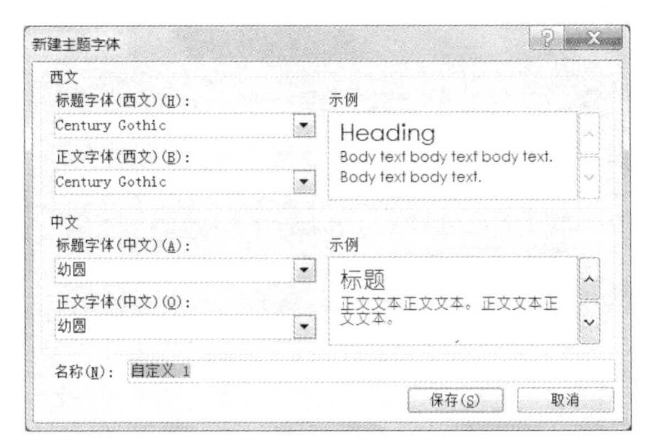

图 6-11　“新建主题字体”对话框

保存后的自定义主题字体将出现在字体列表的最上边。若要删除或再次编辑该主题字体，可在其上右击，在弹出的快捷菜单中选择“编辑”或“删除”命令。

（3）设置主题效果。

单击“设计”选项卡→“主题”组中的“效果”下拉按钮效果，弹出效果下拉列表，显示出系统内置的各种效果。选择某个效果，即可将其应用于当前文档。

2. 设置幻灯片的背景

用户可以为幻灯片设置颜色、图案或者纹理等背景，也可以使用图片作为幻灯片背景。设置幻灯片背景的操作方法如下。

（1）单击“设计”选项卡→“背景”组中的“背景样式”下拉按钮，在弹出的下拉列表中选择“设置背景格式”选项，弹出“设置背景格式”对话框。

（2）若要使用纯色填充，则选中“纯色填充”单选按钮后，在“填充颜色”栏的“颜色”下拉列表中选择幻灯片的背景颜色。若对所提供的颜色不满意，可选择“其他颜色”选项，在弹出的“颜色”对话框中选择自己所需要的颜色。拖动“透明度”滑块可调节填充颜色的透明度，0%为不透明，100%为完全透明。

（3）除纯色填充外，还可以设置幻灯片的渐变效果背景、图案效果背景、纹理效果背景和图片效果背景。

若用户欲使用图片作为幻灯片背景，则首先选中“图片或纹理填充”单选按钮，在“插入自”栏下边的 3 个按钮分别用于插入 3 种不同来源的图片。

若用户选择使用“图片或纹理填充”，则在选择了图片或纹理背景后，还可使用对话框左栏中的“图片更正”、“图片颜色”和“艺术效果”3 种功能对选定的图片或纹理进行更进一步的设置、加工。

（4）选中对话框中的“隐藏背景图形”复选框可以使幻灯片不显示当前主题中的背景图形。

（5）设置完成后，单击“关闭”按钮可将设置应用到当前幻灯片；单击“全部应用”按钮可将设置应用到演示文稿中的所有幻灯片；单击“重置背景”按钮将对话框中的设置还原到弹出对话框时的状态。

3. 设置幻灯片的页面

演示文稿页面的设置操作包括页面设置和幻灯片方向设置两个内容。

（1）页面设置。

单击“设计”选项卡→“页面设置”组中的“页面设置”按钮，弹出如图 6-12 所示的“页面设置”对话框。

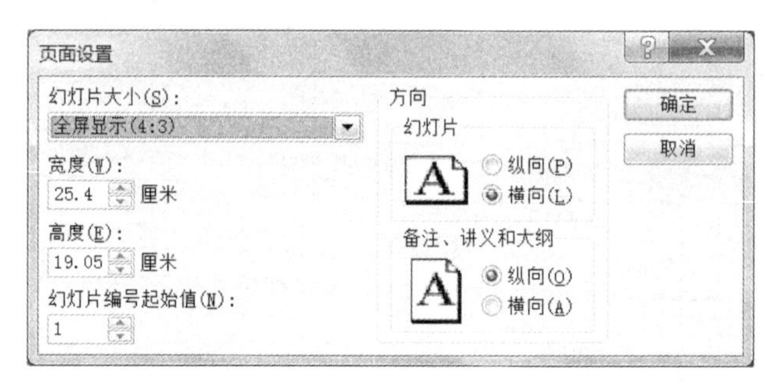

图 6-12 “页面设置”对话框

在“幻灯片大小”下拉列表中可选择幻灯片的尺寸；在“幻灯片编号起始值”文本框中可设置演示文稿第一张幻灯片的编号；在“方向”栏中可设置幻灯片、备注、讲义和大纲的打印方向。

（2）幻灯片方向。

单击“设计”选项卡→“页面设置”组中的“幻灯片方向”按钮，可以将幻灯片的方向设置为“纵向”或“横向”。

6.2.4 幻灯片的操作

幻灯片的操作主要包括插入幻灯片、删除幻灯片、复制幻灯片和移动幻灯片，它们主要在普通视图的大纲/幻灯片窗格中或在浏览视图中实现。

1. 插入幻灯片

插入新幻灯片的方法有 3 种。

（1）单击“开始”选项卡→“幻灯片”组中的“新建幻灯片”下拉按钮（或按 Ctrl+M 组合键），并在弹出的下拉列表中选择相应的版式。

（2）在大纲/幻灯片窗格中选中一张幻灯片，然后按回车键。

（3）右击，在弹出的快捷菜单中选择“新建幻灯片”命令。

2. 删除幻灯片

删除多余幻灯片的方法有两种。

（1）选取一张或多张要删除的幻灯片，按 Delete 键。

（2）选取一张或多张要删除的幻灯片，右击，在弹出的快捷菜单中选择“删除幻灯片”命令。

3. 复制幻灯片

复制幻灯片的方法有 3 种。

（1）选取一张或多张要复制的幻灯片，右击，在弹出的快捷菜单中选择“复制”命令，然后在要粘贴到的目标位置右击，在弹出的快捷菜单中选择“粘贴选项”→“使用目标主题”命令（此时复制得到的新幻灯片自动与目标位置前边一张幻灯片使用同一主题）或“保留源格式”命令（此时复制得到的新幻灯片保持被复制幻灯片的源主题不变）。

（2）选择要复制的幻灯片，按住 Ctrl 键的同时将其拖动到目标位置。

（3）选取一张或多张要复制的幻灯片，右击，在弹出的快捷菜单中选择“复制幻灯片”命令，得到的新幻灯片保持被复制幻灯片的源主题不变。

4. 移动幻灯片

移动幻灯片的方法有 2 种。

（1）选取一张或多张要移动的幻灯片，右击，在弹出的快捷菜单中选择“剪切”命令，然后在要粘贴到的目标位置右击，在弹出的快捷菜单中选择“粘贴选项”→“使用目标主题”命令或“保留源格式”命令。

（2）选择要移动的幻灯片，按住鼠标左键将其拖动到目标位置。

5. 重用幻灯片

当需要将两个主题风格不同的幻灯片 A.pptx 与 B.pptx 进行合并的时候，就要用到重用幻灯片。方法：打开 A.pptx，单击“开始”选项卡→“幻灯片”组中的“新建幻灯片”下拉按钮，在弹出的下拉列表中选择“重用幻灯片”选项，在弹出的“重用幻灯片”对话框中单击“浏览”下拉按钮，在弹出的下拉列表中选择“浏览文件”选项，在弹出的“浏览”对话框中，在 B.pptx 文件所在的路径中选中 B.pptx，单击“打开”按钮。B.pptx 就会出现在“重用幻灯片”窗口的下方，如果需要保留源格式，就选中“重用幻灯片”对话框底部的“保留源格式”复选框，最后逐个单击 B.pptx 中的每张幻灯片即可。

6.2.5 幻灯片母版的制作

幻灯片母版是幻灯片层次结构中的顶层幻灯片，用于存储有关演示文稿的主题和幻灯片版式的信息，包括背景、颜色、字体、效果、占位符大小和位置。每个演示文稿至少包含一个幻灯片母版。修改和使用幻灯片母版的主要优点是可以对演示文稿中的每张幻灯片（包括以后添加到演示文稿中的幻灯片）进行统一的样式更改。由于幻灯片母版影响整个演示文稿的外观，因此在创建和编辑幻灯片母版或相应版式时，将在幻灯片母版视图下操作。在新建各张幻灯片之前创建幻灯片母版，不要在构建了幻灯片之后再创建母版。

打开一个空演示文稿，单击“视图”选项卡→“母版视图”组中的“幻灯片母版”按钮，进入幻灯片母版视图。在幻灯片缩略图窗格中，幻灯片母版是第一张较大的幻灯片图像，并且相关版式位于幻灯片母版下方，如图 6-13 所示。

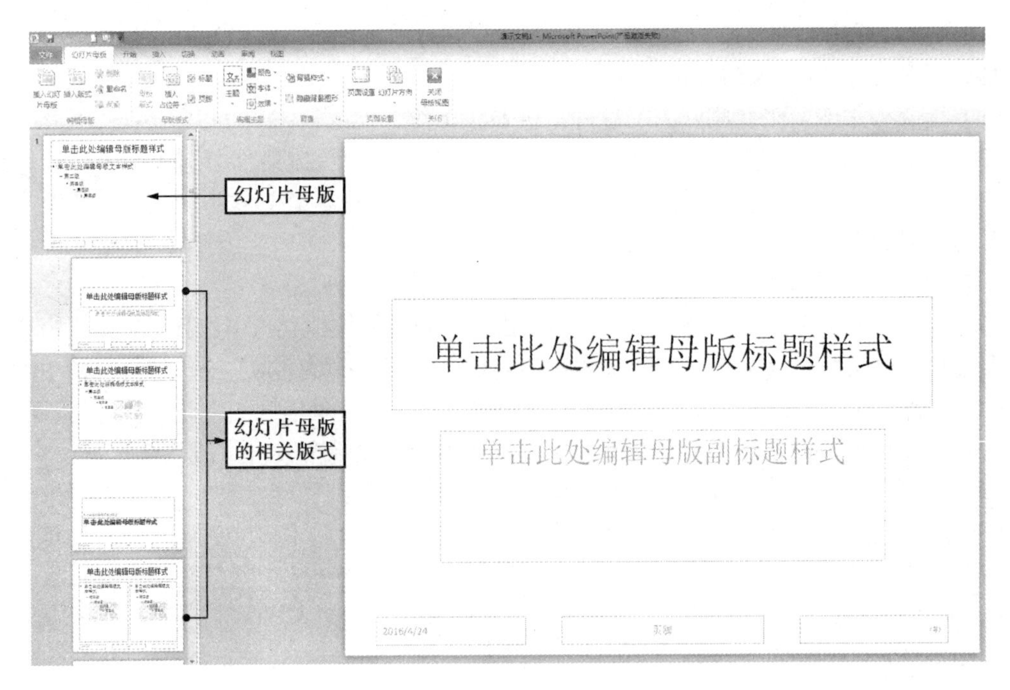

图 6-13 幻灯片母版视图

在实际操作中，人们对 PPT 背景有很多需求，如封面封底、目录页、正文页、节标题等，需要不同的背景色、背景图片，以及不同的字体、字号，又或者是一张空白页，但同时又要保持前后页风格统一，字体或图片位置相同、大小一致，这就涉及母版的设置及设计。如果 PPT 全文仅需要一种背景，则选中左侧缩略图最上面的第一张，进行添加背景、更改背景颜色、调整字体字号等设置。这样，更改后的设置会应用到所有版式中。如果在母版设置中封面（即主题页）与内容页不同，在添加图片或更改背景色时，应选中第二张缩略图进行设置，此时的更改，仅应用于当前版式。同理，选中第三张缩略图（正文页），添加图片或更改背景色等，此时的更改，同样仅应用于当前版式。

6.3 在幻灯片中插入基本对象

6.3.1 插入页眉和页脚

在幻灯片中插入页眉和页脚的操作步骤如下。

（1）单击“插入”选项卡→“文本”组中的“页眉和页脚”按钮，弹出如图 6-14 所示的“页眉和页脚”对话框。

（2）选中“幻灯片”选项卡中的“日期和时间”复选框，则会在幻灯片页脚区插入日期和时间。若选中“固定”单选按钮，则可在下方的文本框中输入幻灯片需要添加的日期和时间，且该日期和时间是不可更新的；若选中“自动更新”单选按钮，则会自动在幻灯片上添加系统当时的日期和时间。播放演示文稿时，该幻灯片将显示演示文稿开始播放时的日期和时间。

（3）选中“幻灯片”选项卡中的“幻灯片编号”复选框，则会在幻灯片上添加幻灯片的页码。幻灯片编号的起始值可在“页面设置”对话框中进行设置。

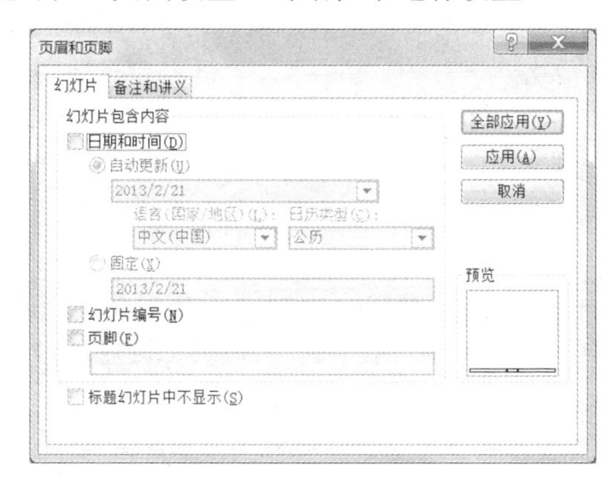

图 6-14 “页眉和页脚”对话框

（4）选中“幻灯片”选项卡中的“页脚”复选框，并在下方的文本框中输入页脚内容，即可完成页脚的设置。

（5）选中“标题幻灯片中不显示”复选框，则版式为“标题幻灯片”的所有幻灯片均不显示页眉页脚内容。

（6）单击“全部应用”按钮，所有幻灯片中都会出现设置好的日期、页脚、页码等信息；单击“应用”按钮，则只对当前幻灯片设置页眉和页脚。

6.3.2 插入图像

用户可以将来自诸多不同来源的图片和剪贴画插入或复制到 PowerPoint 演示文稿中，包括从提供剪贴画的网站下载、从网页复制或从保存图片的文件夹插入。也可以将图片和剪贴画作为 PowerPoint 中的幻灯片背景。

（1）单击要插入图片的位置。

（2）单击“插入”选项卡→“图像”组中的“图片”按钮，弹出“插入图片”对话框。

（3）在对话框中找到要插入的图片，然后双击该图片文件。若要添加多张图片，可在按住 Ctrl 键的同时单击要插入的图片文件，然后单击“插入”按钮。

6.3.3 插入图表

图表是以图形方式来显示数据的工具，它可以更直观地表示数字之间的关系和变化趋势。在 PowerPoint 2010 中，可以插入幻灯片中的图表包括柱形图、折线图、饼图、条形图、面积图、XY（散点图）、股价图、曲面图、圆环图、气泡图和雷达图等。

插入图表的操作步骤如下。

（1）单击“插入”选项卡→“插图”组中的“图表”按钮，在弹出的“插入图表”对话框中选择需要插入的图表类型。本步骤也可通过在“标题和内容”、“两栏内容”、“比较”、“内容与标题”等版式的幻灯片中，单击幻灯片编辑窗口中的“插入图表”按钮来实现。

（2）根据提示更改项目名和数据名，输入所需显示的数据。关闭 Excel 表格即可在幻灯片中插入对应的图表。

（3）选择幻灯片中的图表后，功能区自动增加“图表工具”栏，它包含“设计”、“布局”和“格式”3 个选项卡。通过这 3 个选项卡可以对图表做进一步的修饰和编辑，具体操作与 Excel 中图表操作类似，此处不再赘述。

6.3.4 插入媒体类内容

1. 插入音频

用户可以在幻灯片上添加自己喜欢的声音文件。具体操作步骤如下。

（1）单击“插入”选项卡→“媒体”组中的“音频”下拉按钮，在弹出的下拉列表中选择“文件中的音频”选项，弹出“插入音频”对话框。

（2）在“插入音频”对话框中，选取要插入的音频文件，单击“插入”按钮，幻灯片中出现小喇叭图标和播放器，表明该音频已插入到幻灯片中。

（3）设置音频剪辑的播放选项。

选中幻灯片中的小喇叭图标时，功能区会出现“音频工具”栏，其下有“格式”和“播放”2 个选项卡。“格式”选项卡用来调整喇叭图标的外观效果；“播放”选项卡如图 6-15 所示，用来设置声音的播放方式。

图 6-15 “音频工具”下的“播放”选项卡

①“音频选项”组中的“开始”下拉列表。

“开始”下拉列表中的选项用于控制音频剪辑开始播放的时间。

选择“自动”选项：在放映至该幻灯片时自动开始播放音频剪辑，且在切换至下一张幻灯片时停止播放。

选择“单击时”选项：在放映至该幻灯片时单击小喇叭图标才会开始播放音频剪辑，且在切换至下一张幻灯片时停止播放。

选择“跨幻灯片播放”选项：在放映至该幻灯片时自动开始（具体开始播放时间与该幻灯片中的动画次序设置有关）播放音频剪辑，且在切换至下一张幻灯片后继续播放。

②“音频选项”组中的“循环播放，直到停止”复选框。

默认情况下，幻灯片中插入的音频剪辑播放一遍就会自动停止。如果需要反复播放，即可选中“音频选项”组中的“循环播放，直到停止”复选框。

③“音频选项”组中的“放映时隐藏”复选框。

选中该复选框可以在放映状态隐藏小喇叭图标。需要注意的是，“放映时隐藏”和“开始”下拉列表中的“单击时”选项不能同时使用。

2. 插入视频

与插入音频的操作类似，用户既可插入剪贴画视频，也可以插入存储器中存储的视频文件。在幻灯片中插入视频文件的操作步骤如下。

（1）单击“插入”选项卡→“媒体”组中的“视频”下拉按钮，在弹出的下拉列表中选择“文件中的视频”选项，弹出“插入视频”对话框。

（2）在“插入视频”对话框中，选取要插入的视频文件，单击“插入”按钮，即可将视频插入当前幻灯片。

6.3.5　插入超链接

默认情况下，演示文稿放映时是按幻灯片的先后顺序，从第一张幻灯片放映到最后一张幻灯片。用户可以通过建立超链接来改变其放映顺序。在 PowerPoint 中，超链接可以是从一张幻灯片到同一演示文稿中另一张幻灯片的链接，也可以是从一张幻灯片到不同演示文稿中某一张幻灯片的链接，甚至是从一张幻灯片到其他类型文件、到网页或者到电子邮件地址的链接。

1. 建立超链接

在幻灯片中建立超链接的操作步骤如下。

（1）在幻灯片中选择要设置超链接的文本或对象。

（2）单击“插入”选项卡→“链接”组中的“超链接”按钮，弹出“插入超链接”对话框，如图 6-16 所示。

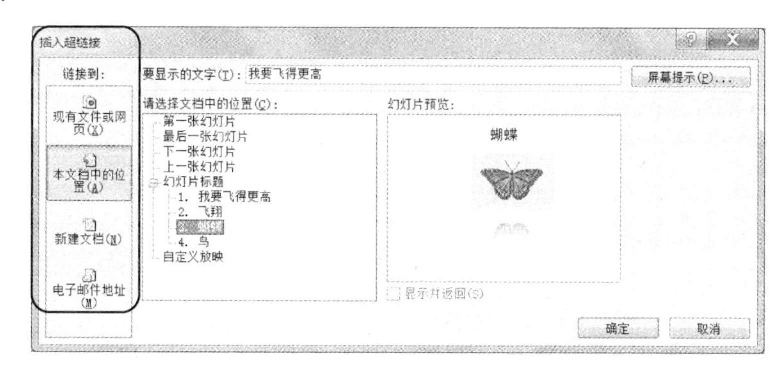

图 6-16 “插入超链接”对话框

（3）选择“链接到”列表中的“本文档中的位置”选项，在“请选择文档中的位置”列表中选择要跳转到的幻灯片标题或自定义放映，在“幻灯片预览”栏就会显示要链接到的目标幻灯片。

根据“链接到”列表中选择类型的不同，对话框右侧的窗口内容也有所不同。选择“现有文件或网页”选项，可以链接到某个已有的文件或网页；选择“新建文档”选项，在“新建文档名称”文本框中输入新文档的名称，指定新文档的路径，并选择是否立即打开新文件进行编辑，可以链接到某个尚未创建的文件中；选择“电子邮件地址”选项，在“电子邮件地址”文本框中输入收件人的电子邮件地址，可以链接到指定的电子邮件地址中。

（4）单击“确定”按钮，超链接创建成功。放映演示文稿时，当鼠标指针移到建立了超链接的文本或对象上时，鼠标指针会变为手形，单击即可放映所链接的幻灯片。

另外，用户也可以单击“插入”选项卡→“链接”组中的“动作”按钮，弹出如图 6-17 所示的“动作设置”对话框，选中“单击鼠标”（或“鼠标移过”）选项卡下的“超链接到”单选按钮，并在其下拉列表中选择要链接的目标即可设置鼠标单击（或移过）对象时的超链接。

2. 编辑、删除超链接

在超链接创建后，也可以编辑和删除它。在普通视图中，选中设置超链接的文本或对象，右击，在弹出的快捷菜单中选择“编辑超链接”命令，弹出“编辑超链接”对话框即可对超链接进行编辑；选择“取消超链接”命令可删除超链接。

图 6-17 “动作设置”对话框

6.3.6 插入动作按钮

在幻灯片上除了插入超链接外，还可以插入动作按钮，通过单击动作按钮来控制幻灯片的放映顺序，使幻灯片能够按照用户的想法和意愿播放。

在幻灯片上插入动作按钮的操作步骤如下。

（1）单击“插入”选项卡→“插图”组中的“形状”下拉按钮，弹出下拉列表。

（2）拖动下拉列表的滚动条，在“动作按钮”栏选择要插入的动作按钮。

（3）在幻灯片上确定动作按钮的放置位置，按住鼠标左键拖动至合适大小，释放鼠标左键后弹出如图 6-17 所示的“动作设置”对话框。

（4）选择“单击鼠标”选项卡，选中“超链接到”单选按钮，可在其下拉列表中指定单击动作按钮时要链接到的其他幻灯片、网页或自定义放映等；选中“运行程序”单选按钮可指定单击动作按钮时要运行的程序。

（5）选中“播放声音”复选框，可决定在单击动作按钮时是否要播放声音。

（6）单击“确定”按钮，在幻灯片上插入动作按钮。

如果要删除动作按钮，只需选中该动作按钮，按 Delete 键即可。也可以先选中动作按钮，然后右击，在弹出的快捷菜单中选择“编辑超链接”或“取消超链接”命令来完成动作按钮所包含超链接的编辑或删除工作。

6.4 动画与放映

本节介绍演示文稿中的动态效果，包括动画效果、幻灯片切换效果以及演示文稿的放映设置等内容。

6.4.1 设置动画效果

若要控制信息流，提高观众对演示文稿的兴趣，以及将观众的注意力集中在要点上，使用动画是一种很有效的方法。用户可以将演示文稿中的文本、图片、形状、表格、SmartArt 图形和其他对象制作成动画，赋予它们进入、退出、大小或颜色变化甚至移动等视觉效果，也可以添加声音来增强动画效果。

为对象添加动画效果的操作步骤如下。

（1）在幻灯片中选择需要动画显示的对象。

（2）单击“动画”选项卡→“动画”组中的“其他”按钮，弹出动画效果下拉列表。

（3）列表中有 5 栏，其中，选择“无”栏可以删除对象原有动画；“进入”栏设置对象从无到出现的动画效果；“强调”栏是对已出现的对象，以动画效果再次显示，起到突出和强调的作用；“退出”栏设置对象从有到消失的动画效果；“动作路径”栏给对象添加某种效果以使其按照指定的模式移动。也可以选择列表下方的“更多进入效果”、“更多强调效果”、“更多退出效果”或“其他动作路径”选项进行更多选择。“更改进入效果”对话框如图 6-18 所示。

（4）如果选中了对话框左下角的“预览效果”复选框，则在用户选择某种动画效果时，幻灯片中选中的对象会播放该动画效果一次。单击“确定”按钮应用选定的动画效果。

将动画应用于对象或文本后，幻灯片上已制作成动画的项目会标上编号标记，该标记显示在文本或对象旁边。注意：仅当选择“动画”选项卡，或者“动画窗格”可见时，才会在普通视图中显示该标记。

（5）单击“动画”选项卡→“动画”组中的“效果选项”按钮，可设置动画出现的方向和序列。其中，“序列”栏的“作为一个对象”是将选择的所有对象作为一个整体制作并播放动画；“整批发送”则是将选择的对象分别制作动画但同时播放；“按段落”是将文本对象按段落作为单位，逐段播放动画。

（6）单击“动画”选项卡→“高级动画”组中的“添加动画”按钮并选择动画，可为同一个对象应用多个动画效果。

（7）单击“动画”选项卡→“高级动画”组中的“动画窗格”按钮，可打开如图 6-19 所示的“动画窗格”。“动画窗格”显示有关动画效果的重要信息，如效果的类型、多个动画效果之间的相对顺序、受影响对象的名称以及效果的持续时间等。单击窗格下部“重新排序”的上移箭头或下移箭头，可调整动画的播放顺序。也可以在列表中直接拖动对象以调整播放顺序。

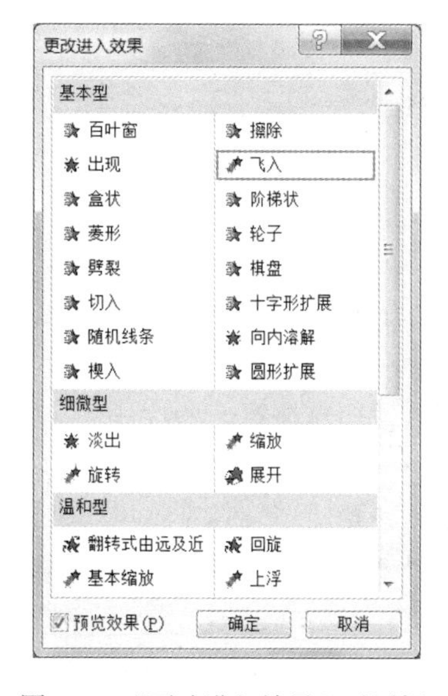

图 6-18 “更改进入效果”对话框

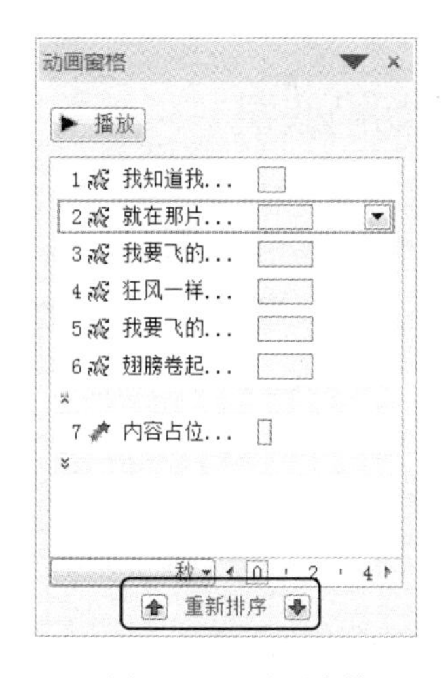

图 6-19 “动画窗格”

（8）在“动画窗格”的列表中单击带编号的对象右侧的下拉按钮，可弹出下拉列表，如图6-20所示。选择“效果选项”选项，会弹出如图6-21所示的“陀螺旋”对话框（对话框名称与所使用动画效果一致）。

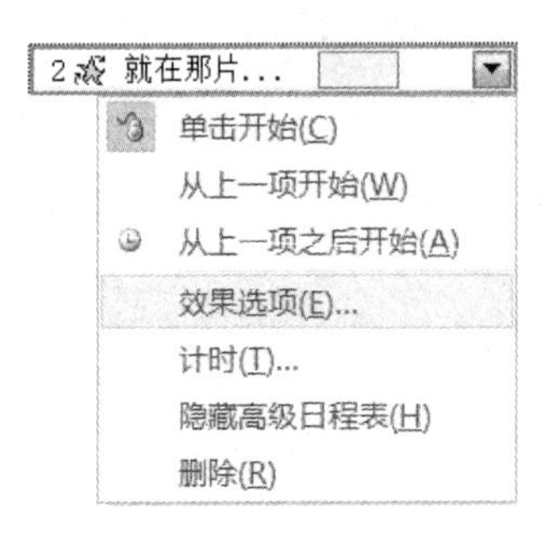

图6-20 “设置动画”下拉列表

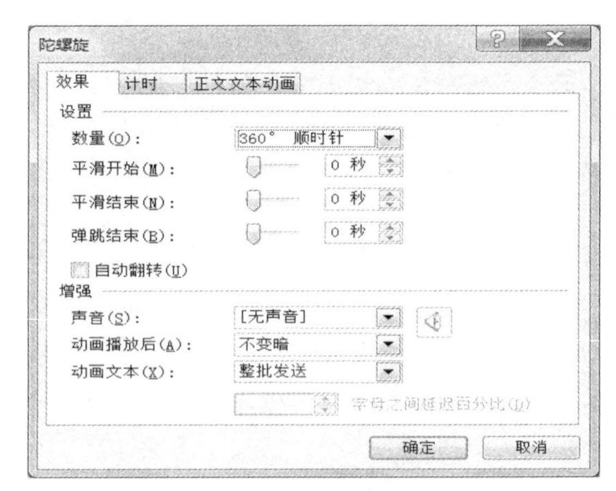

图6-21 “陀螺旋”对话框

在“效果”选项卡中，可设置动画播放时是否发出声音、动画播放后是否变暗；如果设置的动画对象是文本，则可以设置该文字是“整批发送”、“按字/词”还是“按字母”播放。选择“整批发送”，则文本以段落作为一个整体播放动画；选择“按字/词”，则文本按词语播放动画；选择“按字母”，则英文按字母（中文按字）播放动画。

在“计时”选项卡中，可以设定动画播放开始、完成的时间，以及重复播放几次等。在“开始”下拉列表中选择“单击时”选项，则鼠标单击之后对象会按设定的动画效果在幻灯片中开始出现；选择“与上一动画同时”选项，则当前选中的对象与上一个对象一起出现；选择“上一动画之后”选项，则上一个对象动画出现结束后，当前选中的对象才开始出现。在“延迟”选项中可设置当前对象在多少时间间隔后才开始播放动画。

（9）单击“确定”按钮完成效果选项的设定。

（10）重复以上步骤可继续为对象添加动画效果。

放映幻灯片时，各对象根据编号顺序，依次播放动画。

6.4.2 设置切换效果

幻灯片切换效果是指在演示文稿放映期间，从一张幻灯片换到下一张幻灯片时在幻灯片放映视图中出现的动画效果。用户可以控制切换效果的速度、添加声音，甚至还可以对切换效果的属性进行自定义。设置幻灯片切换效果的操作步骤如下。

（1）在普通视图或幻灯片浏览视图中，选择要设置切换效果的幻灯片。

（2）单击“切换”选项卡→“切换到此幻灯片”组中的要应用于该幻灯片的幻灯片切换效果按钮即可。单击“其他”按钮可以查看更多切换效果。

（3）单击“切换”选项卡→“切换到此幻灯片”组中的“效果选项”按钮可以设置切换方向。

（4）单击“切换”选项卡→“计时”组中的“全部应用”按钮，可将该切换效果应用到演示文稿中的所有幻灯片；单击“声音”下拉按钮，可在弹出的下拉列表中选择切换时发出的声音；在“持续时间”栏可设置合适的切换速度；在“换片方式”栏选中“单击鼠标时”复选框，则在单击鼠标时切换幻灯片。如果选中“设置自动换片时间”复选框，并在数值框中输入时间，则在经过指定时间后自动切换到下一张幻灯片。

6.4.3 控制幻灯片的放映

幻灯片设计制作完毕后，可以通过设置放映方式、自定义放映、隐藏幻灯片和排练计时等操作来控制幻灯片的放映。

1. 设置放映方式

PowerPoint 2010 提供了 3 种放映演示文稿的方式，用户可以根据演讲时的实际放映环境采用不同的放映方式。设置放映方式的操作步骤如下。

（1）单击“幻灯片放映”选项卡→“设置”组中的“设置幻灯片放映”按钮，弹出“设置放映方式”对话框，如图 6-22 所示。

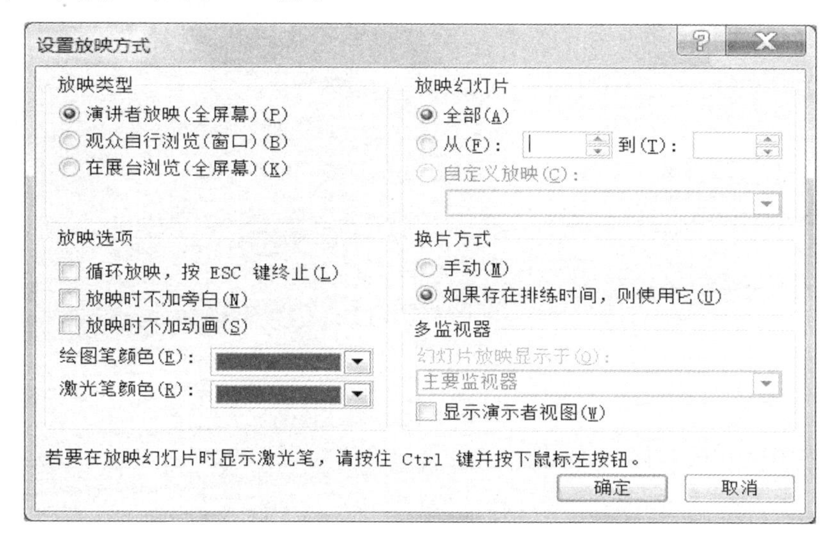

图 6-22 “设置放映方式”对话框

（2）在“放映类型”栏中有 3 种放映方式，用户可以根据需要做出选择。

① 演讲者放映（全屏幕）：以全屏幕显示幻灯片，是系统默认的放映类型，也是最常用的方式。在此放映方式下，由演讲者控制幻灯片的放映过程，演讲者可决定放映速度和切换幻灯片的时间，或将演示文稿暂停，添加会议细节或即席反应等。

② 观众自行浏览（窗口）：在屏幕上的一个窗口内显示幻灯片，观众可通过窗口菜单进行翻页、编辑、复制和打印等，但不能单击鼠标按键进行播放。

③ 在展台浏览（全屏幕）：以全屏幕方式自动、循环播放幻灯片，在放映过程中除了能使用鼠标单击超链接和动作按钮外，大多数控制都失效，观众无法随意改动演示文稿。

（3）在“放映选项”栏中，还可以设置是否循环放映、放映时是否加旁白及放映时是否加动画等。

（4）在“放映幻灯片”栏中，用户可以指定放映全部幻灯片，或者指定从第几张幻灯片开始放映到第几张结束，还可以在“自定义放映”下拉列表中选择自定义的放映方案。

（5）在“换片方式”栏中，如果选中“手动”单选按钮，则放映时通过单击鼠标或快捷菜单来切换幻灯片；如果选中“如果存在排练时间，则使用它”单选按钮，则放映时按排练时间进行自动放映。

（6）设置完毕单击“确定”按钮即可。

2. 自定义放映

自定义放映功能可以将同一个演示文稿针对不同观众编排成多种不同的演示方案，而不必再花费精力另外制作演示文稿。例如，一部分观众只能看到编号为6～10的幻灯片，而另一部分观众只能看到编号为18～29的幻灯片，并且还可以设置放映的顺序。自定义放映的操作步骤如下。

（1）单击“幻灯片放映”选项卡→“开始放映幻灯片”组中的“自定义幻灯片放映”按钮，弹出“自定义放映”对话框。

（2）单击“新建”按钮，弹出“定义自定义放映”对话框，如图6-23所示。

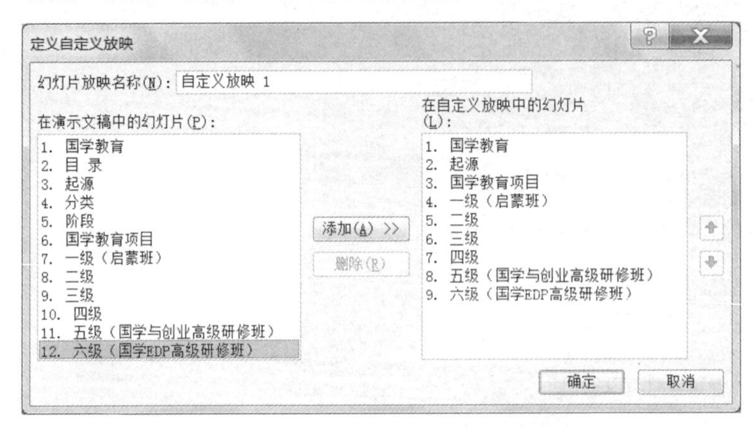

图6-23 “定义自定义放映”对话框

（3）在“幻灯片放映名称”文本框中输入自定义放映的名称，在“在演示文稿中的幻灯片”列表中选择要添加到自定义放映的幻灯片，然后单击“添加”按钮，添加到右边的列表中，可通过⬆和⬇按钮调整幻灯片播放的顺序。如果要选择多张幻灯片，可在选择幻灯片时按住Ctrl键，再单击要选择的幻灯片。

（4）单击“确定”按钮回到“自定义放映”对话框，单击“关闭”按钮，完成定义；播放自定义的幻灯片时，只要弹出“自定义放映”对话框，在“自定义放映”列表中选中定义好的方案名称，然后单击“放映”按钮即可放映；如果要删除整个自定义放映方案，可以在“自定义放映”列表中选中定义好的方案名称，然后单击“删除”按钮，则自定义放映被删除，但实际的幻灯片仍保留在演示文稿中。

3. 隐藏幻灯片

在制作演示文稿时，某些幻灯片（如注释性质的）有时不希望被观众看到，此时用户可以将其隐藏起来。隐藏幻灯片的操作步骤如下。

（1）在幻灯片浏览视图中选中需要隐藏的幻灯片。

（2）单击“幻灯片放映”选项卡→“设置”组中的“隐藏幻灯片”按钮，在被隐藏的幻灯片编号上会出现一个被划掉的符号，如2，表示该幻灯片已被隐藏起来，不会播放。但是如果使用“从当前幻灯片开始幻灯片放映”播放幻灯片，而恰巧当前幻灯片设置为隐藏，则该幻灯片也会被放映出来。

取消隐藏幻灯片的操作步骤如下。

（1）在幻灯片浏览视图中选中需要取消隐藏的幻灯片。

（2）单击“幻灯片放映”选项卡→“设置”组中的“隐藏幻灯片”按钮，即可取消隐藏。

4. 排练计时

排练计时是指演讲者模拟演讲的过程，系统会将每张幻灯片的播放时间记录下来，放映时就根据设置的排练计时时间自动进行放映。设置排练计时的操作步骤如下。

（1）单击“幻灯片放映”选项卡→“设置”组中的“排练计时”按钮。

（2）幻灯片立即进入全屏幕放映状态，并在屏幕左上角出现“录制”工具栏，如图6-24所示。在“幻灯片放映时间”文本框中显示了当前幻灯片的放映时间，在右侧的“总放映时间”栏中显示当前整个幻灯片的放映时间；“下一项”按钮可以播放下一张幻灯片，同时“幻灯片放映时间”文本框中重新计时；“暂停录制”按钮可以暂停计时；“重复”按钮可以重新设置排练时间。

图6-24　“录制”工具栏

（3）排练放映结束后，会弹出确认对话框，单击“是”按钮可保存排练计时，单击“否”按钮则取消本次排练计时。

（4）如果要将设置的计时应用到幻灯片放映中，可单击“幻灯片放映”选项卡→“设置”组中的“设置幻灯片放映”按钮，弹出“设置放映方式”对话框，在“换片方式”栏选中“如果存在排练时间，则使用它”单选按钮。最后执行放映命令，即可观看到按设置好的排练计时放映的效果。

5. 通过鼠标或键盘控制幻灯片的放映

单击“幻灯片放映”选项卡→“开始放映幻灯片”组中的“从头开始”或“从当前幻灯片开始”按钮，即可放映幻灯片。放映过程中，可通过单击，或按空格键、回车键、PageDown键或↓键等方法切换到下一张幻灯片，用PageUp键或↑键切换到上一张幻灯片。

放映过程中在幻灯片上右击，弹出如图6-25所示的快捷菜单，可选择“下一张”或“上一张”命令切换至相邻幻灯片；选择“定位至幻灯片”级联菜单项，可在其子菜单中选择需要切换到的任意幻灯片；选择“结束放映”命令可结束幻灯片的放映，返回编辑状态；选择“指针选项”级联菜单项可以把鼠标指针设置成各种笔型，以方便用户在幻灯片上做标记。

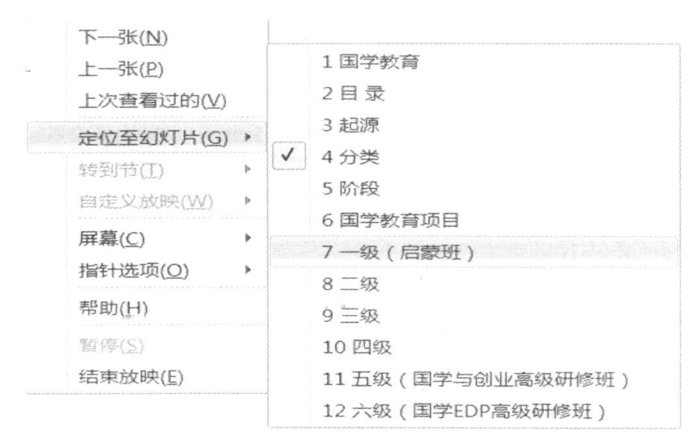

图6-25　快捷菜单

6.5 案例分析

6.5.1 总结报告

场景：某校长要作年终总结汇报，要秘书们制作 PPT，小曾与小张自愿组合，小曾完成年终总结汇报 1.pptx，内容如图 6-26 所示；小张完成年终总结汇报 2.pptx，内容如图 6-27 所示。小王做最后合并、修饰和补充。要求如下。

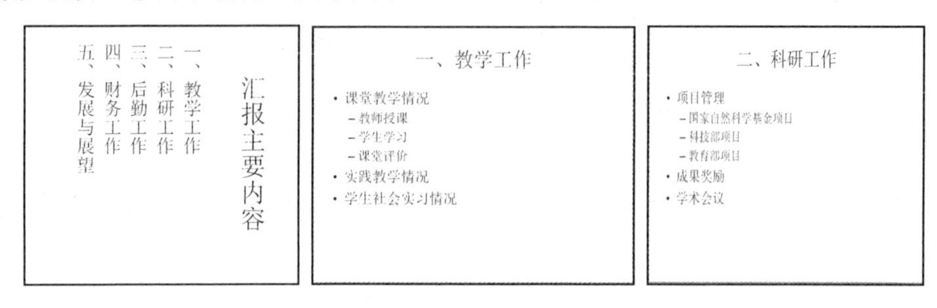

图 6-26　年终总结汇报 1 的内容

图 6-27　年终总结汇报 2 的内容与主题

（1）为演示文稿年终总结汇报 1.pptx 指定合适的设计主题，为年终总结汇报 2.pptx 指定另外一个设计主题。

（2）小王将年终总结汇报 1.pptx 和年终总结汇报 2.pptx 中的所有幻灯片合并到年终总结汇报.pptx，所有幻灯片保留原来的格式，并在新建的幻灯片中插入相关的 SmartArt 图形。

（3）对年终总结汇报进行补充、编辑和外观设计，并设计动作动画及切换动画。

（4）对年终总结汇报插入超级链接，添加编号及页眉、页脚并保存文稿。

具体操作步骤如下。

（1）启动 Powerpoint 2010。

（2）添加标题：“年终工作总结汇报”；添加副标题：“校长：牛牛，2015 年 12 月 31 日”。

（3）单击“开始”选项卡→“幻灯片”组中的“新建幻灯片”下拉按钮，从弹出的下拉列表中选择“垂直排列标题与文本”版式，依次添加标题和文本，单击“开始”选项卡→“段落”组中的“项目符号”下拉按钮，将“项目符号”设置为“无”，制作第 2 张幻灯片。

（4）单击“开始”选项卡→“幻灯片”组中的“新建幻灯片”下拉按钮，从弹出的下拉列表中选择“标题和内容”版式，依次添加标题与内容，内容部分使用“段落”组中的“增加缩进量”按钮将“教师授课”、“学生学习”、“课堂评价”升为二级，制作第 3 张幻灯片。

（5）同（4）完成第 4 张幻灯片的制作，如图 6-27 所示。

（6）选择“文件”→“保存”命令，将文稿保存成“年终工作总结汇报 1.pptx”。

（7）对幻灯片进行美化。

① 定义主题：在“设计”选项卡下“主题”组列表中选择“暗香扑面”选项。

② 在第 3 张、第 4 张幻灯片上插入图片：单击“插入”选项卡→“图片”组中的“图片”按钮，选择要插入的图片进行插入。

（8）小张用同样的方法完成年终工作总结报告 2.pptx 的制作，定义幻灯片的主题为“奥斯汀”。

（9）幻灯片的合并。

新建一个演示文稿并命名为“年终工作总结.pptx”，如果有新建的一张空白标题幻灯片，将其删除。单击“开始”选项卡→“幻灯片”组中的“新建幻灯片”下拉按钮，从弹出的下拉列表中选择“重用幻灯片”选项，打开“重用幻灯片”窗格，单击“浏览”下拉按钮，在弹出的下拉列表中选择“浏览文件”选项，如图 6-28 所示，弹出“浏览”对话框，选择小曾建立的“年终工作总结汇报 1.pptx”，单击“打开”按钮，选中“重用幻灯片”窗格中的“保留源格式”复选框，分别单击这 4 张幻灯片。将光标定位到第四张幻灯片之后，继续单击“重用幻灯片”窗格中的“浏览”下拉按钮，选择“浏览文件”选项，弹出“浏览”对话框，选中小张建立的“年终工作总结汇报 2.pptx”，单击“打开”按钮，选中“重用幻灯片”窗格中的“保留源格式”复选框，分别单击 3 张幻灯片。关闭“重用幻灯片”窗格。

（10）幻灯片的插入：在普通视图下选中第 3 张幻灯片，单击“开始”选项卡→“幻灯片”组中的“新建幻灯片”下拉按钮，从弹出的下拉列表中选择“标题和内容”选项，输入标题文字“学生成绩构成”。

（11）SmartArt 图形的使用：在文本框中单击“插入 SmartArt 图形”按钮，在弹出的“选择 SmartArt 图形”对话框中，选择“关系”中的“射线列表”选项，单击“确定”按钮，如图 6-29 所示。分别在圆形框中输入文本“课堂”、“实验”、“期末考”内容。在“[文本]”框中逐一输入内容，并在大圆形框中单击，插入相应的图片，效果如图 6-30 所示。

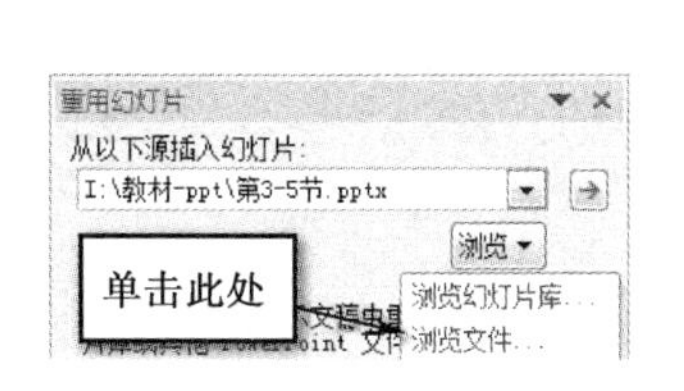

图 6-28 重用幻灯片窗格

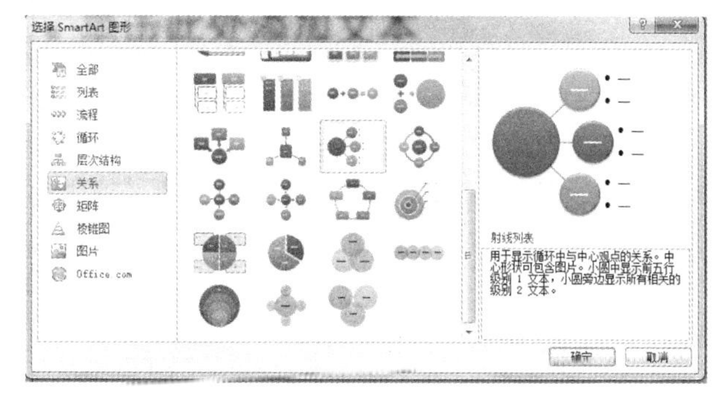

图 6-29 选择 SmartArt 图形对话框

（12）动画效果的制作：选中第四张幻灯片，选中 SmartArt 图形，单击“动画”选项卡→“动画”组中的动画效果列表中的“浮入”按钮，然后单击“效果选项”下拉按钮，从弹出的下拉列表中选择“逐个级别”选项。

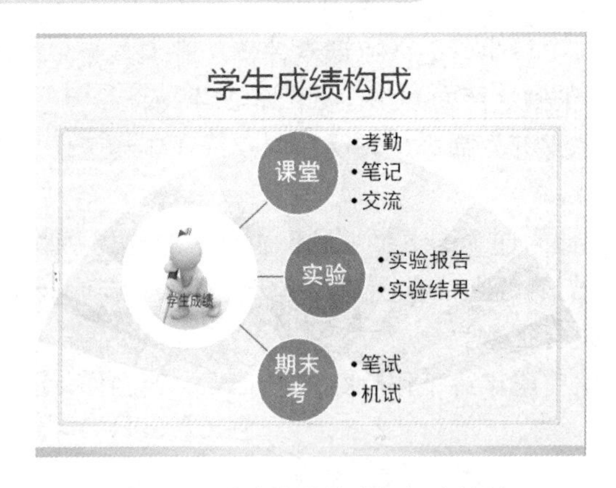

图 6-30　学生成绩构成幻灯片效果

（13）超链接的使用：选中第三张幻灯片文本框中的文字“学生学习”，单击“插入”选项卡→“链接”组中的“超链接”按钮，弹出“插入超链接”对话框，在“链接到”列表中选择“本文档中的位置”选项，在“请选择文档中的位置”列表中选择“4.学生成绩构成”选项，然后单击“确定”按钮，如图 6-31 所示。

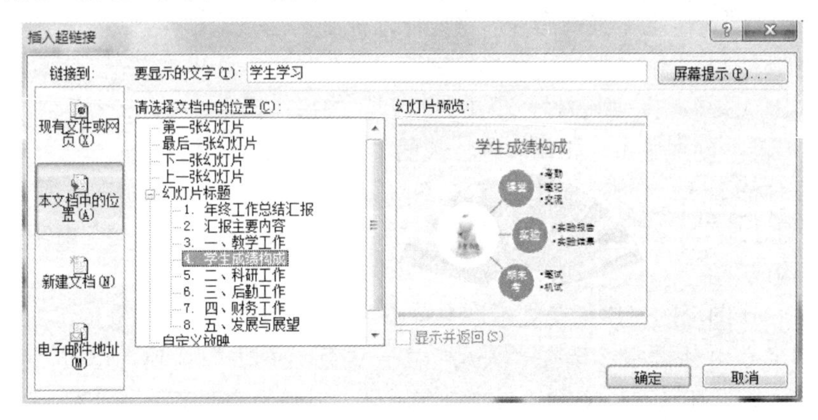

图 6-31 “插入超链接”对话框

（14）添加页眉页脚和编号：单击“插入”选项卡→“文本”组中的“页眉和页脚”按钮，弹出“页眉和页脚”对话框，选中“幻灯片编号”、“页脚”复选框，在“页脚”下的文本框中输入“高大上学校”，单击“全部应用”按钮。

（15）幻灯片的切换方式：在“切换”选项卡的“切换到此幻灯片”组中选择一种切换方式，此处可选择“推进”，单击“效果选项”下拉按钮，从弹出的下拉列表中选择“自右侧”选项，再单击“计时”组中的“全部应用”按钮。

（16）保存演示文稿。

6.5.2　宣传展示

学校摄影社团在今年的摄影比赛结束后，希望可以借助 PPT 将优秀作品在社团活动中进行展示。

具体操作步骤如下。

（1）启动 PowerPoint 2010。

（2）建立相册。

① 单击“插入”选项卡→“图像”组中的“相册”按钮，弹出“相册”对话框。

② 单击“文件/磁盘”按钮，弹出“插入新图片”对话框，选中要展示的 12 张图片。最后单击“插入”按钮即可。

③ 回到“相册”对话框，在“图片版式”下拉列表中选择“4 张图片”选项，如图 6-32 所示，单击“创建”按钮。

图 6-32　相册对话框

（3）设置图片的阴影样式：依次选中每张图片，在“图片工具”栏中，单击“格式”选项卡→“图片样式”组中的“图片效果”下拉按钮，在弹出的下拉列表中选择“阴影”→“内部居中”选项。

（4）应用外部主题：单击“设计”选项卡→“主题”组中的“其他”按钮，在弹出的下拉列表中选择“浏览主题”选项，在弹出的“选择主题或主题文档”对话框中，选择要使用的主题“相册主题 .pptx”文档，设置完成后单击“应用”按钮即可。

（5）插入幻灯片：选中第 1 张幻灯片，单击“开始”选项卡→“幻灯片”组中的“新建幻灯片”下拉按钮，在弹出的下拉列表中选择“标题和内容”选项，在标题文本框中输入“摄影社团优秀作品赏析”；在内容文本框中输入 3 行文字，分别是“湖光春色”、“田园风光”、“海滩美景”。

（6）文字转换成 SmartArt 图形。

① 选中文字“湖光春色”、“田园风光”、“海滩美景”。

② 单击“开始”选项卡→“段落”组中的“转化为 SmartArt”下拉按钮，在弹出的下拉列表中选择“蛇形图片重点列表”选项。

（7）定义 SmartArt 对象的显示图片：双击“湖光春色”所对应的图片按钮，如图 6-33 所示，在弹出的“插入图片”对话框中选择“1.jpg”，单击“插入”按钮。用同样的方法依次选中“6.jpg”和“9.jpg”。

（8）全程背景音乐。

① 选中第 1 张主题幻灯片，单击“插入”选项卡→“媒体”组中的“音频”下拉按钮，在弹出的下拉列表中选择“文件中的音频”选项。

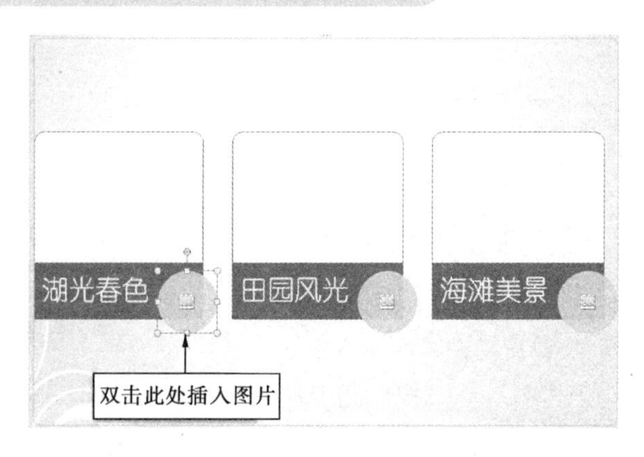

图 6-33　定义 SmartArt 对象的显示图片

② 在弹出的“插入音频”对话框中选中需要插入的音频文件，单击“确定”按钮。此时会有一个小喇叭形状出现，并出现“音频工具”栏。

③ 选中音频的小喇叭图标，在“音频工具”中“播放”选项卡下的“音频选项”组中，选中“循环播放，直到停止”和“播放返回开头”复选框，在“开始”下拉列表中选择“跨幻灯片播放”选项，如图 6-34 所示。如果需要将小喇叭隐藏，可以选中“放映时隐藏”复选框。

图 6-34　音频播放属性的设置

（9）创建演示方案。

① 单击“幻灯片放映”选项卡→“开始放映幻灯片”组中的“自定义幻灯片放映”下拉按钮，在弹出的下拉列表中选择“自定义放映”选项，弹出“自定义放映”对话框。

② 单击“新建”按钮，弹出“定义自定义放映”对话框，在“幻灯片放映名称”文本框中输入“放映方案 1”，从左侧的“在演示文稿中的幻灯片”列表中选择幻灯片 1、3、5，添加到“在自定义放映中的幻灯片”列表中，如图 6-35 所示。

③ 单击“确定”按钮后重新返回到“自定义放映”对话框中，单击“放映”按钮即可放映“放映方案 1”。

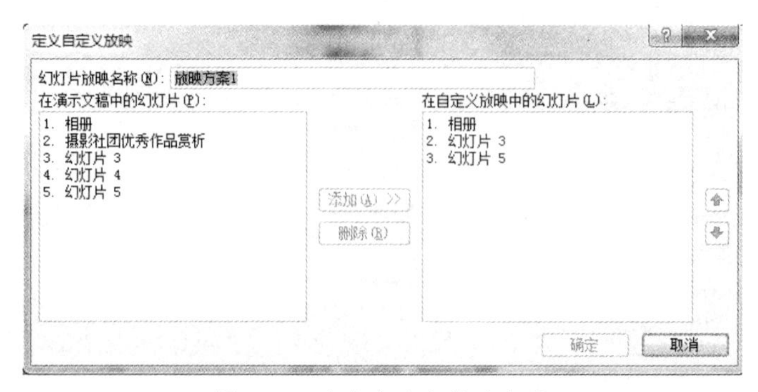

图 6-35　定义自定义放映方式

6.5.3 模板制作

制作中南民族大学 PPT 模板，统一设计风格。

（1）启动 PowerPoint 2010 软件，新建演示文稿。

（2）单击“视图”选项卡→“母版视图”组中的“幻灯片母版”按钮，打开母版进行编辑，如图 6-13 所示。全文统一风格，则在左侧预览窗格中选中第一张大图进行以后的操作。

（3）页面设置：单击“幻灯片母板”选项卡→“页面设置”组中的“页面设置”按钮，弹出“页面设置”对话框，在“幻灯片大小”下面设置幻灯片的大小及幻灯片编号起始值。

（4）背景图片：单击“幻灯片母板”选项卡→“背景”组中右下角的扩展按钮，弹出“设置背景格式”对话框，在“填充”下选择“图片或纹理填充”选项，在“插入自：”中单击“文件”按钮，弹出“插入图片”对话框，选择需要作为正文的背景图片，调整图片的透明度为 75%，单击“插入”按钮，效果如图 6-36 所示。

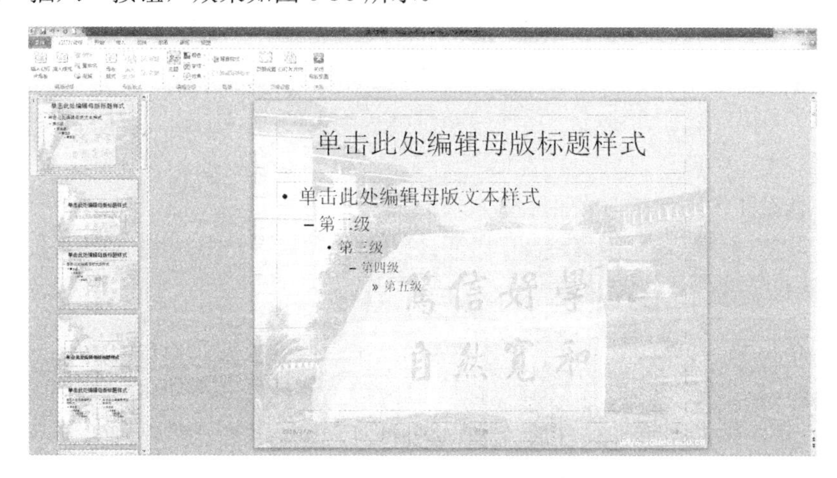

图 6-36 设置幻灯片母版的背景

（5）制作个性 PPT 模板，加上属于自己的 LOGO：在幻灯片母版视图第一页的幻灯片中，插入 LOGO 图片，并将其放在合适的位置上。右击 LOGO，在弹出的快捷菜单中选择“置于底层”命令，关闭母版视图返回到普通视图后，就可以看到。效果如图 6-37 所示。

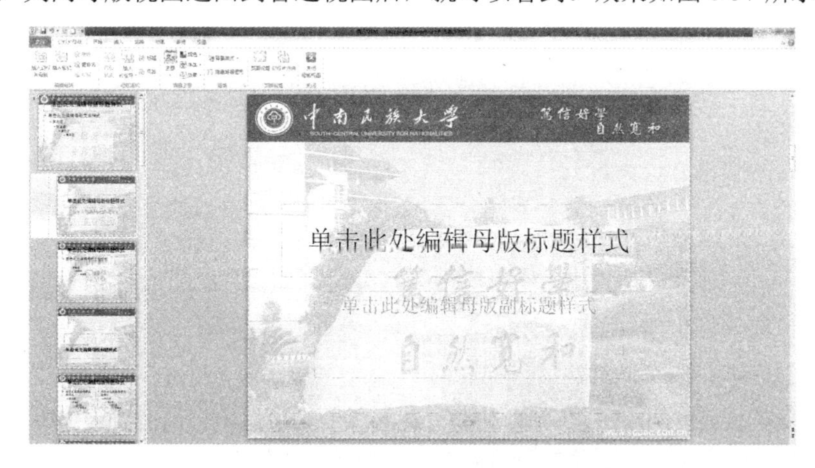

图 6-37 在幻灯片母版上添加 LOGO

（6）对 PPT 模板的文字进行修饰：再次进入幻灯片母版视图，选择幻灯片母版视图第一页的幻灯片，选定母版各级文本文字，在“开始”选项卡下“字体”组中设置字体、字号、颜色，在“开始”选项卡下“段落”组中的“项目符号和编号”中选择自己满意的图片作为这一级的项目符号项标志。

（7）对 PPT 模板添加动画：根据自己的喜好在“动画”选项卡下“动画”组列表中设置相应的动画，在“切换”选项卡下“切换到此幻灯片”组中设置切换的动画效果。

（8）保存：单击“幻灯片母版”选项卡→“关闭”组中的“退出”按钮，退出幻灯片母版视图，选择“文件”→“保存并发送”命令，再在右侧选择“更改文件类型”选项，最后在“保存类型”中双击“模板*.potx”。

6.6 本章小结

本章介绍了 PowerPoint 2010 的基本操作，包括使用多种方法创建演示文稿，幻灯片的编辑，幻灯片的格式设置及幻灯片的添加、复制、移动和删除等编辑操作；插入文本框、艺术字、图片、图表、音频、视频、超链接和动作按钮等插入对象操作；幻灯片母版、讲义母版和备注母版等母版编辑操作；以及设置动画效果、设置切换效果、设置放映方式、自定义放映、隐藏幻灯片、取消隐藏和排练计时等动画和放映操作。

6.7 思考与练习

1. 选择题

（1）PowerPoint 中默认的新建文件名是____。

A．.sheet1　　B．演示文稿 1　　C．book1　　D．文档 1

（2）PowerPoint 2010 演示文稿的默认扩展名是____。

A．.pptx　　B．.thmx　　C．.pot　　D．.potx

（3）在 PowerPoint 中，若想设置幻灯片中对象的动画效果，应选择____。

A．普通视图　　B．浏览视图

C．幻灯片放映视图　　D．以上均可

（4）为所有幻灯片设置统一的、特有的外观风格，应使用____。

A．母版　　B．配色方案　　C．自动版式　　D．幻灯片切换

（5）当在交易会进行广告片的放映时，应该选择____放映方式。

A．演讲者放映　　B．观众自行放映

C．在展台浏览　　D．需要时按下某键

（6）如果要求幻灯片能够在无人操作的环境下自动播放，应事先对演示文稿____。

A．设置动画　　B．排练计时　　C．存盘　　D．打包

（7）下列叙述中，错误的是____。

A．用演示文稿的超链接可以跳转到其他演示文稿

B．幻灯片中动画的顺序由幻灯片中文字或图片出现的顺序决定

C．幻灯片可以设置展台播放方式

D．利用“主题”可以快速地为演示文稿选择统一的背景图案和配色方案

（8）在一张“空白”版式的幻灯片中，不可以直接插入____。

A．图片　　B．艺术字　　C．文字　　D．表格

（9）如果要终止幻灯片的放映，可直接按____键。

A．Ctrl+C　　B．Esc　　C．End　　D．Alt+F4

（10）在 PowerPoint 2010 中，下列说法错误的是____。

A．在幻灯片母版中，设置的标题和文本的格式不会影响其他幻灯片

B．幻灯片母版主要强调文本的格式

C．普通幻灯片主要强调的是幻灯片的内容

D．要向幻灯片中添加文字时，必须从幻灯片母版视图切换到幻灯片视图或大纲视图后才能进行

（11）在幻灯片母版视图下，____可以反映在幻灯片的实际放映中。

A．设置的标题颜色　　B．绘制的图形

C．插入的剪贴画　　D．以上均可

（12）关于演示文稿的叙述，不正确的是____。

A．演示文稿设计主题一旦选定，就不能再更改

B．同一演示文稿中，允许使用多种母版格式

C．同一演示文稿中，不同幻灯片的主题颜色可以不同

D．同一演示文稿中，不同幻灯片的背景可以不同

（13）下列关于占位符的叙述中，正确的是____。

A．不能删除占位符　　B．在文本占位符内可添加文字

C．单击图表占位符可以添加图形　　D．不能移动占位符的位置

（14）下列叙述中，错误的是____。

A．插入幻灯片中的图片是不能改变其大小尺寸的

B．单击“幻灯片放映”选项卡→“设置”组中的“隐藏幻灯片”按钮可隐藏该幻灯片

C．在幻灯片放映视图中，右击屏幕上的任意位置，可以弹出放映控制菜单

D．在幻灯片放映过程中，可以使用绘图笔在幻灯片上书写或绘画

（15）下列关于 PowerPoint 页眉与页脚的叙述中，错误的是____。

A．可以插入时间和日期

B．可以自定义内容

C．页眉与页脚的内容在各种视图下都能看到

D．在编辑页眉与页脚时，可以对幻灯片正文内容进行操作

（16）PowerPoint 的“超链接”功能可实现____。

A．幻灯片之间的跳转　　B．演示文稿幻灯片的移动

C．中断幻灯片的放映　　D．在演示文稿中插入幻灯片

（17）在幻灯片浏览视图下，____是不可以进行的。

A．插入幻灯片　　B．删除幻灯片

C．改变幻灯片的顺序　　D．编辑幻灯片中的文字

（18）在“幻灯片切换”对话框中，可以设置的选项是____。

A．效果　　B．声音　　C．换页速度　　D．以上均可

（19）在幻灯片“动作设置”对话框中设置的超链接，其对象不能是____。

A．下一张幻灯片　　B．上一张幻灯片

C．其他演示文稿　　D．幻灯片中的某一对象

（20）幻灯片声音的播放方式是____。

A．执行到该幻灯片时自动播放

B．执行到该幻灯片时不会自动播放，须双击该声音图标才能播放

C．执行到该幻灯片时不会自动播放，须单击该声音图标才能播放

D．由插入声音图标时的设定决定播放方式

2. 填空题

（1）在 PowerPoint 2010 中，艺术字具有________（填“图形”/“文本”）属性。

（2）进行幻灯片母版设置，可以起到________作用。

（3）要在幻灯片中添加文本，除了利用文本占位符以外，还可以通过________实现。

（4）在 PowerPoint 2010 中，某一文字对象设置了超链接后，在________的时候，当鼠标指针移到文字对象上时会变成手形。

（5）在 PowerPoint 2010 中，如果插入一张幻灯片，被插入的幻灯片会出现在________。

3. 问答题

（1）在幻灯片中输入文本，常用的有哪几种方法？

（2）如何在幻灯片中插入剪贴画视频？

（3）幻灯片版式和演示文稿的主题有何不同？

（4）如何给幻灯片添加页眉、页脚和编号？

第7章 计算机网络基础知识

现代计算机技术和通信技术的迅速发展，形成了信息技术的革命，其中一个非常重要的方面，就是计算机网络技术的产生和发展。计算机网络是将若干台独立的计算机通过传输介质相互物理地连接，并通过网络软件逻辑地相互联系到一起而实现信息交换、资源共享、协同工作和在线处理等功能的计算机系统。计算机网络给人们的生活带来了极大的方便，如办公自动化、网上银行、网上订票、网上查询、网上购物等。计算机网络不仅可以传输文本数据，还可以传输图像、声音、视频等多种媒体形式的信息，在人们的日常生活和各行各业中发挥着越来越重要的作用。目前，计算机网络已广泛应用于政治、经济、军事、科学以及社会生活的方方面面。

本章主要内容

- 计算机网络概述
- Internet 基础知识
- 网络构架连接及基本上网操作
- 电子邮箱的申请和电子邮件的使用
- 计算机与信息的安全

7.1 计算机网络概述

7.1.1 计算机网络的形成与发展

计算机网络是利用通信线路和通信设备，把分布在不同地理位置的具有独立功能的多台计算机、终端及其附属设备互相连接，按照网络协议进行数据通信，利用功能完善的网络软件实现资源共享的计算机系统的集合。计算机网络是计算机技术与通信技术结合的产物。

可以从以下几个方面理解这个计算机网络的定义。

（1）至少两台计算机才能构成网络，并且组成网络的这些计算机是独立的。

（2）这些计算机之间要用一些通信设备和传输介质连接起来。

（3）要有相应的软件进行管理。

（4）联网后这些计算机就可以共享资源和互相通信了。例如，网络中的多台计算机公用一台打印机等。

计算机网络的发展过程就是计算机技术与通信技术融合的过程。计算机网络的产生与发展过程主要包括面向终端的计算机网络、计算机通信网络、计算机互联网络和高速互联网络 4 个阶段。

1. 第一代——面向终端的计算机网络

第一代计算机网络是面向终端的计算机网络。面向终端的计算机网络又称联机系统，出现于 20 世纪 50 年代初，它由一台主机和若干个终端组成，较典型的有 1963 年美国空军建立的半自动化地面防空系统（SAGE），其结构如图 7-1 所示。在这种联机方式中，主机是网络的中心和控制者，终端（键盘和显示器）分布在各处并与主机相连，用户通过本地的终端使用远程的主机。

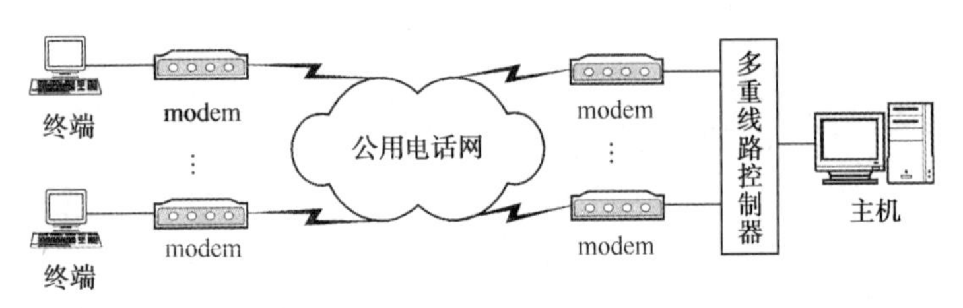

图 7-1　第一代计算机网络结构示意图

分布在不同办公室，甚至不同地理位置的本地终端或者是远程终端通过公共电话网及相应的通信设备与一台计算机相连，登录到计算机上，使用该计算机上的资源，这就有了通信与计算机的结合。这种具有通信功能的单机系统被称为第一代计算机网络——面向终端的计算机通信网，也是计算机网络的初级阶段。严格地讲，这不能算是网络，但它将计算机技术与通信技术结合了，可以让用户以终端方式与远程主机进行通信了，所以我们视它为计算机网络的雏形。这里的单机系统是一台主机与一个或多个终端连接，在每个终端和主机之间都有一条专用的通信线路。当这种简单的单机联机系统连接大量的终端时，存在两个明显的缺点：一是主机系统负担过重；二是线路利用率低。

2. 第二代——计算机通信网络

第二代计算机网络是以共享资源为目的的计算机通信网络，其结构如图 7-2 所示。20 世纪 70 年代，以美国国防部高级研究计划局 DARPA 的 ARPANET 网络为代表，ARPANET 网络采用新的“存储转发－分组交换”原理实现数据通信，它的产生标志着计算机网络的兴起。

20 世纪 70 年代中期，由于微电子和微处理机技术的发展，以及在短距离局部地理范围内的计算机进行高速通信需求的增长，计算机局域网应运而生。进入 20 世纪 80 年代，随着办公自动化、管理信息系统、工厂自动化系统等各种应用需求的扩大，局域网获得蓬勃发展。

第二代计算机网络的大量出现，极大地促进了计算机网络的发展和应用。但由于这些网络大多是由研究单位、大学或计算机公司各自研发和使用的，没有统一的网络体系结构。因此，如果要在更大的范围内，把这些网络互联起来，实现信息交换和资源共享，存在着很大的困难。

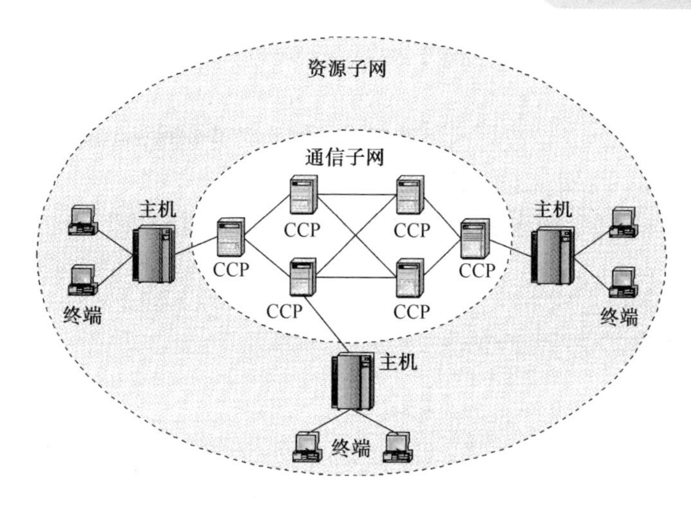

图 7-2　第二代计算机网络结构示意图

3. 第三代——计算机互联网络

20 世纪 70 年代中后期，各种各样的商业网络纷纷建立，并提出各自的网络体系结构。比较著名的有 IBM 公司于 1974 年公布的系统网络体系结构（System Network Architecture，SNA），美国 DEC 公司于 1975 年公布的分布式网络体系结构（Distributing Network Architecture，DNA）。这些不断出现的按照不同概念设计的网络，有力地推动了计算机网络的发展和广泛使用。同一体系结构的网络产品互联非常容易，但不同体系结构的产品却很难实现互联。为此，国际标准化组织（International Standards Organization，ISO）成立了一个专门机构，研究和开发新一代的计算机网络。经过几年的努力，于 1984 年正式颁布了一个称为“开放系统互联基本参考模型”（Open System Interconnection Basic Reference Model，OSI）的国际标准 ISO/OSI 7498。自此，计算机网络开始了走向国际标准化的时代。一般把从确立基于开放标准的计算机网络体系结构到 Internet 的诞生这段时间，称为第三代计算机网络。

4. 第四代——高速互联网络

第四代计算机网络又称高速互联网络（或称高速 Internet），这是一个智能化、全球化、高速化和个性化的网络阶段。通常意义上的计算机互联网络，是通过数据通信网络实现数据的通信和共享，此时的计算机网络基本上以电信网作为信息的载体，即计算机通过电信网络中的 X.25 网、DDN 网、帧中继网等传输信息。

随着互联网络的迅猛发展，人们对远程教学、远程医疗、视频会议等多媒体应用的需求大幅度增加。基于传统电信网络为信息载体的计算机互联网络已经不能满足人们对网络速度的要求，这就促使网络由低速向高速、由共享到交换、由窄带向宽带方向迅速发展，即由传统的计算机互联网络向高速互联网络发展。目前对于互联网络的主干网来说，各种宽带组网技术日益成熟和完善，波分复用系统的带宽已达 400Gb/s，IP over ATM、IP Over SDH、IP over WDM（DWDM）等技术已经开始投入使用，并提出建立全优化光学主干网络，可以说主干网已经为承载各种高速业务做好了准备。

如今，以 IP 技术为核心的计算机网络将成为网络的主体。网络技术将整个 Internet 整合成一个巨大的超级计算机，实现计算资源、存储资源、数据资源、信息资源、通信资源、软件资源和知识资源的全面共享。网络也不仅仅只是进行科研和学术交流的地方，它已深入到社会生活的每一个角落，改变着人们传统的生活和工作方式。

目前，全球以 Internet 为核心的高速计算机互联网络已形成，Internet 已经成为人类最重要的、最大的知识宝库。与第三代计算机网络相比，第四代计算机网络的特点是：网络的高速化和业务的综合化。网络高速化可以有两个特征：网络宽频带和传输低时延。使用光纤等高速传输介质和高速网络技术，可实现网络的高速率；快速交换技术可保证传输的低时延。网络业务综合化是指一个网络中综合了多种媒体（如语音、视频、图像和数据等）的信息。业务综合化的实现依赖于多媒体技术。

7.1.2 计算机网络的发展趋势

计算机网络的发展方向是 IP 技术+光网络，光网络将会演进为全光网络。从网络的服务层面上看将是一个 IP 的世界，通信网络、计算机网络和有线电视网络将通过 IP 三网合一；从传送层面上看将是一个光的世界；从接入层面上看将是一个有线和无线的多元化世界。

1. 三网合一

目前广泛使用的网络有通信网络、计算机网络和有线电视网络。随着技术的不断发展，新的业务不断出现，新旧业务不断融合，作为其载体的各类网络也不断融合，使目前广泛使用的三类网络正逐渐向单一统一的 IP 网络发展，即所谓的“三网合一”。

在 IP 网络中可将数据、语音、图像、视频均归结到 IP 数据包中，通过分组交换和路由技术，采用全球性寻址，使各种网络无缝连接，IP 协议将成为各种网络、各种业务的“共同语言”，实现所谓的“Everything over IP”。

实现“三网合一”并最终形成统一的 IP 网络后，传递数据、语音、视频只需要建造、维护一个网络，简化了管理，也会大大地节约开支，同时可提供集成服务，方便了用户。可以说“三网合一”是网络发展的一个最重要的趋势。

2. 光通信技术

光通信技术已有 30 年的历史。随着光器件、各种光复用技术和光网络协议的发展，光传输系统的容量已从 Mbps 级发展到 Tbps 级，提高了近 100 万倍。

光通信技术的发展主要有两个大的方向：一是主干传输向高速率、大容量的 OTN 光传送网发展，最终实现全光网络；二是接入向低成本、综合接入、宽带化光纤接入网发展，最终实现光纤到家庭和光纤到桌面。全光网络是指光信息流在网络中的传输及交换始终以光的形式实现，不再需要经过光/电、电/光变换，即信息从源结点到目的结点的传输过程中始终在光域内。

3. IPv6 协议

TCP/IP 协议族是互联网基石之一，而 IP 协议是 TCP/IP 协议族的核心协议，是 TCP/IP 协议族中网络层的协议。目前 IP 协议的版本为 IPv4。IPv4 的地址位数为 32 位，即理论上约有 42 亿个地址。随着互联网应用的日益广泛和网络技术的不断发展，IPv4 的问题逐渐显露出来，主要有地址资源枯竭、路由表急剧膨胀、对网络安全和多媒体应用的支持不够等。

IPv6 是下一版本的 IP 协议，也可以说是下一代 IP 协议。IPv6 采用 128 位地址长度，几乎可以不受限制地提供地址。理论上约有 3.4×10^{38} 个 IP 地址，而地球的表面积以厘米为单位也仅有 $5.1\times10^{18}\text{cm}^2$，即使按保守方法估算 IPv6 实际可分配的地址，每个平方厘米面积上也可分配到若干亿个 IP 地址。IPv6 除一劳永逸地解决了地址短缺问题外，同时也解决了 IPv4 中的其他缺陷，主要有端到端 IP 连接、服务质量（QoS）、安全性、多播、移动性、即插即用等。

4. 宽带接入技术

计算机网络必须要有宽带接入技术的支持，各种宽带服务与应用才有可能开展。因为只有接入网的带宽瓶颈问题被解决，骨干网和城域网的容量潜力才能真正发挥。尽管当前宽带接入技术有很多种，但只要是不和光纤或光结合的技术，就很难在下一代网络中应用。目前光纤到户（Fiber To The Home，FTTH）的成本已下降至可以为用户接受的程度。这里涉及两个新技术：一个是基于以太网的无源光网络（Ethernet Passive Optical Network，EPON）的光纤到户技术；另一个是自由空间光系统（Free Space Optical，FSO）。

由 EPON 支持的光纤到户，正在异军突起，它能支持吉比特的数据传输速率，并且不久的将来成本会降到与数字用户线路（Digital Subscriber Line，DSL）和光纤同轴电缆混合网（Hybrid Fiber Cable，HFC）相同的水平。

FSO 技术是通过大气而不是光纤传送光信号，它是光纤通信与无线电通信的结合。FSO 技术能提供接近光纤通信的速率，如可达到 1Gbps，它既在无线接入带宽上有了明显的突破，又不需要在稀有资源无线电频率上有很大的投资，因为不要许可证。FSO 和光纤线路比较，系统不仅安装简便，时间少很多，成本也低很多。FSO 现已在企业和居民区得到应用，但是和固定无线接入一样，易受环境因素干扰。

5. 移动通信系统技术

4G 系统比曾经广泛使用的 2G 和 3G 系统传输容量更大，灵活性更高。它以多媒体业务为基础，已形成很多的标准，并将引入新的商业模式。4G 包括后续的 5G 系统，它们将更是以宽带多媒体业务为基础，使用更高更宽的频带，传输容量会更上一层楼。它们可在不同的网络间无缝连接，提供满意的服务；同时网络可以自行组织，终端可以重新配置和随身携带，是一个包括卫星通信在内的端到端的 IP 系统，可与其他技术共享一个 IP 核心网。它们都是构成下一代移动互联网的基础设施。

7.1.3 计算机网络的组成

计算机网络是由负责传输数据的网络传输介质和网络设备、使用网络的计算机终端设备和服务器，以及网络操作系统所组成的。

1. 网络传输介质

有 4 种主要的网络传输介质：双绞线电缆、光纤、微波、同轴电缆。

在局域网中的主要传输介质是双绞线，光纤在局域网中多承担干线部分的数据传输。使用微波的无线局域网由于其灵活性而逐渐普及。由于 Cable Modem 的使用，电视同轴电缆还在充当 Internet 连接的其中一种传输介质。

2. 网络交换设备

网络交换设备是把计算机连接在一起的基本网络设备。计算机之间的数据报通过交换机转发。因此，计算机要连接到局域网络中，必须首先连接到交换机上。不同种类的网络使用不同的交换机。常见的有以太网交换机、ATM 交换机、帧中继网的帧中继交换机、令牌网交换机、FDDI 交换机等。

可以使用称为 Hub 的网络集线器替代交换机。Hub 的价格低廉，但会消耗大量的网络带宽资源。由于局域网交换机的价格已经下降到低于 PC 的价格，所以正式的网络已经不再使用 Hub。

3. 网络互联设备

网络互联设备主要是指路由器。路由器是连接网络的必须设备，在网络之间转发数据报。

路由器不仅提供同类网络之间的互相连接，还提供不同网络之间的通信，如局域网与广域网的连接、以太网与帧中继网络的连接等。

在广域网与局域网的连接中，调制解调器也是一个重要的设备。调制解调器用于将数字信号调制成频率带宽更窄的信号，以便适于广域网的频率带宽。最常见的是使用电话网络或有线电视网络接入互联网。

中继器是一个延长网络电缆和光缆的设备，对衰减了的信号起再生作用。

网桥是一个被淘汰了的网络产品，原来用来改善网络带宽拥挤。交换机设备同时完成了网桥需要完成的功能，交换机的普及使用是终结网桥使命的直接原因。

4. 网络终端与服务器

网络终端也称网络工作站，是使用网络的计算机、网络打印机等。在客户/服务器网络中，客户机指网络终端。

网络服务器是被网络终端访问的计算机系统，通常是一台高性能的计算机，如大型机、小型机、UNIX 工作站和服务器 PC 机，安装上服务器软件后构成网络服务器，被分别称为大型机服务器、小型机服务器、UNIX 工作站服务器和 PC 机服务器。

网络服务器是计算机网络的核心设备，网络中可共享的资源，如数据库、大容量磁盘、外部设备和多媒体节目等，通过服务器提供给网络终端。服务器按照可提供的服务可分为文件服务器、数据库服务器、打印服务器、Web 服务器、电子邮件服务器、代理服务器等。

5. 网络操作系统

网络操作系统是安装在网络终端和服务器上的软件。网络操作系统完成数据发送和接收所需要的数据分组、报文封装、建立连接、流量控制、出错重发等工作。现代的网络操作系统都是随计算机操作系统一同开发的，网络操作系统是现代计算机操作系统的一个重要组成部分。

7.1.4 计算机网络的拓扑结构

网络拓扑结构是计算机网络节点和通信链路所组成的几何形状。计算机网络有很多种拓扑结构，最常用的网络拓扑结构有总线型结构、星形结构、环形结构、树形结构、网状结构和混合型结构。

1. 总线型拓扑结构

总线型结构采用一条单根的通信线路（总线）作为公共的传输通道，所有的节点都通过相应的接口直接连接到总线上，并通过总线进行数据传输。例如，在一根电缆上连接了组成网络的计算机或其他共享设备（如打印机等），如图 7-3 所示。由于单根电缆仅支持一种信道，因此连接在电缆上的计算机和其他共享设备共享电缆的所有容量。连接在总线上的设备越多，网络发送和接收数据就越慢。

总线型拓扑结构具有如下特点。

（1）结构简单、灵活，易于扩展；共享能力强，便于广播式传输。

（2）网络响应速度快，但负荷重时性能迅速下降；局部站点故障不影响整体，可靠性较高。但是，总线出现故障，则将影响整个网络。

（3）易于安装，费用低。

2. 星形拓扑结构

星形结构的每个节点都由一条点对点链路与中心节点（公用中心交换设备，如交换机、集线器等）相连，如图 7-4 所示。星形网络中的一个节点如果向另一个节点发送数据，首先将数据发送到中央设备，然后由中央设备将数据转发到目标节点。信息的传输是通过中心节点的存储转发技术实现的，并且只能通过中心节点与其他节点通信。星形网络是局域网中最常用的拓扑结构。

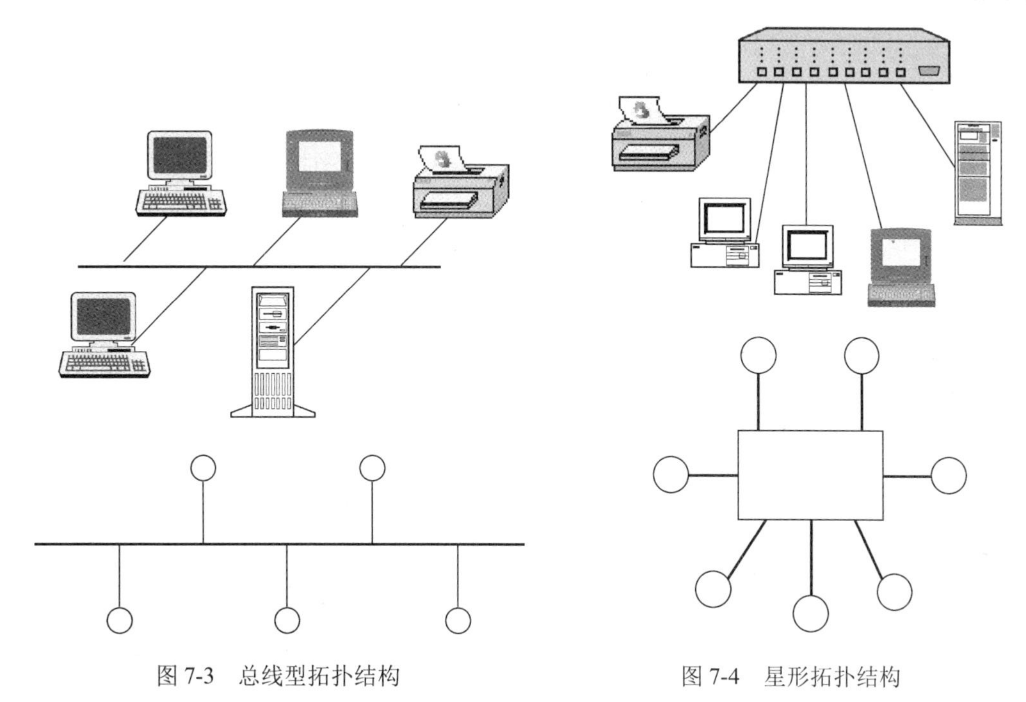

图 7-3　总线型拓扑结构　　图 7-4　星形拓扑结构

星形拓扑结构具有如下特点。

（1）结构简单，便于管理和维护；易实现结构化布线；结构易扩充，易升级。

（2）通信线路专用，电缆成本高。

（3）星形结构的网络由中心节点控制与管理，中心节点的可靠性基本上决定了整个网络的可靠性。

（4）中心节点负担重，易成为信息传输的瓶颈，且中心节点一旦出现故障，会导致全网瘫痪。

3. 环形拓扑结构

环形结构是各个网络节点通过环接口连在一条首尾相接的闭合环形通信线路中，如图 7-5 所示。每个节点设备只能与它相邻的一个或两个节点设备直接通信。如果要与网络中的其他节点通信，数据需要依次经过两个通信节点之间的每个设备。环形网络既可以是单向的也可以是双向的。单向环形网络的数据绕着环向一个方向发送，数据所到达的环中的每个设备都将数据接收，经再生放大后将其转发出去，直到数据到达目标节点为止。双向环形网络中的数据能在两个方向上进行传输，因此设备可以和两个邻近节点直接通信。如果一个方向的环中断了，数据还可以在相反的方向在环中传输，最后到达其目标节点。

环形拓扑结构具有如下特点。

（1）在环形网络中，各工作站间无主从关系，结构简单；信息流在网络中沿环单向传递，延迟固定，实时性较好。

（2）两个节点之间仅有唯一的路径，简化了路径选择，但可扩充性差。

（3）可靠性差，任何线路或节点的故障，都有可能引起全网故障，且故障检测困难。

4. 树形拓扑结构

树形结构是总线型结构的扩展，它是在总线型拓扑结构上加上分支形成的，其传输介质可有多条分支，但不形成闭合回路。树形拓扑结构可以对称，联系固定，具有一定的容错能力，一般一个分支节点的故障不影响另一分支节点的工作，任何一个节点送出的信息都由根接收后重新发送到所有的节点，也是广播式网络。Internet 大多采用树形结构。图 7-6 所示的是一个树形拓扑网络。

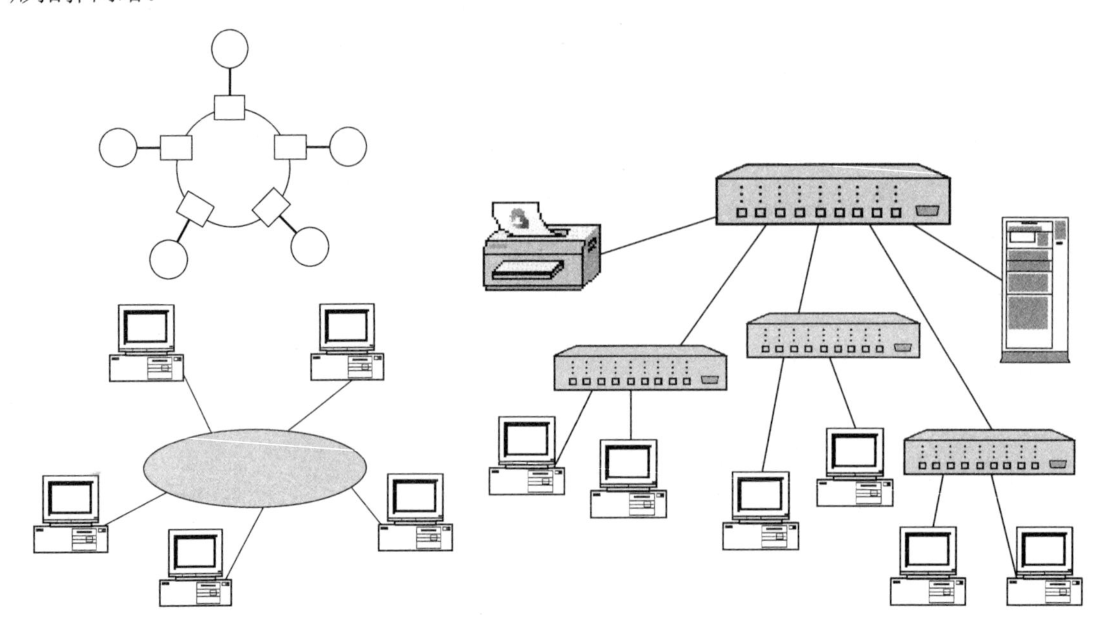

图 7-5 环形拓扑结构　　　　图 7-6 树形拓扑结构

树形拓扑结构的主要特点如下。

（1）易于扩展，故障易隔离，可靠性高；电缆成本高。

（2）对根节点的依赖性大，一旦根节点出现故障，将导致全网不能工作。

5. 网状拓扑结构

网状结构是指将各网络节点与通信线路连接成不规则的形状，每个节点至少与其他两个节点相连，或者说每个节点至少有两条链路与其他节点相连，如图 7-7 所示。大型互联网一般都采用这种结构，如我国的教育科研网 CERNET、Internet 的主干网都采用网状结构。

网状拓扑结构有以下主要特点。

（1）可靠性高；结构复杂，不易管理和维护；线路成本高；适用于大型广域网。

（2）因为有多条路径，所以可以选择最佳路径，减少时延，改善流量分配，提高网络性能，但路径选择比较复杂。

在实际组网中，采用的拓扑结构不一定是单一固定的，通常是几种拓扑结构的混合。

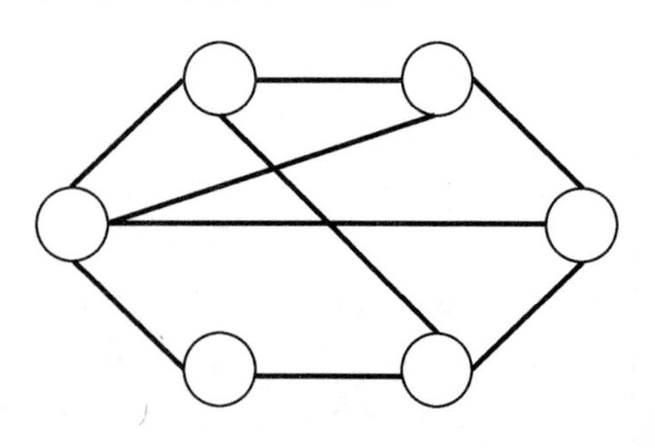

图 7-7 网状拓扑结构

7.1.5 计算机网络的分类

计算机网络种类繁多，按照不同的分类标准，可以有多种分类方法。

1. 按照网络的覆盖范围分类

按照网络的覆盖范围分类是目前网络分类最常用的方法，它将网络分为局域网、城域网和广域网。

（1）局域网。

局域网（Local Area Network，LAN）是指在某一较小范围内由多台计算机互联形成的计算机组。“某一较小范围”指的是同一办公室、同一建筑物、同一公司或同一学校等，网络直径一般小于几公里。一个局域网可以容纳几台至几千台计算机。局域网可以实现文件管理、应用软件共享、打印机共享等功能。局域网的特点是覆盖范围小，传输速度通常可以很高，网络出现故障的概率较小。局域网按照采用的技术、应用范围和协议标准的不同，可以分为共享局域网和交换局域网。目前局域网速率最快的是 10Gb/s 的以太网。

（2）城域网。

城域网（Metropolitan Area Network，MAN）的覆盖范围通常约为 10 公里（网络直径）。这种网络一般是将在一个城市内但不在同一地理小区范围内的计算机进行互联，如图 7-8 所示。城域网与局域网相比，扩展的距离更长，连接的计算机数量更多，在地理范围上可以说是局域网的延伸。在一个大型城市，一个城域网通常连接着多个局域网。

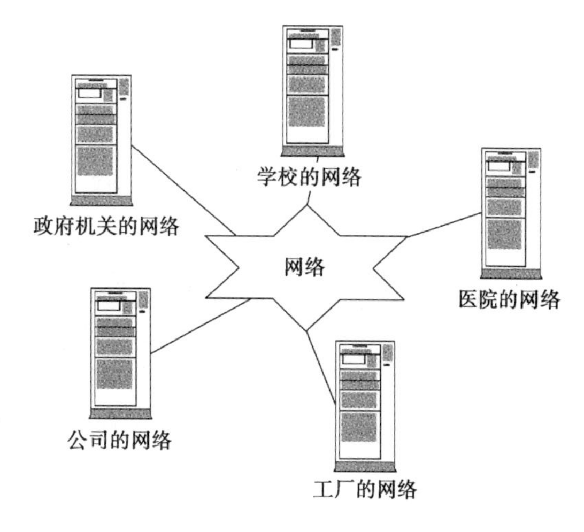

图 7-8 城域网示例

（3）广域网。

广域网（Wide Area Network，WAN）所覆盖的范围比城域网更广，可以从几百公里到几千公里，可以是一个地区、一个国家，甚至是全球。因为距离较远，广域网的信息衰减比较严重，所以这种网络一般要租用专线。广域网因为所连接的用户多，总出口带宽有限，所以用户的终端连接速率一般较低，通常为 9.6Kb/s～45Mb/s。

2. 按照传输技术分类

网络所采用的传输技术决定了网络的主要技术特点，因此根据网络所采用的传输技术对网络进行划分是一种很重要的分类方法。

在通信技术中，通信信道的类型有两种：广播（Broadcast）通信信道与点到点（Point-to-Point）通信信道。在广播通信信道中，多个节点共享一个物理通信信道，一个节点广播信息，其他节点都必须接收这个广播信息。而在点到点通信信道中，一条通信信道只能连接一对节点，如果两个节点之间没有直接连接的线路，那么它们只能通过中间节点转接。显然，网络要通过通信信道完成数据传输任务，因此网络所采用的传输技术也只可能有两类，即广播方式和点到点方式。这样，相应的计算机网络也可以分为两类。

（1）广播式网络。

广播式网络中的广播是指网络中所有联网的计算机都共享一个公共通信信道，当一台计算机 A 利用共享通信信道发送报文分组时，所有其他计算机都会接收并处理这个分组。由于发送的分组中带有源地址 A 与目的地址 B，网络中所有接收到该分组的计算机将检查目的地址 B 是否与本节点的地址相同。如果被接收报文分组的目的地址 B 与本节点地址相同，则接收该分组，否则将收到的分组丢弃。其工作原理如图 7-9 所示。

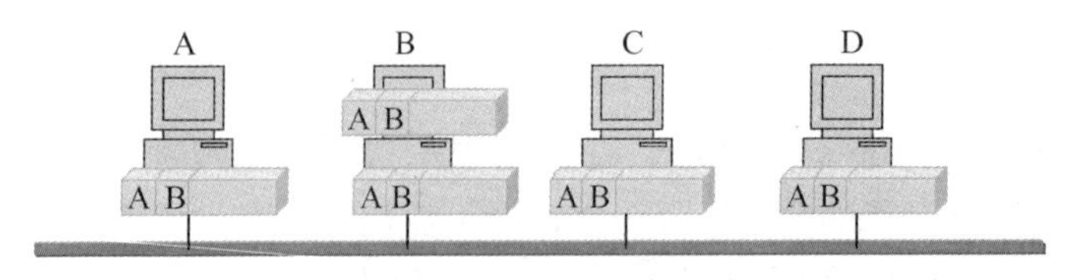

图 7-9　广播式网络的工作原理

（2）点到点式网络。

点到点式网络中每两个节点之间都存在一条物理信道，即每条物理线路连接一对计算机。某台计算机 A 沿某信道发送数据给计算机 B，确定无疑地只有信道另一端的 B 可以接收到。假如两台计算机之间没有直接连接的线路，那么它们之间的分组传输就要通过中间节点的接收、存储、转发，直至目的节点。其工作原理如图 7-10 所示。由于连接多台计算机之间的线路结构可能是复杂的，因此从源节点到目的节点可能存在多条路由，决定分组从通信子网的源节点到达目的节点的路由需要有路由选择算法。采用分组存储转发是点到点式网络与广播式网络的重要区别之一。

在这种点到点的网络结构中，没有信道竞争，几乎不存在介质访问控制问题。点到点信道无疑会浪费一些带宽，因为在长距离信道上一旦发生信道访问冲突，控制起来相当困难，所以广域网都采用点到点信道，用带宽来换取信道访问控制的简化。

3. 按照传输介质分类

传输介质是指数据传输系统中发送装置和接收装置间的物理媒体，按其物理形态可以将网络划分为有线网络和无线网络两大类。

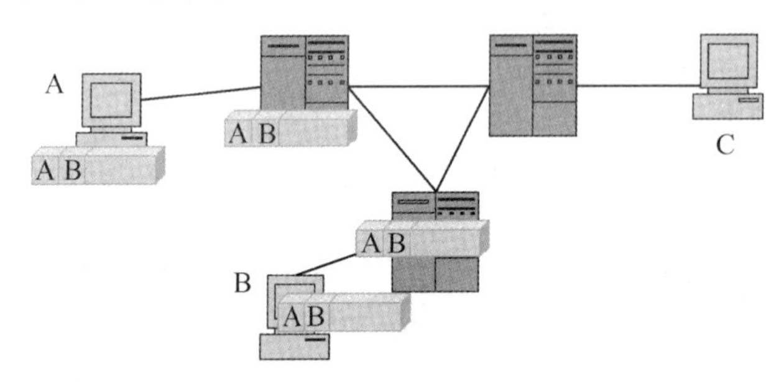

图 7-10　点到点式网络的工作原理

（1）有线网络。

传输介质采用有线介质连接的网络称为有线网络。有线网络又分为两种：一种是采用双绞线和同轴电缆等铜缆连成的网络；另一种是采用光导纤维做传输介质的网络。

光缆由两层折射率不同的材料组成，内层是具有高折射率的玻璃单根纤维体，外层包一层折射率较低的材料。光缆的优点是不会受到电磁的干扰，传输的距离也比电缆远，传输速率高，安全性好。但光缆的安装和维护比较困难，需要专用的设备。

（2）无线网络。

采用无线介质连接的网络称为无线网络。目前，计算机网络无线通信的主要方式有地面微波通信、卫星通信、红外线通信和激光通信。

4. 其他分类方式

除了以上的分类方式以外，计算机网络还可以按照信息传输交换方式分为电路交换网络、报文交换网络和分组交换网络，按照网络的组建属性分为公用网和专用网。

公用网由国家电信部门或其他提供通信服务的经营部门组建、经营管理和提供公众服务。公用网内的传输和转接装置可供任何部门和个人使用。公用网常用于广域网络的构造，支持用户的远程通信，如我国的电信网、广电网、联通网等。专用网是由用户部门组建经营的网络，不容许其他用户和部门使用。由于投资的因素，专用网常为局域网或者是通过租借电信部门的线路而组建的广域网，如由学校组建的校园网、由企业组建的企业网等。

7.1.6 计算机网络的体系结构

1. 网络体系结构的基本概念

一个功能完善的计算机网络是一个复杂的结构，网络上的多个节点间不断地交换着数据信息和控制信息。在交换信息时，网络中的每个节点都必须遵守一些事先约定好的共同的规则，这些规则精确地规定了所有交换数据的格式和时序。这些为网络数据交换而制定的规则、约定和标准统称为网络协议（Protocol）。一个网络协议主要由以下 3 个要素组成。

（1）语法：用户数据和控制信息的结构及格式。

（2）语义：需要发出何种控制信息，以及完成的动作与做出的响应。

（3）时序：对操作执行顺序的详细说明。

网络协议是计算机网络不可缺少的部分。很多经验和实践表明，对于非常复杂的计算机网络协议，其结构最好采用层次式的，也就是将其分为若干层。这样分层的好处在于：每一层都实现相对独立的功能，因而可以将一个难以处理的复杂问题分解为若干个较容易处理的小问题。每层只关心本层内容的实现，进而为上一层提供服务，向下一层请求服务，而不用知道其他层如何实现。

层次结构中的每一层都是建立在前一层基础上的，低层为高层提供服务，上一层在实现本层功能时会充分利用下一层提供的服务。但各层之间是相对独立的，高层无须知道低层是如何实现的，仅需知道低层通过层间接口所提供的服务即可。当任何一层因技术进步发生变化时，只要接口保持不变，其他各层都不会受到影响。当某层提供的服务不再需要时，甚至可以将这一层取消。

2. 网络协议的标准化

很多公司都建立自己的网络体系结构。这些体系结构大同小异，都采用了层次技术，但各有其特点以适合本公司生产的计算机组成网络。这些体系结构也有其特殊的名称，使用不同体系结构的厂家设备是不可以相互连接的，这就妨碍了实现异种计算机互联以达到信息交换、资源共享、分布处理和分布应用的需求。客观需求迫使计算机网络体系结构由封闭式走向开放式。

在此背景下，ISO 经过多年努力，于 1984 年提出了开放系统互联基本参考模型 ISO/OSI，从此开始了有组织、有计划地制定一系列网络国际标准。

3. ISO/OSI 参考模型

ISO/OSI 基本参考模型是由 ISO 制定的标准化开放式计算机网络层次结构模型。它从逻辑上把每个开放系统划分成功能上相对独立的 7 层，每一层均有自己的一套功能集，并与紧邻的上层和下层交互作用。在顶层，应用层与用户使用的软件进行交互。在 ISO/OSI 模型的底端是携带信号的网络电缆和连接器。总的说来，在顶层与底层之间的每一层均能确保数据以一种可读、无错、排序正确的格式被发送。

ISO/OSI 参考模型的逻辑结构如图 7-11 所示。最低 3 层是依赖网络的，涉及将两台通信计算机连接在一起所使用的数据通信网的相关协议，实现通信子网功能。最高 3 层是面向应用的，涉及允许两个终端用户应用进程交互作用的协议，通常是由本地操作系统提供的一套服务，实现资源子网功能。中间的传输层为面向应用的上面 3 层遮蔽了与网络有关的下面 3 层的详细操作。从实质上讲，传输层建立在由底下 3 层提供服务的基础上，为面向应用的上面 3 层提供与网络无关的信息交换服务。

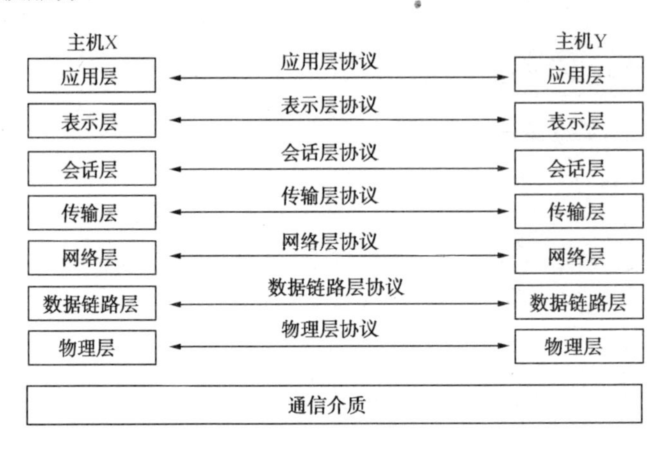

图 7-11　ISO/OSI 参考模型的逻辑结构

7.2 Internet 基础

7.2.1 Internet 简介

计算机网络技术在 20 世纪 60 年代问世后，曾出现过各种各样以不同的网络技术组建起来的局域网和广域网。将各种不同的网络互联起来的可能解决方案有两个：一个是选择一种网络技术，然后以强制方式让所有非使用这种网络技术的组织拆除其原有网络而重新组建新的网络；另一个是允许各个部门和组织根据各自的需求和经济预算选择自己的网络，然后寻求一种方法将所有类型的网络互联起来。第一种方法听起来要简单易行，但实际上是不可能做到的。第二种方法就是由多个不同类型的网络互联形成一个更大的虚拟网络，已经被实践证明是一种很好的方法，Internet 就是典型的例子。

从技术角度来看，Internet 包括各种计算机网络，从小型的局域网、城域网到大规模的广域网。计算机主机包括 PC、工作站、小型机、中型机和大型机。这些网络和计算机通过电话线、高速专用线、微波、卫星和光缆连接在一起，在全球范围内构成了一个四通八达的“网间网”。

从应用角度来看，Internet 是一个世界规模的巨大的信息和服务资源网络，它能够为每一个 Internet 用户提供有价值的信息和其他相关的服务。也就是说，通过使用 Internet，世界范围的人们既可以互通信息、交流思想，又可以从中获取各方面的知识、经验和相关资源。

我国第一次与国外通过计算机和网络进行通信始于 1983 年。这一年，中国高能物理研究所通过商用电话线，与美国建立了电子通信连接，实现了两个节点间电子邮件的传输，从此拉开了中国 Internet 的帷幕，1994 年，我国正式接入互联网。

7.2.2　Internet 的分层结构

1. TCP/IP 协议模型

前面讲述了 ISO/OSI 七层参考模型，但是在实际中完全遵从 ISO/OSI 参考模型的协议几乎没有。尽管如此，ISO/OSI 模型还是为人们考查其他协议各部分间的工作方式提供了框架和评估基础。

Internet上所使用的网络协议是TCP/IP 协议（Transmission Control Protocol/Internet Protocol，传输控制协议/网络互联协议）。TCP/IP 以其两个主要协议——传输控制协议（TCP）和网络互联协议（IP）而得名，实际上它是由一组具有不同功能且互为关联的协议构成。由于 TCP/IP 可以看作多个独立定义的协议集合，因此也被称为 TCP/IP 协议簇。

TCP/IP 参考模型与 ISO/OSI 七层参考模型的对应关系如图 7-12 所示。TCP/IP 协议模型从更实用的角度出发，形成了高效的 4 层体系结构，即网络接口层、网际层、传输层和应用层。

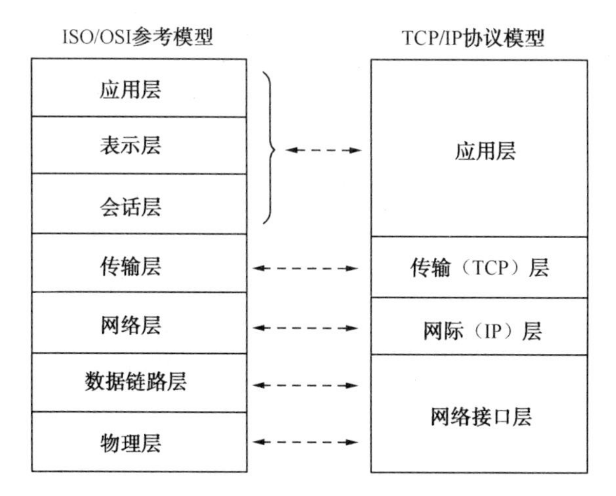

图 7-12　ISO/OSI 与 TCP/IP 的对应关系

2. 各层服务概述

（1）网络接口层。

网络接口层是 TCP/IP 协议的最低一层，包括多种逻辑链路控制和媒体访问协议。TCP/IP 参考模型并未对这一层做具体的描述，只指出主机必须通过某种协议连接到网络，才能发送 IP 分组，该层中所使用的协议大多是各通信子网固有的协议。网络接口层负责接收从网际层转来的 IP 数据报，并将 IP 数据报通过下面的物理网络发送出去，或者从物理网络上接收物理帧，抽取出 IP 数据报交给网际层。

（2）网际层。

网际层也称 IP 层或网络互联层，是 TCP/IP 模型的关键部分。该层的主要功能是负责相同或不同网络中计算机之间的通信，主要处理数据报和路由。

网际层的主要功能包括 3 个方面。第一，处理来自传输层的分组发送请求：将分组装入 IP 数据报、填充报头、选择去往目的节点的路径，然后将数据报发往适当的网络接口。第二，处理输入数据报：首先检查数据报的合法性，然后进行路由选择。假如该数据报已到达目的节点，则去掉报头，将 IP 报文的数据部分交给相应的传输层协议；假如该数据报尚未到达目的节点，则转发该数据报。第三，处理 ICMP 报文：即处理网络的路由选择、流量控制和拥塞控制等问题。TCP/IP 网络模型的网际层在功能上非常类似于 ISO/OSI 参考模型中的网络层。

网际层是网络互联的基础，提供无连接的分组交换服务，它是对大多数分组交换网所提供服务的抽象。其任务是允许主机将分组放到网上，让每个分组独立地到达目的地。分组到达的顺序可能不同于分组发送的顺序，由高层协议负责对分组重新进行排序。分组的路由选择是本层的主要工作。

在 TCP/IP 网络环境下，每个主机都分配一个 32 位的 IP 地址，又称互联网地址，这是在国际范围内标识主机的一种逻辑地址。另外，为了让报文能够在物理网络上传送，还必须知道彼此的物理地址。网际层中，ARP（Address Resolution Protocol，地址转换协议）用于将 IP 地址转换成物理地址，RARP（Reverse Address Resolution Protocol，反向地址转换协议）用于将物理地址转换成 IP 地址，ICMP（Internet Control Message Protocol，互联网控制报文协议）用于报告差错和传送控制信息。

（3）传输层。

传输层的作用是在源节点和目的节点的两个进程实体之间提供可靠的端到端的数据传输。为了保证数据传输的可靠性，传输层协议规定接收端必须发回确认，并且如果分组丢失，必须重新发送。

传输层有 TCP（Transmission Control Protocol，传输控制协议）和 UDP（User Datagram Protocol，用户数据报协议）两个协议，它们都建立在 IP 协议的基础上。TCP 协议是一个可靠的、面向连接的传输层协议，它将某节点的数据以字节流形式无差错传送到互联网的任何一台机器上。发送方的 TCP 将用户交来的字节流划分成独立的报文，并交给 IP 层进行发送，而接收方的 TCP 将接收的报文重新组装交给接收用户。UDP 协议是一个不可靠的、无连接的传输层协议，提供简单的无连接服务。

（4）应用层。

TCP/IP 参考模型中没有会话层与表示层。ISO/OSI 模型的实践发现，大部分的应用程序不涉及这两层，故 TCP/IP 参考模型不予考虑。在传输层之上就是应用层，它包含所有的高层协议。早期的高层协议包括远程登录（Telnet）、文件传输协议（FTP）、电子邮件传输协议（SMTP）。

3. TCP/IP 的主要协议简述

为了使读者能全面了解一些基本的网络通信协议和服务，本节就对 TCP/IP 协议所包括的几种常用协议及相关服务进行说明。

（1）远程登录协议（Telnet）。

Telnet 协议用来登录到远程计算机上，并进行信息访问，通过它可以访问所有的数据库、联机游戏、对话服务以及电子公告牌，如同与被访问的计算机在同一房间中工作一样，但只能进行些字符类操作和会话。

（2）文件传输协议（FTP）。

这是文件传输的基本协议，有了 FTP 协议就可以把的文件进行上传，也可从网上得到许多应用程序和信息（下载），有许多软件站点就是通过 FTP 协议来为用户提供下载任务的，俗称“FTP 服务器”。最初的 FTP 程序是工作在 UNIX 系统下的，而目前的许多 FTP 程序是工作在 Windows 系统下的。FTP 程序除了完成文件的传送之外，还允许用户建立与远程计算机的连接，登录到远程计算机上，并可在远程计算机上的目录间移动。

（3）电子邮件服务（E-mail）。

电子邮件服务是目前最常见、应用最广泛的一种互联网服务。通过电子邮件，可以与 Internet 上的任何人交换信息。电子邮件的快速、高效、方便以及价廉，越来越多地得到广泛的应用。

（4）WWW 服务。

WWW 服务（3W 服务）也是目前应用最广的一种基本互联网应用，我们每天上网都要用到这种服务。通过 WWW 服务，只要用鼠标进行本地操作，就可以到达世界上的任何地方。由于 WWW 服务使用的是超文本链接（HTML），所以可以很方便地从一个信息页转换到另一个信息页。它不仅能查看文字，还可以欣赏图片、音乐、动画。最流行的 WWW 服务的程序就是微软的 IE 浏览器。

（5）简单邮件传输协议（SMTP）。

SMTP 是 TCP/IP 协议族的一个成员，这种协议认为你的计算机是永久连接在 Internet 上的，而且认为你在网络上的计算机在任何时候是可以被访问的。它适用于永久连接在 Internet 的计算机，但无法使用通过 SLIP/PPP 协议连接的用户接收电子邮件。解决这个问题的办法是在邮件计算机上同时运行 SMTP 和 POP 协议的程序，SMTP 负责邮件的发送和在邮件计算机上的分拣和存储，POP 协议负责将邮件通过 SLIP/PPP 协议连接传送到用户计算机上。

（6）文件检索服务（Archie）。

它是一个从整个 Internet 上匿名 FTP 服务器获取文件的服务。其完全依赖于匿名 FTP 系统的管理员，他们将站点在全世界的 Archie 服务器进行了注册，Archie 仅通过文件名进行检索。

7.2.3 IP 地址与域名

Internet 由许多小网络组成，要传输的数据通过共同的 TCP/IP 协议进行传输。传输的一个重要问题就是传输路径的选择，也就是路由选择。简单地说，通信双方需要知道由谁发出数据及要传送给谁，网际协议地址（IP 地址）解决了这一问题。

1. 主机 IP 地址

Internet 上的每一台计算机都被赋予了一个唯一的 32 位 Internet 地址，简称 IP 地址，这一地址可用于与该计算机有关的全部通信。

（1）IP 地址的组成。

IP 地址由两部分组成，如图 7-13 所示。其中，网络地址用来标识该计算机属于哪个网络，主机地址用来标识该网络上的计算机。

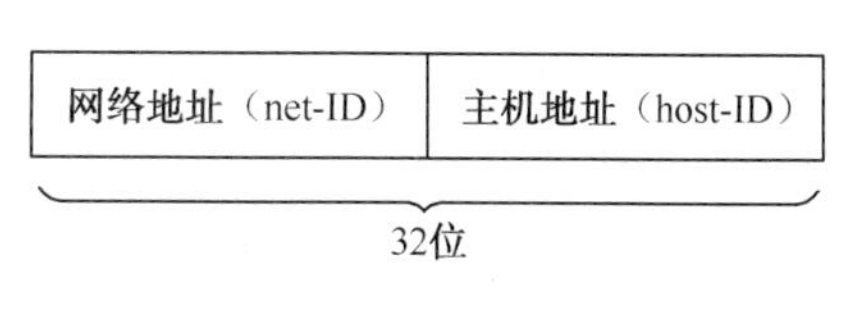

图 7-13 IP 地址的结构

一个 IP 地址由 4 字节、共 32 位的二进制数字串组成，这 4 个字节通常用圆点分成 4 组。为了便于记忆，通常把 IP 地址写成 4 组用小数点隔开的十进制整数。例如，某台主机的 IP 地址为 11010010.00101010.10111111.00000100，用十进制数表示就是 210.42.159.4。

为了便于对 IP 地址进行管理，充分利用 IP 地址以适应主机数目不同的各种网络，对 IP 地址进行了分类，共分为 A、B、C、D、E 五类地址，如表 7-1 所示。

表 7-1　IP 地址的分类

位	0	1	2	3	4	5	6	7	8～15	16～23	24～31
A 类	0	网络 ID，占 7 位							主机 ID，占 24 位		
B 类	1	0	网络 ID，占 14 位							主机 ID，占 16 位	
C 类	1	1	0	网络 ID，占 21 位							占 8 位
D 类	1	1	1	0	多点广播地址，占 28 位						
E 类	1	1	1	1	0	留作实验或将来使用					

A 类地址由 1 个字节的网络地址和 3 个字节主机地址组成，网络地址的最高位必须是“0”。B 类地址由 2 个字节的网络地址和 2 个字节的主机地址组成，网络地址的最高两位必须是“10”。C 类地址由 3 个字节的网络地址和 1 个字节的主机地址组成，网络地址的前 3 位必须是“110”。D 类地址被称为组播地址，以“1110”开头。E 类地址是保留地址，以“11110”开头，主要为将来使用保留。目前在互联网中大量使用的是 A、B、C 类 3 种。

将 IP 地址表示为十进制数后，其取值范围为 0.0.0.0～255.255.255.255，A、B、C 类地址的取值范围如表 7-2 所示。

表 7-2　IP 地址的取值范围

地 址 类 别	取 值 范 围
A 类	0.0.0.0～127.255.255.255
B 类	128.0.0.0～191.255.255.255
C 类	192.0.0.0～233.255.255.255

除了上面的地址划分外，TCP/IP 还规定了几种具有特殊用途的地址。

① IP 地址主机 ID 设置为全“1”的地址称为广播地址，用于对应网络的广播通信。

② IP 地址主机 ID 设置为全“0”的表示是该计算机所在的网络，称为网络地址。

③ A 类网络地址 127 是一个保留地址，用于网络软件测试及本地进程间的通信，称为回送地址。

例如，某台计算机的 IP 地址为 210.42.150.226，从 IP 地址可以知道这是一个 C 类地址，其对应的网络 ID 占 24 位，是 210.42.150.0，主机 ID 占 8 位，是 226，广播地址为 210.42.150.255。也就是说，这台计算机是连接到 Internet 上代号为 210.42.150.0 的网络中的，计算机在该网络中的代号为 226，并且如果某一个数据中包含的目的地址为 210.42.150.255，则该数据将以广播的形式发送给 210.42.150.0 号网络所连接的所有计算机。

无论什么程序，一旦使用回送地址发送数据，协议软件立即将其返回，不进行任何网络传输。TCP/IP 协议规定：含网络号 127 的分组不能出现在任何网络上，同时主机和网关不能为该地址广播任何路由信息。

现在的网络地址使用 32 位表示，称为 IPv4 地址。由于网络的迅速发展，连入网络的计算机数目增加很快，现有的 IP 地址已经不能满足需要。因此，新一代 Internet 采用 128 位来表示 IP 地址，称为 IPv6 地址。

（2）私有地址。

IP 地址按使用用途可分为私有地址和公有地址两种。所谓私有地址，就是只能在局域网内使用，广域网中不能使用的地址。私有地址有以下一些。

A 类：10.0.0.1～10.255.255.254。

B 类：172.16.0.1～172.31.255.254。

C 类：192.168.0.1～192.168.255.254。

所谓公有地址，是在广域网内使用的地址，但其在局域网内也同样可以使用。私有地址以外的地址都是公有地址。

A 类地址通常分配给非常大型的网络，因为 A 类地址的主机位有 3 个字节的主机编码位，提供多达 1600 万个 IP 地址给主机。也就是说 61.0.0.0 这个网络，可以容纳多达 1600 万个主机。全球一共只有 126 个 A 类网络地址，目前已经没有 A 类地址可以分配了。当你使用 IE 浏览器查询一个国外网站的时候，留心观察左下方的地址栏，可以看到一些网站分配了 A 类 IP 地址。

B 类地址通常分配给大机构和大型企业，每个 B 类网络地址可提供 6.5 万多个 IP 主机地址。全球一共有 16384 个 B 类网络地址。

C 类地址用于小型网络，大约有 200 万个 C 类地址。C 类地址只有一个字节用来表示这个网络中的主机，因此每个 C 类网络地址只能提供 254 个 IP 主机地址。

2. 子网掩码

Internet 上 32 位二进制数的 IP 地址所表示的网络数是有限的，在实际编码方案中，会遇到网络数不够的问题。事实上，一个有几千、几万台主机的大规模的单一物理网络几乎是不存在的。解决的方法是采用子网寻址技术，即将一个物理网络从逻辑上划分成若干个小的子网。

这样一来，IP 地址的主机部分被再次划分为子网号和主机号两部分。如何划分子网号和主机号的位数，主要依据实际需要多少个子网而定。IP 地址划分为网络、子网、主机三部分，用 IP 地址的网络地址部分和主机部分的子网号一起来标识网络。

为了进行子网划分，引入了子网掩码的概念。子网掩码和 IP 地址一样，也是一个 32 位的二进制数，用圆点分隔成 4 组。子网掩码规定，将 IP 地址的网络标识和子网标识部分用二进制数 1 表示，主机标识部分用二进制数 0 表示。利用 IP 地址与子网掩码进行对应位的逻辑“与”运算，即可方便地得到网络地址。通过网络地址可以在互联网中找到目的计算机所在的网络，进而完成对计算机的寻址。A、B、C 类地址对应的默认子网掩码如表 7-3 所示。

表 7-3 默认子网掩码

地址类别	子网掩码的二进制数形式	十进制数形式
A 类	11111111.00000000.00000000.00000000	255.0.0.0
B 类	11111111.11111111.00000000.00000000	255.255.0.0
C 类	11111111.11111111.11111111.00000000	255.255.255.0

有时会看到这样的地址：210.42.150.226/24，这里的 24 指的是子网掩码中二进制数 1 的个数是 24，可以写成 210.42.150.226 255.255.255.0。也就是说，这个地址的网络 ID 位数占了 24

位，这个地址的网络号就是210.42.150.0。有时也会发现这样的地址：210.42.150.1/26，这里多出的2位做了子网掩码，也就涉及了子网划分。

例如，某公司申请了一个C类的网络210.42.150.226，子网掩码为255.255.255.0，如果要把这个网段划分为4个子网，应该怎么做呢？首先，利用子网划分公式 2^m-2，其结果就是要划分的子网数目，m是要借的主机位数。如果要将210.42.150.0 划分为4个子网，那么就应该借3个主机位，对应的子网掩码为255.255.255.224（即11111111.1111111.11111111.11100000）。

3. 域名地址

尽管IP地址能够唯一地标识网络上的计算机，但IP地址是数字的，用户记忆这类数字十分不方便。为了便于记忆和表达，又引入了另一套字符型的地址方案，即域名地址。

域名即站点的名字，从技术上讲，域名只是Internet中用于解决地址对应问题的一种方法。域名采用层次结构，每一层构成一个子域名，子域名之间用圆点隔开。域名的一般格式为：

```
主机名.机构名称.组织结构.国家或地区代码
```

例如，在www.scuec.edu.cn域名地址中，自右往左说明了这个主机是中国、教育机构、中南民族大学的名为www的计算机。

顶级域名通常具有最普通的含义，部分顶级域名如表7-4所示。

表7-4 部分顶级域名

域名	组织机构	域名	国家或地区代码
edu	教育机构	cn	中国
com	商业机构	fr	法国
gov	政府机构	tw	中国台湾
int	国际性组织	jp	日本
mil	军事单位	uk	英国
net	网络管理机构	au	澳大利亚
org	其他机构	hk	中国香港

IP地址和域名是一一对应的，域名地址的信息存放在域名服务器（Domain Name Server，DNS）上。为了提高系统的可靠性，每个区的域名至少由两台域名服务器来保存。当用户输入主机的域名时，负责管理的计算机把它送到DNS上，由DNS把域名翻译成相应的IP地址。

7.2.4 接入Internet

要访问Internet上的资源，要先把计算机接入Internet。接入Internet的方式多种多样，目前常用的宽带网接入方式包括ADSL宽带接入、LAN接入、光纤到户、无线接入等。

1. ADSL宽带接入

ADSL是以普通电话线作为传输介质的宽带接入技术。其优势在于不需要重新布线，充分利用现有的电话线网络，只需在线路两端加装ADSL设备即可为用户提供高速率高带宽的接入服务。要使用ADSL方式上网，需要进行的准备工作包括申请账号、准备设备、安装设备和设置计算机。

（1）申请 ADSL 账号。

用户需要到互联网接入服务商（Internet Service Provider，ISP）处填写申请表，获得一个 ADSL 账号，包括用户名和密码。常见的互联网接入服务商有电信、移动、联通等。

（2）设备的安装。

要准备的设备包括计算机、网卡、电话线路、ADSL Modem、语音分离器和网线。目前绝大多数计算机都集成有网卡，不需要另行购买。在申请了 ADSL 账号后，ISP 会派工作人员上门进行安装，并带来 ADSL Modem、语音分离器和相关的网线，如图 7-14 所示。

图 7-14　ADSL 上网设备

ADSL 上网设备的安装方法如下。

① 把入户电话线插入语音分离器的 Line 口。

② 用电话线连接电话机和语音分离器的 Phone 口。

③ 用电话线连接 ADSL Modem 的 ADSL 口和语音分离器的 Modem 口。

④ 用网线连接 ADSL Modem 的 LAN 口和计算机的网卡接口。

（3）建立 ADSL 连接。

连接好硬件设备之后，可以在计算机上创建 ADSL 连接。ADSL 连接类型主要有两种：专线方式（固定 IP）和虚拟拨号方式（动态 IP）。目前，个人用户一般采用 PPPOE（Point-to-Point Protocol Over Ethernet）虚拟拨号方式。

在 Windows 7 系统中创建 ADSL 连接的步骤如下。

① 右击桌面上的“网络”图标，在弹出的快捷菜单中选择“属性”命令，打开如图 7-15 所示的“网络和共享中心”窗口。

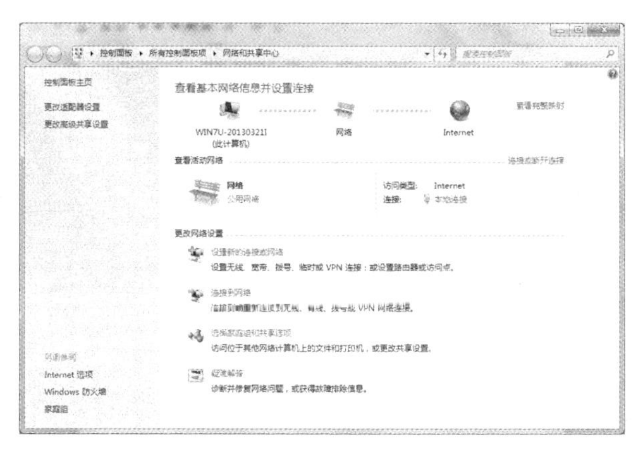

图 7-15　“网络和共享中心”窗口

② 选择“设置新的连接或网络”选项，在弹出的对话框中选择“连接到 Internet”选项，如图 7-16 所示，然后单击“下一步”按钮。

图 7-16 “设置连接或网络”对话框

③ 在“连接到 Internet”对话框中选择“宽带（PPPoE）”选项，如图 7-17 所示。

图 7-17 “连接到 Internet”对话框

④ 在弹出的对话框指定区域输入申请 ADSL 账号时得到的用户名和密码，单击“连接”按钮，如图 7-18 所示。此时完成设置，在桌面上出现所创建的 ADSL 快捷连接图标。

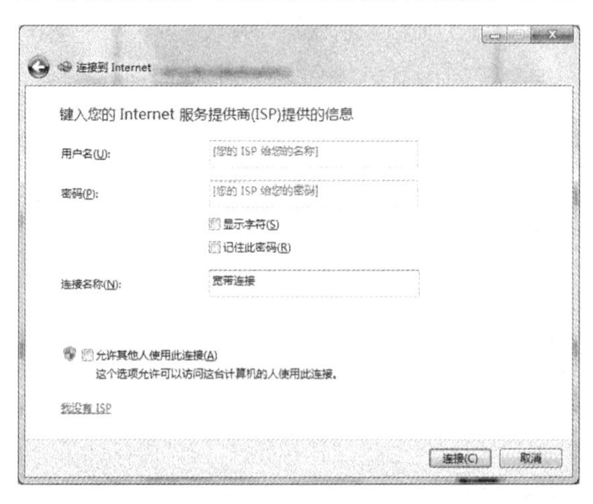

图 7-18 服务商提供的账号密码输入对话框

2. LAN 接入

LAN 接入方式是大中城市目前较普及的一种宽带接入方式，它采用以太网技术，用光缆和双绞线进行综合布线，避免了各种干扰，稳定性更好，上网速率更高。用户可以获得 10M 以上的共享带宽，其上行与下行带宽一样。但是由于带宽共享，一旦小区上网人数较多，在上网高峰时期网速会变慢。

LAN 接入方式对硬件的要求最简单，用户只需要准备一台装有 10/100Mbps 自适应网卡的计算机和一段网线。网线的一端插入计算机的网卡接口，另一端插到入户网络接口。

LAN 接入方式分为 LAN 虚拟拨号接入和 LAN 专线接入两种。LAN 虚拟拨号接入方式主要适合用户集中的新建小区、LAN 专线接入方式适用于商厦、学校、大型企业等用户。

采用 LAN 虚拟拨号接入方式的用户，首先需要向 ISP 服务商申请上网账号。在用网线把计算机网卡接口和入户网络接口连接好以后，还需要在计算机上建立网络连接。建立连接的方法类似于建立 ADSL 连接，此处不再重复。建立好连接后，双击该连接进行虚拟拨号，连接成功后就可以上网。

采用 LAN 专线接入方式的用户需要通过网络管理员获得 IP 地址、子网掩码、网关地址和 DNS，并对计算机进行相应设置。具体操作步骤如下。

（1）打开如图 7-15 所示的“网络和共享中心”窗口。

（2）选择“本地连接”选项，在弹出的对话框中选择“属性”选项，弹出如图 7-19 所示的“本地连接 属性”对话框。

（3）双击“Internet 协议版本 4（TCP/IPv4）”，弹出“Internet 协议版本 4（TCP/IPv4）属性”对话框，如图 7-20 所示。

（4）选中“使用下面的 IP 地址”单选按钮。

（5）输入 IP 地址、子网掩码、默认网关。

（6）选中“使用下面的 DNS 服务器地址”单选按钮，并输入 DNS 服务器地址。

（7）单击“确定”按钮，返回“本地连接 属性”对话框，再单击“确定”按钮即可。

设置完成后，以后只要启动计算机就可以上网。

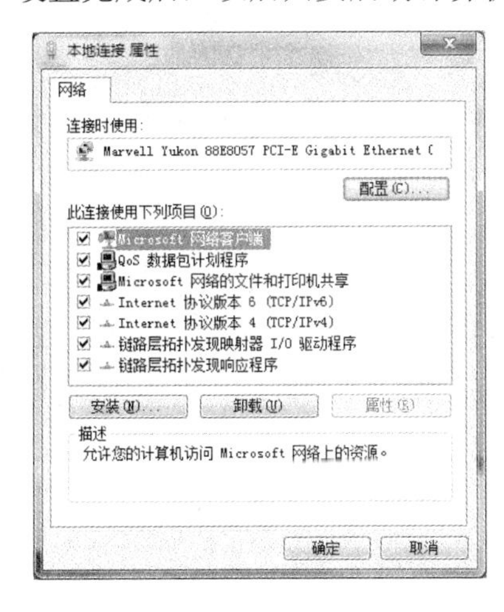

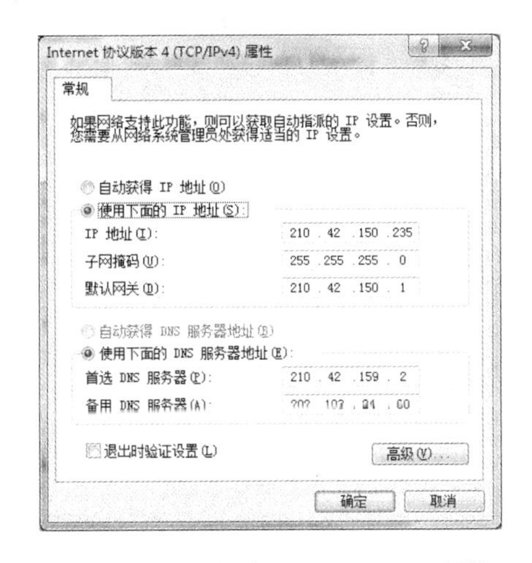

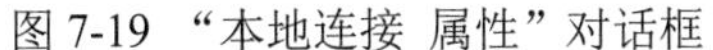
图 7-19 “本地连接 属性”对话框

图 7-20 “Internet 协议版本 4（TCP/IPv4）属性”对话框

3. 光纤到户

光纤到户（Fiber To The Home，FTTH）是指光纤直接铺设到家庭。由于中间减少了其他环节，使得带宽大大增加，可以达到 10Mb/s、100Mb/s 甚至更大。光纤到户是公认的最理想的接入方式，也是大势所趋。

采用这种接入方式，设备的准备和计算机的配置工作基本与 LAN 接入方式一致。

4. 无线接入

无线接入是对有线宽带接入的延伸和补充。它不再使用通信电缆来连接计算机和网络，而是通过无线的方式连接，使网络的构建和终端的移动更加灵活。一般认为，只要上网终端没有连接有线线路，都称为无线上网。

根据传输距离的长短，无线上网的方式主要有两种：通过无线局域网（Wireless Local Area Network，WLAN）接入和通过无线广域网（Wireless Wide Area Network，WWAN）接入。

多数家庭网络使用 WLAN 连接，其距离通常在几十米到几百米的范围内。WLAN 接入首先需要为计算机安装一块无线网卡（具有无线连接功能的普通网卡），然后将该计算机与无线 AP（主要指无线交换机）或无线宽带路由器互联。无线 AP 或无线宽带路由器通过 ADSL 通过小区宽带（LAN）与 Internet 互联。

下面以组建一个有线/无线混合局域网为例，介绍 WLAN 接入方法。这种方法，也可以实现在家里或办公室里共享上网。

需要的硬件设备有无线宽带路由器 1 个、带水晶头的网线若干条、配有网卡或无线网卡的计算机、上网线路一条。上网线路可以是 ADSL 上网或者 LAN 上网。设备的连接效果如图 7-21 所示。无线宽带路由器通常有天线、一个 WAN 接口和 4 个 LAN 接口，不仅可以实现无线连接，也可以实现有线连接，用户根据实际情况进行选择即可。

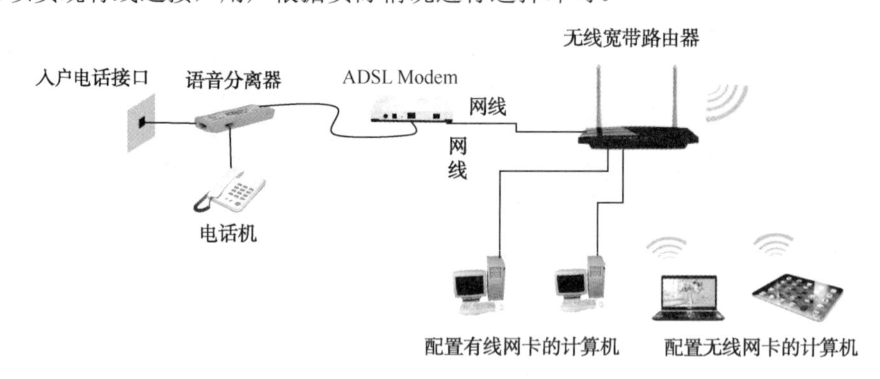

图 7-21　有线/无线混合局域网连接效果

（1）有线部分的连接。

有线部分的连接方法如下。

① 如果采用 LAN 接入或光纤到户的接入方式，把网线一端插入无线宽带路由器的 WAN 接口，另一端插到入户网络接口。如果是 ADSL 上网，把宽带路由器的 WAN 接口和 ADSL Modem 的 LAN 接口用 ADSL 自带的网线连接起来。

② 配置有线网卡的每台计算机都需要用网线和无线宽带路由器连接起来。把网线的一端插入计算机网卡接口，另一端插入无线宽带路由器普通接口即可。

（2）配置计算机。

连接好硬件设备后，需要设置每台计算机的 IP 地址和网关等，只要把如图 7-20 所示的 IP 地址和 DNS 都设置为“自动获取”，单击“确定”按钮，再单击“确定”按钮即可完成，如

图 7-22 所示。

完成以上设置后，就已经组建了一个局域网，各计算机之间能够互相访问了。

（3）配置无线宽带路由器。

设置好计算机的 IP 地址和 DNS 后，还需要对宽带路由器进行相应的设置，包括选择上网方式、设置上网账号和密码等。以 TP-LINK 公司 TL-WR841N 路由器为例来说明，具体操作步骤如下。

① 任意选择一台计算机，打开 IE 浏览器，在地址栏输入宽带路由器的网关地址，本例为“192.168.1.1”，按回车键。

② 在弹出的对话框中输入用户名和密码，用户名和密码通常都是“admin”，然后单击“确定”按钮，如图 7-23 所示。

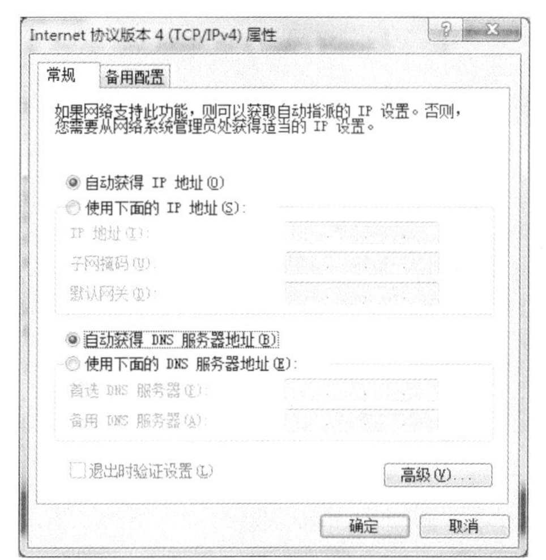

图 7-22 “自动获取”IP 和 DNS

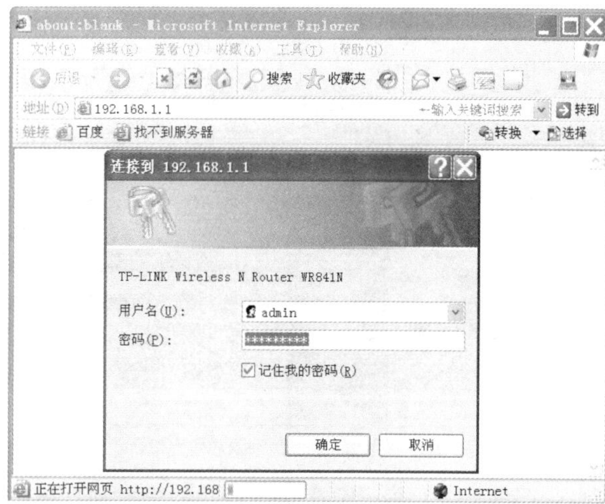

图 7-23 配置无线宽带路由器步骤一

③ 选择“设置向导”选项，再单击“下一步”按钮，如图 7-24 所示。

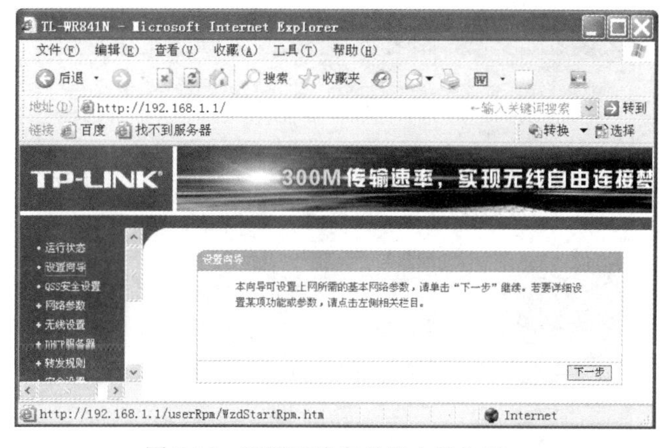

图 7-24 配置无线宽带路由器步骤二

④ 选择上网方式（一般采用虚拟拨号方式），单击“下一步”按钮，如图 7-25 所示。

⑤ 输入从 ISP 申请到的上网账号和口令（即密码），单击“下一步”按钮，如图 7-26 所示。

⑥ 输入 SSID，即无线网络名称。用户可以自由命名，如取名为“MYHOME”。

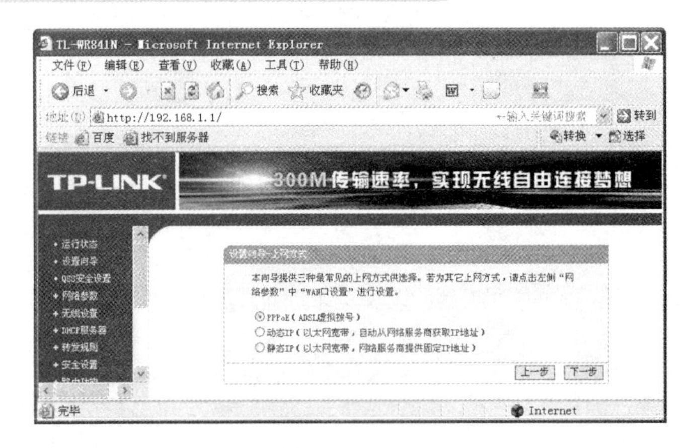

图 7-25　配置无线宽带路由器步骤三

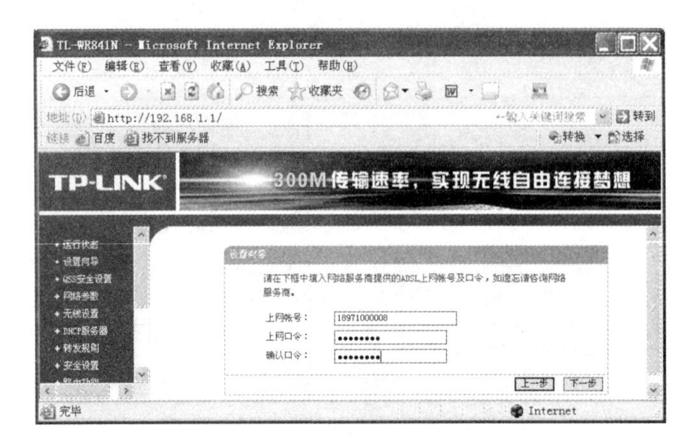

图 7-26　配置无线宽带路由器步骤四

⑦ 如果要给无线网络加密，选中“WPA-PSK/WPA2-PSK”单选按钮，并输入 PSK 密码。单击“下一步”按钮，如图 7-27 所示。

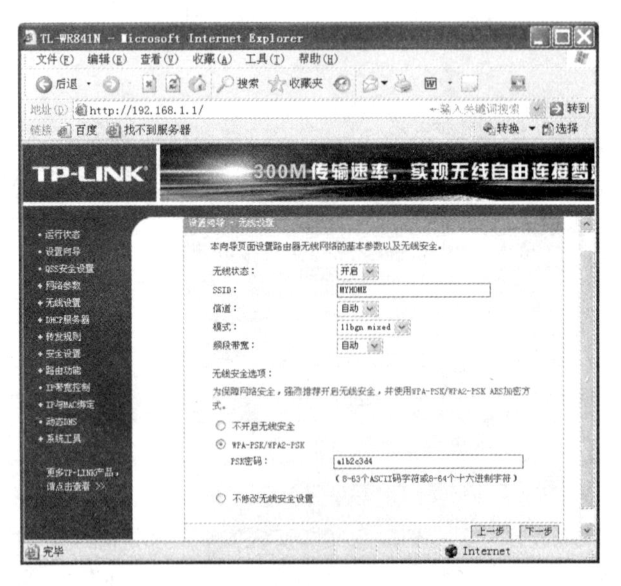

图 7-27　配置无线宽带路由器步骤五

⑧ 单击“重启”按钮完成设置，如图 7-28 所示。

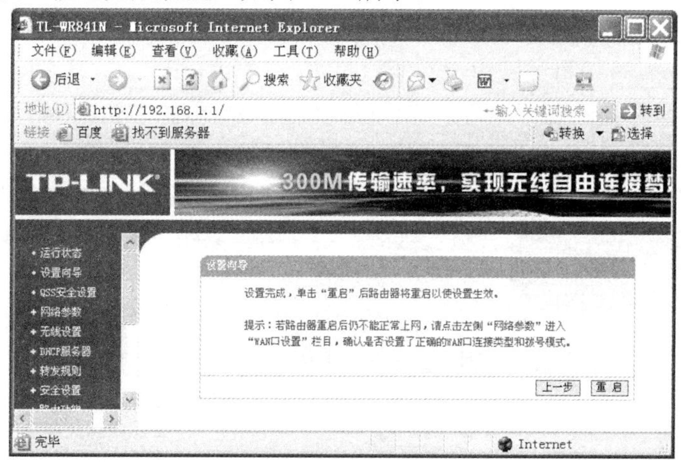

图 7-28 配置无线宽带路由器步骤六

（4）登录网络。

完成上述设置后，就可以上网了。打开配置有无线网卡的计算机，计算机会自动检测无线网络，要登录无线网络，按以下步骤进行。

① 打开如图 7-15 所示的“网络和共享中心”窗口，选择“连接到网络”选项。

② 在桌面的右下角会弹出如图 7-29 所示的对话框，在对话框中找到刚才设置路由器时设置好的无线网络名称，双击该名称。

③ 如果该无线网络已经加密，则会弹出如图 7-30 所示的“连接到网络”对话框，输入设定的 PSK 密码，单击“确定”按钮，连接成功。

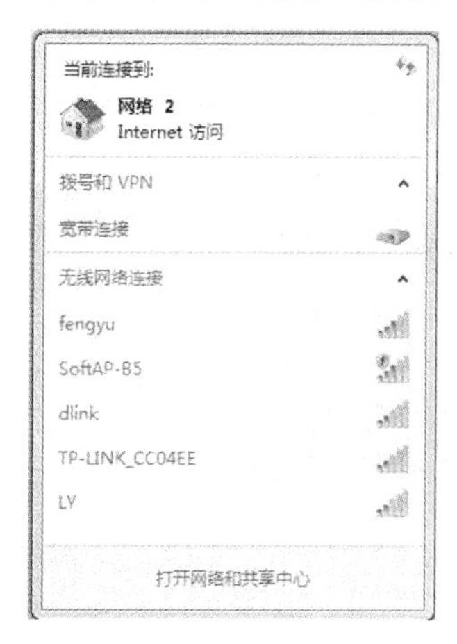

图 7-29 配置无线宽带路由器步骤七

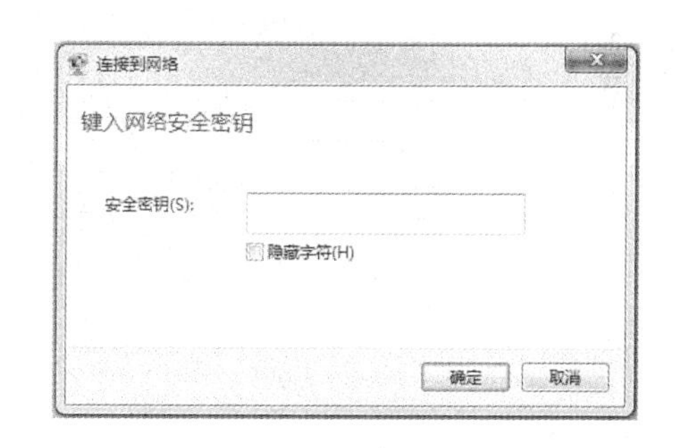

图 7-30 配置无线宽带路由器步骤八

目前，WLAN 的推广和认证工作主要由产业标准组织 WiFi (Wireless Fidelity，无线保真)联盟完成，所以 WLAN 技术常常被称为 WiFi。

能够访问 WiFi 网络的地方被称为热点。当一台支持 WiFi 的设备（如笔记本电脑、平板电脑、智能手机等）遇到一个热点时，这个设备可以用无线方式连接到那个网络。目前，在很多人员较密集的地方都设置有“无线接入点”，如机场、咖啡店、旅馆、书店及校园等。如果该 WiFi 没有加密，则用户可以直接选择该 WiFi，连接即可。有些免费 WiFi 需要通过手机获取密码才能连接。

WWAN 接入是通过手机或无线上网卡接入 Internet 的方式。这种上网方式类似于手机上网，在无线电话信号覆盖的任何地方，都可以连接到 Internet。无线广域网的覆盖范围可以达到数百千米甚至更远。

图 7-31　采用 USB 接口的上网卡

上网卡的作用相当于无线的调制解调器（MODEM）。由于目前主要采用第三代移动通信技术（3rd-Generation，3G），所以目前使用的上网卡基本是 3G 上网卡。目前我国有中国移动的 TD-SCDMA、中国电信的 CDMA 2000 以及中国联通的 WCDMA 三种网络制式，所以常见的无线上网卡就包括 CDMA 2000 无线上网卡和 TD、WCDMA 无线上网卡三类。图 7-31 为一个采用 USB 接口的上网卡。

常见的 WWAN 接入有两类：一类是通过在计算机上安装上网卡来上网；另一类是计算机连接到手机来上网。

7.2.5　常用网络诊断命令

在 Windows 7 中，选择“开始”→“所有程序”→“附件”→“命令提示符”命令，或选择“开始”→“所有程序”→“附件”→“运行”命令，在“打开”框中输入“command”或者“cmd”，单击“确定”按钮，在打开的如图 7-32 的“命令提示符”窗口中，在命令提示符后输入网络测试命令，可查看自己的计算机配置及网络连通状况。常用的网络诊断命令有 ipconfig 和 ping。

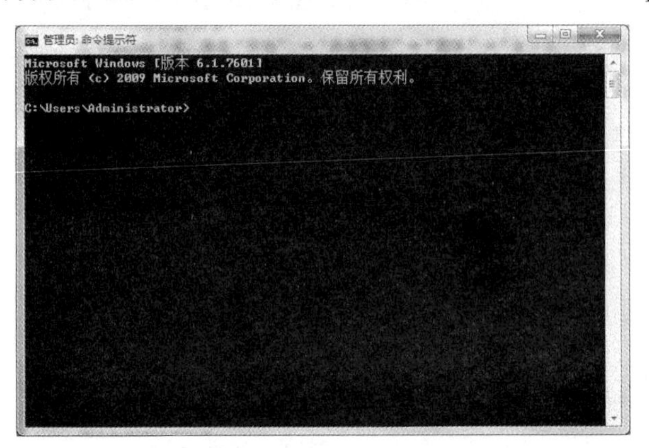

图 7-32　“命令提示符”窗口

1. ipconfig

ipconfig 的命令格式如下。

```
ipconfig [/? | /all | /release [adapter] | /renew [adapter]]
```

其中的参数说明如下。

/?：显示 ipconfig 的格式和参数的说明。

/all：显示所有的配置信息。

/release：为指定的适配器（或全部适配器）释放 IP 地址（只适用于 DHCP）。

/renew：为指定的适配器（或全部适配器）更新 IP 地址（只适用于 DHCP）。

使用不带参数的 ipconfig 命令可以得到 IP 地址、子网掩码、默认网关，如图 7-33 所示。而使用 ipconfig/all，则可以得到更多的信息，包括主机名、DNS 服务器、节点类型、网络适配器的物理地址、主机的 IP 地址（IP Address）、子网掩码（Subnet Mask）以及默认网关（Default Gateway）等。

```
管理员: 命令提示符
Microsoft Windows [版本 6.1.7601]
版权所有 (c) 2009 Microsoft Corporation。保留所有权利。

C:\Users\Administrator>ipconfig

Windows IP 配置


以太网适配器 本地连接:

   连接特定的 DNS 后缀 . . . . . . . :
   本地链接 IPv6 地址. . . . . . . . : fe80::5d2d:d82:9c2c:a7f6%11
   IPv4 地址 . . . . . . . . . . . . : 210.42.150.235
   子网掩码  . . . . . . . . . . . . : 255.255.255.0
   默认网关. . . . . . . . . . . . . : 210.42.150.1

隧道适配器 isatap.{4BCC88FF-D903-48B2-BE74-B97F91C20119}:

   媒体状态  . . . . . . . . . . . . : 媒体已断开
   连接特定的 DNS 后缀 . . . . . . . :

隧道适配器 6TO4 Adapter:

   连接特定的 DNS 后缀 . . . . . . . :
   IPv6 地址 . . . . . . . . . . . . : 2002:d22a:96eb::d22a:96eb
   默认网关. . . . . . . . . . . . . :

隧道适配器 Teredo Tunneling Pseudo-Interface:

   连接特定的 DNS 后缀 . . . . . . . :
   IPv6 地址 . . . . . . . . . . . . : 2001:0:9d38:953c:100f:2018:8ec6:4de4
   本地链接 IPv6 地址. . . . . . . . : fe80::100f:2018:8ec6:4de4%14
   默认网关. . . . . . . . . . . . . :

C:\Users\Administrator>
```

图 7-33　ipconfig 命令的执行结果

2. ping

ping 是用来检查网络是否通畅或者网络连接速度的命令。它通过发送一些小的数据包，并接收应答信息来确定两台计算机之间的网络是否连通。

ping 命令的格式如下。

```
ping [-t] [-a] [-n count] [-l size] [-f] [-i TTL] [-v TOS] [-r count] [-s count] [[-j host-list] | [-k host-list]] [-w timeout]
```

使用不带任何参数的 ping 命令，可以看到该命令的参数说明。常用参数说明如下。

-t：使当前主机不断地向目的主机发送数据，直到使用 Ctrl+C 中断。

-n count：指定要做多少次 ping，其中 count 为正整数。

-l size：发送的数据包的大小。

ping 后面跟着一个网址，可以对该网址发送测试数据包，看对方网址是否有响应并统计响应时间，以此测试网络。例如，输入以下命令：

```
ping  www.scuec.edu.cn
```

如图 7-34 所示，出现“来自 59.68.63.45 的回复：字节=32 时间=6ms TTL=59”。其中“字节=32”表示发送数据包的大小为 32 字节；“时间=6ms”表示从发送数据包到接收到返回数据包所用的时间为 6 毫秒。因此可以判断，本地与该网络地址之间的线路是畅通的。如果出现“请求超时”，则表示此时发送的小数据包不能到达目的地，此时可能有两种情况，一种是网络不通，还有一种是网络连通状况不佳。

```
管理员: 命令提示符
Microsoft Windows [版本 6.1.7601]
版权所有 (c) 2009 Microsoft Corporation。保留所有权利。

C:\Users\Administrator>ping www.scuec.edu.cn

正在 Ping web.scuec.edu.cn [59.68.63.45] 具有 32 字节的数据:
来自 59.68.63.45 的回复: 字节=32 时间=6ms TTL=59
来自 59.68.63.45 的回复: 字节=32 时间=1ms TTL=59
来自 59.68.63.45 的回复: 字节=32 时间=1ms TTL=59
来自 59.68.63.45 的回复: 字节=32 时间=1ms TTL=59

59.68.63.45 的 Ping 统计信息:
    数据包: 已发送 = 4，已接收 = 4，丢失 = 0 (0% 丢失)，
往返行程的估计时间(以毫秒为单位):
    最短 = 1ms，最长 = 6ms，平均 = 2ms

C:\Users\Administrator>_
```

图 7-34　ping 命令的执行结果

7.3　上网操作

Internet 为用户提供了各种各样的服务，进入 Internet 后，可以利用其中无穷无尽的资源，同世界各地的人们自由通信和交换信息。

下面简单介绍几种比较常用的上网操作。

7.3.1　IE 浏览器的使用

Internet Explorer（IE）浏览器是 Microsoft 公司开发的 WWW 浏览器软件，内置于 Windows 操作系统中，是目前的主流浏览器软件之一。使用 IE 浏览器可以实现网页浏览、文件下载、电子邮件收发等。

1．网页浏览操作

如果想要打开某个网页，双击 Windows 桌面上的 IE 浏览器图标即可打开一张空白网页，如图 7-35 所示。在地址栏中输入想要访问网页的网址，按回车键，就可以打开相应的网页。

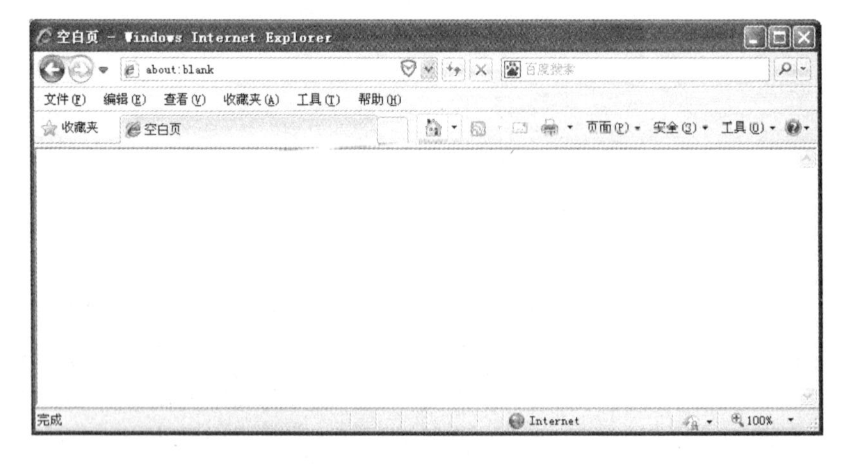

图 7-35　IE 浏览器的空白网页

在浏览网页时，将光标移动到超链接所在位置时会由箭头变为手形，此时单击就可以通过超链接跳转到相应的新页面。在浏览页面时，如果找到所需要的资料，可以简单地通过鼠标选定相应内容，利用“复制”、“粘贴”操作实现信息的获取。

如果在浏览页面时想要保存页面中的某张图片，可将鼠标指针移至该图片，右击，在弹出的快捷菜单中选择“图片另存为”命令，弹出“保存图片”对话框，选择图片的保存位置、文件名、保存类型，就可以完成图片的获取。

2. 工具栏

IE 浏览器的工具栏如图 7-36 所示，其常用的功能按钮说明如下。

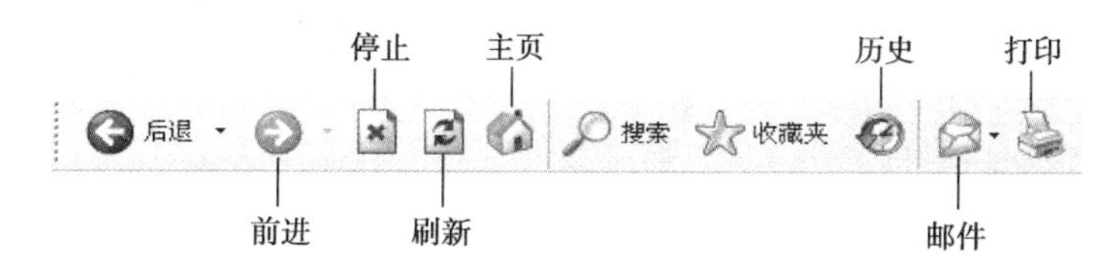

图 7-36 IE 浏览器的工具栏

（1）后退：打开浏览器已打开过的前一个页面。
（2）前进：打开浏览器已打开过的后一个页面。
（3）停止：停止当前浏览器的页面传输。
（4）刷新：重新将当前页面从其所在的 WWW 服务器传输到浏览器。
（5）主页：打开浏览器设置的每次运行时自动打开的默认主页。
（6）搜索：在浏览器打开的当前页面中搜索字符串。
（7）收藏夹：将浏览器打开的当前页面的 URL 保存到收藏夹。
（8）历史：打开浏览器所记录的页面浏览历史。
（9）邮件：启动 Outlook Express 服务。
（10）打印：打印浏览器当前页面的内容。

对于一些经常浏览的页面，每次打开它们都需要在地址栏中输入相应的网址，比较麻烦。通过“收藏夹”按钮，或是菜单栏的“收藏”→“添加到收藏夹”命令，可以将这些页面的网址保存到浏览器的“收藏夹”中。以后想要再次访问该页面时，只需单击“收藏夹”按钮或“收藏”菜单选择该网页地址即可。

3. 浏览器设置

选择“工具”→“Internet 选项”命令，可以弹出如图 7-37 所示的“Internet 选项”对话框。该对话框有多个选项卡，可以对 IE 浏览器的运行环境进行设置。在“常规”选项卡中，设置内容说明如下。

（1）主页。

用来设置浏览器每次运行时自动打开的主页地址。设置主页的方式有 3 种：“使用当前页”是按照用户在地址栏中所输入的主页地址运行，“使用默认值”是将 Microsoft 公司的主页作为默认主页，“使用空白页”则每次运行浏览器打开的都是一个空白页面。

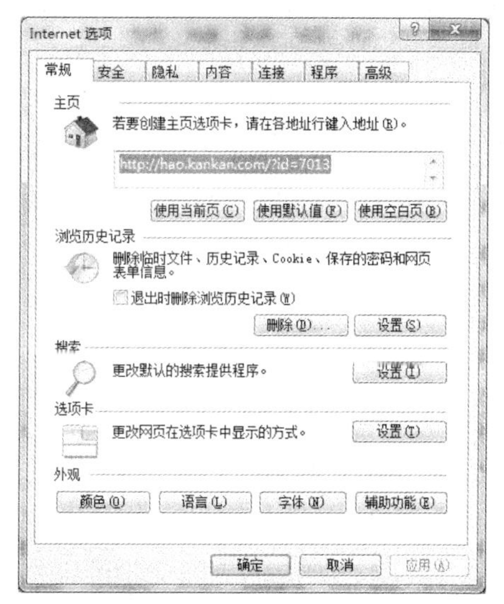

图 7-37 “Internet 选项”对话框

（2）Internet 临时文件。

Cookie 是那些用户访问过的网页留在计算机上的小记录，它能在用户下次访问该网页时识别用户。例如，当用户进入某个网站，而其又在该站点有账号时，站点就会立刻知道用户是谁，自动载入其个人参数。IE 浏览器的 Cookie 控制能力很差，它不允许有选择地阻断一些进来的 Cookie，而只能“全保留”或者“全删除”。如果想要把它们全部删除掉，单击“删除 Cookies”按钮即可。

浏览器会自动将用户访问过的主页保存到本地硬盘的专用临时文件夹中。这样，当再次访问该主页时，由于它已经在临时文件夹中，就可以直接读取页面内容而无须重新下载。但它们会占用大量的硬盘空间，可以通过单击“删除文件”按钮，来删除临时文件夹中的内容，节约硬盘空间。

单击“设置”按钮，可以将 Internet 临时文件占用的磁盘空间设置在一个可以接受的范围内。同时，还可以将临时文件夹移至另一个分区，以减少对系统分区磁盘的占用量。

（3）历史记录。

浏览器同样会自动保存用户所访问过的网址记录，系统默认设置为保存用户 20 天的访问记录。单击“清除历史记录”按钮，就会删除所有历史记录。

4. 保存网页

在浏览网页时，可以将所需要的页面保存到本机硬盘，实现离线浏览。保存的方法是：待要保存的页面显示完成后，选择“工具”→“文件”→“另存为”命令，在弹出的“保存网页”对话框中，选定该文件保存的位置、文件名和保存类型，然后单击“保存”按钮，就可以完成页面的存储。

7.3.2 信息检索

信息检索是指将杂乱无序的信息按一定的方式组织起来，并根据用户的需要找出有关信息的过程和技术，全称是信息存储与检索（Information Storage and Retrieval）。通常人们所说的信息检索主要指后一过程，即信息查找过程，也就是狭义的信息检索。

信息检索的实质是将用户的检索标识与信息集合中存储的信息标识进行比较并选择（也称匹配），当用户的检索标识与信息存储标识匹配时，信息就会被查找出来，否则就查不出来。匹配有多种形式，可以是完全匹配，也可以是部分匹配，这主要取决于用户的需要。

任何具有信息存储与检索功能的系统，都可以称为信息检索系统。检索系统按照检索的手段分类，可以分为手工检索系统和计算机检索系统。手工检索系统是以手工方式存储和检索信息的系统，计算机检索系统是用计算机进行信息存储和检索的系统。计算机检索系统又可细分为光盘检索系统、联机检索系统和网络检索系统。这里主要介绍两种网络信息检索系统的使用。

1. 百度搜索引擎

搜索引擎是专门提供搜索帮助的一类网站，如百度（www.baidu.com）和谷歌（www.google.com）就是比较大型的搜索引擎。下面具体介绍百度的使用方法。

在网页的地址栏输入“www.baidu.com”后，进入百度主页，如图 7-38 所示。页面中间的文本框就是用户输入检索关键字的地方。

从百度的主页上可以看到，用户可以搜索新闻、网页、图片和视频等。

图 7-38　百度主页

（1）搜索网页。

例如，在文本框内输入“2015　公务员考试”，再单击“百度一下”按钮，搜索结果如图 7-39 所示。显示内容主体分为以下几个部分。

① 网页标题：目标网页的标题。

② 网页内容简介：指网页上含有搜索关键字的内容的前几行。

③ 网页地址：目标网页的地址。可以简单看出本网页的地址、大小和建立时间。

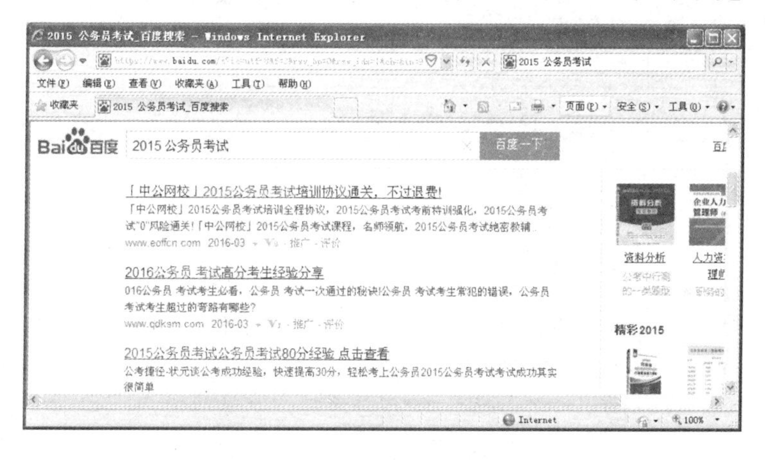

图 7-39　“2015　公务员考试”网页搜索结果

通过分析搜索结果可以看到，在搜索结果中可能包含大量信息，这些信息有的与用户的需求有关，但更多的是与用户需求无关的。对一个最终的用户而言，无关的网页越多，寻找有价值的网页就越困难。如果认为某个页面有价值，只需单击链接文字，就可进入该页面。

（2）搜索新闻。

如果要搜索关于“围棋人机大战”的新闻，首先选择“新闻”选项，然后在文本框内输入“围棋人机大战”。在文本框下方有两个选项：“新闻全文”和“新闻标题”，可以根据需要选择，然后单击“百度一下”按钮，即可搜索出相关结果。

（3）搜索音乐。

在百度首页的文本框中输入想要搜索的歌曲名，然后选择主页上的“音乐”选项，即可出现搜索结果。搜索图片和视频的方法与此类似。

（4）百度贴吧和百度知道。

百度贴吧是各个特定主题的论坛，在里面可以发表新主题或回复留言，还可以根据帖子内容或帖子作者搜索帖子。百度知道是提问和回答的地方，在里面可以提出自己的问题或帮别人解答问题。

2. 中国知网

中国知网（http://www.cnki.net/index.htm）是中国知识基础设施工程（China National Knowledge Infrastructure，CNKI）的一个重要组成部分。其数据库主要有中国期刊全文数据库、中国优秀硕士学位论文全文数据库、中国博士学位论文全文数据库、中国重要会议论文全文数据库等。

中国知网是付费站点，用户必须先购买账号和密码，才能进入使用。对于没有相应账号与密码的用户，可以浏览摘要等免费信息，但不能浏览或下载文献全文。大部分高校图书馆采用集中购买方式，并通过控制 IP 地址供校园网内用户使用。

在浏览器中输入网址“http://www.cnki.net/”，进入“中国知网”如图 7-40 所示的检索界面。

中国知网检索中分为初级检索、高级检索、专业检索 3 种。初级检索是最简单的一种检索，只能设定一个检索条件。专业检索是使用“专业检索语法表”中的运算符构造表达式，这里主要介绍高级检索，其界面如图 7-41 所示。

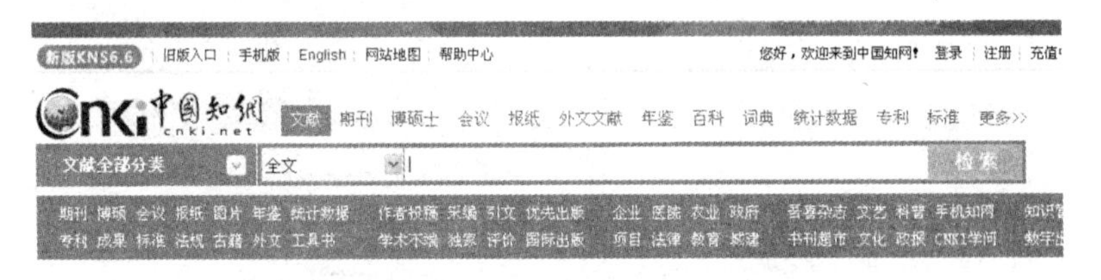

图 7-40　中国知网检索界面

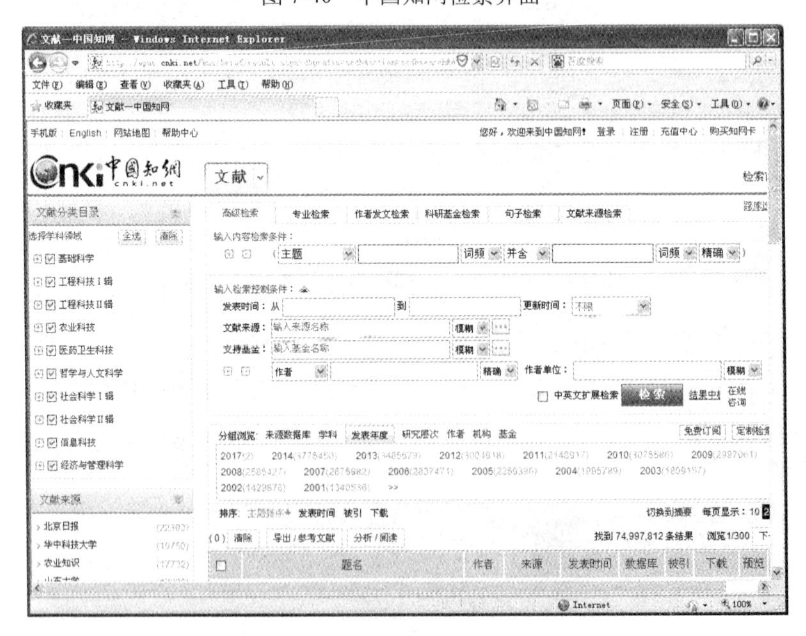

图 7-41　跨库高级检索界面

（1）检索条件。

① 检索项：用来针对文献的不同部分进行检索，包括题名、关键词、摘要、全文、作者、第一作者、作者单位、来源、主题、基金、参考文献。

② 检索词：输入用户自定义的检索关键字。

③ 逻辑：所有检索项按“并且”、“或者”、“不包含”3 种逻辑关系进行组合检索。

④ 词频：指检索词在相应检索项中出现的频次。词频为空，表示至少出现 1 次，如果为数字，如 3，则表示至少出现 3 次，以此类推。

⑤ 时间范围：提供从 1997 年至今的文献。

⑥ 排序：包括“时间”和“相关度”两种排序方式。

⑦ 匹配：包括“精确匹配”和“模糊匹配”两种。

（2）查询范围。

查询范围包括理工 A、理工 B 等 10 大类。对于特定的用户，其需要检索的文献一般包含在一个或几个特定的专栏中，为了节省查找时间并保证检索结果有较强的针对性，可以不选择全部的专栏。

如果想要查找“中南民族大学”有关“大数据”的文献，图 7-42 显示了用户的输入内容与选择项，图 7-43 显示了检索结果。

图 7-42　检索条件

☐	题名	作者	来源	发表时间	数据库	被引	下载	预览	分享
☐1	大数据环境下技术竞争情报分析的挑战及其应对策略	王翠波;吴金红	情报杂志	2014-03-18	期刊	4	674		
☐2	浅论大数据时代的数据素养培养策略	李芸	电脑知识与技术	2013-12-25	期刊	8	355		
☐3	大数据时代下传统媒体与新媒体的发展困境与趋势	倪逸之	新闻世界	2014-10-10	期刊	2	454		
☐4	大数据技术对新闻生产与新闻业务发展的影响研究	陈明	新闻知识	2014-12-15	期刊	1	244		
☐5	大数据时代下数字化校园建设与民族高校辅导员职业化的探讨	王媛媛	科教文汇(上旬刊)	2015-03-10	期刊	1	77		
☐6	大数据资源转化中的数据ETL过程研究	李芸	计算机光盘软件与应用	2014-11-01	期刊	1	36		

图 7-43　检索结果

从图 7-43 中可以看到，显示的每条记录中都包含下列信息。

① 题名：即文献的题目。本项为超链接，单击题名，则会打开一个新的网页，里面包含了该文献相关的很多信息。

② 来源：刊登本文献的期刊名称。

③ 年期：文献发表年份和刊登本文献期刊的期数。

④ 来源数据库。

如果检索结果的记录数多于一页可显示的条数，可采用分页的方式。在页面上部有命中的总条数和当前页码数，用户可以单击“上页”、“下页”按钮进行翻页。

如果在当前页中发现自己满意的文献，单击文献名称就可以打开一个新网页，如图 7-44 所示。如果觉得有必要下载到本地计算机进行阅读，可以通过选择相应的链接进行。如果选择“CAJ 下载”，系统将自动完成保存过程。

大数据资源转化中的数据ETL过程研究

推荐 CAJ下载　PDF下载　CAJViewer下载　不支持迅雷等下载工具。　免费订阅

【作者】李芸；

【机构】中南民族大学计算机科学学院；

【摘要】大数据无疑将催生创新、改进生产力、提高服务满意度及扩大业务范围,为各行各业提供新的发展机遇、实现价值,给人们日常生活带来方方面面的改变。然而,若不能有效地滤除大数据噪声,企业的业务拓宽、服务改进将成为纸上谈兵。本文研究了大数据背景下企业的数据资源化现状,分析了数据集成对提高企业大数据资源转化的价值,最后讨论了数据集成中起决定性的ETL过程的影响及ETL工具的选取原则。

【关键词】大数据；资源转化；ETL；

【所属期刊栏目】本期关注_互联网（2014年21期）

计算机光盘软件与应用，Computer CD

图 7-44　文献相关内容

将文献保存到本地计算机上后，双击该文献图标，系统会自动调用 CAJViewer 软件打开该文献。

7.3.3　文件传输及下载

Internet 上使用最广泛的文件传输协议就是 FTP 协议。FTP 的主要作用是让用户连接到一台远程计算机上，查看远程计算机上有哪些文件，然后将文件从远程计算机上复制到本地计算机，或者把本地计算机上的文件传输到远程计算机，也就是通常所说的“下载”和“上传”。

下面，利用 IE 浏览器作为 FTP 客户端程序，以某匿名 FTP 服务器的访问为例，说明 FTP 服务器的访问过程。启动 IE 浏览器，在地址栏输入“ftp://210.42.150.227”后按回车键。如图 7-45 所示，在浏览器窗口中显示的不是 Web 页面，而是该 FTP 服务器上的目录结构。此时，如同使用本地计算机一样，可以将此服务器中的文件下载到本地计算机中。如果拥有足够的访问权限，也可以将本地计算机的文件上传到服务器中。

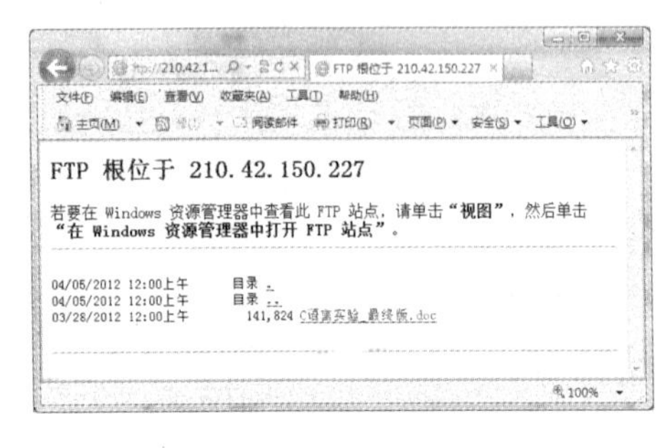

图 7-45　利用 IE 浏览器访问 FTP 服务器

目前，大部分文件下载软件如迅雷、FlashGet 等，都可以提供简单的 FTP 方式的文件下载操作。

7.3.4　Internet 的其他应用

在 Internet 中，除了上面介绍的上网操作外，还有一些其他的常用服务，下面简单介绍几种。

1. 电子商务

电子商务（Electronic Commerce）通常是指在 Internet 开放的网络环境下，基于浏览器/服

务器应用方式，买卖双方不用见面就可以进行各种商贸活动，实现消费者的网上购物、商户之间的网上交易和在线电子支付，以及各种商务活动、交易活动、金融活动和相关的综合服务活动的一种新型的商业运营模式。

近几年来，电子商务在国内飞速发展，吸引了越来越多的用户。国内比较著名的电子商务网站有淘宝、京东商城等。

2. 网上聊天

由于 Internet 的迅猛发展，它为人们提供了一个不受时空限制的交流平台。通过网络，人们可以自由地表达自己的思想，对任何问题发表自己的言论，而网上聊天更是为人们相互交流信息提供了一个手段。现在比较常用的网上聊天工具（如腾讯公司的 QQ、微软公司的 MSN 等）使用都非常简单，当然首先要申请一个账号。

3. 网络社区

网络社区是指以 BBS（Bulletin Board Service，公告牌服务）为主，包含讨论组、聊天室、Blog 等形式在内的网上交流空间，同一主题的网络社区里集中了具有共同兴趣的访问者，由于有众多用户的参与，不仅具备交流的功能，实际上也成为一种营销场所。

BBS 是 Internet 上的一种电子信息服务系统。它提供一块 Internet 上的公共电子白板，每个用户都可以在上面书写，可发布信息或提出看法，通常称 BBS 为电子公告板。但是经过多年的发展，现在的 BBS 已经不是原来的 BBS 了，它已经由一个简单的电子公告板变成了一个网络社区软件。国内比较著名的 BBS 有“水木清华”（http://bbs.tsinghua.edu.cn）、上海交通大学的“饮水思源”（http://bbs.sjtu.edu.cn）等。

Blog 的全名是 Web Log，中文意思是网络日志，后来缩写为 Blog。博客（Blogger）就是写 Blog 的人。从理解上讲，Blog 是一种发表个人思想、生活故事、思想历程、闪现的灵感，按照时间顺序排列，并不断更新的出版方式。一个 Blog 就是一个网页，它通常是由简短、经常更新的文章构成的，这些张贴的文章都按照年份和日期排列。Blog 的内容和目的有很大的不同，从对其他网站的评论、有关个人的构想，到日记、照片、诗歌、散文，甚至科幻小说的发表或张贴都有。博客现象始于 1998 年，但到了 2000 年才真正开始流行。在中国，博客中国（http://www.blogchina.com）于 2002 年率先引入博客理念。至今，各类博客网站已经发展到很多个。

微博即微博客（MicroBlog）的简称，是一个基于用户关系实现信息分享、传播以及获取的平台，用户可以通过 WEB、WAP 等各种客户端组建个人社区，并实现即时分享。最早也是最著名的微博是美国 Twitter。2009 年 8 月中国门户网站新浪推出“新浪微博”内测版，成为门户网站中第一家提供微博服务的网站，微博正式进入中国上网主流人群视野。2011 年 10 月，中国微博用户总数达到 2.498 亿，成世界第一大国。

社交网站全称为 Social Network Site。社会性网络（Social Networking）是指个人之间的关系网络，这种基于社会网络关系系统思想的网站就是社会性网络网站（SNS 网站）。SNS 的全称也可以是 Social Networking Services，即社会性网络服务，专指旨在帮助人们建立社会性网络的互联网应用服务，也指社会现有已成熟普及的信息载体，如短信 SMS 服务。早期社交网络的服务网站呈现为在线社区的形式。用户多通过聊天室进行交流。随着 Blog 等新的网上交际工具的出现，用户可以通过在网站上建立个人主页来分享喜爱的信息。2002～2004 年间，世界上三大最受欢迎的社交网络服务类网站是 Friendster、MySpace、Bebo。在 2005 年之际 MySpace 成为了世界上最巨大的社交网络服务类网站。2006 年第三方被允许开发基于 Facebook 的网站 API 的应用，使得 Facebook 随后一跃成为全球用户量增长最快的网站。

严格来讲，国内 SNS 并非社会性网络服务，以人人网（校内网）、开心网、白社会 SNS 平台为代表。

4. 物联网

物联网作为信息网络未来的趋势和发展的一部分，已经开始重塑世界格局和社会生活方式。顾名思义，物联网（Internet of Things）是物物相连的 Internet。物联网的核心和基础仍然是 Internet，但其用户端扩展到了任何物品与物品之间。物联网是一个巨大的网络，它通过射频识别（Radio Frequency Identification，RFID）装置、红外感应器、全球定位系统、激光扫描器等各种信息传感设备，把任何物品与 Internet 相连接，并采集各种需要的信息，如声、光、热、电、力学、化学、生物、位置等，从而实现对物体的智能化识别和管理。

5. 云计算

云计算（Cloud Computing）是分布式处理、并行处理、网格计算、网络存储和负载均衡等传统计算机技术和网络技术发展融合的产物。“云”是指可以自我维护和管理的虚拟计算资源，主要是大型服务器集群，包括计算服务器、存储服务器和宽带资源等。云计算是基于 Internet 的超级计算模式，它把存储于 PC、移动电话和其他设备上的大量信息和处理器资源集中在一起，通过软件实现自动管理，无须人为管理。

7.4 电子邮件

7.4.1 申请邮箱

要收发电子邮件，首先需要有一个电子邮箱。目前不少网站都提供电子邮箱的申请服务。下面以 126 免费邮箱的申请为例，简单介绍如何在 Internet 上申请电子邮箱。

（1）打开 IE 浏览器，在地址栏输入“http://www.126.com”，进入 126 电子邮箱的主界面，如图 7-46 所示。

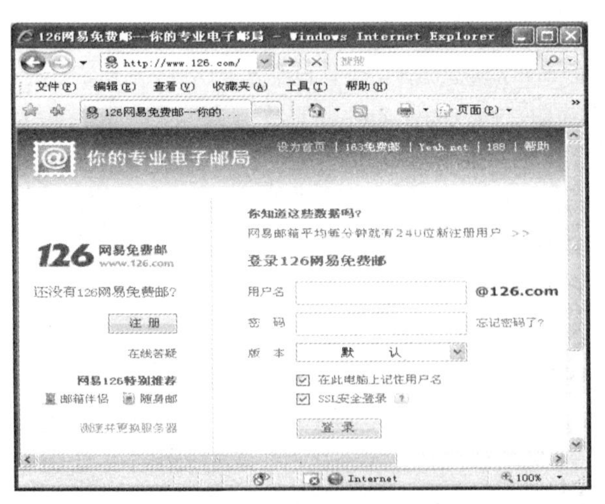

图 7-46　126 免费电子邮箱主界面

（2）单击页面上的“注册”按钮。

（3）在“用户名”文本框中填入所希望使用的用户名。要注意用户名的选择不要违反网站上关于用户名的规定。然后在“手机号码”文本框内填入正确的手机号码。由于这里填写的手机号码将会是取回邮箱密码的重要凭证，所以要谨慎填写。填写完毕后，单击“下一步”按钮。如果选择的用户名已经被别人用过，系统会提示该用户名已经被注册，需在当前页面重新输入一个用户名，直到所选择的用户名尚未被注册为止。

（4）选择好用户名后，还需要进行密码设置、密码保护设置、个人资料的填写，完成后单击“我接受下面的条款，并创建账号”按钮，出现注册成功的页面，邮箱申请成功，接下来就可以登录邮箱进行邮件的收发了。

7.4.2　Outlook Express 的使用

Outlook Express 简称 OE，是微软公司出品的一款电子邮件客户端。

1. Outlook Express 的设置

首先需要申请一个电子邮箱，如 a123@126.com，然后按照以下步骤，手动配置客户端。

（1）打开 Outlook Express，选择“文件”→“信息”命令。

（2）单击“添加账户”按钮，弹出“添加新账户”对话框，选择“电子邮件账户”选项，单击“下一步”按钮。

（3）选择“手动配置服务器设置或其他服务器类型”选项，然后单击“下一步”按钮，在弹出的对话框中选择“Internet 电子邮件”选项，单击“下一步”按钮。

（4）在弹出的对话框中输入用户信息、登录信息和服务器信息后，单击“下一步”按钮完成设置。这里要注意的是服务器信息的输入。

① 接收邮件服务器 POP3：这需要根据具体邮件服务器设置，在申请邮箱的网站能够看到，如 126 的就输入“pop3.126.com”。

② 发送邮件服务器 SMTP：这也需要根据具体邮件服务器设置，如 126 的就输入“smtp.126.com”。

2. 邮件的收发

当用户正确设置了 Outlook Express 后，就可以进行邮件的收发了。

（1）写电子邮件。

写电子邮件可执行以下步骤。

① 选择“文件”→“新建”→“邮件”命令，打开“未命名的邮件”窗口，如图 7-47 所示。

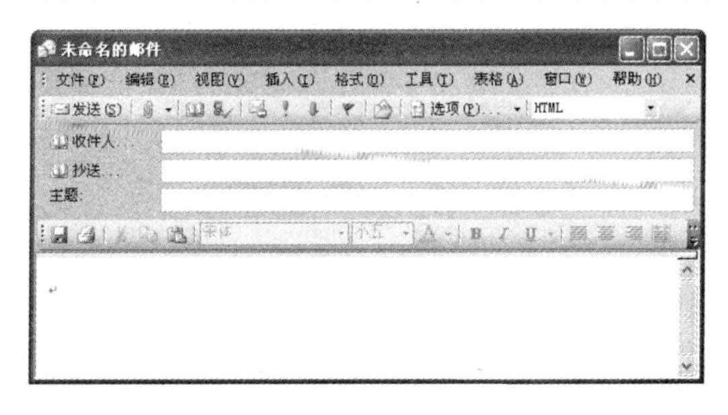

图 7-47　“未命名的邮件”窗口

② 在该窗口的“收件人”文本框中，输入收件人的邮箱地址，如果收件人不止一个，可用分号或逗号分隔；在“抄送”文本框中可输入要抄送给的其他人的名称；在“主题”文本框

中可输入该邮件的主题。

③ 单击邮件内容编辑区，在其中输入邮件内容即可。还可以单击格式栏中相应的按钮，对编写的邮件进行设置。

④ 如果想在邮件中发送图片、声音或其他多媒体文件，可单击工具栏上的“插入文件”按钮，插入文件。

⑤ 在弹出的“插入文件”对话框中，选择要作为附件发送的文件，单击“插入”按钮即可。这时在“未命名的邮件”窗口的“主题”下将出现“附件”文本框，其中显示了要发送的附件的名称。

⑥ 编写完毕后，单击“发送”按钮，即可立即发送邮件。

（2）阅读电子邮件。

启动 Outlook Express 后，在左边的“邮件”窗格中单击“收件箱”文件夹，打开“收件箱”窗格，选择要阅读的邮件。

（3）回复电子邮件。

在收到电子邮件后，如果需要给发件人回复邮件，可执行下列操作。

① 打开要回复的电子邮件。

② 单击工具栏上的“答复发件人”按钮，打开“Re:”窗口。

③ 在“收件人”文本框中显示了收件人的电子邮箱地址，单击邮件编辑区，编写邮件即可。

④ 编写完毕后，单击工具栏上的“发送”按钮即可将其回复给发件人。

7.5 计算机与信息的安全

现代信息社会的飞速发展，是以计算机及计算机网络的飞速发展为标志的。计算机和计算机网络为人们的生活和工作提供了越来越丰富的信息资源。但同时，人们所面对的信息环境也越来越复杂。现代计算机系统、网络系统的安全性和抵抗攻击的能力不断受到挑战。这种情况一方面需要新的安全技术出现，另一方面也要求计算机用户能够树立信息安全意识，了解必要的信息安全知识和掌握常规的安全操作手段。

7.5.1 计算机安全设置

对于广大的个人计算机用户而言，如何在当前的网络环境中有效地保护好自己的信息是很重要的。解决这个问题应该从 3 个方面加以控制：其一是对所使用的操作系统进行相关的安全设置，使其能最大限度地发挥安全保护作用；其二是对网络环境严密控制，监控网络的出入信息；其三是通过最新的防病毒软件，查杀发现的计算机病毒。

1. 操作系统的安全设置

（1）删除多余用户。

打开控制面板，单击“用户账户和家庭安全”→“用户账户”图标，只保留 Administrator 用户，将其余用户全部删除。还要注意的是，Administrator 用户一定要使用不易破解的密码。

（2）关闭共享文件和目录。

Windows 的“网上邻居”在给用户带来方便的同时也带来了安全隐患，一些特殊的软件可以搜索到网上的“共享”目录而直接访问对方的硬盘，从而使别有用心的人可以控制用户的机器。因此，应该关闭共享文件和目录。如果用户必须使用共享服务，也不要将整个驱动器共享，而是仅将那些有必要共享的文件设为共享。

（3）及时安装操作系统补丁。

任何一种软件都在不停地进行升级，这是因为软件都有不完善之处，包括存在一些安全漏洞。因此，安装软件开发商提供的补丁程序是十分必要的。Windows 7 提供了“Windows Update”这一升级选项，另外当今流行的许多系统安全防护软件都提供了操作系统升级服务。

（4）禁用某些服务。

在默认设置下，系统往往允许使用很多不必要而且可能暴露安全漏洞的端口、服务和协议。为确保安全，可以在浏览器的 Internet 设置上，禁止 Cookie 控件。具体过程是打开 IE 浏览器，选择“工具”→“Internet 选项”命令，弹出“Internet 选项”对话框，选择“隐私”选项卡，将滑块上移到最顶端，选择“阻止所有 Cookie”，此时系统将阻止所有网站的 Cookie，而且网站不能读取计算机上已有的 Cookie。如果发现机器开启了一些很奇怪的服务，如 r_server，必须马上停止该服务，因为这完全有可能是黑客使用控制程序的服务端。

（5）关闭 3389 端口。

计算机的 3389 端口属于 Windows 远程桌面的初始端口，所以一般被用来代指远程桌面。微软的远程桌面是为了方便广大计算机管理员远程管理自己的计算机而设定的，但是只要有管理密码，3389 就可以为任何有管理密码的人提供服务。为防止别人利用 3389 登录计算机，最好关闭该端口。关闭的方法是在桌面上右击“计算机”图标，在弹出的快捷菜单中选择“属性”命令，选择“远程设置”选项，弹出“系统属性”对话框。选择“远程”选项卡，取消选中对其中远程协助的复选框，并设置远程桌面为“不允许连接到这台计算机”。

2. 控制出入网络的数据

为了保护网络的信息安全，可以在计算机中安装个人版的防火墙软件，如天网防火墙。通过防火墙，可以设置一些相应的包过滤规则，并且关闭一些不必要的端口。

3. 查杀计算机病毒

安装防病毒软件，更新病毒信息，升级防病毒功能，全面查杀病毒，如瑞星杀毒软件、卡巴斯基等都是比较好的防病毒软件。

7.5.2 计算机病毒及防范

计算机病毒是一种人为制造的、在计算机运行过程中对计算机信息或系统起破坏作用的程序。这种程序隐蔽在其他可执行程序之中，轻则影响计算机的运行速度，重则使计算机完全瘫痪，给用户带来不可估量的损失。

1. 计算机病毒的特点

计算机病毒具有如下特点。

（1）寄生性：计算机病毒寄生在其他程序之中，当执行这个程序时，病毒起破坏作用，而在启动这个程序前，它是不易被发觉的。

（2）传染性：一旦病毒被复制或产生变种，其传染速度之快让人难以置信。

（3）潜伏性：有些病毒的发作是按照预先设定好的时间，如 CIH 病毒，在每年的 4 月 26 日都会发作，而它的某个变种是每月的 26 日都会发作。

（4）隐蔽性：计算机病毒具有很强的隐蔽性，有的可以通过病毒软件检查出来，有的查不出来。

2. 计算机病毒的表现形式

计算机病毒具有以下一些表现形式。

（1）机器不能正常启动。开机后机器不能启动，或者可以启动，但启动所需的时间比原来的长。

（2）运行速度降低。计算机运行比平常迟钝，反应变得相当缓慢并经常出现莫名其妙的蓝屏或死机。

（3）系统内存或磁盘空间忽然迅速变小。有些病毒会消耗可观的内存或硬盘容量。曾经执行过的程序，再次执行时，突然告诉用户没有足够的内存可以利用，或者硬盘空间突然变小。

（4）文件内容和长度有所变化。正常情况下，这些程序应该维持固定的大小，但有些病毒会增加程序文件的大小，使文件的内容加上一些奇怪的信息。

（5）经常出现死机现象。正常的操作是不会造成死机的，如果计算机经常死机，那可能是系统被病毒感染了。

（6）外部设备工作异常。

（7）出现意外的声音、画面或提示信息及不寻常的错误信息和乱码。当这种信息频繁出现时，即表示系统可能已中毒。

3. 计算机病毒的预防

只要培养良好的病毒预防意识，并充分发挥杀毒软件的防护能力，便完全可以将大部分病毒拒之门外。

（1）安装防病毒软件。首次安装时，一定要对计算机做一次彻底的病毒扫描，确保系统尚未受过病毒感染。另外，要及时升级防病毒软件，因为最新的防病毒软件才是最有效的。还要养成定期查杀病毒的好习惯。

（2）凡是从外来的存储设备上向机器中复制信息时，都应该先对存储设备进行杀毒，若有病毒必须清除。

（3）一定要从比较可靠的站点下载文件，而且对于 Internet 上的文档与电子邮件，下载后也需要进行病毒扫描。

7.5.3 网络及信息安全

信息安全是向合法的服务对象提供准确、及时、可靠的信息服务，而对其他人员都要保持最大限度的信息不透明性、不可获取性、不可干扰性和不可破坏性。现在人们对信息安全问题的讨论，通常是指依附于网络系统环境的信息安全问题，也就是网络安全问题。从广义来说，凡是涉及网络上信息的保密性、完整性、可用性、真实性和可控性的相关技术和理论，都是网络安全的研究领域。

1. 信息安全威胁

给网络安全带来威胁的主要因素并不是黑客攻击或计算机病毒，而是自然灾害（地震、火灾、水灾）、电磁辐射、操作失误等物理安全缺陷，操作系统的安全缺陷，网络协议的安全缺陷，应用软件的实现缺陷，用户使用的缺陷等。

2. 信息安全需求

（1）完整性：保证数据的一致性，防止数据被非法用户篡改。

（2）可用性：保证不会不正当地拒绝合法用户对信息和资源的使用。

（3）保密性：保证机密信息不被窃听，或窃听者不能了解信息的真实含义。

（4）可控性：对信息的传播及内容具有控制能力。

（5）不可否认性：指信息用户要对自己的信息行为负责，不能抵赖自己曾经给某用户发送过某个信息，也不能否认曾经接收过对方的信息。

3. 信息安全技术

目前，在市场上比较流行而又能代表未来发展方向的安全产品，大致有以下几类。

（1）防火墙。防火墙是一种系统保护措施，它在内部网络与不安全的外部网络之间设置障碍，阻止外界对内部资源的非法访问，防止内部对外部的不安全访问。防火墙能够较为有效地防止黑客利用不安全的服务对内部网络的攻击，提高内部网络的安全性。

（2）虚拟专用网（VPN）。虚拟专用网是在公共数据网络上，通过采用数据加密技术和访问控制技术，实现两个或多个可信内部网之间的互联。虚拟专用网的构筑通常都要求采用具有加密功能的路由器或防火墙，以实现数据在公共信道上的可信传递。

（3）入侵检测系统（IDS）。入侵检测是传统保护机制（如访问控制、身份识别等）的有效补充，形成了信息系统中不可缺少的反馈链。

（4）入侵防御系统（IPS）。入侵防御系统是入侵检测系统的很好补充，是信息安全发展过程中占重要位置的计算机网络硬件。

（5）安全操作系统。为系统中的关键服务器提供安全运行平台，构成安全 WWW 服务、安全 FTP 服务、安全 SMTP 服务等，并确保这些安全产品自身的安全。

（6）DG 图文档加密。能够智能识别计算机所运行的涉密数据，并自动强制对所有涉密数据进行加密操作，而不需要人的参与，从根源解决了信息泄密。

7.6 本章小结

本章从计算机网络的基本概念出发，主要介绍了计算机网络的基本工作原理和计算机网络体系结构的分层模型，并针对 Internet 介绍了 TCP/IP 协议的相关知识及 Internet 上提供的各种应用服务。本章还说明了计算机安全设置方法、计算机病毒的特点和防治方法，最后介绍了信息安全的一些基本概念。

7.7 思考与练习

1. 选择题

（1）下列 IP 地址合法的是____。

A．202:14:4:9　　B．202.14.4.9　　C．202.14.256.9　　D．202,14,4,9

（2）C 类 IP 地址可以容纳____台主机。

A．254　　B．255　　C．256　　D．258

（3）下列合法的域名是____。

A．www.163.com B．www,163,com C．202.210.4.5 D．book@163.com

（4）下列 IP 地址中，____是 A 类地址。

A．127.255.1.2 B．127.255.255.256

C．128.123.1.4 D．194.3.2.22

（5）IP 地址的主机号设置为全____时，表示的是该计算机所在的网络，称为网络地址。

A．0 B．1 C．2 D．3

（6）FTP 是指____。

A．超文本传输协议 B．文件传输协议 C．邮件传输协议 D．传输控制协议

（7）在 TCP/IP 协议簇中，UDP 协议为 ISO/OSI 参考模型____协议。

A．数据链路层 B．传输层 C．应用层 D．网络层

（8）IP 地址 191.202.3.5 所属的类型是____。

A．A 类地址 B．B 类地址 C．C 类地址 D．D 类地址

（9）校园网与外界的连接器应采用____。

A．中继器 B．网桥 C．24 网关 D．路由器

（10）在拨号上网时，不需要的硬件是____。

A．计算机 B．调制解调器 C．电话线 D．网卡

（11）在局域网环境下，用来延长网络距离的最简单最廉价的互联设备是____。

A．网桥 B．路由器 C．中继器 D．交换机

（12）IPv6 中地址是用____位二进制数表示的。

A．32 B．128 C．64 D．256

2．填空题

（1）按照网络的覆盖范围分类，网络可以分为________、________和________。

（2）ISO/OSI 参考模型分为 7 层，分别是________、________、________、________、________、________和________。

（3）网络的拓扑结构有________、________、________和________。

（4）Internet 上的计算机使用的是________协议。

（5）一个 IP 地址分为两部分，前一部分是________地址，后一部分是________地址。

（6）子网掩码的长度为________位二进制。

（7）IP 地址 202.114.15.60 所对应的子网掩码为________。

（8）在因特网的顶层域名中，政府部门用的是________。

（9）计算机病毒的特点有________、________、________和________。

（10）在 Internet 中，顶级域名包括两大类：________域名和地理性域名，如.com 表示________，.cn 表示________。

（11）从寄生方式和传染对象来讲，计算机病毒可分为________和________。

3．问答题

（1）简单说明星形网络的结构及其优缺点。

（2）简述 ISO/OSI 参考模型各层的主要功能。

（3）Internet 具有哪些主要功能？提供的主要信息服务有哪些？

（4）IP 地址是如何定义和分类的？什么是子网掩码？二者的关系是什么？

（5）Internet 的顶级域名有哪些？请说出域名 www.scuec.edu.cn 的含义。

第8章 计算机公共基础知识

计算机公共基础知识是全国计算机等级考试二级考试的组成部分，旨在帮助考生了解计算机解决实际问题所需要的一些基础知识。公共基础知识部分对学习者或考生的基本要求是：掌握算法基本概念；掌握基本数据结构及其操作；掌握基本排序和查找算法；掌握结构化程序设计方法；掌握软件工程的基本方法，具有初步应用相关技术进行软件开发的能力；掌握数据库的基本知识，了解关系数据库的设计。

本章主要内容

- 算法与数据结构
- 程序设计基础
- 软件工程基础
- 数据库基础

8.1 算法与数据结构

8.1.1 算法

人们要使用计算机处理各种不同的问题，就必须事先对各类问题进行分析，确定解决问题的具体方法和步骤，编制好相应的程序，再输入到计算机中，计算机就会按照程序中指令的顺序自动执行，得到结果。这些具体的方法和步骤，就是解决一个问题的算法。

1. 算法的概念

算法是计算机解决问题的过程或步骤的完整描述。它是一个有穷的指令集，是为解决某一特定问题规定的一个运算序列。

2. 算法的特征

（1）可行性：针对实际问题而设计的算法，执行后能够得到满意的结果。

（2）确定性：算法每一指令含义明确，无二义性和模棱两可的解释。在任何条件下，算法只有唯一的一条执行路径，即对于相同的输入只能得出相同的输出。

（3）有穷性：算法必须在有限时间内做完，即算法能在执行有限个步骤之后完成。

（4）拥有足够的情报：算法执行的结果是与输入的初始数据有关的。算法要有效，必须为算法提供足够的情报；而当提供的情报不够时，算法可能无效。

3. 算法的基本要素

算法由两种基本要素组成：一是对数据对象的运算和操作；二是算法的控制结构。

（1）对数据对象的运算和操作：算法实际上是一组指令序列，它是按解题要求从环境能进行的所有操作中选择合适的操作组成的。

计算机可以执行的基本操作是以指令的形式描述的。一个计算机系统能执行的所有指令的集合，称为该计算机系统的指令系统。计算机程序就是按解题要求从计算机指令系统中选择合适的指令所组成的指令序列。在一般的计算机系统中，基本的运算和操作有以下 4 类。

① 算术运算：主要包括加、减、乘、除等运算。

② 逻辑运算：主要包括“与”、“或”、“非”等运算。

③ 关系运算：主要包括“大于”、“小于”、“等于”、“不等于”等运算。

④ 数据传输：主要包括赋值、输入、输出等操作。

（2）算法的控制结构：算法中各操作之间的执行顺序称为算法的控制结构。

算法的控制结构给出了算法的基本框架，它决定了算法中各操作的执行顺序，而且也直接反映了算法的设计是否符合结构化原则。描述算法的工具通常有传统流程图、N-S 结构化流程图、算法描述语言等。算法一般用顺序、选择、循环 3 种基本控制结构组合而成。

4. 算法复杂度

算法的复杂度就是运行该算法所需要的计算机资源的多少，所需的资源越多复杂度越高；反之，所需的资源越少复杂度越低。计算机的资源主要是时间和空间（即存储器）资源，因此，算法复杂度包括时间复杂度和空间复杂度。

（1）算法的时间复杂度。

算法的时间复杂度指算法的时间耗费，是指执行算法所需要的计算工作量。

算法的计算工作量是用算法所执行的基本运算次数来度量的，而算法所执行的基本运算次数是问题规模（通常用整数 n 表示）的函数，即算法的工作量=f（n）。

例如，在 N×N 矩阵相乘的算法中，整个算法的执行时间与乘法重复执行的次数 n^3 成正比，也就是时间复杂度为 n^3，即 f（n）=O（n^3）。

（2）算法的空间复杂度。

算法的空间复杂度是指执行这个算法所需要的存储空间。

算法所占用的存储空间包括算法程序所占的空间、输入的初始数据所占的存储空间以及算法执行过程中所需要的额外空间。其中额外空间包括算法程序执行过程中的工作单元以及某种数据结构所需要的附加存储空间。

8.1.2 数据结构的基本概念

在进行数据处理时，实际需要处理的数据很多，而这些数据都需要存放在计算机中，那么，它们在计算机中如何组织，才能提高数据处理的效率，节省计算机的存储空间呢？数据结构是计算机存储、组织数据的方式，通常情况下，好的数据结构可以带来更高的运行或者存储效率。

1. 数据结构常用的概念

（1）数据。

数据（Data）是信息的载体，是对客观事物的符号表示。在计算机科学中是指所有能输入到计算机中并被计算机程序处理的符号的总称。

（2）数据元素。

数据元素（Data Element）是数据的基本单位，在计算机程序中通常作为一个整体进行考虑和处理。

（3）数据对象。

数据对象（Data Object）是性质相同的数据元素的集合，是数据的一个子集。

（4）数据结构。

数据结构（Data Structure）指相互关联的数据元素的集合，即数据的组织形式。包括以下三方面的内容。

① 数据的逻辑结构：数据元素之间的逻辑关系，是从具体问题抽象出来的数学模型。

② 数据的存储结构：数据元素及其关系在存储器中的存储形式，是数据在内存中的表示。

③ 数据的运算：对数据结构进行的操作。

2. 数据结构的类型

根据数据结构中各数据元素间前后件关系的复杂程度，数据结构从逻辑上可以分为 2 种。

（1）线性结构：又称线性表，数据元素之间构成一种顺序的线性关系。非空的数据结构是线性结构的条件：①有且只有一个根结点；②每一个结点最多有一个前件，也最多有一个后件。线性结构包括线性表、栈、队列和线性链表等。

（2）非线性结构：不满足线性结构条件的数据结构。非线性结构包括树、二叉树、 图（或网络）和广义表等。

8.1.3　线性表

1. 线性表的顺序存储结构

线性表是 n 个数据元素的有限序列，其中的数据元素具有相同的特性。线性表中的每一个数据元素，除了第一个外，有且只有一个前件，除了最后一个外，有且只有一个后件。线性表中数据元素的个数为线性表的长度，采用顺序存储结构的线性表叫作顺序表。在程序设计中常用数组表示线性表。

线性表的顺序存储结构有两个基本特点：①所有元素所占的存储空间是相同的和连续的；②各数据元素在存储空间中是按逻辑顺序依次存放的。在顺序表中，数据元素的位置只取决于自己的序号，元素之间的相对位置是线性的。若第一个元素存放的位置是 LOC（a1），每个元素占用的空间大小为 m，则元素 ai 的存放位置为：LOC（ai）= LOC（a1）+（i-1）*m（1≤i≤n）。

顺序表的操作是插入、删除运算，操作时需要移动元素。

2. 线性表的链式存储结构

链式存储是指用一组地址任意的存储单元存放数据元素。链式存储采用结点表示数据元素。一个结点包含数据域和指针域两个部分，其中数据域存储数据元素，指针域指示后继或前驱元素的存储位置。通常有一个头结点，不含数据，指针域的指针指向第一个数据结点。

在链式存储结构中，存储数据结构的存储空间可以不连续，各数据结点的存储顺序与数据元素之间的逻辑关系可以不一致，而数据元素之间的逻辑关系是由指针域来确定的。插入和删除时，不需要移动大量的元素，而且，也不需要预先分配足够大的存储空间。

常见的链表有单链表、双向链表和循环链表。

单链表是指其指针域只包括指向该结点的直接后继指针。

双向链表是指其指针域包括该结点的直接前驱和直接后继两个指针的存储结构链表。

循环链表是一种首尾相接的链表，它的特点是表中最后一个结点的指针域指向头结点，整个链表形成一个环。在循环链表中，可以从任何一个结点出发查找表中其他的结点，而非循环链表则是从头结点处出发查找其他结点。循环链表有单向循环链表和双向循环链表等。

8.1.4　栈和队列

1. 栈及其基本操作

栈是限定只能在表的一端进行插入和删除的线性表。允许插入和删除的一端称为栈顶，另一端称为栈底。当表中没有元素时称为空栈。

栈的插入和删除运算仅在栈顶一端进行，后进栈的元素必定先被删除。插入时栈顶元素最后被插入，栈底元素最先被插入，删除时则相反。栈又称后进先出或后进先出表。

栈的运算有入栈和出栈，运算时栈底指针不变，栈中元素随栈顶指针的变化而动态变化：①入栈时栈顶指针加 1；②出栈时栈顶指针减 1；③读栈顶元素是将栈顶元素赋给一个指定的变量，指针无变化。例如，进栈序列为 1，2，3，4，进栈过程中可以出栈，则出栈序列 3，1，4，2 不可能出现。

2. 队列及其基本操作

队列是只允许在队尾插入，而在队头进行删除的线性表。在队列中，只能删除队头元素，队列的最后一个元素一定是最新入队的元素，队列又称先进先出（FIFO）表。队列的基本操作有插入（即入队）和删除（即出队）两种。例如，一个队列的入队序列是 1，2，3，4，则队列的输出序列是 1，2，3，4。

循环队列是将队列存储空间的最后一个位置绕到第一个位置，形成逻辑上的环状空间。在循环队列中，用队尾指针 rear 指向队列中的队尾元素，用队头指针 front 指向队头元素的前一个位置。因此，从队头指针 front 指向的后一个位置直到队尾指针 rear 指向的位置之间所有的元素均为队列中的元素。循环队列中元素的个数是由队头指针和队尾指针共同决定的。当队头指针和队尾指针相等时，队列数据可能为空或满。

8.1.5　树与二叉树

1. 树的基本概念

树（Tree）是由 n（n≥0）个结点组成的有限集合。若 n=0，则为空树。在树中所有数据元素之间的关系具有明显的层次特性。

在树结构中，每一个结点只有一个前件，称为父结点，没有前件的结点只有一个，称为树的根结点。每一个结点可以有多个后件，它们称为该结点的子结点。没有后件的结点称为叶子结点。一个结点所拥有的后件个数称为该结点的度。叶子结点的度为 0。在树中，所有结点中的最大的度称为树的度。树的最大层次称为树的深度。

对于一棵具有 n 个结点的树，树中所有结点的度之和为 n−1。例如，树的度为 4，其中度为 1，2，3 和 4 的结点个数分别为 4，2，1，1，则树的结点总数为：1×4+2×2+3×1+4×1+1=16（个），非叶子结点数为：4+2+1+1=8（个），叶子结点数为：16−8=8（个）。

2. 二叉树及其性质

（1）二叉树的定义。

一棵二叉树是结点的一个有限集合，具有以下两个特点。

① 非空二叉树只有一个根结点。

② 每一个结点最多有两棵子树，且分别称为该结点的左子树和右子树。

由概念可知，二叉树的度可以为 0（叶结点）、1（只有一棵子树）或 2（有 2 棵子树）。

（2）二叉树的基本性质。

性质 1：在二叉树的第 k 层上，最多有 2^{k-1}（k≥1）个结点。

性质 2：深度为 m 的二叉树最多有 2^m-1 个结点。

性质 3：在任意一棵二叉树中，度为 0 的结点（即叶子结点）比度为 2 的结点多一个。

例如，某二叉树有 25 个结点，其中叶子结点有 5 个，则度为 2 的结点数有 4 个，度为 1 的结点数为 16 个。

性质 4：具有 n 个结点的二叉树，其深度至少为［$\log_2 n$］+1，其中［$\log_2 n$］表示取 $\log_2 n$ 的整数部分。

3. 满二叉树与完全二叉树

满二叉树：除最后一层外，每一层上的所有结点都有两个子结点。

在满二叉树中，每一层上的结点数都达到最大值，即在满二叉树的第 k 层上有 2^{k-1} 个结点，且深度为 m 的满二叉树有 2^m-1 个结点。

完全二叉树：除最后一层外，每一层上的结点数均达到最大值；在最后一层上只缺少右边的若干结点的二叉树。

在完全二叉树中，叶子结点只能在层次最大的两层上出现。对于任何一个结点，若其右分支下的子孙结点的最大层次为 p，则其左分支下的子孙结点的最大层次或为 p，或为 p+1。完全二叉树中度为 1 的结点的个数为 0 或 1。

性质 5：具有 n 个结点的完全二叉树的深度为［$\log_2 n$］+1。

性质 6：设完全二叉树有 n 个结点，从根结点开始，按层次（每一层从左到右）用自然数 1，2，…，n 给结点进行编号，则对于编号为 k（k=1，2，…，n）的结点有如下结论。

① 若 k=1，该结点为根结点，它没有父结点；若 k>1，它的父结点编号为 INT（k/2）。

② 若 2k≤n，编号为 k 的结点的左子结点编号为 2k；否则该结点无左子结点。当然也没有右子结点。

③ 若 2k+1≤n，则编号为 k 的结点的右子结点编号为 2k+1；否则该结点无右子结点。

4. 二叉树的遍历

二叉树的遍历就是按某种次序不重复地访问二叉树中的所有结点。在遍历的过程中，一般先遍历左子树，再遍历右子树。在先左后右的原则下，根据访问根结点的次序，二叉树的遍历分为 3 类：前序遍历、中序遍历和后序遍历。

（1）前序遍历：先访问根结点，然后遍历左子树，最后遍历右子树；并且，在遍历左、右子树时，仍然先访问根结点，然后遍历左子树，最后遍历右子树。

（2）中序遍历：先遍历左子树，然后访问根结点，最后遍历右子树；并且，在遍历左、右子树时，仍然先遍历左子树，然后访问根结点，最后遍历右子树。

（3）后序遍历：先遍历左子树，然后遍历右子树，最后访问根结点；并且，在遍历左、右子树时，仍然先遍历左子树，然后遍历右子树，最后访问根结点。

例如，某二叉树的后序遍历序列是 DACBE，中序遍历序列是 DEBAC，则前序遍历序列是 EDBCA。

说明：由前序序列可知，E 是根；由中序序列可知，D 和 BAC 分别是左子树和右子树的结点，按此往下推，则前序遍历序列是 EDBCA。

8.1.6 排序

排序是将数据按关键字递增（或递减）的次序排列起来。评价标准有排序的时间开销和算法执行时所需的附加存储。排序的时间开销是用数据比较次数与数据移动次数来衡量的。

1. 交换类排序法

交换排序是两两比较待排序对象的关键字，如逆序则交换，直到所有对象都排好序为止。

（1）冒泡排序：从第一个记录开始，将每两个相邻记录之间的关键字进行比较。若不符合排序顺序，就交换这两个记录，直到第 n 个记录为止。第一次循环结束时，得到最大的记录。在剩下的 n-1 个数据元素中重复上述步骤，得到次大的记录。重复若干次后，得到已排序好的一组记录。冒泡排序的时间复杂度为 n（n-1）/2。

（2）快速排序：任取待排序序列中的某个元素作为基准（一般取第一个元素），通过一趟排序，将待排元素分为左右两个子序列，左子序列元素均小于或等于基准元素，右子序列则大于基准元素；然后分别对两个子序列继续进行排序，直至整个序列有序。快速排序的平均计算时间是 O（$n\log_2 n$）。

2. 插入类排序法

插入排序是每步将一个待排序的对象，按其关键字大小，插入到已排好序的序列的适当位置上，直到对象全部插入为止。

（1）简单插入排序：将无序序列中的元素依次插入到已经有序的线性表中。把 n 个待排序的元素看作一个有序表和一个无序表，开始时有序表中只包含一个元素，无序表中包含有 n-1 个元素，排序时每次从无序表中取出一个元素，依次与有序表中的元素进行比较，将它插入到有序表中的适当位置，使之成为新的有序表。简单插入的时间复杂度为 O（n^2）。

（2）希尔排序：又称缩小增量排序，先将整个待排元素序列分割成若干个子序列（由相隔某个“增量”的元素组成的）分别进行直接插入排序，待整个序列中的元素基本有序（增量为 1）时，再对全体元素进行一次直接插入排序。增量序列一般取 $n/2^k$（k=1，2，…，[$\log_2 n$]），其中 n 为待排序序列的长度。最坏情况下，希尔排序的时间复杂度为 O（$n\log_2 n$）。

3. 选择类排序法

选择排序是每一趟从待排序的记录中选出关键字最小的记录，顺序放在已排好序的序列的最后，直到全部记录排序完毕。

（1）简单选择排序法：先扫描整个线性表，从中选出最小的元素，将它交换到表的最前面；然后对剩下的数据采用同样的方法，直到子表空为止。最坏的情况需要 n（n-1）/2 次比较。

（2）堆排序法：先建堆，然后将堆顶元素与堆中最后一个元素交换，再调整前 n-1 个元素为堆。最坏情况需要 O（$n\log_2 n$）次比较。

8.1.7 查找

查找是在众多的数据元素中查找某个指定的元素，又称检索。若某个元素和给定值相等，则查找成功，找到；否则查找不成功，没找到。

平均查找长度是指在查找成功情况下的平均比较次数，用来评价查找算法的优劣。

1. 顺序查找

顺序查找又称线性查找。它从表中的第一个记录开始，将给定值与表中逐个记录的关键字进行比较。若相等，则查找成功；否则，查找不成功。顺序查找成功的平均查找长度为（n+1）/2。线性表为无序表，或者有序线性表采用了链式存储结构，都只能采用顺序查找。

2. 二分法查找

二分查找又称折半查找。作为二分查找对象的表必须是顺序存储的有序表，即各记录的次序是按其关键字的大小顺序排列的表。以下假定表按升序排列。

二分查找的方法是：先取表中间位置的关键字与给定值比较。若相等，则查找成功；否则，若给定值比关键字小，则必在表的前半部分。在前半部分中再取中间位置的关键字进行比较。依次反复进行，直到找到给定值，或找遍全表而找不到为止。

对于长度为 n 的有序线性表，查找长度近似地表示为 $[\log_2 n]$。

8.2 程序设计基础

程序设计是一门技术，需要相应的理论、技术、方法和工具来支持。传统的软件开发技术难以满足发展的新要求，人们不得不考虑程序设计的方法。程序设计主要经历了结构化设计和面向对象的程序设计阶段。

8.2.1 程序设计风格

程序设计风格是指在不影响程序正确性和效率的前提下，有效编排和合理组织程序的基本原则。一个具有良好编码风格的程序主要表现为可读性好、易测试、易维护，主要强调“清晰第一，效率第二”。程序设计风格主要体现在以下几个方面。

1. 源程序文档化

（1）符号名的命名。符号名应有一定的实际含义，便于对程序功能的理解。

（2）程序的注释。在源程序中添加正确的注释可帮助人们理解程序，可分为序言性注释和功能性注释。

序言性注释：位于程序开头部分，包括程序标题、程序功能说明、开发简历、复审者、复审日期及修改日期等。

功能性注释：嵌在源程序体之中，描述其后的语句或程序的主要功能。

（3）视觉组织。利用空格、空行、缩进等技巧使程序层次清晰。

2. 数据说明

（1）数据说明的次序规范化。

（2）说明语句中变量安排有序化。

（3）使用注释来说明复杂数据的结构。

3. 语句的结构

语句是构成程序的基本单位，为了更易于阅读和理解，应注意：①最好在一行只书写一条语句；②在书写语句时，应采用递缩格式使程序的层次更加清晰；③在模块之间通过加入空行进行分隔；④为了便于区分程序中的注释，最好在注释段的周围加上边框。

4. 输入和输出

输入和输出是用户与程序之间传递信息的渠道，因此应尽可能地方便用户的使用。在设计输入方式时，应注意：输入方式应力求简单，尽量避免给用户带来不必要的麻烦；交互式输入数据时应有必要的提示信息；程序应对输入数据的合法性进行检查；若用户输入某些数据后可能产生严重后果，应给用户输出必要的提示并要求用户确认；应根据系统的特点和用户的习惯设计出令用户满意的输入方式。设计数据输出方式时，应注意使输出数据的格式清晰、美观；输出数据时要加上必要的提示信息。

8.2.2 结构化程序设计

1. 结构化程序设计的概念

结构化程序设计是20世纪70年代提出的，它是面向过程的程序设计方法。一个结构化程序就是用高级语言表示的结构化算法，使程序结构良好、易读、易理解、易维护，便于编写、阅读、修改和维护，减少了程序出错的机会，提高了程序的可靠性，保证了程序的质量。

结构化程序设计技术是一种程序设计技术，它采用自顶向下逐步求精的设计方法和单入口单出口的控制结构，并且只包含顺序、选择和循环3种结构。

结构化程序设计的目标之一是使程序的控制流程线性化，即程序的动态执行顺序符合静态书写结构，这就增强了程序的可读性，不仅容易理解、调试、测试和排错，而且给程序的形式化证明带来了方便。

结构化程序设计的主要原则为：自顶向下、逐步求精、模块化和限制使用goto语句。

（1）自顶向下：即先考虑总体，后考虑细节；先考虑全局目标，后考虑局部目标，先从最上层总目标开始设计，逐步使问题具体化。

（2）逐步求精：对复杂问题，应设计一些子目标做过渡，逐步细化，逐步分解，直到可以直接将各小段表达为文字语句为止。

（3）模块化：把程序要解决的总目标分解为分目标，再进一步分解为具体的小目标，把每个小目标称为一个模块。程序结构就划分为若干个基本模块，这些模块形成一个树状结构。

（4）限制使用goto语句：在程序开发过程中要限制使用goto语句。

2. 结构化程序的基本结构与特点

1966年，玻姆和贾可皮证明了程序设计语言只用3种基本的控制结构就能实现任何单入口单出口的程序，它们是顺序结构、选择结构和循环结构。

（1）顺序结构：按照程序语句行的自然顺序，逐条地执行程序。

（2）选择结构：根据设定的条件判断应该选择哪一条分支来执行相应的语句序列，包括简单选择和多分支选择结构，又称分支结构。

（3）循环结构：根据给定的条件，判断是否需要重复执行某一相同或类似的程序段，又称重复结构。利用重复结构可简化大量的程序行。

3 种基本的控制结构的流程图如图 8-1 所示。

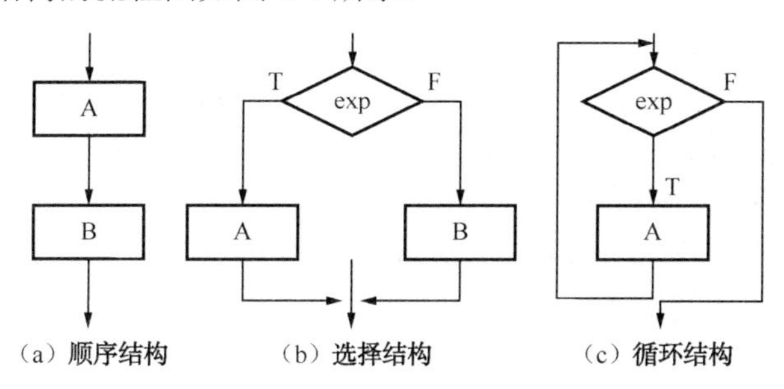

图 8-1　3 种基本的控制结构的流程图

8.2.3　面向对象程序设计

面向对象的程序设计是一种把面向对象的思想应用于软件开发过程中，指导开发活动的系统方法，简称 OO 方法，它是建立在对象概念基础上的方法。

面向对象程序设计方法集抽象性、封装性、继承性和多态性于一体，能够方便地开发出高抽象度，可复用性好，易扩充的应用系统，成为 20 世纪 90 年代的主流开发方法。

1. 面向对象程序设计的概念

客观世界中任何一个事物都可以被看成一个对象，面向对象方法的本质就是主张从客观世界固有的事物出发来构造系统，提倡用人类在现实生活中常用的思维方法来认识、理解和描述客观事物，强调最终建立的系统能够映射问题域，也就是说，系统中的对象以及对象之间的关系能够如实地反映问题域中固有事物及其关系。从计算机的角度来看，一个对象应该包括两个要素：一是数据；二是需要进行的操作。对象就是一个包含数据以及与这些数据有关的操作的集合。面向对象就是运用对象、类、继承、封装、消息、结构与连接等面向对象的概念对问题进行分析、求解的系统开发技术。

2. 面向对象方法的主要优点

（1）与人类习惯的思维方法一致。

（2）稳定性好。

（3）可重用性好。

（4）易于开发大型软件产品。

（5）可维护性好。

3. 面向对象方法涵盖的基本要素

面向对象方法涵盖对象、对象属性与事件及方法、类、继承、多态性几个基本要素。

（1）对象、属性、操作、方法。

对象可以用来表示客观世界中的任何实体，对象是实体的抽象。面向对象的程序设计方法中的对象是系统中用来描述客观事物的一个实体，是构成系统的一个基本单位，由一组表示其静态特征的属性和它可执行的一组操作组成。对象是属性和方法的封装体。

属性即对象所包含的信息，它在设计对象时确定，一般只能通过执行对象的操作来改变。属性值指的是纯粹的数据值，而不能指对象。

操作描述了对象执行的功能，操作也称方法或服务。操作是对象的动态属性。

事件是由对象识别的一个动作，用户可以编写相应代码对此动作进行响应。事件可以由一个用户动作产生，也可以由程序代码或者系统产生。

一个对象由对象名、属性和操作三部分组成。

对象具有如下特征：标识唯一性、分类性、多态性、封装性、模块独立性。

① 标识唯一性：对象是可区分的，由对象的内在本质区分，而不是通过描述来区分。

② 分类性：可以将具有相同属性和操作的对象抽象成类。

③ 多态性：同一个操作可以是不同对象的行为。

④ 封装性：从外面看只能看到对象的外部特性，即只需知道数据的取值范围和可以对该数据施加的操作，根本无须知道数据的具体结构以及实现操作的算法。对象的内部，即处理能力的实行和内部状态，对外是不可见的。从外面不能直接使用对象的处理能力，也不能直接修改其内部状态，对象的内部状态只能由其自身改变。信息隐蔽是通过对象的封装性来实现的。

⑤ 模块独立性好：对象是面向对象的软件的基本模块，它是由数据及可以对这些数据施加的操作所组成的统一体，而且对象是以数据为中心的，操作围绕对其数据所需做的处理来设置，没有无关的操作。对象内部各种元素彼此结合得很紧密，内聚性强。

（2）类和实例。

类是具有共同属性、共同方法的对象的集合。它描述了属于该对象类型的所有对象的性质，是对象的抽象，而对象则是其对应类的一个实例。

（3）消息。

消息是实例之间传递的信息，它请求对象执行某一处理或回答某一要求的信息，它统一了数据流和控制流。

消息由三部分组成：接收消息的对象的名称、消息标识符（消息名）、零个或多个参数。

（4）继承。

继承是指能够直接获得已有的性质和特征，而不必重复定义它们。

继承分为单继承与多重继承。单继承指一个类只允许有一个父类，即类等级为树形结构。多重继承指一个类允许有多个父类。

（5）多态性。

多态性是指同样的消息被不同的对象接收时可导致完全不同的行动的现象。

面向对象是一种新的、应用广泛的程序设计方法，提高了代码的可重用性，使得开发人员可以借助已有的资源进行软件开发，极大地提高了软件开发的效率。

8.3 软件工程基础

8.3.1 软件工程基本概念

1. 软件的概念

软件是包括程序、数据及其相关文档的完整集合。程序是软件开发人员根据用户需求开发的、用程序设计语言描述的、适合计算机执行的指令序列；数据是使程序能正常操纵信息的数据结构；文档是与程序开发、维护和使用有关的图文材料。

软件的特点包括：①软件是一种逻辑实体，而不是物理实体，具有抽象性；②软件的生产与硬件不同，它没有明显的制作过程；③软件在运行、使用期间不存在磨损、老化问题；④软件的开发、运行对计算机系统具有依赖性，受计算机系统的限制，这导致了软件移植的问题；⑤软件复杂性高，成本昂贵；⑥软件开发涉及诸多的社会因素。

根据应用目标的不同，软件可分应用软件、系统软件和支撑软件（或工具软件）。应用软件是为解决特定领域的应用而开发的软件，如教务管理系统、学生成绩管理系统。系统软件是计算机管理自身资源，提高计算机使用效率并为计算机用户提供各种服务的软件，如数据库管理系统、操作系统等。支撑软件是介于两者之间，协助用户开发软件的工具性软件。

2. 软件危机

软件危机是泛指在计算机软件的开发和维护过程中所遇到的一系列严重问题。具体地说，在软件开发和维护过程中，软件危机主要表现在：①软件需求的增长得不到满足，用户对系统不满意的情况经常发生；②软件开发成本和进度无法控制，开发成本超出预算，开发周期大大超过规定日期的情况经常发生；③软件质量难以保证；④软件不可维护或维护程度非常低；⑤软件的成本不断提高；⑥软件开发生产率的提高跟不上硬件的发展和应用需求的增长。

总之，可以将软件危机归结为成本、质量、生产率等问题。

3. 软件工程

软件工程源自软件危机。实际上，软件工程就是应用于计算机软件的定义、开发和维护的一整套方法、工具、文档、实践标准和工序，其目的就是要建造一个优良的软件系统，其包含的内容可概括为以下两方面。

（1）软件开发技术，主要有软件开发方法学、软件工具、软件工程环境。

（2）软件工程管理，主要有软件管理、软件工程经济学。

软件工程就是将工程化原则运用到软件开发过程，包括方法、工具和过程 3 个要素。方法是完成软件工程项目的技术手段；工具是支持软件的开发、管理、文档生成；过程支持软件开发的各个环节的控制、管理。软件工程过程是把输入转化为输出的一组彼此相关的资源和活动。

4. 软件生命周期

软件生命周期是指软件从提出、实现、使用维护到停止使用退役的过程，一般包括可行性分析和项目开发计划、需求分析、概要设计、详细设计、编码、测试、软件维护等阶段。

（1）需求分析阶段是在软件开发的技术人员与用户共同合作的基础上进行详细的调查，明确软件系统必须做什么，要具备哪些功能，最终为用户提供软件开发的需求说明书。

（2）概要设计阶段是把软件的功能需求转换成所需要的体系结构，也就是设计软件的结构，明确模块的构成及其调用关系，同时要设计软件系统的数据结构和数据库结构。

（3）详细设计阶段是利用有关的软件描述工具对每个模块进行具体的描述。

（4）编码阶段是程序员编写、调试程序，形成源程序的过程。

（5）测试阶段是为了保证软件的质量对软件进行综合测试的过程。

（6）软件维护是将软件交付给用户使用后，针对运行中出现的问题及时记录并调整。

软件生命周期也可以分为 3 个时期：软件定义、软件开发及软件运行维护。

（1）软件定义时期：包括制订计划和需求分析。

制订计划：确定总目标；可行性研究；探讨解决方案；制订开发计划。

需求分析：对待开发软件提出的需求进行分析并给出详细的定义。

（2）软件开发时期：包括设计、编码和测试。

设计：分为概要设计和详细设计两个部分。

编码：把软件设计转换成计算机可以接受的程序代码。

测试：在设计测试用例的基础上检验软件的各个组成部分。

（3）软件运行维护。

软件投入运行，并在使用中不断地维护，进行必要的扩充和删改。维护的目的是使软件在整个生存周期内保证满足用户的需求和延长软件的使用寿命。

生命周期的主要活动阶段是：可行性研究与计划制订、需求分析、软件设计、软件实施、软件测试及运行与维护。

8.3.2 结构化分析方法

1. 结构化分析方法概述

结构化分析方法是在 20 世纪 70 年代提出的一种面向数据流进行需求分析的方法，其核心和基础是结构化程序设计理论。结构化分析方法中利用许多图形工具来表达系统的需求，使需求模型清晰、简洁、易读和易修改，因此得到了广泛的应用。

结构化分析方法是结构化程序设计理论在软件需求分析阶段的应用。结构化分析方法的基本思想运用“分解”和“抽象”两个手段，着眼于数据流，采用“自顶向下，逐层分解”的分析思路，以数据流图和数据字典为主要工具，建立系统的逻辑模型。

结构化分析方法主要使用了数据流图和数据字典等几个工具描述系统的需求信息。

数据流图以图形的方式描绘数据在系统中流动和处理的过程，它反映了系统必须完成的逻辑功能，用于表示系统逻辑模型。数据流图中带有箭头的线段表示数据流。圆圈表示加工，矩形表示数据的原点或终点。

数据字典是对所有与系统相关的数据元素的一个有组织的列表，以及精确的、严格的定义，使得用户和系统分析员对于输入、输出、存储成分和中间计算结果有共同的理解。数据字典的作用是对数据流图中出现的被命名的图形元素的确切解释，是结构化分析方法的核心。

2. 软件需求分析阶段的任务

（1）收集来自用户各个方面对软件功能的需求，这些需求的表现形式是多样的、不系统的，有些甚至是不明确的。

（2）对得到的需求进行补充、完善和加工，利用软件开发的描述工具，如数据流图和数据字典表示出软件项目的逻辑结构。

（3）形成软件需求规格说明书是需求分析阶段的最后成果，通过建立完整的信息描述、详细的功能和行为描述、性能需求和设计约束的说明、合适的验收标准，给出对目标软件的各种需求。

8.3.3 软件设计

需求分析阶段的主要任务是确定系统必须“做什么”，形成软件的需求规格说明书，软件设计阶段的主要任务是确定系统“怎么做”，从软件需求规格说明书出发，形成软件的具体设计方案。简单地说，软件设计是一个把软件需求转换为软件表示的过程。

软件设计可以采用多种方法，如结构化设计方法、面向对象的设计方法等，软件设计可以分为总体设计和详细设计两个阶段。

1. 软件设计的概念

（1）软件设计的基础。

从技术观点上看，软件设计包括软件结构设计、数据设计、接口设计、过程设计。

① 结构设计定义软件系统各主要部件之间的关系。

② 数据设计将分析时创建的模型转化为数据结构的定义。

③ 接口设计描述软件内部、软件和协作系统之间以及软件与人之间如何通信。

④ 过程设计是把系统结构部件转换为软件的过程性描述。

从工程管理角度来看，软件设计分为总体设计和详细设计两步完成。

① 总体设计也叫概要设计，将软件需求转化为软件体系结构、确定系统级接口、全局数据结构或数据库模式。

② 详细设计确立每个模块的实现算法和局部数据结构，用适当方法表示算法和数据结构的细节。

（2）软件设计的基本原理。

① 抽象：把事物本质的共同特性提取出来而不考虑其他细节。软件设计中考虑模块化解决方案时，可以定出多个抽象级别。抽象的层次从概要设计到详细设计逐步降低。

② 模块化：解决一个复杂问题时自顶向下逐层把软件系统划分成若干模块的过程。

③ 信息隐蔽：每个模块的实施细节对于其他模块来说是隐蔽的，其他模块不能访问。

④ 模块独立性：每个模块只完成系统要求的独立的子功能，并且与其他模块的联系最少且接口简单。为提高模块的独立性，应尽量做到高内聚低耦合，即减弱模块之间的耦合性和提高模块内的内聚性。

内聚性是信息隐蔽和局部化概念的自然扩展，描述的是模块内的功能联系。一个模块的内聚性越强则该模块的模块独立性越强。

耦合性是模块之间互相连接的紧密程度的度量。耦合性取决于各个模块之间接口的复杂度、调用方式以及哪些信息通过接口。耦合性越强则该模块的模块独立性越弱。

2. 总体设计

（1）总体设计阶段的主要任务及其内容。

软件总体设计主要完成的任务是设计软件的结构、设计数据结构、设计数据库文件、编写和评审软件总体设计说明书。具体就是把系统的功能需求分配给软件结构，形成软件的模块结构图，如图 8-2 所示。在结构图中矩形表示功能单元，称为“模块”，连接上下层模块的线段表示它们之间的调用关系。处于较高层次的是控制模块，它们的功能相对复杂而且抽象；处于较低层次的是从属模块，它们的功能相对简单而且具体。依据控制模块的内部逻辑，一个控制模块可以调用一个或多个下属模块；同时，一个下属模块也可以被多个控制模块所调用，即尽可能地复用已经设计出的低层模块。

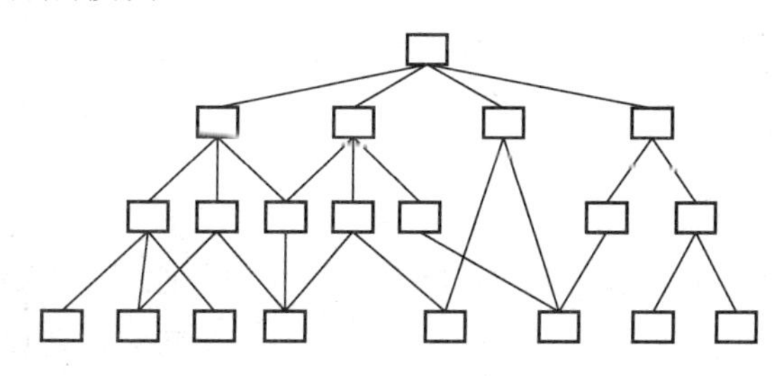

图 8-2　软件的模块结构图

（2）总体设计的方法。

总体设计采用结构化设计技术或面向数据流的系统设计方法。在需求分析阶段，信息流是一个关键的考虑，通常用数据流描述信息在系统中加工之间的流动情况。结构化设计方法定义了一些不同的“映射”方法，利用这些映射方法可以把数据流图变换成软件结构，所以这种方法有时也称面向数据流的设计方法。面向数据流的设计方法把数据流图映射成软件结构，数据流图的类型决定了映射的方法。

3. 详细设计

详细设计是为软件结构图中的每一个模块确定实现算法和局部数据结构，用某种选定的表达工具表示算法和数据结构的细节。经过总体设计阶段的工作，确定了软件的模块结构和接口描述，但这时每个模块仍处于黑盒子级。详细设计阶段的根本目标是确定怎样具体地实现所要求的系统，也就是说，经过这个阶段的设计工作，应该得出对目标系统的精确描述，从而在编码阶段可以将这个描述直接翻译成用某种程序设计语言书写的程序。因此，详细设计的结果基本上决定了最终的程序代码的质量。详细设计与总体设计阶段的区别有以下两个方面。

（1）在总体设计阶段，数据项和数据结构以比较抽象的方式描述。而详细设计的任务是确定实现算法和局部数据结构。在详细设计阶段为每个模块增加了足够的细节，使得程序员能够以相当直接的方式编码每个模块。

（2）详细的设计模块包含实现对应的总体设计模块所需要的处理逻辑，主要有详细的算法、数据表示和数据结构、实施的功能和使用的数据之间的关系。详细设计的任务是为软件结构图中的每个模块确定实现算法和局部数据结构，用某种选定的表达表示工具算法和数据结构的细节。

详细设计的常用工具有以下几种。

① 图形工具：程序流程图、N-S 图、PAD 图、HIPO。

② 表格工具：判定表。

③ 语言工具：PDL（伪码）。

程序流程图又称程序框图，直观描绘控制流程，有 5 种控制结构：顺序型、选择型、先判断重复型、后判断重复型和多分支选择型。

N-S 图又称盒图或方框图，以一种结构化的方式严格地限制从一个处理到另一个处理的控制转移，包含 5 种基本的控制结构，即顺序型、选择型、多分支选择型、WHILE 重复型和 UNTIL 重复型。

PAD 图又称问题分析图，它用二维树型结构的图表示程序的控制流，转换为程序代码比较容易，有 5 种基本控制结构，即顺序型、选择型、多分支选择型、WHILE 重复型和 UNTIL 重复型。

过程设计语言（PDL）也称结构化的语言和伪码，它是一种混合语言，采用英语的词汇和结构化程序设计语言，类似编程语言。PDL 可以由编程语言转换得到，也可以是专门为过程描述而设计的。

4. 编码

在规范化的研发流程中，编码工作在整个项目流程里最多不会超过 1/2，通常在 1/3 的时间，编码过程完成的好坏很大程度上取决于设计过程的好坏。设计过程完成得好，编码效率就会极大提高，编码时不同模块之间的进度协调和协作是最需要小心的，也许一个小模块的问题就可能影响了整体进度，让很多程序员因此被迫停下工作等待，这种问题在很多研发过程中都出现过。编码时的相互沟通和应急的解决手段都是相当重要的，对于程序员而言，错误存在是不可避免的，所以必须随时面对这个问题。

8.3.4 软件测试

软件测试是在软件投入运行前对软件需求分析、软件设计规格说明和软件编码进行检错和纠错，其目的是发现程序中的错误。检错的活动称为测试，纠错的活动称为调试。软件测试是为了发现错误而执行程序的过程，即根据软件开发各阶段的规格说明和程序的内部结构而精心设计一批测试用例（即输入数据及其预期的输出结果），并利用这些测试用例去运行程序，以发现程序错误的过程。一个好的测试用例是能够发现至今尚未发现的错误的用例；而一个成功的测试是发现了至今尚未发现的错误的测试。测试只能发现错误，并不能保证程序没有错误。

1. 软件测试方法

常用的软件测试方法有白盒测试与黑盒测试。

（1）白盒测试。

白盒测试是指已知产品的内部活动方式，测试它的内部活动是否都符合设计要求，是对软件的过程性细节做细致的检查，又称结构测试或逻辑驱动测试。它将测试对象比作一个打开的盒子，测试人员利用程序内部的逻辑结构和相关信息来设计或选择测试用例，对软件的逻辑路径进行测试，可以在不同点检查程序的状态，以确定实际状态与预期状态是否一致。

白盒方法测试程序模块的检查点主要包括：对程序模块的所有独立的执行路径应至少测试一次（路径覆盖）；对所有的逻辑判定，取“真”与取“假”两种情况都能至少测试一次（逻辑覆盖）；在循环的边界和运行界限内执行循环体；测试内部数据结构的有效性等。

表面看来，白盒测试是可以进行完全测试的，从理论上讲也应该如此。只要能确定测试模块的所有逻辑路径，并为每一条逻辑路径设计测试用例，并评价所得到的结果，就可得到100%正确的程序。但实际测试中，这种穷举法是无法实现的，因为即使是很小的程序，也可能会出现数目惊人的逻辑路径。

因此，即使精确地实现了白盒测试，也不能断言测试过的程序完全正确，因为是穷举测试，由于工作量过大，需用时间过长，实施起来是不现实的。既然穷举测试是不可行的，那么为了节省时间和资源，提高测试效率，就必须精心设计测试用例。需从大量的可用测试用例中精选出少量的测试数据，使得采用这些测试数据能够达到最佳的测试效果，即能高效地、尽可能多地发现隐藏的错误。

（2）黑盒测试。

黑盒测试是在已知产品应该具有的功能的情况下，通过测试来检验是否每个功能都能正常使用的测试方法，又称功能测试。对于软件测试而言，黑盒测试法把程序看成一个黑盒子，完全不考虑程序的内部结构和处理过程，而是在程序接口进行的测试，只检查程序功能是否能按照规格说明书的规定正常使用，程序是否能适当地接受输入数据产生正确的输出信息，并且保持外部信息（如文件）的完整性。边界值分析是常用的黑盒测试方法。

使用黑盒测试法，为了做到穷尽测试，至少必须对所有输入数据的各种可能值的排列组合都进行测试。由此得到的应测试的情况数往往大到实际上根本无法测试的程度，即黑盒测试使用所有有效和无效的输入数据来测试程序是不现实的。所以，黑盒测试同样不能做到穷尽测试，只能选取少量最有代表性的输入数据，以期用较少的代价暴露出较多的程序错误。

2. 软件测试的实施

软件测试过程分4个步骤，即单元测试、集成测试、验收测试和系统测试。

单元测试是对软件设计的模块（程序单元）进行正确性检验测试。单元测试通常与编码阶段的工作一同进行。在编码并静态检查了源代码的语法正确性之后，就要开始为模块的单元测试构造实例。单元测试的技术可以采用静态分析和动态测试。

集成测试是测试和组装软件的过程，主要目的是发现与接口有关的错误，主要依据是概要设计说明书。集成测试所设计的内容包括：软件单元的接口测试、全局数据结构测试、边界条件和非法输入的测试等。集成测试时将模块组装成程序，通常采用非增量方式组装和增量方式有错误。

验收测试的任务是验证软件的功能和性能，以及其他特性是否满足了需求规格说明中确定的各种需求，包括软件配置是否完全、正确。验收测试的实施首先运用黑盒测试方法，对软件进行有效性测试，即验证被测软件是否满足需求规格说明确认的标准。

系统测试是通过测试确认软件，作为整个基于计算机系统的一个元素，与计算机硬件、外设、支撑软件、数据和人员等其他系统元素组合在一起，在实际运行（使用）环境下对计算机系统进行一系列的集成测试和确认测试。系统测试从内容上看实际上是一系列不同测试的总称，其主要目的是通过被测系统充分的运行而从各个方面考察评价系统的综合能力。

系统测试的具体实施一般包括功能测试、性能测试、操作测试、配置测试、外部接口测试、安全性测试等。

完成测试后，验收并完成最后的一些帮助文档，整体项目才算告一段落。然后是升级、维护等工作，要不停地跟踪软件的运营状况并持续修补升级，直到这个软件被彻底淘汰为止。

8.3.5 软件的调试

1. 软件调试的基本概念

程序的调试任务是在成功测试之后，进一步诊断和改正程序中的错误。调试主要在开发阶段进行。软件经调试改错后还应进行再测试，因为经调试后有可能产生新的错误，而且测试贯穿生命周期的整个过程。

2. 调试分类

调试分为静态调试和动态调试。静态调试是指对源程序进行分析，然后确定可能出错的地方并进行排错。动态调试是指对程序的运行进行跟踪并观察其出错点，然后进行排错。

（1）静态调试。

静态调试通常采用输出存储器内容和打印语句两种方法。

① 输出存储器内容：以八进制或十六进制的形式输出存储器的内容以便分析错误原因。

② 打印语句：把程序设计语言提供的标准打印语句插在源程序各个部分，以便输出关键变量的值。它比第一种方法好些，因为它可以比较及时地显示程序各时期的行为，而且给出的信息容易和源程序对应起来。

（2）动态调试。

动态调试是指利用程序设计语言的调试功能或者使用专门的软件工具分析程序的动态行为。可供利用的典型语言功能是：输出有关语句的执行结果，子程序调用和更改指定变量的踪迹。用于调试的软件工具的共同功能是设置断点，即当执行到特定的语句或改变特定变量的值时，程序停止执行，程序员可以在终端上观察程序此时的状态。

3. 调试的基本步骤

软件调试活动由两部分组成：一是根据错误的迹象确定程序中错误的确切性质、原因和位置；二是对程序进行修改，排除这个错误。

（1）错误定位。从错误的外部表现形式入手，研究有关部分的程序，确定程序中出错的位置，找出错误的内在原因。

（2）修改设计和代码，以排除错误。

（3）进行回归测试，防止引进新的错误。

4. 调试原则

（1）确定错误的性质和位置时的注意事项。

分析思考与错误征兆有关的信息；避开死胡同；只把调试工具当作辅助手段来使用；避免用试探法，最多只能把它当作最后手段。

（2）修改错误原则。

在出现错误的地方，很可能有别的错误；修改错误的一个常见失误是只修改了这个错误的征兆或这个错误的表现，而没有修改错误本身；注意修正一个错误的同时有可能会引入新的错误；修改错误的过程将迫使人们暂时回到程序设计阶段；修改源代码程序，不要改变目标代码。

8.4　数据库基础

8.4.1　数据库基础知识

计算机在处理现实世界中的形形色色的数据的时候，需要对它们进行分类、组织、编码、存储、检索和维护，即进行数据管理，以提高办事效率。特别是在数据量大的时候，数据库管理就显得尤为突出。

1. 数据库系统的组成

数据库系统（DBS）是一个采用数据库技术，具有数据库管理功能，由硬件、软件、数据库、数据库管理系统及各类人员组成的计算机系统。

（1）数据。

数据是数据库中存储的基本对象，描述事物的符号记录。

（2）信息。

信息是经过加工的数据。所有的信息都是数据，而只有经过提炼和抽象之后具有使用价值的数据才能成为信息。经过加工所得到的信息仍然以数据的形式出现，此时的数据是信息的载体，是人们认识信息的一种媒介。

（3）数据处理。

数据处理是指对各种类型的数据进行收集、存储、分类、计算、加工、检索和传输的过程。数据处理的目的就是根据需要，从大量的数据中抽取出对于特定的人们来说是有意义、有价值的数据，作为决策和行动的依据。数据处理通常也称信息处理。

（4）数据库。

数据库是长期储存在计算机内、有组织的、可共享的大量数据的集合。数据库中的数据按一定的数据模型组织、描述和存储，具有较小的冗余度、较高的数据独立性和易扩展性，并可为各种用户共享。

（5）数据库管理系统。

数据库管理系统（Database Management System，DBMS）是对数据库进行管理并对数据库中的数据进行操作的管理系统，是数据库与用户之间的界面。数据库管理系统是位于操作系统与用户之间的一层数据管理软件，是一种系统软件。它负责数据库中的数据组织、数据操作、数据维护、控制及保护和数据服务等。

数据库管理系统是数据系统的核心，主要完成如下功能。

① 数据定义功能。数据库管理系统提供数据定义语言（DDL），对数据库中的数据对象进行定义。

② 数据库操纵功能。数据库管理系统提供数据操纵语言（DML），对数据库进行基本操作，如查询、插入、删除和修改等。

③ 数据库的运行管理。数据库管理系统提供数据操纵语言（DCL），在建立、运用和维护数据库时统一管理和控制，以保证数据的安全性、完整性、多用户对数据库的并发使用及发生故障后的系统恢复。

④ 数据库的建立和维护。包括数据库初始数据的输入、转换功能，数据库的转储、恢复功能，数据库的重要组织功能和性能监视、分析功能。这些功能通常是由一些实用程序完成的。

（6）数据库系统。

数据库系统（DataBase System，DBS）。一般由数据库、数据库管理系统、应用系统、数据库管理员和用户构成。

（7）各类人员。

包括数据库使用人员、数据库管理员等。数据库管理员完成如下工作：数据库设计、数据库维护、改善系统性能、提高系统效率。

2. 数据库系统的发展

数据库系统按照时间划分分为 3 个阶段：人工管理阶段、文件管理阶段、数据库系统管理阶段。

（1）人工管理阶段。

20 世纪 50 年代中期以前，数据管理由人工完成。该阶段的计算机系统主要应用于科学计算，还没有应用于数据的管理。在程序设计时，不仅需要规定数据的逻辑结构，还要通过代码实现数据的物理结构（如存储结构、存取方法等）。当数据的物理组织或存储设备改变时，应用程序必须重新编制，对数据的管理不具有独立性。数据的组织是面向应用的，但应用程序间无法共享数据资源，存在大量的重复数据，难以维护应用程序之间的数据一致性。

（2）文件管理阶段。

20 世纪 50 年代后期到 60 年代中期，数据管理由文件管理。该阶段的计算机系统由文件系统管理数据存取。程序和数据是分离的，数据可长期保存在外设上，以多种文件形式组织。数据的逻辑结构与存储结构之间有一定的独立性。在该阶段，实现了以文件为单位的数据共享，但未能实现以记录或数据项为单位的数据共享，数据的逻辑组织还是面向应用的，因此在应用之间还存在大量的冗余数据。

（3）数据库系统管理阶段。

20 世纪 60 年代后期，进入到数据管理阶段。该阶段的计算机系统广泛应用于企业管理，需要有更高的数据共享能力，程序和数据必须具有更高的独立性，从而减少应用程序研制和维护的费用。数据库系统是在操作系统的文件系统基础上发展起来的，它将一个单位或一个部分所需的数据综合地组织在一起，构成数据库。由数据库管理系统实现对数据库的定义、操作和管理。

数据库系统管理阶段的数据管理主要有下列特征。

① 数据结构化。

这是数据库与文件系统的根本区别。对于文件系统，每种类型都有自己的文件存储结构。对于数据库管理系统，则实现的是整体数据结构化，即在该系统中，数据不应只针对某一应用，而应该面向整个组织。数据库管理系统的数据存取方式也很灵活，可以对数据库中的任一数据库项、数据组、一个记录或一组数据进行存取。在文件系统中，数据的最小存取单位是记录，不能细到数据项。

② 数据的共享性好，冗余度低。

数据库管理系统是从整体角度看待数据及其描述的，数据与数据之间是有关系的，它不是面向某个应用而是面向整个系统，因此数据可以被多个用户使用或被多个应用程序共享使用。这种共享可以大量减少数据的冗余，节省磁盘空间。数据共享还可以避免数据之间的不相容性和不一致性。

③ 数据独立性好。

数据的独立性包括数据的物理独立性和逻辑独立性。物理独立性是指用户的应用程序与存储在磁盘上的数据库中的数据是相互独立的。应用程序主要控制数据的逻辑结构，即使数据的物理存储变化，应用程序也不用改变。逻辑的独立性是指用户的应用程序与数据库的逻辑结构相互独立，当数据的逻辑结构改变了，用户的应用程序也可以不变。

④ 数据由数据库管理系统统一管理和控制。

数据库中的数据是由数据库管理系统管理和控制的。数据库管理系统提供了数据的安全性保护、完整性检查、并发控制及数据库恢复等功能。

3. 数据库系统的基本特点

数据库系统的基本特点主要有数据独立性和数据的统一管理与控制。

数据独立性是数据与程序间的互不依赖性，即数据库中的数据独立于应用程序而不依赖于应用程序。数据的独立性一般分为物理独立性与逻辑独立性两种。

（1）物理独立性：指用户的应用程序与存储在磁盘上的数据库中数据是相互独立的。当数据的物理结构（包括存储结构、存取方式等）改变时，如存储设备的更换、物理存储的更换、存取方式改变等，应用程序都不用改变。

（2）逻辑独立性：指用户的应用程序与数据库的逻辑结构是相互独立的。数据的逻辑结构改变了，如修改数据模式、改变数据间联系等，用户程序都可以不变。

数据的统一管理与控制主要包括数据的完整性检查、数据的安全性保护和并发控制。

4. 数据库系统的内部结构体系

数据库管理系统内部的系统结构通常采用 3 级模式结构，并提供两级映像功能。

（1）数据库系统的 3 级模式。

① 概念模式，也称逻辑模式或模式，是数据库在逻辑级上的视图，是对数据库系统中全局数据逻辑结构的描述，是全体用户公共数据视图。一个数据库只有一个概念模式。定义模式时不仅要定义数据的逻辑结构，而且要定义数据之间的联系，定义与数据有关的安全性、完整性要求。

② 外模式，也称子模式或用户模式，它是数据库用户能够看见和使用的局部数据的逻辑结构和特征的描述，它是由概念模式推导出来的，是数据库用户的数据视图，是与某一应用有关的数据的逻辑表示。一个概念模式可以有多个外模式，但一个应用程序只能使用一个外模式。

③ 内模式，也称物理模式，或存储模式，它是数据物理结构和存储方式的描述，是数据在数据库内部的表示方式。

内模式处于最底层，反映数据在计算机物理结构中的实际存储形式；概念模式在中间层，反映设计者的数据全局逻辑要求；而外模式处于最外层，反映用户对数据的要求。

（2）数据库系统的两级映射。

数据库管理系统在以上 3 级模式之间提供了两层映像：外模式/模式映像和模式/内模式映像。这两层映像保证了数据库系统中的数据具有较高的独立性。

① 模式/内模式映像：该映射给出了概念模式中数据的全局逻辑结构到数据的物理存储结构间的对应关系。

② 外模式/模式映像：概念模式是一个全局模式而外模式是用户的局部模式。一个概念模式中可以定义多个外模式，而每个外模式是概念模式的一个基本视图。

8.4.2 数据模型

数据模型是一组描述数据库的概念，用来抽象、表示和处理现实世界中的数据和信息。数据模型分为两个阶段：把现实世界中的客观对象抽象为概念模型；把概念模型转换为某一数据库管理系统支持的数据模型。数据模型通常由数据结构、数据操作、数据约束条件组成。

（1）数据结构是所研究的对象类型的集合，是对数据库系统的静态描述。在数据库系统中，按照数据结构的类型来命名数据模型，如层次模型、网状模型、关系模型等。

（2）数据操作是指对数据库中各种对象的实例允许执行的操作的集合，是对系统动态特性的描述。数据库主要有检索和更新（插入、删除、修改）两大类操作。数据模型必须定义这些操作的确切含义、操作符号、操作规则以及实现操作的语言。

（3）数据约束条件是一组完整性规则的集合。完整性规则是给定的数据模型中数据及其联系所具有的制约和依存规则，用以限定符合数据模型的数据库状态以及状态的变化，以保证数据的正确、有效、相容。

1. 数据模型常用的概念

（1）实体。

实体（Entity）指客观存在并且可以相互区别的事物。它可以是具体的，如一个学生、一棵树；也可以是抽象的概念或联系，如比赛活动、学生与成绩的关系等。实体用类型（Type）和值（Value）表示，如学生是一个实体，而具体的学生王明、张立是实体值。

（2）实体的属性。

属性是指描述实体的某一方面的特性。一个实体可以由若干个属性来描述。例如，学生实体可以由学号、姓名、性别等属性组成。每个属性都有一个值，值的类型可以是整数、实数或字符型。属性用类型和值表示，如学号、姓名、年龄是属性的类型，而具体的数值：08012001、张三、19 是属性值。

（3）实体型和实体集。

实体可以用型和值来表示。实体型是属性的集合。例如，反映一个学生全部特征的所有属性之和，就是学生这个实体的型。将这些属性落实到某个学生身上而得到的所有数据就是实体的值。同类型的实体的集合称为实体集，如全班学生就是一个实体集。

（4）码。

码是指能唯一标识实体的属性或属性集，如学生的学号属性。

（5）域。

域是指属性的取值范围，如性别的域为“男”和“女”，成绩的域为0～100。

（6）实体联系。

实体联系是指实体与实体之间的对应关系，通常有3种：一对一、一对多和多对多。

① 一对一联系（1:1）。

若实体集X中的任一实体至多对应实体集Y中的唯一实体，反之亦然，则称X与Y是一对一联系。例如，一个班只能有一个班长，而一个班长只能属于一个班，则班长和班之间具有一对一联系。

② 一对多联系（1:n）。

若实体集X中至少有一个实体对应实体集Y中一个以上的实体，且Y中任一实体至少对应X中的一个实体，则称X对Y是一对多联系。例如，一个班对应多个学生，而一个学生只属于一个班，则班与学生之间具有一对多联系。

③ 多对多联系（m:n）。

若实体集X中至少有一个实体对应实体集Y中一个以上的实体，且Y中也至少有一个实体对应X中一个以上的实体，则称X与Y是多对多联系。例如，一个学生可以学习多门课程，而一门课程又可以由多个学生来学习，则学生与课程之间具有多对多联系。

实际上，一对一联系是一对多联系的特例，而一对多联系又是多对多联系的特例。图8-3表示实体间的联系。

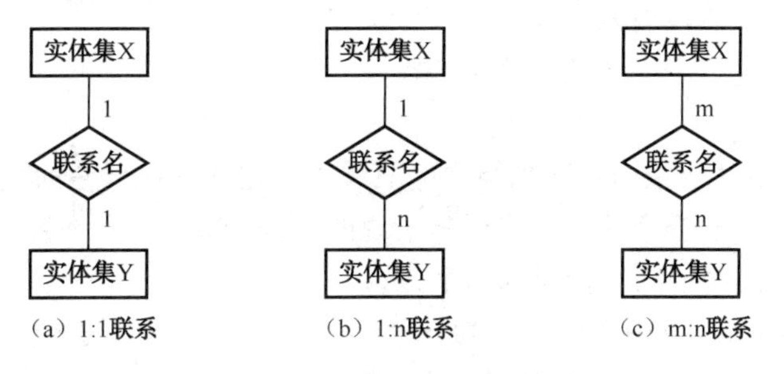

图8-3　实体间的联系

2. E-R模型的图示法

实体-联系方法是用E-R图描述现实世界的概念模型，E-R图提供了表示实体型、属性和联系的方法，可以方便地转换成表的逻辑结构。E-R模型用E-R图来表示。

（1）实体表示法：在E-R图中用矩形表示实体集，在矩形内写上该实体集的名字。

（2）属性表示法：在E-R图中用椭圆形表示属性，在椭圆形内写上该属性的名称。

（3）联系表示法：在E-R图中用菱形表示联系，菱形内写上联系名。

例如，有学生和课程两个实体，并且有语义：一个学生可以选修多门课程，一门课程也可以被多个学生选修。那么学生和课程之间的联系是多对多的，把这种联系命名为选课，添加属性后的E-R图如图8-4所示。

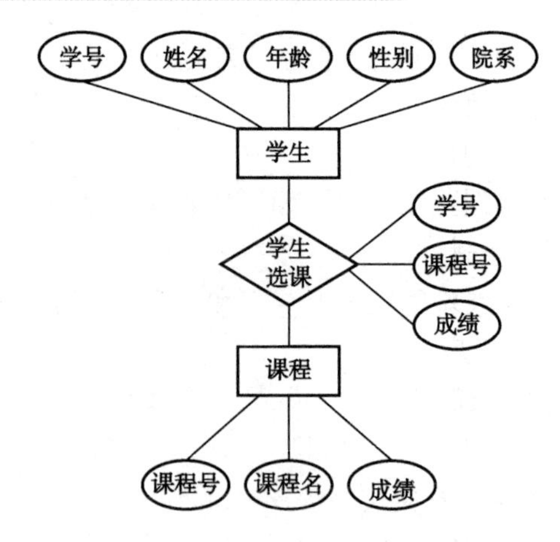

图 8-4　学生和课程实体的 E-R 图

3. 常用数据模型

数据库管理系统所支持的数据模型分为 3 种：层次模型、网状模型、关系模型。因此，使用支持某种特定数据模型的数据库管理系统开发出来的应用系统相应地称为层次数据库系统、网状数据库系统和关系数据库系统。

（1）层次模型。

层次模型使用树型结构来表示各类实体以及实体间的联系，其特点如下。

① 有且只有一个节点没有双亲节点，这个结点称为根节点。

② 根以外的其他节点有且只有一个双亲节点。

（2）网状模型。

网状模型是层次模型的扩展，层次模型可看作网状模型的特例。其特点如下。

① 允许一个以上节点没有双亲。

② 一个节点可以有多于一个的双亲节点。

（3）关系模型。

关系模型中的关系是一张由行和列组成的二维表。它建立在严格的数学概念基础上。

① 关系（Relation）：一个关系对应通常所说的一张表。

② 元组（Tuple）：表中的一行即为一个元组。

③ 属性（Attribute）：表中的一列即为一个属性，每一个属性的名称即为属性名。

④ 主关键字（Key）：表中的某个属性或属性组，若它可以唯一确定一个元组，则可成为本关系的主关键字。

⑤ 域（Domain）：属性的取值范围，如人的年龄一般在 1～80 岁，性别的域是（男，女），系别的域是一个学校所有系名的集合。

⑥ 分量：元组中的一个属性值。

⑦ 关系模式：对关系的描述，一般表示为：关系名（属性 1，属性 2，……，属性 n）。

例如，学生关系可表示为：学生（学号，姓名，年龄，性别，院系）。

在关系模型中，实体以及实体间的联系都是用关系表示的。例如，学生、课程、学生与课程之间的多对多联系在关系模型中可以表示如下：

学生（学号，姓名，年龄，性别，院系）

课程（课程号，课程名，学分）

选课（学号，课程号，成绩）

关系模型要求关系必须是规范化的，即要求关系必须满足一定的规范化条件，这些规范条件中的最基本的一条就是，关系的每一个分量必须是一个不可再分的数据项。

关系数据模型的操作包括数据查询、数据删除、数据插入、数据修改，这些操作必须满足关系的完整性约束条件。关系的完整性约束条件包括三大类：实体完整性、参照完整性和用户自定义完整性。实体完整性保证关系中的记录唯一性，使用主键进行约束，即关系中的主键值不能为 Null 且不能有相同值。用户自定义完整性，也称域完整性，确保字段不会输入无效的值，使用数据的有效性，包括字段的值域、字段的类型及字段的有效规则等约束。参照完整性是对关系数据库中建立关联关系的数据表间数据的一致性，使用数据参照引用的约束，即对外键的约束。

关系数据模型的操作是集合操作，操作对象和操作结果都是关系，即若干元组的集合，而非关系数据模型中是单记录操作方式。关系模型的存取路径对于用户来说是透明的，用户只要指出做什么，不必详细说明怎么做，从而大大提高了数据的独立性，提高了工作效率。

8.4.3　关系运算

关系数据库关系运算的运算对象是关系，运算结果亦为关系。分为传统的集合运算和专门的关系运算两大类，其中，传统的集合运算包括并、交、差和广义笛卡儿积等运算，专门的关系运算包括选择、投影、联接等运算。

1. 传统的集合运算

传统的集合运算是针对两个关系中的“行”进行的操作，要求运算的两个关系必须具有相同的关系模式结构，即相同的字段数，对应字段的名称可不同，但域相同。

（1）交运算。关系 R 和 S 交运算的结果是由既属于 R 又属于 S 的元组组成的集合，即 R 和 S 的相同元组，记为 R∩S，如图 8-5（c）所示。关系 R 和 S 如图 8-5（a）和（b）所示。

（2）并运算。关系 R 和 S 并运算的结果是由这两个关系的所有元组组成的集合。当两个关系中有相同的元组时，所得到的结果应去掉重复的元组，记为 R∪S，如图 8-5（d）所示。

（3）差运算。关系 R 差 S 的结果是由属于 R 但不属于 S 的元组组成的集合。即从 R 中去掉 S 中也有的元组，记为 R-S，如图 8-5（e）所示。差运算不能使用交换律， R-S 和 S-R 将产生不同的结果。

A	B	C
a1	b1	c1
a1	b2	c2
a1	b2	c1

（a）关系R

A	B	C
a1	b2	c2
a1	b3	c2
A1	b2	c1

（b）关系S

A	B	C
a1	b2	c2
A1	b2	c1

（c）R∩S

A	B	C
a1	b1	c1
a1	b2	c2
a1	b2	c1
a1	b3	c2

（d）R∪S

A	B	C
a1	b1	c1

（e）R-S

图 8-5　传统的集合运算

（4）笛卡儿积运算。设 n 元关系 R 有 p 个元组，m 元关系 S 有 q 个元组，则关系 R 与 S 的笛卡儿积记为 R×S，是 R 中每个元组与 S 中每个元组连接组成的新关系。它的属性个数为 n+m，元组个数是 p×q。

2. 专门的关系运算

专门的关系运算是数据查询时最常用的运算，包括选择、投影、联接和除法运算。

（1）选择（σ）是从关系 R 中选出满足某种条件的元组组成的新关系。选择是从行的角度进行的运算，即从水平方向抽取元组。选择得到的新关系关系模式不变，但其元组是原关系的一部分。记为σ F（R），F 为选择条件。

（2）投影（Π）是选择关系 R 中的若干属性组成的新关系。投影是从列的角度进行的运算。投影得到的新关系的属性个数一般比原关系少，排列顺序也可不同。记为ΠA（R），A 为 R 的属性列表。

（3）联接（$\bowtie$）是按照关系 R 和 S 中相同属性间的条件，对 R 和 S 中的元组进行选择而形成新的元组集。联接同时从行和列的角度进行运算，通过联接条件来控制，联接条件是两个表中的相同属性名，或者具有相同域的属性名。联接结果是满足条件的所有元组。记为（R）$\bowtie$F（S），F 为选择条件。

自然联接是属性值相等的联接，并在结果中去掉重复属性列。记为 R$\bowtie$S。

（4）除法（÷）运算的规则是：如果在Π（R）中能找到某一行 u，使得这一行和 S 的笛卡儿积含在 R 中，则 R÷S 中有 u。专门的关系运算实例如图 8-6 所示。

关系R

A	B	C
a1	b1	5
a1	b2	6
a2	b3	8
a2	b4	12

关系S

B	E
b1	5
b2	6

σ_C>=6(R)

A	B	C
a1	b2	6
a2	b3	8
a2	b4	12

ΠA，C（R）

A	C
a1	5
a1	6
a2	8
a2	12

R $\bowtie$ S

A	B	C	E
a1	b1	5	5
a1	b2	6	6

R÷S

A
a1

图 8-6　专门的关系运算实例

8.4.4　数据库设计方法与管理

数据库设计是建立数据库及其应用系统的技术，是信息系统开发和建设中的核心技术。具体来说，数据库设计是指对于一个给定的应用环境，构造最优的数据库模式，建立数据库及其应用系统，使之能够有效地存储数据，满足各种用户的应用需求。在数据库领域内，常常把使用数据库的各类系统统称为数据库应用系统。

1. 数据库设计方法

数据库设计中有两种方法，面向数据的方法和面向过程的方法。

面向数据的方法以信息需求为主，兼顾处理需求；面向过程的方法以处理需求为主，兼顾信息需求。数据在系统中稳定性高，已成为系统的核心，面向数据的设计方法已成为主流。

2. 数据库设计的步骤

数据库设计目前一般采用生命周期法，即将整个数据库应用系统的开发分解成目标独立的若干阶段。它们是：需求分析阶段、概念设计阶段、逻辑设计阶段、物理设计阶段、编码阶段、测试阶段、运行阶段和进一步修改阶段。在数据库设计中采用前 4 个阶段。

（1）需求分析。

需求分析就是分析用户的要求，得到需求说明书。需求分析是设计数据库的起点，需求分析的结果是否准确地反映了用户的实际要求，将直接影响到后面各个阶段的设计，并影响到设计结果是否合理和实用。其目标是对现实世界要处理的对象进行详细调查，在了解原系统的概况，确定新系统功能的过程中，收集支持系统目标的基础数据及其处理。

（2）概念设计。

概念设计就是将需求分析得到的用户需求抽象为信息结构的过程，得到概念数据模型。它是整个数据库设计的关键。通过上面进行的数据分析可得到一些数据的描述，如数据流图、数据项图，但是它们是无结构的，必须在此基础上转换为有结构的、易于理解的精确表达，而这部分的工作便是概念设计。而概念设计主要就是概念模型的设计，它是数据系统设计阶段的第一步，它独立于数据库的逻辑结构，也独立于具体的数据库管理系统。

（3）逻辑设计。

逻辑设计就是把概念结构设计阶段设计的 E-R 图转换为与选用数据库管理系统产品所支持的、数据模型相符合的逻辑结构，得到逻辑数据模型。

（4）物理设计。

物理设计就是为逻辑数据模型选择一个最适合应用环境的物理结构，得到数据库内模式。物理结构设计依赖具体的计算机系统，要针对具体的数据库管理系统和设备的特性，确定要实现逻辑数据模型必须采用的存储结构和存取方法；对存储模式进行性能评价，若评价结果符合要求，则进入设计实施阶段，否则要修改设计，经过反复直到结果满意为止。

8.5 本章小结

本章介绍了算法与数据结构、程序设计基础、软件工程基础和数据库基础等方面的内容，其中算法与数据结构主要讲述了算法的时间复杂度与空间复杂度的概念和意义、数据的逻辑结构与存储结构、线性链表、栈和队列、树的基础等；程序设计基础主要讲解了结构化程序设计和面向对象的程序设计基础等；软件工程基础主要讲解了软件生命周期、软件工具与软件开发环境的概念，以及结构化设计方法、总体设计与详细设计、白盒测试与黑盒测试、单元测试、集成测试和系统测试、静态调试与动态调试等；数据库基础主要讲解了数据库管理系统、数据库系统、数据模型、E-R 图，还有集合运算及选择、投影、联接运算，以及数据库设计的需求分析、概念设计、逻辑设计和物理设计的相关知识等。

8.6 思考与练习

（1）下列关于算法叙述正确的是____。

A．设计算法时只需要考虑数据结构的设计　　B．算法就是程序

C．设计算法时只需要考虑结果的可靠性　　D．以上 3 种说法都不对

（2）下列叙述中正确的是____。

A．顺序存储结构的存储一定是连续的，链式存储结构的存储空间不一定是连续的

B．顺序存储结构只针对线性结构，链式存储结构只针对非线性结构

C．顺序存储结构能存储有序表，链式存储结构不能存储有序表

D．链式存储结构比顺序存储结构节省存储空间

（3）一个栈的初始状态为空。现将元素 1、2、3、4、5、A、B、C、D、E 依次入栈，再依次出栈，则元素出栈的顺序是____。

A．12345ABCDE　　B．EDCBA54321
C．ABCDE12345　　D．54321EDCBA

（4）下列叙述中正确的是____。

A．栈是一种先进先出的线性表　　B．队列是一种后进先出的线性表
C．栈与队列都是非线性结构　　D．以上 3 种说法都不对

（5）设循环队列的存储空间为 Q（1：35），初始状态为 front=rear=35。现经过一系列入队与退队运算后，front=15，rear=15，则循环队列中的元素个数为____。

A．15　　B．16　　C．20　　D．0 或 35

（6）对如图 8-7 所示的二叉树进行前序遍历的结果为____。

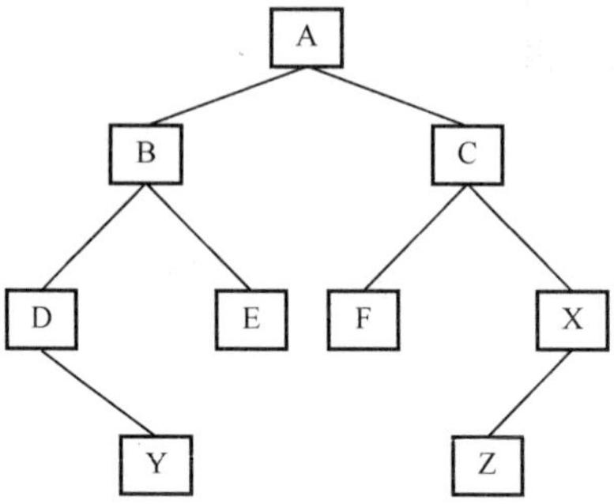

图 8-7　二叉树

A．DYBEAFCZX　　B．YDEBFZXCA
C．ABDYECFXZ　　D．ABCDEFXYZ

（7）下列排序方法中，最坏情况下比较次数最少的是____。

A．冒泡排序　　B．简单选择排序　　C．直接插入排序　　D．堆排序

（8）下列关于数据库设计的叙述中，正确的是____。

A．在需求分析阶段建立数据字典　　B．在概念设计阶段建立数据字典
C．在逻辑设计阶段建立数据字典　　D．在物理设计阶段建立数据字典

（9）在下列模式中，能够给出数据库物理存储结构与物理存取方法的是____。

A．外模式　　B．内模式　　C．概念模式　　D．逻辑模式

反侵权盗版声明